国家重点研发计划(2018YFB1502101) 资助出版

氢能利用关键技术系列

氢气储存和输运

Hydrogen Storage and Transportation

吴朝玲　李永涛　李 媛　等 编著

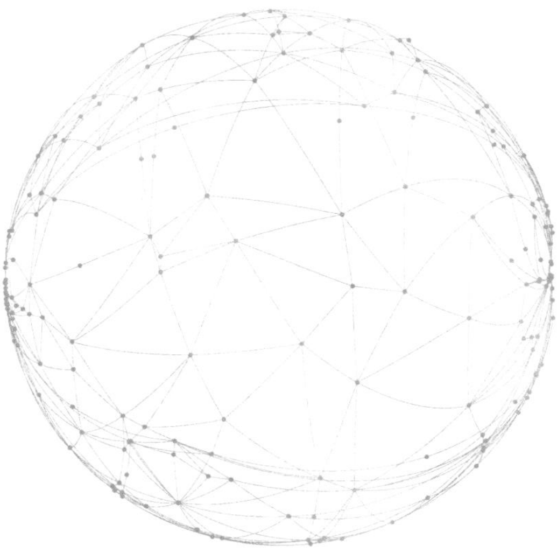

化学工业出版社

· 北 京 ·

内 容 简 介

《氢气储存和输运》主要内容包括氢气高压储存、氢气液化储存、材料吸附储氢、金属氢化物储氢、复杂氢化物储氢、储氢与产氢一体化、氢气车船运输、氢气管网输送等与氢气的储存和输运相关的技术，与之相关的测评方法，以及氢能的一些典型应用案例，既全面深入地论述了原理和关键技术，也注重评述各种技术的适用范围及实际应用。本书全面系统地阐述氢气储存和输运环节中各种技术的发展历程、最新的研究成果和成功的应用案例，具有很强的科学性、工程指导性和参考价值。

本书可供氢能、材料、化工及其他相关行业领域的科研技术人员和学生阅读参考。

图书在版编目（CIP）数据

氢气储存和输运/吴朝玲等编著. —北京：化学工业出版社，2020.10（2025.4重印）
（氢能利用关键技术系列）
ISBN 978-7-122-37457-8

Ⅰ.①氢… Ⅱ.①吴… Ⅲ.①氢能-储存②氢能-输送
Ⅳ.①TK912

中国版本图书馆CIP数据核字（2020）第139661号

责任编辑：袁海燕　　文字编辑：丁海蓉
责任校对：王佳伟　　装帧设计：王晓宇

出版发行：化学工业出版社（北京市东城区青年湖南街13号　邮政编码100011）
印　　装：涿州市般润文化传播有限公司
787mm×1092mm　1/16　印张19　字数475千字　　2025年4月北京第1版第6次印刷

购书咨询：010-64518888　　售后服务：010-64518899
网　　址：http://www.cip.com.cn
凡购买本书，如有缺损质量问题，本社销售中心负责调换。

定　　价：128.00元

序一

氢是元素周期表中第一号元素，充满无限魅力。氢的能量密度极高，约为汽油的3倍，焦炭的4.5倍。氢元素构成了宇宙质量的75%，且可再生，可以认为是取之不尽、用之不竭的。氢能是以氢作为能源载体，以化学、电化学等能量转化方式把储存在氢中的化学能转化为热能、电能等其他能源形式的二次能源。氢与氧燃烧或者发生电化学反应的产物是水，清洁无污染。从太阳能光解水制氢到氢燃烧或者氢氧燃料电池电催化利用氢，可实现清洁能源循环，这是一个机遇与挑战并存的领域。氢能在航空航天、交通运输、固定和移动式电源、分布式发电等多种应用领域发挥重要作用。我国对氢能的应用早期始于高技术的航天科技，在1990年前后开展储氢电极材料与镍金属氢化学电池产业化，近年来各级政府部门和众多企业、机构更是强力推动氢能向交通领域，特别是氢燃料汽车的发展。此外，在国家重点研发计划等高新技术开发计划中，持续、大力支持为氢燃料汽车配套的制氢、输氢、储氢、加氢、燃料电池应用等关键技术的研发，旨在解决一系列氢能应用的瓶颈问题。我国已确定氢能为国家优先能源的战略地位，我国氢能研发在国际上也已占据重要的地位。

《氢气储存和输运》的主要作者吴朝玲、李永涛、李媛及他们工作的单位都长期从事储氢技术研究开发，在氢能领域已取得了丰硕的研究成果。全书共11章，内容涵盖氢经济的概念、氢的物理化学性质、高压储氢、氢气液化储存、固态储氢、氢气车船运输、氢气管网输送、氢气储运测评方法、氢能的典型应用案例等多个视角，覆盖面广，知识架构清晰，内容丰富，是一本不可多得的参考书。

《氢气储存和输运》一书孕育在国际国内氢能市场化即将起航的大背景下，将为新能源领域的投资人、氢能领域的企业家和工程技术人员、新能源专业的教师及学生提供全面而深入的储氢和氢输运的知识和信息，助力我国氢能技术市场化和“氢经济”的实现。

中国科学院院士

南开大学教授

2020年5月30日

序二

氢能具有清洁、高效、能量密度高、易于转换成不同的能源形式等优点，是清洁智慧能源体系中能源储存与转换的理想二次能源载体，也是公认的未来能源的发展方向之一。近年来，特别是丰田汽车公司开发的 Mirai 推出市场后，各发达国家政府、企业乃至民间，对氢能的研究与发展给予了高度重视和极大的热情，纷纷投身氢能领域，掀起了氢能研究的热潮。我国政府对氢能领域一直高度重视，并对氢能基础研究和技术开发研究给予长期稳定的支持，“863 计划”、“973 计划”和现在的“国家重点研发计划”都对氢能研究进行布局。本人也有幸在上述计划中主持储氢材料研究项目，与国内同仁一起开展这方面的工作。也正是在这些研究活动中，我与本书的几位作者相识，并与他们有密切的学术交流与合作。我很荣幸能得到他们的邀请为他们的新著作序。

近年来，中国、美国、日本、德国等国家在氢能应用领域建立了一系列的示范运行线，一些技术的成熟度已达到商业化水准。我国一些地方政府也大力发展“氢经济”，推动创新发展，占领未来发展的前沿。但我们还是要清醒地看到，氢能包括氢的制取、储运及氢的应用三大关键技术，技术涉及面宽、复杂、难度大，加上氢的基础设施建设涉及氢安全技术，目前氢能应用的成本也还较高。我们仍需做大量的基础性研究和技术开发工作，加快示范建设，积累氢能发展的基础和动能。氢的储存与输运是氢能应用的关键技术之一，也还面临许多挑战和有待解决的问题。本书的几位作者，吴朝玲、李永涛、李媛等，一直从事储氢领域的研究，都是成就突出的中青年学者，在氢储存的基础理论、技术发展、实际应用等方面都有深厚的基础和深入的认识。他们撰写的这本《氢气储存和输运》一书，从“氢经济”的概念出发，涵盖了氢的物理化学性质、三大类氢气储存方式，包括高压储氢、氢气液化储存、固态储氢材料（含物理吸附储氢、金属氢化物储氢、复杂氢化物储氢、储氢与产氢一体化技术）、氢气车船运输、管网输送、氢气储运测评方法及氢能的典型应用案例等。该书既具有基础理论的阐述，又介绍储氢和输运的技术，还有应用和经济性分析，涉及面广、内容丰富翔实，汇集了氢气储存和输运方面的较全面的知识和重要信息，是氢能技术领域的一本重要的新专著。我相信该书对新能源领域的研究人员、新能源专业的教师及学生、氢能领域的企业家和工程技术人员，乃至新能源领域的投资人都有很好的参考价值。

最后，感谢几位作者为我国氢能事业发展付出的辛勤努力，也期待他们在学术上取得更大的成就。

华南理工大学教授

朱敏

2020年4月

前言

纵观人类能源消费历程，实现低碳及无碳能源消费是必然趋势。近年来席卷大半个中国的雾霾天气加速了政府调整产业结构和实现节能减排的步伐。使用氢燃料是实现无碳和高效能源消费的措施之一，氢能也被认为是一种有前途的新能源形式。氢的制取、储运及氢燃料电池是当今氢能利用的最关键的三大技术。2008 年奥运会，3 辆燃料电池汽车示范运行 7.6 万公里。到了 2010 年世博会，这些数字分别上升到 196 辆和 91 万公里。戴姆勒奔驰开发的 F-Cell 系列样车已经进行了总共超过 450 万公里的路试。本田 FCX Clarity 已在国际上具有一定的销量。2015 年丰田公司的 Mirai 正式上市，优良的性价比使其成为氢燃料电池车商业化运营新的里程碑。近几年，中国政府也大力倡导氢能及氢燃料电池汽车的发展，众多企业积极参与。

《氢气储存和输运》重点关注氢能利用中最重要的储运环节，结合最新的研究及应用现状，不仅详细介绍各种储存方法的原理和关键技术，还对其应用前景进行分析和评述。针对目前储氢技术不能完全满足车载储氢和便携式电源等使用要求的现状，介绍了储氢与产氢一体化新技术，从多个角度剖析了各个技术的特点。与国内外已出版的同类书相比，本书增加了氢气的车船运输和管线输送的国内外现状章节，以使读者，特别是新能源领域投资人、企业家和工程技术人员对氢经济领域有全面的了解。本书还介绍了储氢和输氢环节主要的分析测评方法，并介绍了最新的氢的典型应用案例。为了增加本书的参考价值，在附录中列出了氢气和主要氢化物的物化参数、部分储氢材料的主要吸放氢性能、氢气储运的相关标准、国内主要机构及企业等信息。

本书是在国际国内氢能市场化起步大背景下编撰的一本重要的专著，将为新能源领域投资者、氢能领域企业家和工程技术人员、新能源专业教师及本科、硕博士研究生提供全面而深入的氢的储存和输运方面的知识，为我国氢能全面市场化提供理论和技术支撑。

本书共 11 章，第 1 章主要介绍氢经济的概念、氢的物理化学性质和氢能的关键技术及氢气输运的发展趋势。第 2 章主要介绍氢气高压储存原理、关键技术及应用前景。第 3 章主要介绍氢气液化储存原理、关键技术及应用领域。第 4 章主要介绍几种材料的物理吸附储氢原理及应用前景。第 5 章主要介绍几种典型的金属氢化物储氢材料及应用前景。第 6

章主要介绍几种典型的复杂氢化物储氢材料及发展趋势。第7章主要介绍几种直接水解制氢的储氢与产氢一体化技术及应用前景。第8章主要介绍氢气车船运输的方法及关键技术。第9章主要介绍氢气管网输送的方法和关键技术。第10章主要介绍氢气储运的测评方法。第11章主要介绍氢的一些典型应用案例。附录包含了氢气和氢化物物化参数、部分储氢材料的主要吸放氢性能、氢气储运相关标准、主要机构和企业清单。本书第1～3章，第7～11章由四川大学吴朝玲副教授编写，第4、5章由燕山大学李媛副教授编写，第6章由安徽工业大学李永涛教授、滨州学院高志杰副教授、河南工业大学王涵讲师和日本九州大学李海文副教授联合编写，最后由吴朝玲副教授统稿。

在此感谢国家重点研发计划（2018YFB1502101）对本书出版的资助。在本书编撰过程中四川大学陈云贵教授给出了宝贵的意见和建议。感谢化学工业出版社袁海燕编辑的热忱帮助。

在本书的编撰过程中，编者尽量收集国内外相关的文献资料，力求准确有效，即便如此，由于编者水平有限，书中难免有不妥之处，敬请谅解并批评斧正。

吴朝玲

2020年3月

目录

第1章 绪论

1.1 氢与氢经济

氢能、太阳能和核能被认为是21世纪最重要的三大新能源。纵观人类能源发展史，从最初的炭（C）到石油（—CH_2—）和天然气（CH_4），能源形式中含氢量剧增，实现低碳及无碳能源消费是必然趋势。人们有理由相信，零排放的氢将成为未来能源的载体[1]。

炭、石油和天然气都是典型的化石燃料，燃烧产物主要有二氧化碳（CO_2）、硫的氧化物（SO_x）、氮的氧化物（NO_x）、挥发性有机碳化物（VOC）、一氧化碳（CO）和微小的颗粒物。其中，CO_2 是一种温室气体，被认为是导致全球气候变暖的主要物质。SO_x 和 NO_x 会造成区域性酸沉积。空气中 NO_x、CO 和 VOC 反应会形成臭氧，其高氧化性会引起呼吸道疾病，造成农作物减产甚至破坏植被。微小的颗粒物引起的问题更大，会引起呼吸道和心血管疾病，甚至癌症。近年来每到入冬季节人们都深受雾霾困扰，颗粒物 $PM_{2.5}$ 是罪魁祸首。有研究表明，黑色的炭颗粒也会增强全球变暖趋势[2]。此外，化石燃料属于一次能源，用完后不可再生，因此面临着枯竭的危险。因争夺化石能源造成的地区不安定，包括战争的频频出现，也促进了各种替代能源的高速发展。

氢是一种真正的清洁能源，其燃烧产物是水，尤为重要的是不会产生任何污染物。氢的能量密度极高，达到39.4kW·h/kg，约为汽油的3倍，焦炭的4.5倍。表1-1列出了常见储能系统和材料的储能密度[3]。可见，用高储能密度的氢储存能量具有得天独厚的优势。氢资源丰富，宇宙中大于90%（原子分数）或者75%（质量分数）质量是由氢构成的；氢可由水制取，而水是地球上最为丰富的资源，全球约有70%的面积覆盖着水。

表1-1 常见储能系统与材料的储能密度

储能系统	质量能量密度/(MJ/kg)	体积能量密度/(MJ/L)
铅酸电池	0.14	0.36
镍氢电池	0.40	1.55
锂离子电池	0.54～0.9	0.9～1.9
高压氢（3MPa）	120	6.87
液氢	120	8.71

续表

储能系统	质量能量密度/(MJ/kg)	体积能量密度/(MJ/L)
MgH_2	10.63	14.68
$LiAlH_4$	11.04	12.58
NH_3BH_3	18.87	19.57
汽油	43.9	32.05
液化天然气	50.24	22.61

氢经济（hydrogen economy）是能源以氢为媒介储存、运输和转化的一种未来的经济结构设想[4]，是20世纪70年代美国应对石油危机提出的。美国在1990年就通过了氢能研究与发展、示范法案，美国能源部（DOE）就此启动了一系列氢能研究项目。特别在小布什（乔治·沃克·布什）出任美国总统期间，美国政府大力推动了“氢经济”，氢能被认为是未来美国能源的发展方向，美国应当走以氢能为能源基础的经济发展道路。

以此为风向标，欧盟、日本、加拿大、英国、德国、法国等发达国家和组织也制订了氢能研发计划。特别是化石能源奇缺的日本对氢经济尤为重视，2003年6月，日本经济产业省公布了《日本实现燃料电池和氢技术商业化的途径》，计划在2020年实现拥有燃料电池汽车500万辆和建成固定燃料电池系统10000MW，2030年实现拥有燃料电池汽车1500万辆和建成固定燃料电池系统12500MW。2015年，日本丰田的燃料电池汽车“未来（Mirai）”上市，成为全球氢能市场化运行的一个新的里程碑。

我国是能源消费大国，但能源短缺。同时，传统能源结构导致的环境污染问题日趋严重，秋冬季环境污染指数高到频频爆表，雾霾天数的增加正在冲击人们的生存自信。不管从能源短缺还是环境污染方面看，我国都迫切需要选择化石能源以外的清洁能源来改善我们的生存环境。我国在氢能方向的研发始于“七五”，之后一直未曾间断，迄今已完成了多项氢能研发的重大项目，确立了氢能发展为国家优先能源战略的方向，同时也奠定了我国氢能研发在国际上的重要地位。特别是自2010年以来，我国密集出台了一系列政策措施，彰显出国家发展氢经济的决心。2012年国务院发布了《节能与新能源汽车产业发展规划（2012—2020年）》，明确提出“氢燃料电池汽车、车用氢能源产业与国际同步发展”的战略。“十三五”以来，国家出台的一系列国家发展战略规划，包括《“十三五”国家科技创新规划》《“十三五”国家战略性新兴产业发展规划》《中国制造2025》《汽车产业中长期发展规划》《“十三五”交通领域科技创新专项规划》等，均将发展氢经济列为重点任务，将氢燃料电池汽车列为重点支持领域。近几年，国家还出台了大量配套政策，从补贴、免税、政府采购和支持示范项目等多角度扶持加氢站和燃料电池汽车等重点领域。

实现氢经济的技术路线见图1-1。理想的氢经济是以水作为氢源，通过电解水获得高储能密度的氢气，气态氢采用管道输运，也可以压缩成高压氢气、液化成液态氢或者采用固态储氢材料在温和条件下储存后采用车船运输，使用时既可以直接燃烧使用，也可以通过燃料电池高效地转化成电能使用。采用电解水的方法制氢，其能量来源是可再生能源，例如太阳能、风能、核能、水力、海水潮汐能、地热能等。作为二次能源的氢，直接燃烧产物和燃料电池电化学反应产物都是洁净的水，可以直接进入自然循环中，从而完成了氢的循环利用。

需要指出的是，氢的危险性不及天然气，如从 2011 年 3 月日本地震后福岛核电站的事故现场看，爆燃中心在远离地面的高空，比化石燃料燃烧对地面的影响小。

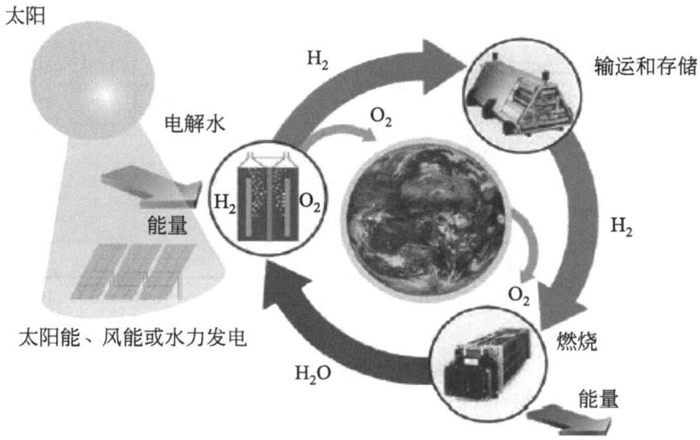

图 1-1 氢循环利用技术路线[1]

氢经济的实现已经到了拨云见日的阶段，但是我们仍然不得不正视面临的一系列技术和经济问题。制氢、输运和储氢、氢的高效使用是氢经济的三大关键技术。在氢能产业化前期，我们还需要沉淀心情、耐心细致地逐一解决每个环节的难题。

1.2 氢的物理和化学性质

1.2.1 氢的物理性质

氢原子位于元素周期表首位，是最轻的元素，原子量为 1.00797。氢有三种同位素，包括氕（H）、氘（D）和氚（T）。氕的原子量约为 1，占自然氢总量的 99.98%；氘的原子量约为 2，占 0.02%；氚的原子量约为 3，自然界中极少存在。氢原子结构简单，仅包含了一个质子和一个电子。氢原子极易形成氢分子 H_2。分子态的氢是人们常说的氢气，是无色、无臭、无味的气体，密度约为空气的 1/14，且扩散能力比其他任何气体都强。氢气可通过降温压缩的方法液化，液化温度为 −252℃，当温度降低至 −259℃时可变为固体，见图 1-2[5]。液态和气态氢的物理和热力学特性详见附录 I[6]。常态下氢气密度约为 0.09kg/m^3，是迄今所知最轻的气体，比热容也最高，达到 14.4kJ/(kg·K)。据预测，金属氢在固态物质中具有最优异的高温超导特性，遗憾的是金属氢存在条件苛刻，极难获得和保存。

1.2.2 氢的化学性质

氢原子的外层电子结构为 $1s^1$，既可以获得一个电子，也可以失去一个电子，因此其化学性质非常活泼，几乎可以与元素周期表中除惰性气体和少量金属以外的所有元素发生反应，见图 1-3[1]。氢可以质子（H^+）、负离子（H^-）、金属原子（H^0）和共价（H—H）状态存在。下面举例说明。

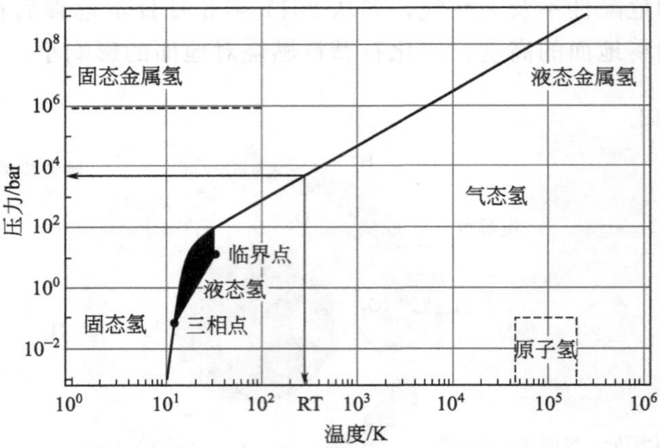

图 1-2　氢的相图

（1bar＝10^5Pa）

1	2	3	4	5	6	7	8	9	10	11	12	13	14	15	16	17	18
H																	He
LiH	BeH_2											BH_3	CH_4	NH_3	H_2O	HF	Ne
NaH	MgH_2											AlH_3	SiH_4	PH_3	H_2S	HCl	Ar
KH	CaH_2	ScH_2	TiH_2	VH VH_2	CrH (CrH_2)	Mn	Fe	Co	$NiH_{<3}$	CuH	ZnH_2	(GaH_3)	GeH_4	AsH_3	H_2Se	HBr	Kr
RbH	SrH_2	YH_2 YH_3	ZrH_2	(NbH_2)	Mo	Tc	Ru	Rh	$PdH_{<1}$	Ag	(CdH_2)	(InH_3)	SnH_4	SbH_3	H_2Te	HI	Xe
CsH	BaH_2	LaH_2 LaH_3	HfH_2	TaH	W	Re	Os	Ir	Pt	(AuH_3)	(HgH_2)	(TlH_3)	PbH_4	BiH_3	H_2Po	HAt	Rn
Fr	Ra	AcH_2															

CeH_3	PrH_2 PrH_3	NdH_2 NdH_3	Pm	SmH_2 SmH_3	EuH_2	GdH_2 GdH_3	TbH_2 TbH_3	DyH_2 DyH_3	HoH_2 HoH_3	ErH_2 ErH_3	TmH_2 TmH_3	(YdH_2) YdH_3	LuH_2 LuH_3	
ThH_2	PaH_2	UH_2	NpH_2 NpH_3	PuH_2 PuH_3	AmH_2 AmH_3	Cm	Bk	Cf	Es	Fm	Md	No	Lr	

图 1-3　氢与各元素形成的氢化物[1]

（1）氢与卤素反应

氢与卤素单质能发生反应生成卤化物，见式（1-1）：

$$H_2+X_2 \longrightarrow 2HX \qquad X=F,Cl,Br,I \tag{1-1}$$

氢与单质氟能快速地发生反应，即使在暗处也能立即反应，在温度低到－250℃时，H_2 也能同液态或固态单质氟反应。氢气与卤素的混合物经点燃或光照都会猛烈地互相化合，反应都是放热反应。H_2 与 Cl_2 在一定浓度配比时会发生爆炸性反应。在暗处，氢和单质溴 Br_2 的混合物要在高于 400℃时才会发生爆炸性化合反应，和碘要在高于 500℃时才发生反应[7]。

（2）氢与氧反应

氢与氧的反应如式(1-2) 所示：

$$H_2+\frac{1}{2}O_2 \longrightarrow H_2O \tag{1-2}$$

该反应在 550℃以上发生，生成焓为－285kJ/mol，伴随着火焰蔓延、爆炸或者爆鸣。

火焰温度受水蒸气热分解控制，最高可达 2700℃。

(3) 合成氨反应

在高温和合适的催化剂作用下，氢气可与氮气反应生成氨，即工业上非常重要的合成氨的反应，生成焓为－46kJ/mol。

$$3H_2 + N_2 \longrightarrow 2NH_3 \tag{1-3}$$

(4) 甲烷化反应

氢与碳在高温下反应生成甲烷，该反应平衡低温时在甲烷一侧，高温时在氢和碳一侧。以反应物石墨为例，平衡点在 150℃时为 2×10^5 bar（1bar＝1×10^5Pa，余同），1000℃时为 9.4×10^{-3} bar。

$$2H_2 + C \longrightarrow CH_4 \tag{1-4}$$

CO 和 CO_2 与氢可发生催化反应，根据不同的反应条件、催化剂种类和反应物比例可获得不同的反应产物。不饱和烃类也可以通过氢化反应成为饱和或部分饱和烃类。在石化工业中，加氢和脱氢反应尤显重要。

(5) 氢与金属反应

许多金属可与氢反应生成氢化物，详见图 1-3。根据氢键性质的不同，氢化物可分为四类：离子氢化物、共价氢化物、金属氢化物和复杂氢化物。

强正电性的碱金属（如 Li、Na、K）和碱土金属（如 Ca、Sr、Ba）在高温下与氢反应生成离子氢化物。这类氢化物性质与盐类似，含负氢离子（H^-），通常为晶体，生成热和熔点高，是强还原剂。所有的离子氢化物都可以与水反应释放氢气。

共价氢化物既可以是固态，也可以是液态或者气态。常见的共价氢化物有硼烷、铝烷和硅烷等。Be 和 Mg 的氢化物价键比较特殊，显示出介于共价键和离子键之间的价态。共价氢化物中氢和原子呈现非极性电子共享状态。为了获得稳定的分子结构，一般会形成三中心双电子桥键，如乙硼烷（B_2H_6）；或者形成氢化阴离子，如 BH_4^- 和 AlH_4^-；或者形成聚合物结构，如 $(AlH_3)_x$。

过渡金属与氢反应可形成金属氢化物。氢首先会固溶到纯金属晶格中，然后发生突然的相变过程，可获得具有定化学计量比的氢化物，如 ZrH_2、$PdH_{0.5}$、$LaNi_5H_6$、VH、VH_2 等。金属氢化物中的氢以原子状态（H^0）存在。

复杂氢化物中既有离子键，也有共价键，典型的复杂氢化物有 $LiBH_4$、$LiNH_2$ 等。

1.2.3 氢的安全性

室温下氢在纯氧中的燃烧限是 4.65%～93.9%（体积分数），在纯氘中是 5.0%～95%（体积分数）。就化学性质而言，氢的同位素 H、D、T 几乎一致。氢与空气的混合物在氢体积分数为 18.3%～59%范围内时成为爆鸣气，是爆炸性混合物，一经引燃立即爆炸，所以在操作时必须避免氢气直接释放在室内和相对密闭的空间。

氢的安全性问题一直让人们内心纠结，氢经济未能实现与大众视氢为洪水猛兽不无关联。实际上早在 20 世纪 70 年代就有科学家对氢是否安全进行了评估，表 1-2 列出了氢气、甲烷、丙烷和汽油的燃烧和爆炸特性[8]。综合评估表明，氢和其他人们惯常使用的化石燃料相比具有同等级的安全性。只要充分认识到氢的特性并且按照操作规范使用氢，氢给人类带来的益处会更多。

表1-2 氢燃烧爆炸特性对比表

项目	氢气	甲烷	丙烷	汽油
标准条件下气体的密度/(kg/m^3)	0.084	0.65	2.42	4.4①
汽化热/(kJ/kg)	445.6	509.9		250～400
低热值/(kJ/kg)	119.93×10^3	50.02×10^3	46.35×10^3	44.5×10^3
高热值/(kJ/kg)	141.8×10^3	55.3×10^3	50.41×10^3	48×10^3
标准条件下气体的热导率/[mW/(cm·K)]	1.897	0.33	0.18	0.112
标准条件下在空气中的扩散系数/(cm^2/s)	0.61	0.16	0.12	0.05
空气中的可燃极限(体积分数)/%	4.0～75	5.3～15	2.1～9.5	1～7.6
空气中的爆鸣极限（体积分数）/%	18.3～59	6.3～13.5		1.1～3.3
极限氧指数(体积分数)/%	5	12.1		11.6②
空气中最易点燃的化学计量比(体积分数)/%	29.53	9.48	4.03	1.76
空气中的最小点火能量/mJ	0.02	0.29	0.26	0.24
自燃温度/K	858	813	760	500～744
空气中的火焰温度/K	2318	2148	2385	2470
标准条件下在空气中的最大燃烧速度/(m/s)	3.46	0.45	0.47	1.76
标准条件下在空气中的起爆速度/(m/s)	1.48～2.15	1.4～1.64	1.85	1.4～1.7③
质量爆炸能(以 TNT 计)④/(g/g)	24	11	10	10
体积爆炸能(以 TNT 计)④/(g/m^3)	2.02	7.03	20.5	44.2

① 100kPa 与 15.5℃。

② 平均值为 $C_1\sim C_4$ 和更高的烃类的混合物，包括苯。

③ 基于正戊烷与苯的性质。

④ 理论爆炸能（标准条件下）。

1.3 氢能的关键技术

氢能的使用一般包含了三个关键环节：氢的制取、氢的储存和运输以及氢的应用。在实现氢经济的路途上，需要分别解决这三个关键环节中的有关技术和经济问题，氢能才能真正走进人们的日常生活。

1.3.1 氢的制取技术

氢是化工、石油、冶金、制药、电子和食品行业的重要原料，特别在合成氨工业中用量最大。氢是石油精炼的副产物，产量很大。但随着汽车排放政策的进一步严格，氢大量用于燃油的脱硫脱氮工艺，使石化工业对氢的需求增大。另据预测，氢在除石油精炼工业以外的其他工业领域需求将以每年10%～15%的增量增加[9]。如果人们对化石燃料的需求量全部由氢能来代替的话，则每年需要生产 3×10^{12} kg 氢，这一需求量约是目前产氢能力的 100 倍[1]。

随着人们对能源的环保性和可持续性的呼声日益高涨，氢能有望与电能并驾齐驱，成为未来几十年主要的能源载体[10]。人们探索的制氢方法很多，技术成熟度最高、经济性最好的是煤和石油等化石燃料制氢，电解水制氢技术也比较成熟，一些新的制氢技术也在研发中，如利用光催化水解制氢、生物质重整制氢、微生物制氢、热化学制氢等。

化石燃料中的碳氢燃料由于容易获取、价格更具竞争性、方便储存和运输、H/C 比高，在近期和中期制氢工业中仍是主角。图 1-4 给出了世界制氢行业结构。可见，碳氢燃料制氢占比 78%（天然气 48%、石油 30%），具有绝对的主导地位；小部分氢是由电解水制得的，

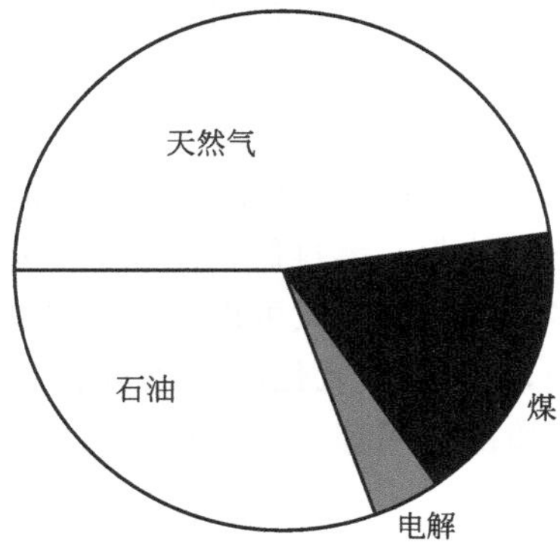

图 1-4 世界制氢行业结构图[11]

比例约 4%，且不得不正视的是用于电解水的能源大多来自化石燃料发电。图 1-5 中对比了碳氢燃料和煤水蒸气重整及电解水制氢的能耗，明显的是碳氢燃料能耗最低，而电解水能耗最高。图 1-6 比较了几种碳氢燃料和煤作为原料的蒸汽重整制氢的理论产氢量，可见，随着原料中 H/C 比递增，产氢量也递增，可以推测，CO_2 排放量则减少。因此，从节能、提高产氢量和降低碳排放的角度看，采用轻质的碳氢燃料水蒸气重整制氢是更理想的选择。

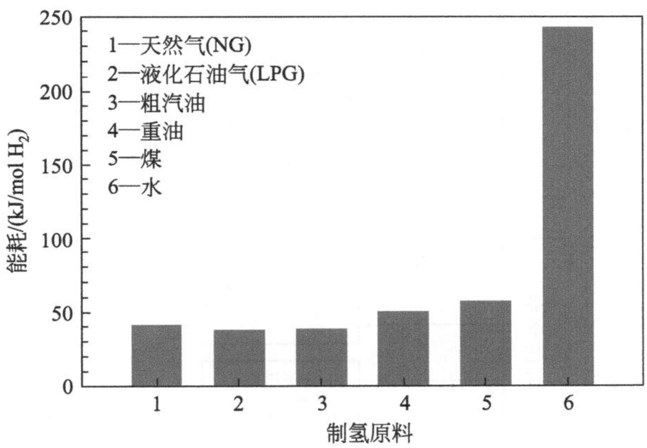

图 1-5 不同进料制氢方法的理论耗能量[10]

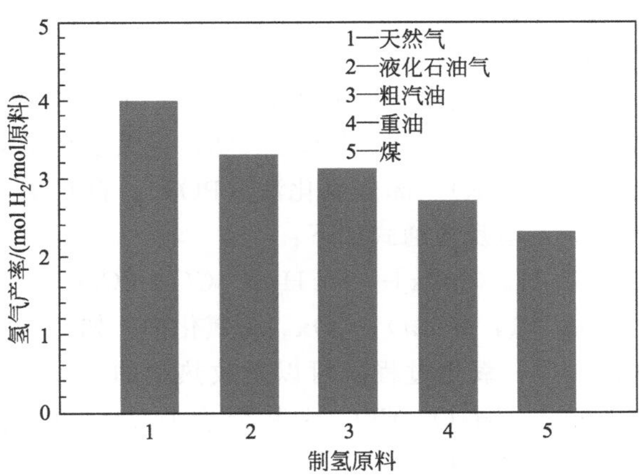

图 1-6 采用不同进料种类的蒸汽重整制氢最大理论产氢量[10]

下面对化石燃料制氢和电解水制氢技术进行简要的介绍。

1.3.1.1 化石燃料制氢

化石燃料制氢包含碳氢燃料制氢和煤重整制氢两类。前已述及，如图 1-5 和图 1-6 所示，煤水蒸气重整制氢产氢量比其他化石燃料低，能耗也是最高的，这里不再赘述。

碳氢燃料制氢的方法比较多，分类的方式可以按照反应是吸热还是放热、催化还是非催化、氧化还是非氧化来分。其中，氧化-非氧化碳氢燃料制氢最好地诠释了过程化学、能量输入种类、催化剂的作用、对环境的作用等，本节将以此分类法介绍碳氢燃料制氢技术，见图 1-7 所列。

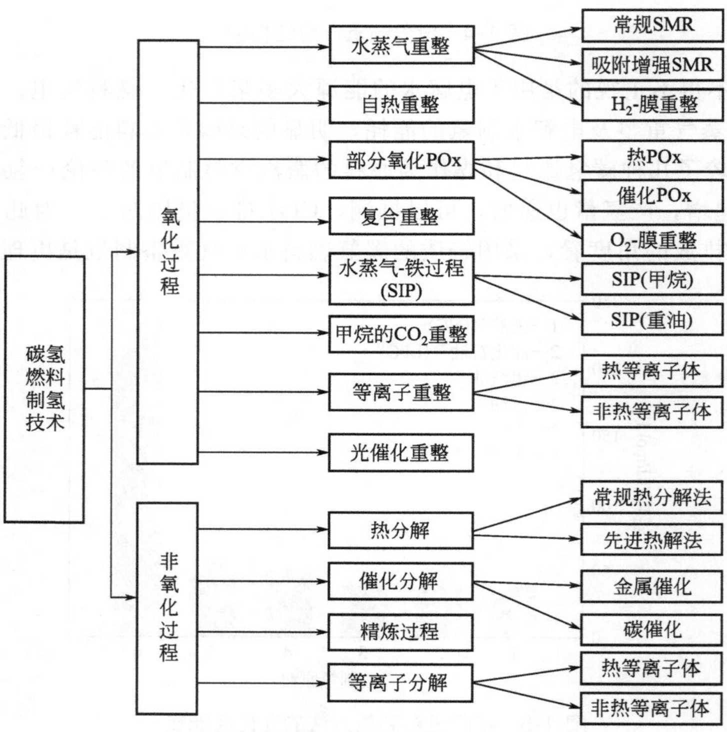

图 1-7 碳氢燃料制氢技术分类图[10]

(1) 氧化碳氢燃料制氢

氧化碳氢燃料制氢反应发生在高温（通常高于 700℃）下和氧化环境中，如氧气（或空气）、水蒸气、CO_2 或者它们的组合。该类技术已成熟，绝大多数工业上采用的制氢技术归于此类，如水蒸气甲烷重整（SMR）、部分氧化法（POx）、自热重整（ATR）、水蒸气-铁法（SIP）等。氧化碳氢燃料制氢反应通式如下：

$$C_nH_m + [Ox] \longrightarrow xH_2 + yCO + zCO_2 \tag{1-5}$$

式中，C_nH_m 为烃类（$n \geqslant 1$，$m \geqslant n$）；[Ox] 为氧化剂，如 O_2、H_2O 和 CO_2。

根据氧化剂 [Ox] 的性质，氧化过程既可以是放热型的，如当 [Ox] $=O_2$ 时；也可以是吸热型的，如当 [Ox] $=H_2O$、CO_2 或其混合物时；或者近热中性型的，如当 [Ox] $=O_2$-H_2O、O_2-CO_2 或 O_2-H_2O-CO_2 以一定摩尔比混合时。目前工业上碳氢燃料制氢的大多数原料是甲烷和一些饱和碳氢燃料（烷类），由于它们化学性质不活泼，此类氧化转化反应需要在高温下进行。水和 CO_2 也是高惰性化合物，需要在高温下才能被激活以及与其他物质反应。因此，甲烷与水蒸气或者 CO_2 发生直接的热反应需要极高的温度（超过1000℃），为了降低能耗，工业上广泛地采用了催化剂，使反应温度可以下降到750～950℃。

水蒸气甲烷重整（SMR）是制氢工业中最重要和应用最广泛的制氢技术，其产量占据了世界制氢产量的 40%以上[12]，技术成熟度高，装机容量范围广，从小型的<1t/h H_2 到集中为合成氨企业提供 10t/h H_2 产量均可满足[13]。本节仅以 SMR 为例介绍其原理和生产工艺流程。

图 1-8 描绘了 SMR 的两种技术路线，两者区别在于对终产物处理方式有异：①SMR 工艺中包含了溶剂去除 CO_2 流程和甲烷转化器(a)；②SMR 配置了变压吸附（PSA）系统(b)。SMR 主要由如下四个单元构成：天然气（NG）原料脱硫单元、催化重整单元、CO 转化（也称为水-气转换，WGS）单元和气体分离/H_2 净化单元。由于重整和 WGS 的催化剂极易硫中毒，因此需要对原料高度脱硫，这一流程在脱硫单元（DSU）中完成。含硫有机物（如硫醇）首先被催化氢化为 H_2S，催化剂如 Co-Mo，反应温度为 290～370℃[14]。该流程所需氢来自一小股水蒸气分解的产物氢。然后 H_2S 在 340～390℃被 ZnO 床洗涤，发生如下反应：

$$H_2S+ZnO \longrightarrow ZnS+H_2O \tag{1-6}$$

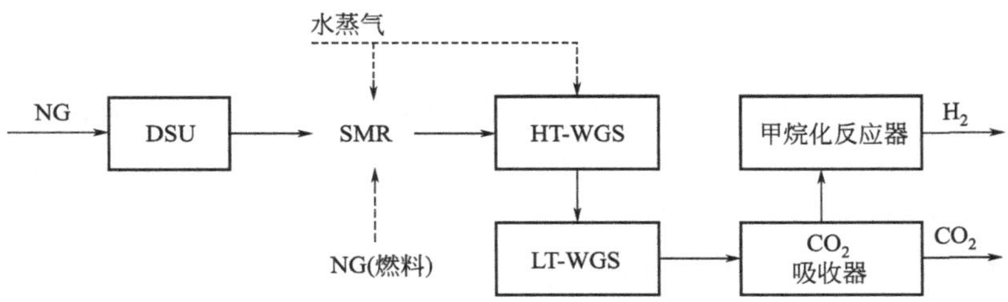

(a) 溶剂去除CO_2和甲烷化单元

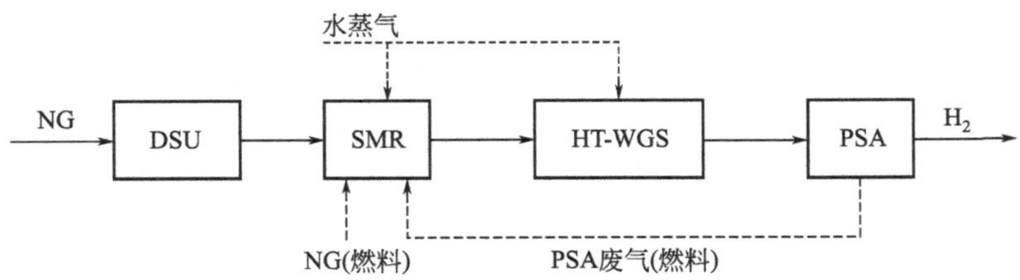

(b) SMR与PSA单元

图 1-8 SMR 的两种技术路线

一些情况下，在天然气原料中有痕量的卤化物（如氯化物），它们通常被铝床去除。

脱硫后，天然气被导入催化重整单元，在这里水蒸气与天然气发生反应生成合成气。如果天然气中含较多的高碳烃，则需增加一个步骤，称为预重整，以去除高碳烃类。因为高碳烃的活性比甲烷大，所以更易在重整催化剂的作用下分解，导致催化剂表面沉积碳，从而使催化剂失活。天然气中高碳烃含量可能达到 10%，甚至更高[15]。预重整过程在绝热的反应器中把高碳烃转化为 CH_4、CO_x 和 H_2，温度范围 300～525℃，使用铝支撑的高镍促进剂[14]。SMR 中引入预重整的好处在于：①允许原料种类多样化；②去除高碳烃的过程由于减少了碳沉积，可降低 SMR 单元整体的水碳比，因此可提高生产效率。

预处理后的天然气给料与 2.6MPa 的水蒸气混合，混合气在 500℃下预热，然后导入催化重整反应器里。在重整反应器里，水蒸气-甲烷混合气流过外加热的 Ni 催化重整管，在 850～900℃转变为 CO 和 H_2，反应式如下：

$$CH_4 + H_2O \longrightarrow 3H_2 + CO \quad \Delta H^{\ominus} = 206kJ/mol \tag{1-7}$$

上述反应是高吸热反应，且降低压力有助于产氢。然而，在大多工业应用领域，要求氢压至少达到 2.0MPa，因此，重整器内压力比之略高，通常为 2.0～2.6MPa。高压可以允许反应器设计得更紧凑，从而提高反应器产出量，降低材料成本。催化剂表面的碳沉积来源有两个，其一是甲烷分解产物，其二是 CO 歧化反应，如下式：

$$2CO \rightleftharpoons C + CO_2 \quad \Delta H^{\ominus} = -172kJ/mol \tag{1-8}$$

含 H_2、CO 和水蒸气（通常还有约 4%未转化的甲烷）的混合气导出反应器时温度约 800～900℃，并被快速冷却至约 350℃，然后被导入 WGS 反应器，在此反应器里 CO 与水蒸气发生催化反应生成 H_2 和 CO_2，见下式：

$$CO + H_2O \longrightarrow H_2 + CO_2 \quad \Delta H^{\ominus} = -41.2kJ/mol \tag{1-9}$$

为了提高 CO 的转化率，一般需要高、低温水热转换器（HT-WGS 和 LT-WGS）交替使用，见图 1-8(a)。HT-WGS 反应器入口温度为 340～360℃，使用铁-铬基催化剂[13]。典型的 LT-WGS 催化剂含 CuO（15%～30%）、ZnO（30%～60%）和 Al_2O_3（其余），可以在 200～300℃范围内获得理想的反应速率[16]。采用高、低温水热转换器可以使 CO 的转化率达到 92%[16]，并且使 CO 在气体中的含量降低至 0.1%（体积分数）。

H_2 从 CO_2 中分离并且纯化是整个流程的最后阶段，称为气体分离单元。SMR 工艺中，旧方法是在 WGS 反应器后面采用溶剂去除水蒸气中的酸性气体 CO_2，见图 1-8(a)。商业中常用的溶剂有单乙醇胺、水、氨溶液、碳酸钾溶液和甲醇。纯化后 CO_2 浓度可降至 100×10^{-6}。残余的 CO_2 和 CO 进入甲烷转化反应器里，在氢气氛下转化为 CH_4，条件为：320℃，氧化物支撑的 Ni 或者 Ru 催化剂。

现代的 SMR 工厂引入了 PSA 单元来纯化含有 CO_2、CO 和 CH_4 的氢气（提前需做除湿处理），如图 1-8(b) 所示。PSA 单元含多个平行的吸附床，大多填充了孔径尺寸适中的分子筛，工作压力为 20atm（1atm＝101325Pa）。PSA 单元的废气组成为 CO_2 55%、H_2 27%、CH_4 14%、CO 3%、N_2 0.4%（摩尔分数）和少量水蒸气[17]，这些废气在主重整炉中作为燃料使用。总的来说，SMR 工艺采用 PSA，相当于只用了 HT-WGS 段，在一定程度上简化了工艺流程。

能量转换效率是制氢工业重点考虑的一大主要因素。以产氢能力为 $1.5 \times 10^6 m^3/d$ 为例，如按高热值计算，其 SMR 的转换效率为 89%；如其水蒸气不能使用，则能量转换效率降低至 79.2%。如需输入水蒸气作为能源供给的话，Scholz 估算 SMR 的能量转换效率为 81.2%[18]。

(2) 非氧化碳氢燃料制氢

非氧化碳氢燃料制氢通常是输入能量（热能、等离子体、辐射等）使烃类的 C—H 键断裂获得氢气，这一过程不需要氧化剂的参与。非氧化碳氢燃料制氢过程可以分为碳氢燃料的热分解过程、催化分解过程或者等离子体分解过程等，其化学通式如下：

$$C_nH_m + [energy] \longrightarrow xH_2 + yC + zC_pH_q \tag{1-10}$$

式中，C_nH_m 为初始烃类原料（$n \geqslant 1$，$m \geqslant n$）；C_pH_q 为性质相对稳定的原料分解产物（$z \geqslant 0$，$p \geqslant 1$，$q \geqslant p$，多数情况下，C_pH_q 是 CH_4 或者 C_2H_2）；[energy] 为输入的能量，如热能、电能（如等离子体）或者辐射能。

多数情况下，非氧化转化过程发生吸热反应，需要输入某种能量以使原料发生分解。一般地，特别是当甲烷或者其他轻质的烷类作为原料时，这些反应需要较高的温度（>500℃）。

下面以甲烷热解制氢为例介绍非氧化碳氢燃料制氢过程。

甲烷中的 C—H 键离解能 $E=436kJ/mol$，是所有有机物中最高的，因此热解是最难的。甲烷分解反应是一个较温和的吸热过程：

$$CH_4 \longrightarrow C+2H_2 \qquad \Delta H^{\ominus}=75.6kJ/mol \tag{1-11}$$

图 1-9 显示了甲烷在大气压下分解反应的热力学平衡数据。当温度高于 800℃时，氢和碳的摩尔分数达到最大平衡值。甲烷热解反应中产生每摩尔氢所需的能量（37.8kJ/mol）比 SMR 反应（68.7kJ/mol）低得多。该反应的产物除了氢外，还有一个重要的副产物：纯炭。因为过程中无 CO 生成，因此无需 WGS 反应单元和高能耗的气体分离单元。天然气热解工艺自 20 世纪 50 年代就已被产业化，用于生产炭黑，氢是副产物，也被用作该工艺的燃料[19]。该工艺在一个半连续模式下运行，使用了两个串联的高温反应器。先用燃料-空气火焰把一个反应器加热至热分解温度 1400℃，然后切断空气，这时烃类在耐火砖上被热分解为氢气和炭黑颗粒。同时，另一个反应器被加热至热解温度，烃类原料从前一反应器反向流入正在加热的反应器，整个过程是循环进行的。炭黑主要用于轮胎和颜料工业。目前，甲烷热解的主产物炭黑用途狭窄，已被效率更高的、能够连续生产的重油部分氧化工艺所取代。

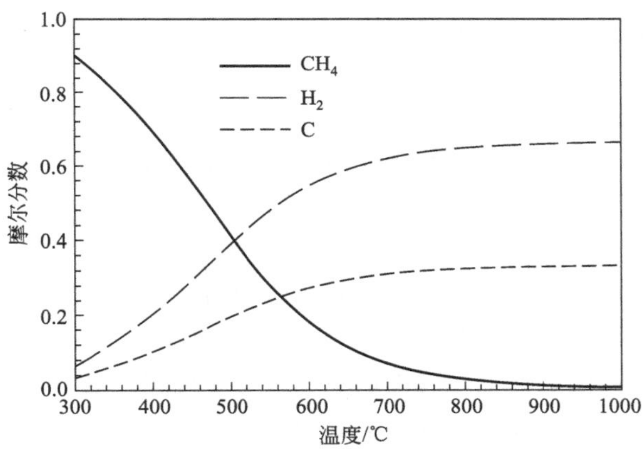

图 1-9 甲烷在大气压下分解反应的热力学平衡曲线[10]

1.3.1.2 电解水制氢

水分解产生氢气是真正实现氢经济的关键环节。地球上有丰富的水资源，通过电能可以直接分解为氢和氧，这一过程称为电解水。电解水制氢在电解槽中完成，目前已有三种电解槽，即碱性电解槽、固体聚合物电解槽和固体氧化物电解槽。其中，碱性电解槽技术最成熟，已被大量使用；固体聚合物电解槽技术相对成熟，已在发展自己的市场；固体氧化物电解槽是一种新技术，正在研发过程中。本节主要介绍前两种技术。

（1）电解水的概念和基本原理

电解水的一般过程如下：水进入电解池中，当电压足够高（高于开路电压 E_0）时，在负极析出氢气，正极析出氧气。离子通过电解质和隔膜传输，以保证两极的气体分隔。电解池的工作原理见图 1-10。

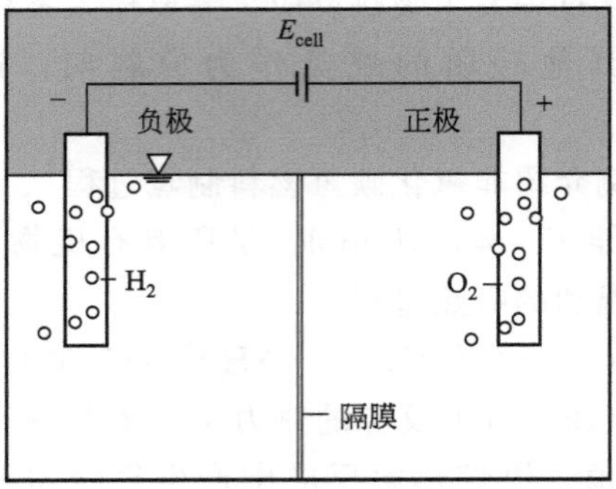

图 1-10 电解池工作原理图[1]

分解水所需的最小能量是由下述反应的吉布斯自由能 ΔG_R 决定的。

$$H_2O \longrightarrow 0.5O_2 + H_2 \tag{1-12}$$

在标准状态（298.15K，101.3kPa）下，ΔG_R 的值为 +237.19kJ/mol[20]。开路电压 E_0 可用下式表示：

$$E_0 = \Delta G_R / (nF) \tag{1-13}$$

式中，n 为每摩尔水分解迁移的电子数量；F 为法拉第常数（96485C/mol）。因此可以算出标准状态下，水电解为氢和氧的标准开路电压为 1.23V。由于吉布斯自由能是温度和压力的函数，因此开路电压也是两者的函数。当温度升高时，E_0 降低；而当压力升高时，E_0 则升高。

1mol 水中的能量是由生成焓决定的，与反应吉布斯自由能取决于热力学温度和反应熵不同。根据热力学第二基本定律，一部分反应焓可以作为热能，其最大值为 $\Delta Q_R = T\Delta S_R$，见下式：

$$\Delta H_R = \Delta G_R + T\Delta S_R \tag{1-14}$$

因此，反应所需要的总能量可以用电能和热能相结合的方式提供。所需电能可以通过升高温度来降低。这个方法更令人满意，因为热通常是工业副产物，且比电的能量损失小[21]。

实际上，电解水所需电能比上述理论最小能量要高得多。电解池的总电压取决于电解池中的电流、欧姆电阻引起的压降、正极和负极的过电位，见下式：

$$E_{cell} = E_0 + iR + |E^{OV}_{负极}| + |E^{OV}_{正极}| \tag{1-15}$$

式中，$|E^{OV}_{负极}|$ 和 $|E^{OV}_{正极}|$ 分别代表负极和正极的过电位，也称为析氢过电位和析氧过电位，其大小表征了用于激活电极反应和克服浓度梯度所需要的额外电能[22]。欧姆压降 iR 是电解质和电极的电导率、两极间距、隔膜的电导率以及电解池各组件接触电阻的函数。

电解水的能量效率定义为单位时间产生的氢气所含的能量大小与所需电能的比值，见下式：

$$\varepsilon = (\Delta H_R n_{H_2}) / P_{电} \tag{1-16}$$

式中，ΔH_R 为常用氢的低热值；n_{H_2} 为所产生的氢气的摩尔数；$P_{电}$ 为输入的电能。商用电解池的能量效率大约在 65%～75%[23]。

（2）碱性电解水制氢

碱性电解水制氢是一个成熟的技术，工业上已被广泛使用，其电解质使用的是碱溶液。多数企业使用的是 20%～40% KOH 水溶液电解池。两种气体被隔膜分隔开，隔膜过去通常使用的是石棉。由于石棉被禁用，现在多用聚砜或者氧化镍作为替代品。典型的工作温度为 80～100℃，电极材料大多采用雷尼镍[24]。

多个单电解池组合在一起构成电解槽，电解槽分为单级和双极两种，其结构如图 1-11[25]所示。单级电解槽由单电解池并联组成，电解槽对环境开放。单级电解槽需要严格管理高电流，且不能高压运行。至今，仅少数企业采用这种方法。多数企业采用双极电解槽，所谓双极电解槽是指一个电极同时作为阳极和阴极。多个单电池顺序堆叠起来的排布方式称为一个堆，其优势在于车间可以设计得紧凑。双极电解槽电流小，但电压高，需要加强管理。由于电极间距决定了电解池堆的欧姆损失，人们设计了一种称为“零间距（zero-gap）”的电解槽，即电极是直接放置在隔膜上的[26]。

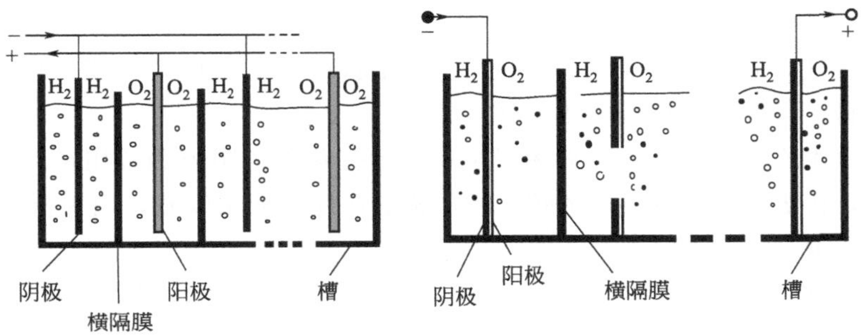

图 1-11 碱性电解槽结构示意图[25]

投资成本和能量效率是产氢能力的函数，图 1-12 和图 1-13 给出了由供应商提供的数据分别测算的曲线。单位产氢量的投资成本与电解槽的大小相关，特别是规模小的电解槽成本成倍增长，当产氢能力超过 $100m^3/h$ 后，成本差别会降低；能量效率则与电解槽的大小关系不大，不同规模电解槽的效率基本一致。

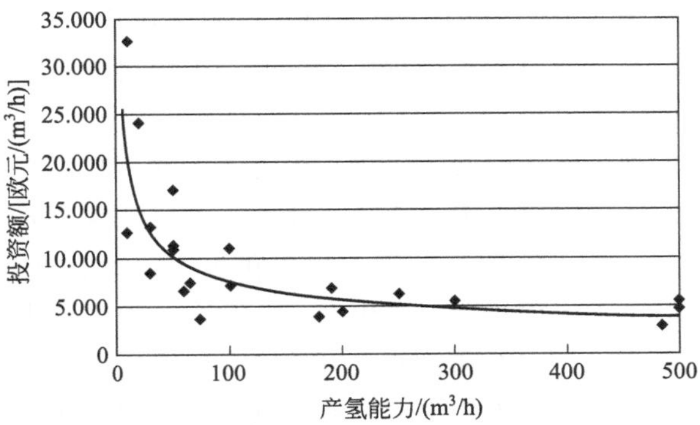

图 1-12 碱性电解槽投资成本（按照 2002 年不同供应商报价测算）[1]

（3）固体聚合物电解水制氢

这是一种采用固体聚合物作为电解质来电解水的技术。固体电解质具有低腐蚀性、电解质浓度恒定（因此无需像碱性电解水那样要控制碱溶液浓度）、电解质同时当隔膜用等优点，目前已市场化。可选择的电解质材料一般是离子交换膜。

固体聚合物电解水（SPE）最早是在 1967 年提出的，采用的是全氟化的硫酸聚合物。阳极和阴极直接放置在薄层的电解质膜上，去离子水在电解池中循环。水在阳极分解为氢离

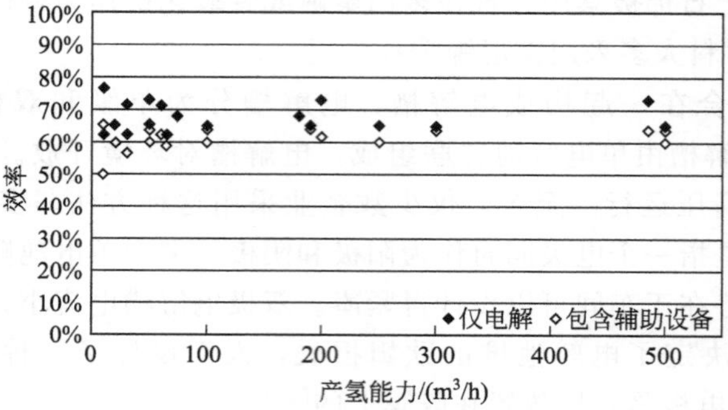

图 1-13 不同生产规模的碱性电解槽的能量效率[1]

子（质子）和氧气。质子以水合化合物的形态（H_3O^+）通过电解质膜中位置固定的 SO_3^- 离子团发生迁移，最后在阴极侧生成氢气。

与碱性电解水不同，SPE 中需要用贵金属作为催化剂，阴极侧常用铂，阳极侧常用铱。为了降低成本，析氢侧改用碳负载的铂。然而析氧侧还不能用碳载，因为析氧电压为 1.7～2.0V，会导致碳的快速腐蚀。

SPE 电解槽比碱性电解槽材料成本高，但气体质量更好，允许高产氢压力，因为固体电解质比碱溶液更易密封。

SPE 电解槽目前主要占据着低产氢量需求的市场，主要涉及现场供氢和航空航天应用领域。目前商业化 SPE 电解槽的能量转换效率比先进的碱性电解槽低。但据 Crockett 等[27]报道，SPE 的转换效率可以达到 85%～93%，因此该技术的上升空间还是巨大的。

1.3.1.3 制氢技术的发展趋势

化石燃料制氢的技术成熟度最高，易规模化，成本可以得到很好的控制，占据着全世界产氢量的主要份额。但是由于化石燃料储量有限，且制氢过程中产生的含碳副产物无可避免，因此过度发展化石燃料制氢技术不具有可持续性。采用化石燃料制备的氢气中杂质种类和含量也比电解水生产的氢中多。

电解水制氢技术是实现氢经济的必然选择。水资源丰富，制氢原料是水，燃烧产物也是水，因此在氢经济中，水可以看作是无消耗的。此外，电解水生产的氢纯度很高。电解水制氢技术中，碱性电解水制氢技术成熟，易实现规模化生产；固态聚合物电解水技术相对成熟，适合小规模制氢，但由于使用贵金属催化剂，成本高；固体氧化物电解水技术是一个新兴的技术，能量转换效率高，经济性和长期服役的综合性能测评还需要进一步验证。电解水的电能供给方式是多样的，除了常用的化石燃料发电外，人们还在探讨使用清洁的可替代能源的可行性，如太阳能制氢[10,28]、光催化制氢[29]、核能制氢[10]、风能制氢[10] 等。

此外，生物质制氢技术[10] 与化石燃料制氢技术相似，但由于原材料具有可持续性，也不失为制氢的一个选择方案。其缺点是生物质有限，不能满足人类对能源的需求，但作为辅助制氢技术还是可行的。

1.3.2 氢的储存和运输技术

在氢经济中，制氢环节结束后，需要远程输送或者直接储存起来。由于标准状态下氢气的体积能量密度很低，是汽油的 1/3000，因此实现氢经济的一个先决条件是在较高的体积能量密度下输送和储存氢气。如果氢的应用环境是汽车等运输部门，不仅对体积能量密度有较高的要求，在质量密度上更是希望氢的输送和储存技术能与化石燃料（如燃油和燃气）相当。表 1-3[30,31]列出了美国能源部（DOE）对车载储氢技术的要求。该要求对储氢系统的体积储氢密度、质量储氢密度、成本控制目标、工作温度范围、使用寿命、吸氢饱和时间等设置了具体的参数，其目的是希望燃氢汽车性能与燃油汽车相近，包括燃料补给等候时间、行驶里程数等，从而可不改变人们对汽车使用的习惯。但前已述及，氢气密度很低，逸出速度快，大大增加了氢气的储存和输运难度，实现 DOE 车载储氢要求困难不小，迄今尚未找到能够完全满足所有要求的储氢系统。此外，对于氢的输送与储存来讲，能量效率也是一个重要的因素。通常以氢所具有的燃烧热为基准，用输送与储存所消耗的能量占氢的燃烧热（12MJ/m^3、142MJ/kg）的比例作为指标。氢的输送与储存所消耗的能量占氢的燃烧热的 10%以内为理想状态[32]。因此，发展安全、高效的储氢技术是实现氢经济的又一关键环节。

表1-3 美国能源部（DOE）2003 年拟订的车载储氢系统目标与 2009 年修订后的目标[30,31]

项目	2003 年拟订的目标			2009 年拟订的目标		
	2007 年	2010 年	2015 年	2010 年	2015 年	最终目标
质量储氢密度/%①	4.5	6	9	4.5	5.5	7.5
体积储氢密度/（kg/m^3）	36	45	81	28	40	70
储存系统成本/(美元/kgH_2)	200	133	67	待定	待定	待定
最低/最高工作温度/℃	−20/50	−30/50	−40/60	−40/85	−40/85	−40/85
使用寿命/次数	500	1000	1500	1000	1500	1500
吸氢饱和时间/min	10	3	2.5	4.2	3.3	2.5
氢气纯度/%	98	98	98	99.97	99.97	99.97

① 本书未特殊说明时，%均指质量分数。

1.3.2.1 氢的储存技术

氢的储存方式根据其存在状态可以分为三大类：气态储氢、液态储氢和固态储氢。其中，固态储氢方式很多，分为物理吸附储氢、金属氢化物储氢、复杂氢化物储氢、直接水解制氢（即储氢与产氢一体化）等多种类型。表 1-4 列出了六种最典型的可逆储氢方式，每种储氢方式各有优劣势。由于本书后续章节对这六种储氢方式有详细描述，这里仅做简单介绍。

表1-4 六种可逆的储氢方式比较[1]

储氢方式	体积储氢密度/（kg/m^3）	质量储氢密度/%	压力/bar	温度/K
高压气态储氢	约 33	13	800	298
液态储氢	71	约 40	1	21
金属氢化物储氢	150	< 3	1	298
物理吸附储氢	20	4	70	65
复杂氢化物储氢	150	18	1	298
直接水解制氢	＞100	14	1	298

(1) 高压气态储氢

高压气态储氢是指将氢气压缩在储氢容器中，通过增压来提高氢气的容量，满足日常使用。常见的高压钢瓶气压为 15MPa，这是一种应用广泛、灌装和使用操作简单的储氢方式，成本也低。其缺点是储氢密度低（体积储氢密度约 10kg/m^3，质量储氢密度约 0.5%）。这显然不能满足如汽车等移动设备对氢源的要求。

通过提高容器的压力可以提高储氢密度。目前，在汽车领域，高压（35～70MPa）气态储氢技术较成熟，已被成功应用于氢燃料电池车上。国际上主流燃料电池汽车车型均采用 70MPa 的氢气存储和供给系统。科技开发方面，我国浙江大学郑津洋教授等在这方面做了出色的工作。

高压气态储氢遇到的主要问题包括：①体积储氢密度低，国际上研制的 800bar 复合材料储氢罐的最大体积储氢密度也仅约 33kg/m^3，见表 1-4；②压缩氢气的能耗大，如果采用机械压缩将氢气压缩到 800bar，压缩消耗的能量占氢燃烧热值（低热值，LHV）的 15.5%；③输出调压（按 DOE 指标，氢气输送压力对燃料电池约 4atm，对氢内燃机约 35atm）、安全性（储罐密封及罐体缺陷等情况下）、关键的阀门和传感器等部件仍需进口等。

(2) 液态储氢

液态储氢是一种深冷的氢气存储技术。氢气经过压缩后，深冷到 21K 以下，使之变为液氢，然后存储到特制的绝热真空容器（杜瓦瓶）中。从表 1-4 可以看出，即使气态氢压力高达 800bar，液态氢的体积储氢密度也比之高一倍多。但是，由于液态氢密度小，所以在作为燃料使用时，相同体积的液氢与汽油相比，含能量少，这意味着将来若以液氢完全取代汽油，则行驶相同里程数时，液氢罐的体积要比现有油箱大约 3 倍[29]。

液态储氢技术被 BMW 等汽车公司应用于燃料电池车上，如宝马 Hydrogen7 和宝马 H2R。但基于氢气液化的高耗能（氢燃烧热值的 40%）、装置的高绝热（装置体积相对于高压储氢小、相对于固态储氢大）及其不可避免的液氢汽化（每天汽化百分之几）涉及的安全性（储罐耐压不高及在密闭车库里等情况）等问题，其应用有限[1,33,34]。

(3) 物理吸附储氢

物理吸附储氢是指氢与固体材料的表面发生作用时，固体表面气体的浓度高于气相的现象。物理吸附中的作用力是范德华力，物理吸附储氢的吸附热低，一般数量级在－10kJ/mol 以下，一般只能在低温下达到较大储氢量，活化能很小，吸放氢速度较快，一般可逆，循环性好。物理吸附储氢通常选择比表面积大的固体材料，如碳材料（包括活性炭、碳纳米管、石墨烯等）、沸石、金属有机骨架结构（metal organic framework，MOF）等。物理吸附储氢的体积储氢密度是六种常见储氢方式中最小的，常见的工作温度在液氮温度附近，见表 1-4。

(4) 金属氢化物储氢

在所有固态储氢材料中，研究最集中、最广泛，目前也最具有实用化前景的是储氢合金。一些金属具有很强的与氢反应的能力，在一定的温度和压力条件下，这些金属形成的合金能够大量地吸收氢气。储氢合金吸氢后，原子态的氢占据了合金晶格的四面体或者八面体间隙，形成金属氢化物。将这些金属氢化物加热或者降低氢气的压力后，金属氢化物发生分解，将储存在晶格间隙的氢释放出来。具有这样特征的合金称为储氢合金。

由于金属氢化物中氢储存在储氢合金晶格间隙的位置，只有在升温或者降低氢压时才能释放氢气，因此其最大的优势是具有极高的体积储氢密度和安全性。这对那些要求结构紧凑的储氢系统（如分布式发电站的储能系统等）来说是非常合适的选择。

金属氢化物通常在近室温、近常压附近工作，条件温和，吸放氢可逆性好，循环使用寿命长。缺点是有效吸放氢量低，一般不超过 3%（质量分数，下文如未特殊说明均指质量分数），如果用在移动式设备（如汽车）上则显得笨重。

（5）复杂氢化物储氢

复杂氢化物是近年来关注度非常高的一类储氢材料，之所以被称为复杂氢化物，是因为这类材料具有非单一的化学键，既含共价键，又含离子键。复杂氢化物可以看成是为了使不稳定的氢化物（如硼氢化物和铝氢化物）稳定化，而与热力学稳定的二元氢化物（如 LiH、NaH 和 MgH_2）反应得到的新的化合物。因此，复杂氢化物中储存的氢在温和条件下只能释放一部分，还剩下一部分氢存在稳定的二元金属氢化物中。如果要继续释放二元金属氢化物中的氢，通常需要很高的温度。

复杂氢化物种类很多，结构不一，性能各异，但通常都有较高的体积储氢密度和质量储氢密度。典型的复杂氢化物有 $LiBH_4$、$LiAlH_4$、$NaAlH_4$、$Mg(AlH_4)_2$ 等。如 $LiBH_4$，其体积储氢密度高达 150kg/m^3，质量储氢密度高达 18%，是最有潜力的固态储氢材料之一。但由于存在多步放氢反应造成的可逆性差，且放氢温度对 PEM 燃料电池来讲仍显过高等问题，距离实用化还有很长的路要走。

（6）直接水解制氢

一些金属或者氢化物与水接触发生可控的化学反应可以产生氢气，称为直接水解制氢。直接水解制氢把储氢与产氢两个环节集中到一套氢源系统里，减少了复杂的储氢环节，故本书中称其为储氢与产氢一体化。直接水解制氢材料一般可以获得较高的体积储氢密度和质量储氢密度。但直接水解制氢材料的放氢产物无法通过固-气反应在线再生，必须借助下线后集中式化工过程完成材料再生，因此会产生再生成本和高能耗的新问题。

鉴于可逆储氢材料目前还不能满足广泛的氢源供给系统的应用需求，目前国际上已确立了以直接水解制氢为代表的不可逆化学储氢为储氢材料研发的新方向，与可逆储氢材料的研发并驾齐驱。

常见的直接水解制氢材料有 $NaBH_4$、Al、MgH_2 以及镁钙合金氢化物，本书中第 7 章将做详细介绍。

1.3.2.2 氢的运输技术

氢从制氢车间完成生产环节后，需要输送、转运到加氢站、化工厂、分布式发电站等需氢部门。氢的运输方式可以采用压缩后深冷制成液态氢，装入绝热的真空容器中，采用车、船等方式运输，本书中将在第 8 章给予介绍；也可以选择管线运输，跟天然气的输送相近，本书中将在第 9 章予以介绍。

1.3.3 氢的应用技术

氢的应用领域非常广泛，既包括了与国计民生息息相关的汽车、发电、家用方面，也包括了工业、导航和太空应用等方面；既包括了技术十分成熟的传统工业领域，又包括了新的能量转换技术，见图 1-14。本书重点关注氢在新的能量转换技术，即氢内燃机和燃料电池中的应用。关于氢的其他典型应用案例，本书也将在第 11 章中举例说明。

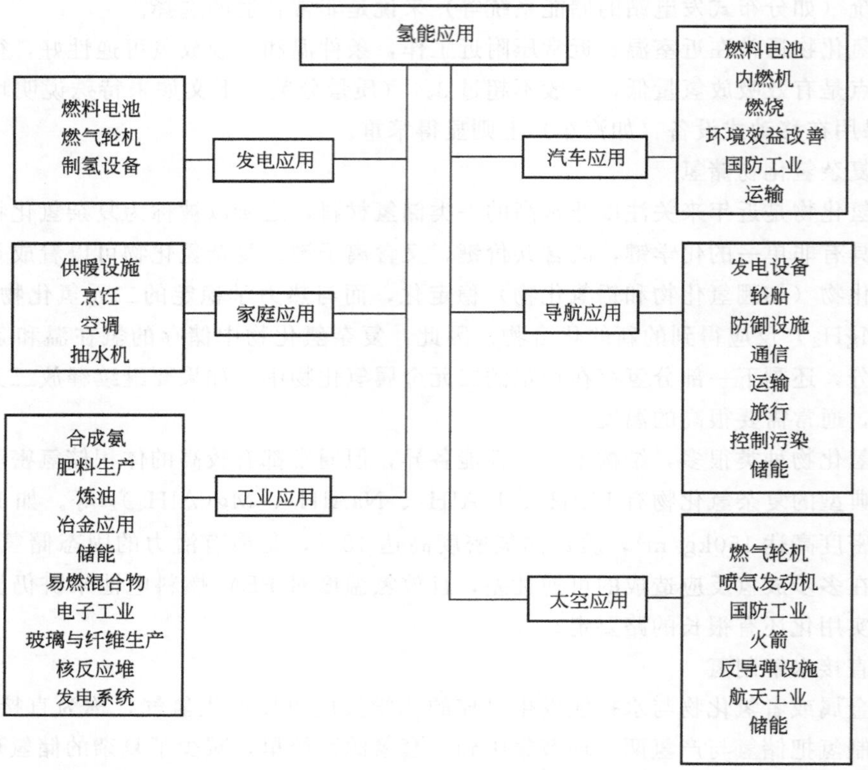

图 1-14 氢能的应用领域[35]

1.3.3.1 氢内燃机

氢内燃机（hydrogen internal combustion engine，HICE）是以氢气为燃料，将氢气中储存的化学能经过燃烧过程转化成机械能的新型内燃机。氢内燃机的基本原理与普通的汽油或者柴油内燃机的原理一样，属于气缸-活塞往复式内燃机。按点火顺序可将内燃机分成四冲程发动机和两冲程发动机。

四冲程发动机的工作过程如图 1-15 所示。它完成一个循环要求有 4 个完全的活塞冲程：

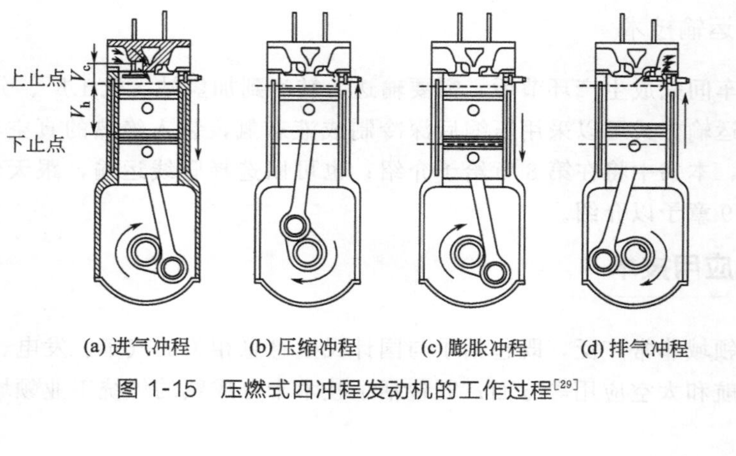

(a) 进气冲程　(b) 压缩冲程　(c) 膨胀冲程　(d) 排气冲程

图 1-15 压燃式四冲程发动机的工作过程[29]

（1）进气冲程。活塞下行，进气门打开，空气被吸入而充满气缸。

（2）压缩冲程。所有气门关闭，活塞上行压缩空气，在接近压缩冲程终点时，开始喷射燃油。

（3）膨胀冲程。所有气门关闭，燃烧的混合气膨胀，推动活塞下行，此冲程是4个冲程中唯一做功的冲程。

（4）排气冲程。排气门打开，活塞上行将燃烧后的废气排出气缸，开始下一循环。

两冲程发动机是将四冲程发动机完成一个工作循环所需要的4个冲程纳入两个冲程中完成，如图1-16所示。当活塞在膨胀过程中沿气缸下行时，首先开启排气口，高压废气开始排入大气。当活塞向下运动时，同时压缩曲轴箱内的空气-燃油混合气；当活塞继续下行时，活塞开启进气口，使被压缩的空气-燃油混合气从曲轴箱进入气缸。在压缩冲程，活塞先关闭进气口，然后关闭排气口，压缩气缸中的混合气。在活塞将要达到上止点之前，火花塞将混合气点燃。于是活塞被燃烧膨胀的燃气推向下行，开始另一个膨胀做功冲程。当活塞在上止点附近时，化油器进气口开启，新鲜空气-燃油混合气进入曲轴箱。

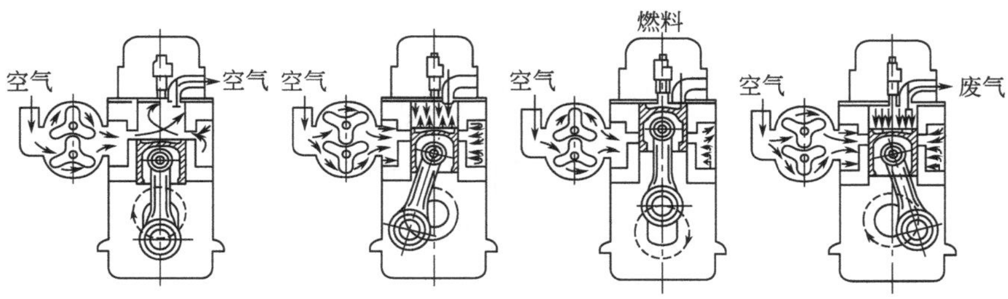

图 1-16　两冲程发动机的工作过程[29]

四冲程发动机和两冲程发动机相比，经济性好，润滑条件好，易于冷却。但后者运动部件少，质量轻，发动机运转较平稳。

氢作为内燃机燃料，与汽油、柴油等相比，具有易燃、低点火能量、高自燃温度、小熄火距离、低密度、高扩散速率、高火焰速度和低环境污染等特点[29]。

1.3.3.2 燃料电池

燃料电池（fuel cell）是一种在等温条件下直接将储存在燃料和氧化剂中的化学能高效（40%～60%）且与环境友好地转化为电能的发电装置，它的发电原理与化学电源一样，是由电极提供电子转移的场所[36]。燃料电池是氢经济中最重要的应用形式，通过燃料电池这种先进的高效能量转化方式，氢能源有望成为人类社会最清洁的能源动力。

燃料电池是电解水制氢的逆过程。燃料电池根据电解质的不同可分为碱性燃料电池（AFC）、磷酸型燃料电池（PAFC）、质子交换膜型燃料电池（PEMFC）、熔融碳酸盐型燃料电池（MCFC）和固体氧化物燃料电池（SOFC）等多种。以PEMFC为例，所采用的电解质膜为质子交换膜，主要是全氟磺酸型固体聚合物，其工作原理如图1-17所示。燃料电池的阳极为燃料极，失电子发生氧化反应，即氢气发生氧化反应转变为质子 H^+，产生电子。在电池内部，阳极生成的 H^+ 通过质子交换膜传递到阴极，而电子则通过外电路到达阴极。燃料电池的阴极在接收到由质子交换膜和外电路传递来的 H^+ 和电子后，发生氧化剂

O_2 的还原反应，生成产物 H_2O。总反应式为：$2H_2(g)+O_2(g) \longrightarrow 2H_2O$，即燃料 H_2 的氧化反应。通过燃料电池，该反应的化学能直接以电能的形式进入负载。为了促进两极反应的发生，一般都需要利用催化剂降低反应能垒以提升电池输出效率。在 PEMFC 中，电催化剂一般为 Pt/C 或 Pt-Ru/C 等。

燃料电池具有高效率、安全可靠、低排放等优势，被视为继蒸汽机车的伟大发明后又一能源技术重大革新。在轻载汽车上氢燃料电池比氢内燃机的效率高一倍，其中部分原因是燃料电池的能量转换次数比氢内燃机少。燃料电池仅需从化学能直接转化为电能，而内燃机则需完成化学能—热能—机械能—电能多步转化[37]。

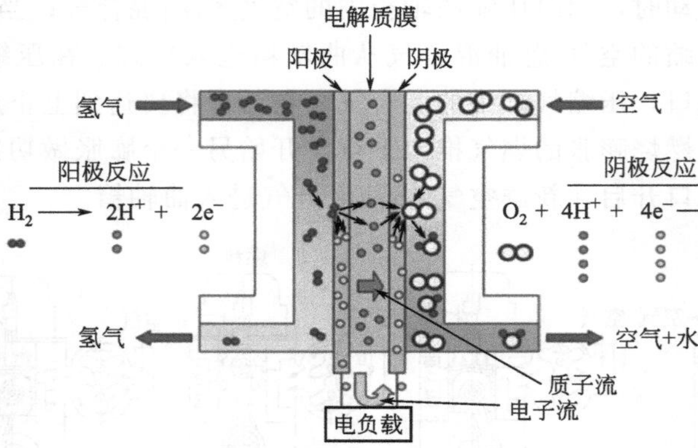

图 1-17 PEMFC 工作原理图[1]

1.4 氢气储运的问题与发展趋势

氢气的储存和运输是实现氢经济非常重要的一环。人们已经开发了多种氢气的储存技术，但是迄今为止，能够规模化应用的技术不多，且都存在各种问题。

高压储氢是目前多数燃料电池汽车企业优选的储氢方式，如日本丰田的“未来(Mirai)”采用的是 70MPa 的高压储氢罐。遗憾的是，中国目前尚未掌握 70MPa 的高压储氢技术，更遑论让人们克服心中固有的高压氢使用不安全的心理障碍。

液态储氢是太空运载、国防等特殊领域沿用已久的成熟的储氢技术，但由于能耗过大、汽化率高、安全性等问题，目前还不适合应用于民用市场。

现已开发的固态储氢材料种类繁多，真正能够实用化的较少。最成功的示例是 $LaNi_5$ 体系的储氢合金，自 20 世纪末至今，已被应用于镍氢电池的负极材料，即使是热卖的混合动力车 Prius 和新开发的燃料电池车 Mirai，其辅助电源均采用了镍氢电池，其原因在于镍氢电池具有安全性、可靠性和长期服役的稳定性。利用气固储氢的 $LaNi_5$ 系、TiFe 系以及 Zr 系储氢合金还被成功地应用于燃料电池自行车、三轮车及燃料电池手机充电器等小型移动设备中，TiFe 系储氢合金还被用于潜艇的不依赖空气推进系统（AIP）中。直接水解制氢系统是另一个实用化案例，被成功应用于小型移动电源设备上。物理吸附材料的储氢密度不高，特别是体积储氢密度低，且操作温度低，在实用化方面鲜见报道。复杂氢化物的释氢温度高、动力学性能差、吸放氢可逆性等都是迫切需要解决的问题，离实用化还有很长一段路要走。

各种储氢方式复合是人们尝试的一种新思路。不同储氢方法之间取长补短，在原子尺度上重新组合成新的材料或可获得理想的储氢材料。

氢的运输方式需要根据所服役的条件择优选择。管道输送无论在成本上还是在能量消耗上都将是非常有利的方法。目前多数制氢方式是化石燃料制氢，一般规模较大，生产较为集中，如加氢站或者氢供应商也比较集中，则可以考虑管线运输。当然，氢经济的黄金时期尚未到来，世界各国对氢经济的认知也各有不同，输氢管线在美洲和欧洲已有一定的布局，但在中国部署输氢管线还需要进一步考察市场需求和经济性，相应的标准也应当提上议事日程。利用天然气管线输送天然气和氢气的混合物，在加氢站里根据需要提取氢气的设想正在讨论之中。如果把管道本身的压力提高，则在加氢站里将降低压缩机的工作量，这是管线输氢的一个有益的尝试[32]。

当然，如果制氢车间和加氢站分布比较分散，则可以选择氢的车运或者船运等方式。通常可以采取液态或者固态储氢的方式。在具有实用性的储氢合金中，AB_5、AB_2 和 AB 型的储氢合金（详见第 5 章）可逆储氢量基本不大于 2%（质量分数），加上储罐本身的质量，如果用于氢的转运，不具有经济性。钒基储氢合金理论储氢量可达 3.8%（质量分数），常温附近可逆放氢量接近 3.0%（质量分数），且具有极好的安全性，如果制氢车间与加氢站距离不算远的话，用于氢的转运也不失为一种具有吸引力的选择。

参 考 文 献

[1] Zuttel A, Borgschulte A, Schlapbach L. Hydrogen as a future energy carrier [M]. Wiley-VCH Verlag GmbH&Co, kGaA, Weinheim, 2008.

[2] Jacobsen M. Strong radiative heating due to the mixing state of black carbon in atmospheric aerosols [J]. Nature, 2001: 409, 695-697.

[3] 朱敏. 先进储氢材料导论 [M]. 北京：科学出版社，2015：6.

[4] 贺国强. 化学工业大词典 [M]. 北京：化学工业出版社，2003：926-931.

[5] Leung W B, March Motz H. Primitive phase diagram for hydrogen [J]. Phys Lett, 1976, 56A (6): 425-426.

[6] Kirk-Othmer. Encyclopedia of chemical technology, hydrogen [M]. 4th ed, Vol 13. Wiley, New York, 1992: 840-843.

[7] 申泮文，曾爱冬. 化学知识丛书 16，氢与氢能 [M]. 北京：科学出版社，1988：14.

[8] Hord, J. Is hydrogen a safe fuel? [J]. Int J Hydrogen Energy, 1978, 3 (2): 157-176.

[9] Hairston D. Hail hydrogen [J]. Chem Eng, 1996, 103 (2): 59-62.

[10] Gupta R B. Hydrogen fuel: production, transport, and storage [M]. London: CRC press, 2009.

[11] National Research Council and National Academy of Engineering of the national academies. The hydrogen economy: Opportunities, costs, barriers, and R&D needs [M]. The National Academic Press, Washington, 2004.

[12] Haussinger P, et al. Ullmann's encyclopedia of industrial chemistry [M]. 7th ed. Wiley-VCH Verlag GmbH & Co, Weinheim, Germany, 2002.

[13] Ibsen K. Equipment design and cost estimation for small modular biomass systems, synthesis gas cleanup, and oxygen separation equipment [J]. Contract Report NREL/SR-510-39943, NREL Technical Monitor, Section 2, May 2006.

[14] Armor J. The multiple roles for catalysis in the production of H_2 [J]. Appl Catal A: General, 1999, 176 (2): 159-176.

[15] Green D Ed. Perry's chemical engineer's handbook [M]. 6th ed, Chap 9. McGraw-Hill, New York, 1984.

[16] Kermode R. Hydrogen from fossil fuels, in hydrogen: Its technology and applications [M]. Chap 3. Cox K and Williamson K, Eds, CRC Press, Boca Raton, FL, 1977.

[17] Spath P, Mann M. Life cycle assessment of hydrogen production via natural gas steam reforming [J]. Technical Report, NREL, NREL/TP-570-27637, 2000.

[18] Scholz W. Processes for industrial production of hydrogen and associated environmental effect [J]. Gas Sep Purif, 1993, 7 (3): 131-139.

[19] Kirk-Othmer. Encyclopedia of chemical technology [M]. 3rd ed, Vol 4. Wiley, New York, 1992: 631.

[20] Mortimer C E. Chemistry-A conceptual approach [M]. 4th ed. New York: D Van Nostrand Co, 1979: 535.

[21] Kroschwitz J I (ex ed), Howe-Grand M (ed), Kirk-Othmer. Encyclopedia of chemical technology [M]. Vol 13, 4th ed. Wiley VCH, New York, 1995.

[22] Wendt H. Electrochemical hydrogen technologies [M]. Elsevier, Amsterdam, 1990: 1-14.

[23] Wurster R, Schindler J. "Solar and Wind Energy Coupled with Electrolysis and Fuel Cells," in Handbooks of Fuel Cells - Fundamentals [M]. Technology and Applications (eds Vielstich W, Gasteiger HA, Lamm A), John Wiley & Sons Ltd, Chichester, New York, 2003.

[24] Schiller G, Henne R, Mohr P, et al. High performance electrodes for an advanced intermittenly operated 10-kW alkaline water electrolyzer [J]. Inter J Hydrogen Energy, 1998, 23: 761-765.

[25] 倪萌, Leung M K H, Sumathy K. 电解水制氢技术进展 [J]. 能源环境保护, 2004, 18 (5): 5-10.

[26] Stojic D L, Marceta M P, Sovilj S P, et al. Hydrogen generation from water electrolysis——Possibilities of energy saving [J]. J Power Sources, 2003, 118: 315-319.

[27] Crockett R G M, Newborough M, Highgate D J. Electrolyser-based energy management: A means for optimising the exploitation of variable renewable-energy resources in stand-alone applications [J]. Solar Energy, 1997, 61 (5): 293-302.

[28] 吴素芳. 氢能与制氢技术 [M]. 杭州: 浙江大学出版社, 2014: 164-179.

[29] 李星国. 氢与氢能 [M]. 北京: 机械工业出版社, 2012: 112-122.

[30] Satyapal S, Petrovic J, Read C, et al. The U S department of energy' s national hydrogen storage project: Progress towards meeting hydrogen-powered vehicle requirements [J]. Catal Today, 2007, 120 (3-4): 246-256.

[31] Yang J, Sudik A, Wolverton C, et al. High capacity hydrogen storage materials: Attributes for automotive applications and techniques for materials discovery [J]. Chem Soc Rev, 2010, 39: 656-675.

[32] 氢能协会. 氢能技术 [M]. 宋永臣, 等译. 北京: 科学出版社, 2009: 62.

[33] Jensen J O , Li Q F, Bjerrum N J. The energy efficiency of onboard hydrogen storage [M]. Palm J (ed), Energy efficiency Sciyo, 2010: 143-156.

[34] Léon A. Hydrogen technology-mobile and portable applications [M]. Berlin: Springer, 2008: 84-121.

[35] Midilli A, Ay M, Dincer I, et al. On hydrogen and hydrogen energy strategies I: Current status and needs [J]. Renew Sust Energ Rev, 2005, 9 (3): 255-271.

[36] 雷永泉. 新能源材料 [M]. 2 版. 天津: 天津大学出版社, 2002.

[37] Sharaf O Z, Orhan M F. An overview of fuel cell technology: Fundamentals and applications [J]. Renew Sust Energ Rev, 2014, 32: 810-853.

第2章 氢气的高压储存

氢元素在元素周期表中排第一位，其密度非常小，在0℃、1atm时约为0.0899kg/m^3。1kg氢气在常温常压下体积是11m^3。研究工作者开发不同储氢方法的宗旨就在于降低氢气的体积，获得高的体积储氢密度和质量储氢密度。根据氢的相图（见图1-2）可知，要获得高的储氢密度，可以压缩氢气或者降低氢的温度至临界点以下，或者使用储氢材料储氢。本章介绍通过压缩氢气的方法储存氢气，即高压储氢。

2.1 氢气高压储存原理

氢气在高温低压时可看作理想气体，通过理想气体状态方程：

$$pV=nRT \tag{2-1}$$

来计算不同温度和压力下气体的量。式中，p为气体压力；V为气体体积；n为气体的物质的量，R为气体常数[R=8.314J/(K·mol)]；T为热力学温度。如图2-1所示，理想状态时，氢气的体积密度与压力呈正比。然而，由于实际分子是有体积的，且分子间存在相互作用力，随着温度的降低和压力的升高，氢气逐渐偏离理想气体的性质，式(2-1)不再适用，范德华方程修正为：

$$p=\frac{nRT}{V-nb}-\frac{an^2}{V^2} \tag{2-2}$$

式中，a为偶极相互作用力或称斥力常数（$a=2.476\times10^{-2}\mathrm{m^6Pa/mol^2}$）；$b$为氢气分子所占体积（$b=2.661\times10^{-5}\mathrm{m^3/mol}$）[1]。真实氢气的体积密度与压力的变化曲线见图2-1。

真实气体与理想气体的偏差在热力学上可用压缩因子Z表示，定义为：

$$Z=\frac{pV}{nRT} \tag{2-3}$$

图2-2列举了几种气体在0℃时压缩因子随压力变化的关系，可见氢气的压缩因子随压力的增加而增大。

通过美国国家标准技术所（National Institute of Standards and Technology，NIST）材料性能数据库提供的真实氢气性能数据进行拟合，可得到简化的氢气状态方程：

$$Z=\frac{pV}{RT}=\frac{1+\alpha p}{T} \tag{2-4}$$

式中，$\alpha=1.9155\times10^{-6}\mathrm{K/Pa}$[2]。在173K＜$T$＜393K范围内，最大相对误差为3.80%；在253K＜T＜393K范围内，最大相对误差为1.10%。

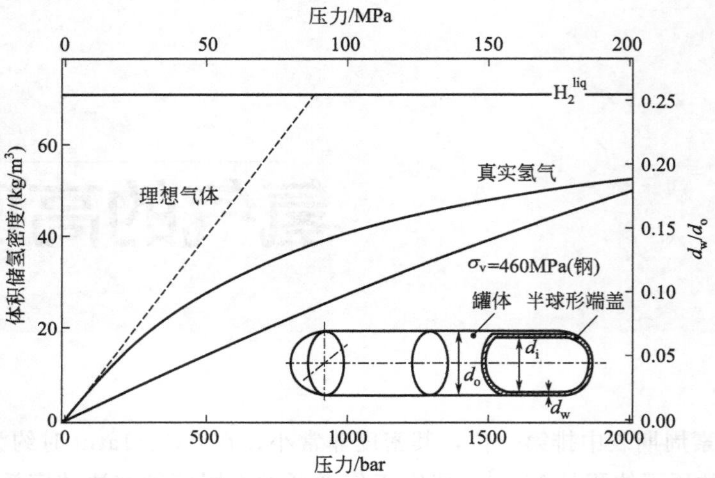

图 2-1 压缩氢气的压力与体积储氢密度（左纵坐标）和高压气罐壁厚/外径比（右纵坐标）的关系
（高压气罐的抗拉强度为 460MPa，右下插图为高压气罐的示意图）[1]

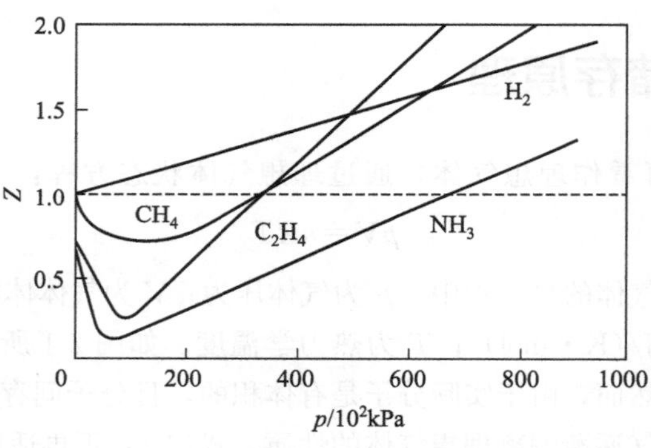

图 2-2 0℃时几种气体的 Z-p 曲线[3]

2.2 氢气高压储存的关键技术

2.2.1 高压氢气的压缩方式[2,4]

高压氢气一般采用压缩机获得。压缩机可以视为一种真空泵，它将系统低压侧的压力降低，并将系统高压侧的压力提高，从而使氢气从低压侧向高压侧流动。工程上，氢气的压缩有两种方式：其一是直接用压缩机将氢气压缩至储氢容器所需的压力后存储在体积较大的储氢容器中；其二是先将氢气压缩至较低的压力（如 20MPa）存储起来，需加注时，先引入一部分气体充压，然后启动氢压缩机以增压，使储氢容器达到所需的压力。

氢气压缩机有往复式、膜式、离心式、回转式、螺杆式等类型。选取时应综合考虑流量、吸气及排气压力等参数。

往复式压缩机利用气缸内的活塞来压缩氢气，也称为容积式压缩机，其工作原理是曲轴的回转运动转变为活塞的往复运动，见图 2-3。往复式压缩机流量大，但单级压缩比较小，一般为 3∶1～4∶1。一般来说，压力在 30MPa 以下的压缩机通常用往复式，经验证明其运转可靠程度较高，并可单独组成一台由多级构成的压缩机。

膜式压缩机是靠隔膜在气缸中做往复运动来压缩和输送气体的往复压缩机，其工作原理见图 2-4。隔膜沿周边由两限制板夹紧并组成气缸，隔膜由液压驱动在气缸内往复运动，从而实现对气体的压缩和输送。膜式压缩机压缩比高，可达 20∶1，压力范围广，密封性好，无污染，氢气纯度高，但是流量小。一般来讲，压力在 30MPa 以上、容积流量较小时，可选择用膜式压缩机。

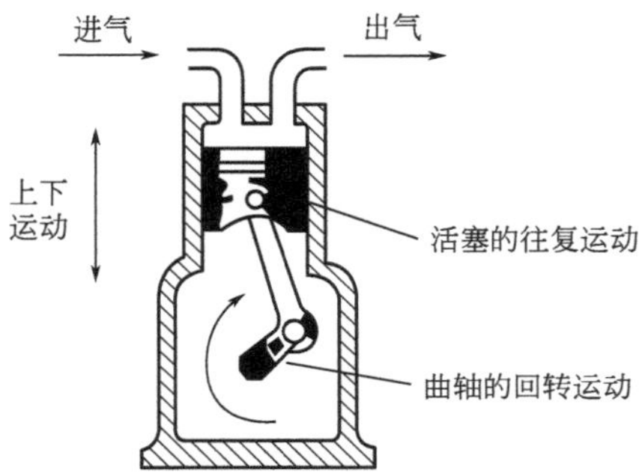

图 2-3 往复式压缩机工作原理[4]

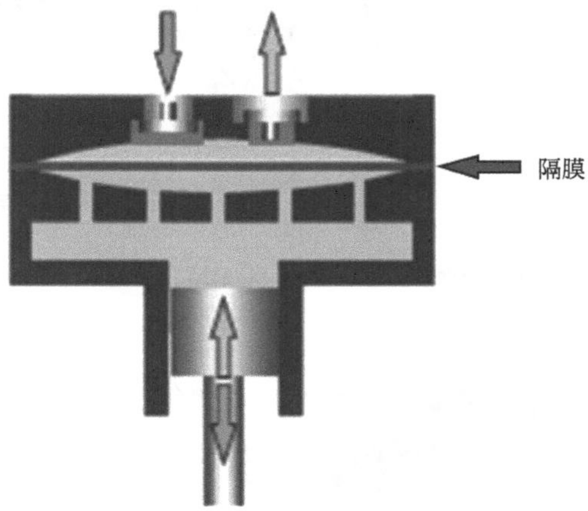

图 2-4 膜式压缩机工作原理[5]

大型氢气压缩机组常采用离心式压缩机，它非常像一台大型风机，但它不属于容积式压缩机，其工作原理如图 2-5 所示。通过叶轮转动，将离心力作用于氢气，迫使氢气流向叶轮外侧，压缩机壳体收集氢气，并将其压送至排气管，氢气流向外侧时会在连接有进气管的中心位置形成一个低压区域。

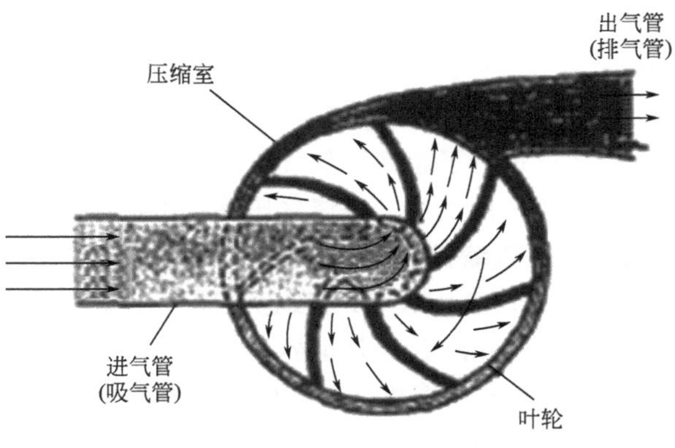

图 2-5 离心式压缩机工作构件的工作原理[4]

大型氢气压缩机组还采用螺杆式压缩机，它是一种容积式压缩机，见图 2-6。氢气从进口处进入至出口处排出，完成一级压缩。

回转式压缩机也是一种容积式压缩机，其工作原理见图 2-7，它采用旋转的盘状活塞将氢气挤压出排气口。这种压缩机只有一个运动方向，没有回程。与同容量的往复式压缩机相比，其体积要小得多，主要用于小型设备系列。这种压缩机的效率极高，几乎没有运动机构。

氢气压缩机的结构包括基础部件（如曲轴箱、曲轴、连杆等）、缸体部件、柱塞部件、冷却器部件、安全保护控制系统以及其他附属部件。图 2-8 是蚌埠科瑞压缩机有限公司的氢气压缩机外形。

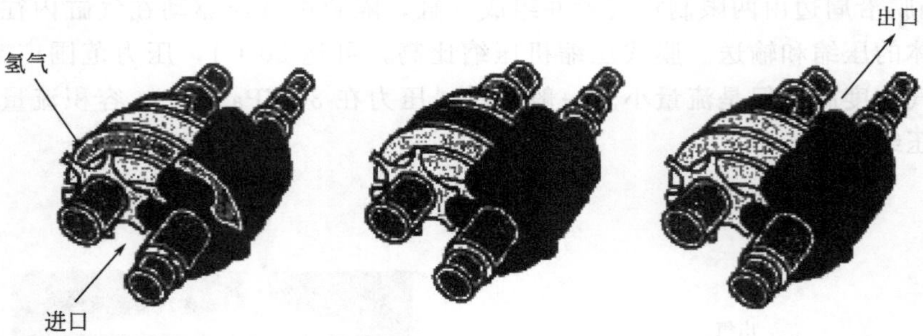

图 2-6 螺杆式压缩机的工作构件[4]

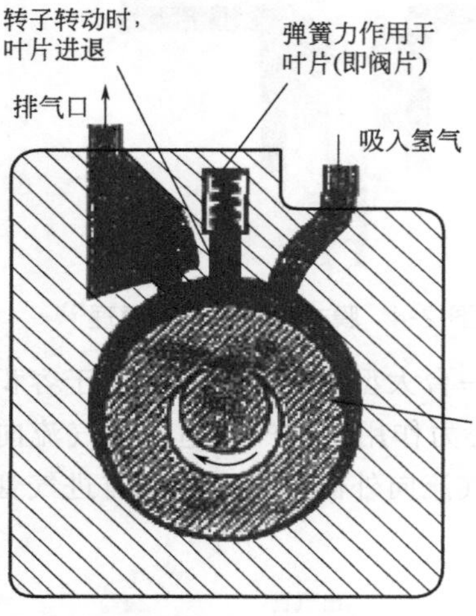

图 2-7 回转式压缩机的工作原理[4]

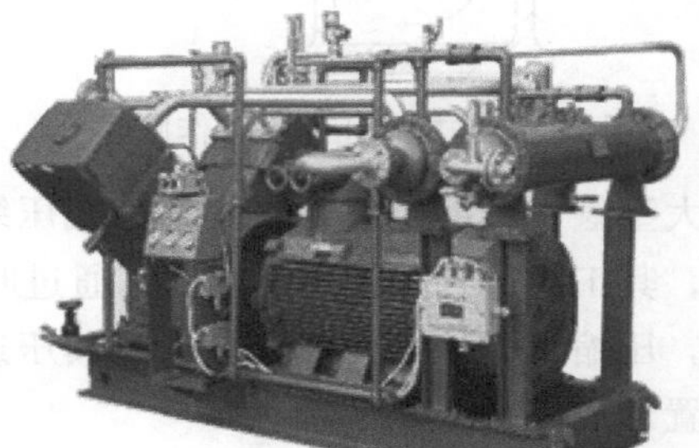

图 2-8 蚌埠科瑞压缩机有限公司的氢气压缩机外形

我国早在 20 世纪 80 年代就进行了超高压氢气压缩机组的研制，成功试车了一台排气量为 $120m^3/h$、排气终压为 200MPa 的机组。该氢气压缩机组按 3 个压力段由三台压缩机串联组成：第一段是 L 型活塞往复式压缩机，将气体由常压压缩至 30MPa；第二段是膜式压缩机，将第一段输出的气体升压到 100MPa；第三段也是膜式压缩机，将第二段输出的气体增压至 200MPa[6,7]。美国 PDCMachines 公司是世界著名的压缩机生产商，开发了最高压力为 410MPa、流量为 $178.6m^3/h$ 的膜式压缩机，目前已广泛应用到加氢站。

氢气压缩机的设计与天然气类似，不同的是由于氢气质量小，压缩因子也与天然气有较大区别，因此密封、动力等有所区别。氢压缩机的进口系统主要由气水分离器、缓冲器、减压阀等部件组成。氢气进入压缩机之前，必须分离水分，以免损坏下游部件。管道内氢压受外界环境温度、路径中的流动阻力和流量等因素影响而不稳定，缓冲器可起到缓冲压力波动的作用。压缩机工作时的活塞运动会在进气管内引起压力脉动，缓冲器亦可用来阻断进气管内的压力脉动传入输气管。此外压缩机的卸载阀和安全阀排出的氢气也送入缓冲器中，使之膨胀到进口压力。减压阀的用途是保持一定的压缩机进口压力[2]。出口系统主要由干燥器、过滤器、逆止阀等部件组成。当压缩机出口的氢气含水量超标时，出口系统由吸收式干燥器来清除水分，以免下游部件锈蚀和在低温环境下造成水堵。氢气流过干燥器时，会带走部分干燥剂颗粒，因此在干燥器后还需配备分子筛过滤器，以清除干燥剂颗粒、水滴和油滴。干燥器是两个并联、交替工作的，其中一个工作时，另一个进行恢复处理。在压缩机出口引出少量未经冷却的氢气，经减压后反向流过干燥器，使干燥器恢复吸收能力。逆止阀只允许氢气从出口流出，而不允许流入[2]。

2.2.2 高压氢气的储存

高压氢气通常用圆柱形高压气罐或者气瓶灌装，这类高压容器的特点是：①结构细长且壁厚；②一般直径较小的高压容器采用平底封头，直径 1m 以上的常用不可拆的半球形封头，大型高压容器趋向于采用多层球封头；③一般采用金属密封圈密封，密封结构多采用“半自紧”或“全自紧”式[8]。国内最常见的是 15MPa 的圆柱形高压氢气瓶，国外通常采用 20MPa 高压氢气瓶。新研发的轻质复合高压储氢容器可以承受的最大压力为 80MPa，储氢密度可高达 $36kg/m^3$，几乎是液态氢在沸点温度时的储氢密度的一半[8]。

高压储氢罐的质量储氢密度随着压力升高而下降，这是因为高压储氢罐的壁厚也增加了。高压储氢罐的壁厚满足下式关系：

$$d_w/d_o=\Delta p/(2\sigma_v+\Delta p) \tag{2-5}$$

式中，d_w 为壁厚，d_o 为氢气罐外径；Δp 为超压；σ_v 为材料抗拉强度。高压储氢罐壁厚与外径的关系见图 2-1。

根据材料的抗拉强度不同，高压储氢罐可以选择的材质有铝（50MPa）、不锈钢（1100MPa）等，近年迅速发展起来的复合材料，其抗拉强度比不锈钢更高而材料密度仅为不锈钢的一半。除了材质不同外，高压储氢罐还有不同的增强方式，从而发展出了一系列高压储氢容器技术。高压储氢容器技术的发展历史主要由金属储氢容器、金属内衬环向缠绕复合储氢容器、金属内衬环向＋纵向缠绕复合储氢容器、螺旋缠绕容器以及全复合塑料内衬储氢容器等阶段组成，如图 2-9 所示。下面介绍几种典型的储氢容器。

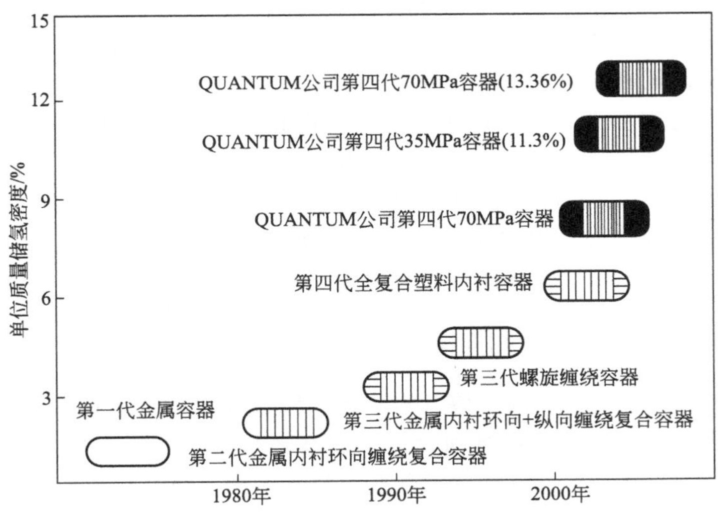

图 2-9 高压储氢容器技术的发展[2]

2.2.2.1 金属储氢容器

金属储氢容器由对氢气有一定抗氢脆能力的金属构成。最常用的高压储氢罐的材质是奥氏体不锈钢，常用牌号如 AISI316、304，以及 AISI316L、304L，可以在 300℃以上避免碳的晶界偏析。铜和铝由于在常温附近对氢免疫，不会造成氢脆，也被选作高压储氢罐的材料。常见的氢气钢瓶和铝瓶的实物图见图 2-10。而许多其他材料，如高强钢（包括铁素体不锈钢、马氏体不锈钢、贝氏体不锈钢等），钛及其合金、镍基合金等，由于会造成严重的氢脆，因此不适合用于制作高压储氢容器[9]。

(a)

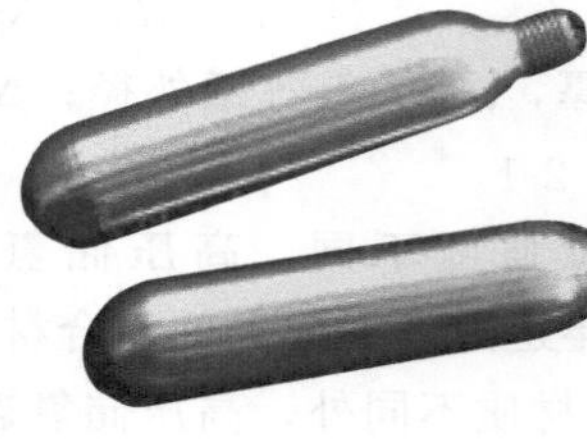

(b)

图 2-10 15MPa 氢气钢瓶实物图（a）和小型氢气铝瓶实物图（b）

金属储氢容器的优点是易加工、价格低廉，但由于金属的强度有限、密度较大，传统金属容器的单位质量储氢密度较低。而如果增加容器厚度不仅会增加容器的制造难度，造成加工缺陷，单位质量储氢密度也进一步变低。

图 2-11 中描绘了抗拉强度为 460MPa 的不锈钢高压储氢罐的体积储氢密度与质量储氢密度间的关系。可以看到，体积储氢密度先随着压力的升高而增大，根据材料的抗拉强度最高承压能力可达 100MPa；超过 100MPa，体积储氢密度反而降低。然而，其质量储氢密度则随着压力的升高持续降低，当超压为 0 时质量储氢密度最大。因此，在高压储氢罐系统中，体积储氢密度的增加是以牺牲质量储氢密度为代价的。

2.2.2.2 纤维缠绕金属内衬复合材料高压储氢容器[10]

纤维缠绕金属内衬复合材料高压储氢容器是一种金属与非金属材料相复合的高压容器，其结构为在金属内衬外缠绕多种纤维固化后形成增强结构，见图 2-12。纤维缠绕压力容器中只有纤维承受外载荷作用，而基体的承载能力忽略不计。纤维缠绕方式有环向缠绕和纵向缠绕两种。第二代高压储氢容器采用了环向缠绕方式，通过在铝内胆环向缠绕复合材料可以将其承载能力提高 1 倍，但储氢罐的压力一般不超过 20MPa。为了提升高压复合储氢罐的

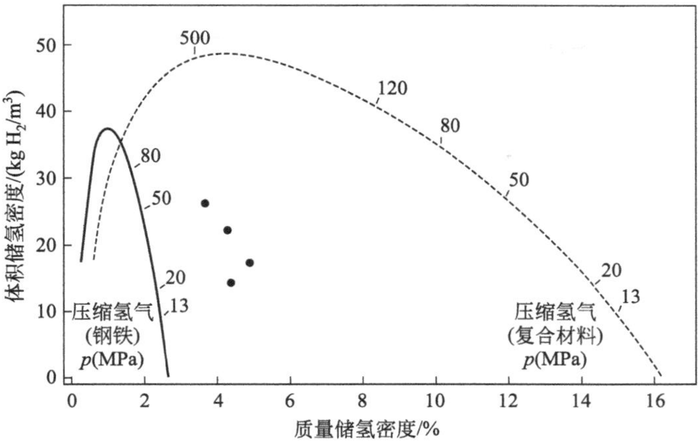

图 2-11 压缩氢气的体积储氢密度和质量储氢密度间的关系 [实线代表钢铁材质(抗拉强度 σ_v= 460MPa, 密度 6500kg/m^3), 虚线代表某种复合材料(抗拉强度 σ_v= 1500MPa, 密度 3000kg/m^3), 图中圆黑点代表 Dynetek 公司高压储氢罐实测储氢密度][9]

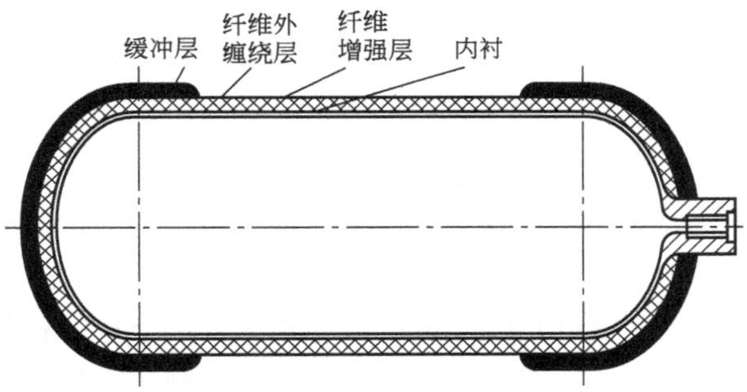

图 2-12 轻质高压储氢容器的结构[10]

承压能力和质量储氢密度，第三代高压储氢容器采用了环向缠绕和纵向缠绕相结合的方式。

高压储氢容器内衬不承担容器压力载荷的作用，只起储存氢气的作用，因此其基本要求是抗氢渗透能力强，且具备良好的抗疲劳性。一般金属的密度较大，考虑到成本、降低容器的自重和防止氢气渗透等多方面原因，金属内衬多采用铝合金，典型牌号如 6061。根据美国 DOT-CFFC 标准[11]，内衬材料主要有如下规定：①必须为无缝柱体，铝合金 6061 制造，回火条件 T6；②可以由冷挤压或热挤压和冷拉制成，也可以由挤压管道和冲模的或者旋转的封头制成；③铝合金材料的化学成分如表 2-1 所示；④测试前，所有的铝合金 6061 柱体必须进行固溶热处理和老化热处理，且必须用统一性能的材料制造内衬；⑤内衬的外表面必须防止不同的材料（铝和碳纤维）接触导致的电化学腐蚀。

缠绕层可以选择碳纤维、芳纶纤维和玻璃纤维等。以碳纤维为例，日本东丽公司的 T700 碳纤维的主要技术参数为：抗拉强度 $\sigma_b=4900$MPa，弹性模量 $E=240$GPa，延伸率 $\delta=2.0\%$，密度 $d=1.78$g/cm^3。环氧树脂常被用作碳纤维的基体，其特点为：①固化收缩率低，仅 1%～3%；②固化压力低，基本无挥发成分；③粘接好；④固化后的树脂具有良好的力学性能、耐化学腐蚀性能和电绝缘性能；⑤环氧树脂可用于制造各种纤维增强复合材料（FRC），特别适用于制造碳纤维增强复合材料（CFRC）。图 2-12 中的纤维增强层就是这

表2-1 铝合金 6061 的化学成分[11]

成分	铝合金 6061	
	最小/%	最大/%
硅	0.40	0.80
铁		0.70
铜	0.15	0.40
锰		0.15
镁	0.80	1.20
铬	0.04	0.35
锌		0.25
碳		0.15
铅		0.005
铋		0.005
其他每个		0.05
其他总共		0.15
铝	剩余	

种 FRC 组成的。

在高压储氢容器运输、装卸过程中振动、冲击等现象难以避免，为了保护容器的功能和形态，需要做防振设计，制作一个防撞击保护层，即图 2-12 中的缓冲层。缓冲层分为全面缓冲保护层和部分缓冲保护层，图 2-12 中选择了后者。高压储氢容器的缓冲层材料应具备如下要求：①耐冲击和振动性能好；②压缩蠕变和永久变形小；③材料性能的温度和湿度敏感性小；④不与容器的涂覆层、纤维等发生化学反应；⑤制造、加工及安装作业容易，价格低廉；⑥密度小；⑦不易燃。

纤维缠绕金属内衬复合材料高压储氢容器根据各部分材料的选择、储氢量和压力要求、厚度设计方案等，最后确定的系统储氢密度是不同的。以 70MPa 常温下的 25L 碳纤维增强铝内衬高压储氢容器为例，其系统质量储氢密度为 5.0%[10]。

2.2.2.3 全复合塑料储氢容器

为了进一步减轻高压储氢容器的自重，提高系统储氢密度，同时降低成本，将金属内衬替换为塑料内衬，其他结构和制造工艺与金属内衬复合材料压力容器基本相同，发展出了第四代全复合塑料高压储氢容器。这种复合塑料高压容器的制造难度较大，可靠性相对较低。

复合材料内衬一般为高密度聚乙烯（HDPE），20 世纪 90 年代初布伦瑞克公司就成功地研发出了该产品。这种材料使用温度范围较宽，延伸率高达 700%，冲击韧性和断裂韧性较好。如添加密封胶等添加剂，进行氟化或磺化等表面处理，或用其他材料通过共挤作用的结合，还可提高气密性。HDPE 的密度为 0.956g/cm^3，长期静强度为 11.2MPa。

目前，美国、加拿大、日本等国都已经掌握了 70MPa 复合储氢罐技术，代表性的企业和机构如美国 Quantum 公司、通用汽车和 Impco 公司，加拿大 Dyneteck 公司，日本汽车研究所和日本丰田公司等。2015 年丰田 Mirai 汽车上市，其 70MPa 高压储氢罐采用三层结构复合材料内衬[12,13]，见图 2-13。内层是密封氢气的塑料内衬，中层是确保耐压强度的碳纤维强化树脂层，表层是保护表面的玻璃纤维强化树脂层。Mirai 的储氢罐的轻量化瞄准的是中层。中层采用的是对含浸了树脂的碳纤维施加张力使之卷起层叠的纤维缠绕工艺，通过特殊的缠绕方法减少了纤维的缠绕圈数，使碳纤维强化树脂层的用量比原来减少了 40%。Mirai 的 70MPa 高压储氢罐的质量储氢密度达到了 5.7%，体积储氢密度约 40.8kg/m^3，车载两个储罐，一次充氢行驶里程为 482km。全复合塑料储氢容器的质量储氢密度可以达到 10%左右，如美国 Quantum 公司开发的 70MPa 全复合塑料储氢容器，其系统质量储氢密度已高达 13.36%，如图 2-9 所示。

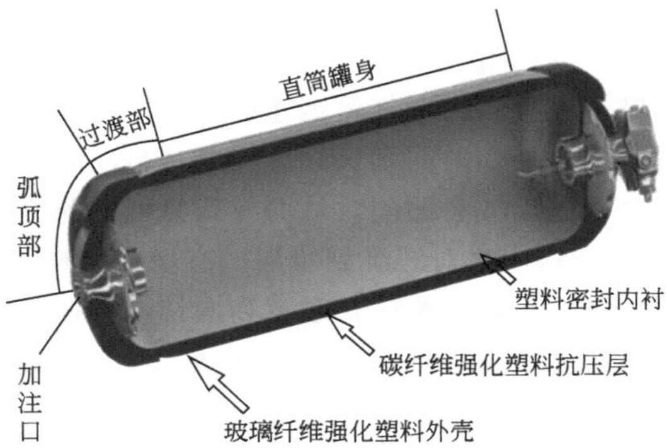

图 2-13 丰田 Mirai 的 70MPa 储氢罐[12]

2.2.2.4 金属内衬和塑料内衬复合材料高压储氢容器的比较

前已述及，金属内衬和塑料内衬复合材料高压储氢容器仅仅是内衬材料不同，其他结构和制造工艺基本是一致的。两种内衬材料各有自己的适用范围。传统复合材料高压容器使用金属内衬（通常选用铝合金），外层用高强纤维复合材料通过横向，或横向＋纵向，或螺旋等方式缠绕制成。金属内衬高压容器技术是从金属压力容器逐渐演变来的，已有几十年的历史。塑料内衬复合材料高压容器开发的目的是在金属内衬基础上进一步降低容器的自重，并降低成本，内衬材料通常选用高密度聚乙烯（HDPE）。

金属内衬以铝合金为例，塑料内衬以高密度聚乙烯为例，两种内衬材料的优劣势对比如下[14]：

（1）铝内衬的优势和不利因素

① 铝内衬的优势　铝内衬的优势有如下 5 个方面：

a. 一般铝合金内衬采用旋压成型，整个结构无缝隙，故可防止渗透。

b. 由于气体不能透过铝合金内衬，因此带该类内衬的复合材料气瓶可长期储存气体，无泄漏。

c. 在铝合金内衬外采用复合材料缠绕层后，施加的纤维张力使内衬有很高的压缩应力，因此大大提高了气瓶的气压循环寿命。

d. 铝合金内衬在很大的温度范围内都是稳定的。高压气体快速泄压时温降高达 35℃以上，而铝合金内衬可不受此温度波动的影响。

e. 对复合材料气瓶而言，采用铝合金内衬稳定性好，抗碰撞。一般地，铝合金内衬复合材料气瓶比同类的塑料内衬的抗损伤能力强得多。

② 铝内衬的不利因素　铝内衬的不利因素主要有如下两点：

a. 复合材料用铝内衬通常很贵，其价格取决于规格。

b. 新规格内衬研究周期长。

(2) 塑料内衬的优势和不利因素

① 塑料内衬的优势　塑料内衬的优势如下：

a. 成本比金属内衬低。

b. 高压循环寿命长。塑料内衬的复合材料气瓶压力从 0 到使用条件能工作 10 万余次。

c. 防腐蚀。塑料内衬比金属内衬更耐腐蚀。

② 塑料内衬的不利因素　塑料内衬的不利因素有如下几点：

a. 易通过接头发生氢气泄漏。塑料内衬与金属接头之间很难获得可靠的密封，高压气体分子易浸入塑料与金属结合处。当内部气体迅速释放时，会产生极大的膨胀力。因塑料与金属之间热胀系数的差异，随着使用时间延长，金属与塑料间的黏结力将削弱。在载荷不变的条件下，最后塑料也将趋于凸出或者凹陷，从而导致氢气泄漏。

b. 抗外力能力低。由于塑料内衬对纤维缠绕层没有增强结构或提高刚度的作用，因此，需增加复合材料气瓶的外加强层厚度，为防止碰撞和损伤，可在气瓶封头处加上泡沫减振材料，然后在其外做复合材料加强保护层。因此，在重量上与同容积的铝内衬复合材料气瓶相当。

c. 有气体渗透的可能性。塑料内衬需选取适当的材料和厚度，在允许低渗透率的条件下储存氢气。

d. 内衬与复合材料黏结不牢，容易脱落。随着服役时间的延长，由于从工作压力快速泄压或者塑料老化收缩，可能引起内衬与复合材料加强层之间的分离。

e. 塑料内衬对温度敏感。与金属内衬对温度不敏感相反，当气瓶从高压快速泄压到 0 时，内表面温度下降高达 35℃，低温可能引起塑料内衬脆裂甚至破裂。

f. 塑料内衬刚度低。这使制造过程中容器的变形较大，会增加操作时的附加应力，降低容器的承压能力。

因此，选择金属内衬还是塑料内衬的复合材料储氢容器要根据具体的使用条件来确定。

2.3 氢气高压储存应用前景

在气态、液态和固态三大类储氢技术中，气态高压储氢技术具有设备结构简单、压缩氢气制备能耗低、充装和排放速度快等优点，是目前占绝对主导地位的储氢方式，其主要应用领域包括了运输用大型高压储氢容器、加氢站用大型高压储氢容器、燃料电池车用高压储氢罐，2019 年的报道称高压储氢罐也被用于通信基站不间断电源和无人机燃料电池电源系统上。

2.3.1 运输用大型高压储氢容器[15,16]

高压氢气的运输主要指将氢气从产地运输到使用地点或者加氢站。运输设备有的采用大型高压无缝气瓶或“K”瓶装氢，见图 2-14，采用汽车运输；有的直接采用高压氢气管道输运。氢气长管拖车用旋压成型的大型高压气瓶装氢。典型的氢气长管拖车长 10.0～11.4m，高 2.5m，宽 2.0～2.3m。长管拖车所装的氢气压力在 16～21MPa 之间，质量 280kg 左右。

“K”瓶所装的氢气压力在 20MPa 左右，单个“K”瓶可以装 0.05m^3 的氢气，质量约为 0.7kg。装氢的“K”瓶可以用卡车来运输，通常 6 个一组。“K”瓶可以直接与燃料电池汽车连接，但气体存储量较小且瓶内氢气不可能放空，因此比较适用于气体需求量小的加氢站。

(a)

(b)

图 2-14 装载高压无缝气瓶的氢气长管拖车（a）和“K”瓶（b）

为了提高高压氢气的运输能力，降低氢气运输成本，国外一些研究单位开展了大容积复合材料缠绕结构高压储氢容器的研究[17]，并已有相关产品问世。如 Lincoln Composites 公司于 2008 年研制成功的碳纤维缠绕结构大容积高压储氢容器[16]，其内筒采用高密度聚乙烯吹塑成型结构，最高工作压力为 25MPa，单台有效容积达 8.5m^3，储氢量约 150kg，如图 2-15所示。按照 ISO668 的装配要求，单车搭载 4 套容器，其运输氢气量可达 600kg。该技术使用的碳纤维成本过高，限制了其发展。

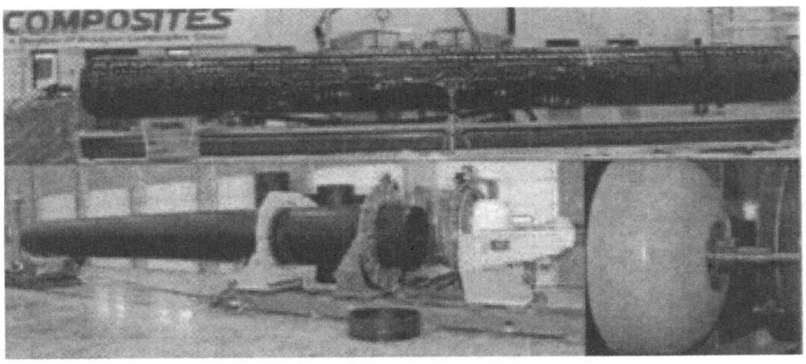

图 2-15 碳纤维缠绕大容积高压储氢容器[16]

为了解决碳纤维缠绕结构的成本问题，美国 Lawrence Livermore 国家实验室于 2008 年成功研制了玻璃纤维全缠绕结构的低成本大容积高压储氢容器，如图 2-16 所示[18]。对于大容积复合材料缠绕结构高压储氢容器，压力的提高和容积的增大，均会增加纤维缠绕层的厚度，必须采用多次固化的工艺，导致其质量的稳定性难以保证，且高密度聚乙烯与氢气的相容性还有待进一步研究，这是当前制约其发展的重要因素[16]。

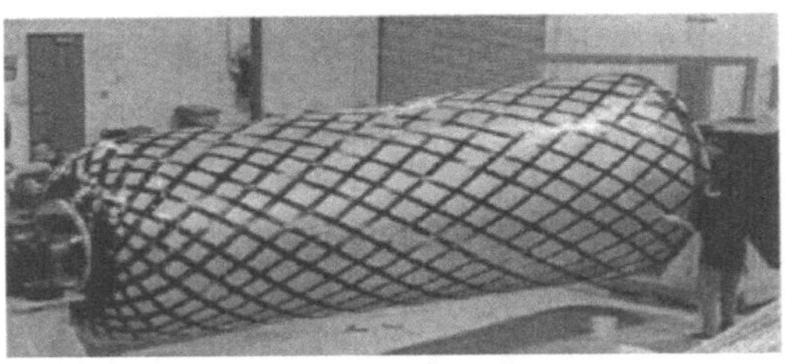

图 2-16 玻璃纤维缠绕高压储氢容器[18]

2.3.2 加氢站用大型高压储氢容器

加氢站用高压储氢容器是氢存储系统的主要组成部分。目前各汽车公司开发的车载储氢容器压力规格一般为 35MPa 和 70MPa，因此加氢站用高压储氢容器最高气压多为 40～85MPa。

目前，高压氢气加氢站所用的存储容器多为高强钢制无缝压缩氢气储罐。这类储罐一般按照美国机械工程师学会锅炉压力容器标准进行设计和制造，用无缝钢管经两端旋压收口制成，属整体无焊缝结构。常用材料为调制处理的 CrMo 钢，典型牌号有：SA372Gr. DCL65、SA372Gr. JCL65、SA372Gr. JCL70 和 SA372Gr. MCLA 等。材料的主要力学性能为：抗拉强度不小于 724MPa、屈服强度不小于 448MPa、延伸率不小于 18%[15]。

这类储罐一般分为单层和多层。单层储罐有单台设备的容积小、对氢脆敏感、难以实现对储罐健康状况远程在线监测等问题，为了克服这些问题发展了多层高压储氢容器。目前，大容积全多层高压储氢容器已在我国首座商业化运行的加氢站——北京飞驰竞立加氢站（如图 2-17 所示）安全运行多年，并在世界最大的 HCNG 加气站——山西河津 HCNG 加气站成功投入运行[18]。

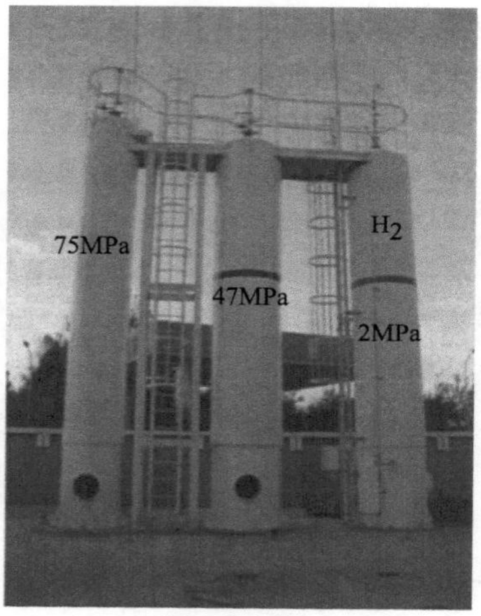

图 2-17 位于北京飞驰竞立加氢站的大容积全多层高压储氢容器

2.3.3 燃料电池车用高压储氢罐

目前，高压储氢是燃料电池车主要的储氢方式。根据燃料电池车的使用需要，储氢容器正在向轻质、高压的方向发展，主要研究热点是提高体积和质量储氢密度、增加容器的可靠性、降低成本、制定相应的标准、进行结构优化设计等。

世界各大知名汽车企业，包括奔驰、宝马、丰田、本田、现代等，均展开了燃料电池车的深度研发，其中一些车型已经进入量产阶段，如本田的 Clarity，见图 2-18。该车型采用压力为 5000psi（35MPa）的高压储氢罐，储氢 4.1kg，续航里程为 386km[19]。而发布于 2015 年的丰田 Mirai 采用了 70MPa 的高压储氢罐，详见第 11.1 节。

图 2-18 2017 款 Honda Clarity FCV

2.4 小结

高压气态储氢目前仍然是工程化程度最高的储氢技术，35MPa 和 70MPa 是燃料电池车采用的主流的高压储氢罐设定压力值。需要指出的是，不能单纯依靠提高容器承压能力来提高储氢密度。压力越高，对材质、结构的要求也越高，成本会随之增加，发生事故造成的破坏力也将增大。在达到储氢密度要求的条件下提高容器的可靠性，同时降低成本、减轻质量，是高压储氢容器设计制造中需要解决的关键技术。

参 考 文 献

[1] Weast RC (ed). Hand book of chemistry and physics [M]. Vol 57, CRC Press, Cleveland, Ohio.

[2] 李磊. 加氢站高压氢系统工艺参数研究 [D]. 杭州：浙江大学，2007.

[3] 李星国. 氢与氢能 [M]. 北京：机械工业出版社，2012：153-160.

[4] William C Whitman, et al. 制冷与空气调节技术 [M]. 5 版. 寿明道，译. 北京：电子工业出版社，2008：29-31.

[5] Hoerbiger. 压缩机基础理论及应用. https：//wenku. baidu. com (2017. 05. 04)

[6] 张超武，等. 超高压氢气压缩机组的研制 [J]. 压缩机技术，1990，3：1-6.

[7] 张超武. 200MPa 氢气压缩机组的研制 [J]. 流体工程，1992，20 (8)：17-21.

[8] 朱国辉，郑津洋. 新型绕带式压力容器 [M]. 北京：机械工业出版社，1995：1-12.

[9] Zuttel A, Borgschulte A, Schlapbach L. Hydrogen as a future energy carrier [J]. Weinheim: Wiley-VCH Verlag GmbH&Co kGaA, 2008: 167-170.

[10] 郑传祥. 复合材料压力容器 [M]. 北京：化学工业出版社，2006：238-243.

[11] US Department of Transportation. DOT CFFC Standard, Basic requirements for fully wrapped carbon fiber reinforced aluminum lined cylinder [S]. Fifth revision, 2007.

[12] Yoshida T, Kojima K. Toyota MIRAI fuel cell vehicle and progress toward a future hydrogen society, electrochem [J]. Soc Interface, 2015, 24: 45-49.

[13] Nonobe Y, Member. Development of the fuel cell vehicle Mirai [J]. IEEJ Trans, 2017, 12: 5-9.

[14] 郑传祥. 复合材料压力容器 [M]. 北京：化学工业出版社，2006：251-253.

[15] 李星国. 氢与氢能 [M]. 北京：机械工业出版社，2012：164-166.

[16] 郑津洋，开方明，刘仲强，等. 高压氢气储运设备及其风险评价 [J]. 太阳能学报，2006，27 (11)：1168-1174.

[17] Weisberg A H, Aceues S M, Espinosa-Loza F, et al. Delivery of cold hydrogen in glass fiber composite pressure vessels [J]. Inter J Hydrogen Energy, 2009, 34 (24): 9773-9780.

[18] 刘贤信. 大容积全多层高压储氢容器及氢在金属中的富集特性研究 [D]. 杭州：浙江大学，2012：9-11.

[19] Sando Y. Research and development of fuel cell vehicles at Honda [J]. ECS Transactions, 2009, 25 (1): 211-224.

第3章 氢气液化储存

氢气液化储存是一种深冷的氢气存储技术。氢气经过压缩后，深冷到21K以下使之变为液态氢后，存储到特制的绝热真空容器中。

在第1章图1-2所示的氢的相图中[1]，有一个小的黑色区域，以三相点为起点，以临界点为终点，这个小区域中氢的存在方式为液态。在第1章表1-4中已经比较了几种典型的可逆储氢方式的储氢能力，其中80MPa复合高压储氢的体积储氢密度约为33kg/m^3，而20K时液态氢的体积储氢密度为71kg/m^3，是前者的2倍多[2]。如果气态储氢的压力降低，则液态氢的体积密度会是前者的若干倍。5kg液态氢的体积为71L，这个体积与现有的乘用车辆的油箱体积相当。

3.1 氢气液化原理

3.1.1 几个重要的术语

3.1.1.1 正-仲氢转化

一个氢分子（H_2）由两个氢原子构成，也就有两个原子核，每个原子核都存在自旋。根据氢分子中两个原子核旋转方向一致还是相反，定义了两种氢分子，即氢的异性体。两个原子核旋转方向一致的氢分子被称为正氢（orth-hydrogen），两个原子核旋转方向相反的氢分子被称为仲氢（para-hydrogen），如图3-1所示。

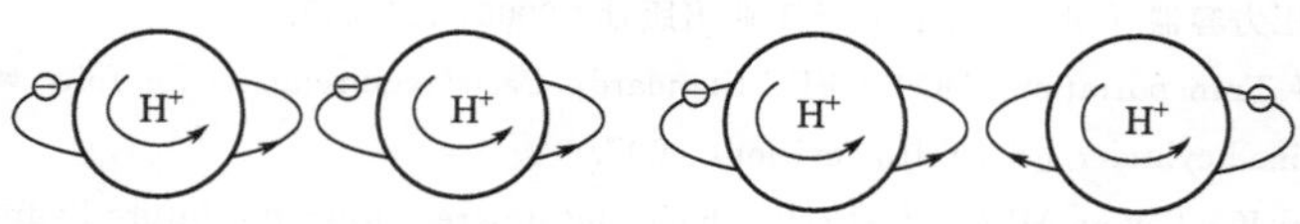

(a) 正氢　　(b) 仲氢

图3-1　正氢和仲氢的分子结构示意图[3,4]

在平衡状态下正、仲氢的相对比例仅为温度的函数，如图3-2所示。在常温下达到平衡状态时，正氢占75%，仲氢占25%，该状态的氢为正常氢（normal hydrogen）。在液氮温度（77K）下，处于平衡态时，正氢占52%。在液态氢的沸点温度下（1atm），仲氢占99.8%。

当温度低于氢气的沸点时，正氢会自发地转化为仲氢。正-仲氢自发转化是一个受激发

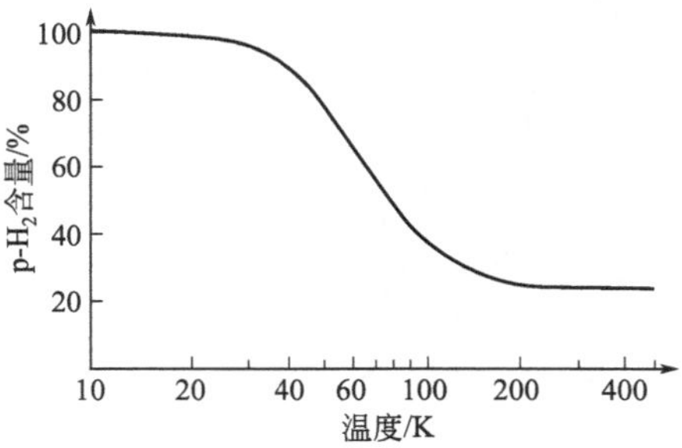

图 3-2 平衡态时氢分子中仲氢（p-H_2）含量随温度的变化曲线[2]

过程，如果没有催化剂，其转化反应速率极低。该转化反应速率与温度强相关，如在 77K 下转化时间超过 1 年，而在 923K、压力 0.0067MPa 下，转化时间可缩短为 10min。从正氢到仲氢的转化过程是一个放热反应，其反应热也是温度的函数[5]。如 300K 时，转化反应热为 270kJ/kg。随着温度的降低，反应热升高，当 77K 时达到 519kJ/kg。当温度低于 77K 时，转化热为 523kJ/kg，是一个常数。正-仲氢转化过程放出的热量大于沸点温度下两者的蒸发潜热（452kJ/kg），在液氢的储存容器中若存在未转化的正氢，则会在缓慢的转化过程中释放热量，造成液态氢的蒸发，即挥发损失。因此在氢气液化过程中，应使用催化剂加速正-仲氢转化过程。这些催化剂包括表面活性剂和顺磁性催化剂等。如常态氢（n-H_2）可吸附在液氢制冷的木炭上，在平衡态（e-H_2）时解吸附。如果使用的木炭表面活性足够高，这一转化过程仅需几分钟。其他正-仲氢转化反应催化剂有金属钨、镍，或者顺磁性氧化物如氧化铬、氧化钆等[2]。

3.1.1.2 焦耳-汤姆森效应和焦耳-汤姆森系数

焦耳-汤姆森效应（Joule-Thompson Effect）是指在等焓条件下，当气流被强制通过一个多孔塞、小缝隙或者小管口时，由于体积膨胀造成压力的降低，从而导致温度发生变化的现象，见图 3-3。

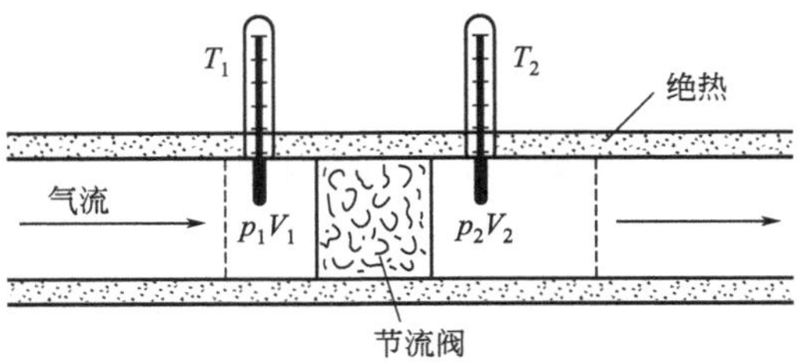

图 3-3 焦耳-汤姆森效应示意图

p_1，p_2—压力；V_1，V_2—体积，T_1，T_2—温度

室温常压下的多数气体，经节流膨胀后温度下降，产生制冷效应；而氢、氦等少数气体经节流膨胀后温度升高，产生致热效应。

通常用焦耳-汤姆森系数（μ）来表征焦耳-汤姆森效应，μ 定义为等焓条件下温度随压力的改变，见下式：

$$\mu=\left(\frac{\partial T}{\partial p}\right)_{\mathrm{H}} \tag{3-1}$$

对于不同气体，在不同压力和温度下，μ 的值不同。μ 可正可负。图 3-4 为几种典型气体随温度变化的焦耳-汤姆森系数。

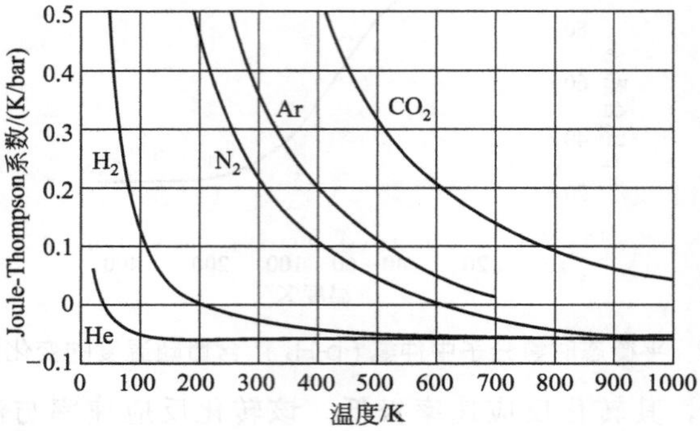

图 3-4 不同气体随温度变化的焦耳-汤姆森系数[6]

3.1.1.3 焦耳-汤姆森转化曲线和转化温度

对任何真实气体（相对理想气体而言），在压力-温度曲线上，当压力的降低不能改变温度时，由这些点连成的曲线称为该气体的转化曲线（inversion curve）。正常氢（n-H_2）的转化曲线以及理论计算的转化曲线见图 3-5。转化曲线上各点的焦耳-汤姆森系数$\mu=0$。除了转化曲线上的点，任何节流操作引起的压力变化都会引起温度的变化，当$\mu<0$ 时温度升高，当$\mu>0$ 时温度降低。因此，要使气体制冷甚至液化，可以把该种气体在一定的温度范围内强制节流获得，如图 3-5 中所示，曲线内部区域理论上是可以通过节流的方式制冷的。

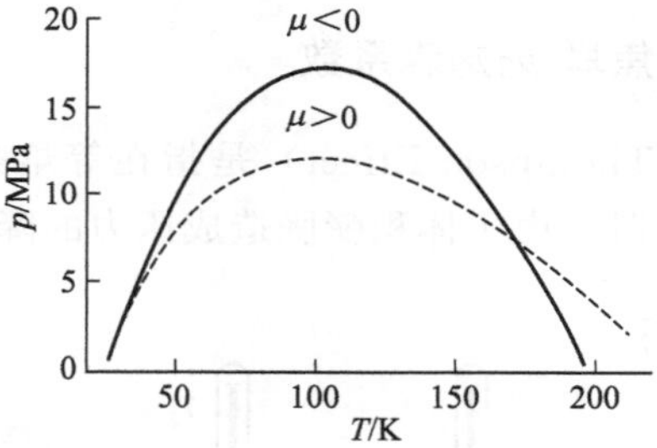

图 3-5 正常氢（n-H_2）的转化曲线（实线）及理论计算的转化曲线（虚线）[2]

氦气和氢气在 1atm 下，转化温度很低，如氦的转化温度为−222℃。因此，氦气和氢气在室温膨胀时温度会上升。真实气体在等焓环境下自由膨胀，温度会上升或下降（是上升还是下降视初始温度而定）。对于给定压力，真实气体有一个焦耳-汤姆森转化温度，高于该温度时气体温度会上升，低于该温度时气体温度会下降，刚好在这个温度时气体温度不变。大多气体在常压下的转化温度高于室温。引起温度上升和下降的原因分别分析如下：

① 温度上升：当分子碰撞时，势能暂时转换成动能。由于分子之间的平均距离增大，每段时间的平均碰撞次数下降，势能下降，因此动能上升，温度随之上升。

② 温度下降：当气体膨胀时，分子之间的平均距离增大。因为分子间存在吸引力，气体的势能上升。又因为该过程为等熵过程，系统的总能量守恒，所以势能上升必然会让动能下降，因此温度下降。

气体温度高于转化温度时，前者的影响更显著；低于转化温度时，后者的影响更显著。

3.1.2 氢的液化方法

氢的液化方法大致可分为利用焦耳-汤姆森效应的简易林德法（Linde）和在此基础上再加上绝热膨胀的方法。后者又可分为利用氦气的绝热膨胀产生的低温来液化氢气的氦气布雷顿法，以及让氢气本身绝热膨胀的氢气克劳德法，见图 3-6。氢气液化流程中主要包括加压器、热交换器、膨胀涡轮机和节流阀等设备及部件。

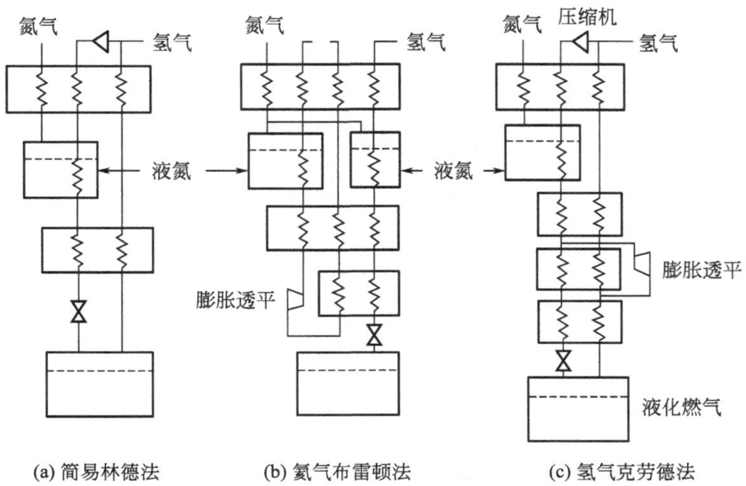

图 3-6 氢气的循环液化方法[7]

最简单的气体液化流程为 Linde 流程或 Joule-Thompson 流程，也称节流循环，是利用高压低温氢气的膨胀来获得液态氢的方法，是工业上最早采用的气体液化循环。这种循环制液氢的装置简单，运转可靠，但由于效率低，除了小规模的实验室制氢外几乎不被采用。在该流程中，氢气首先在常压下被压缩，而后在热交换器中用液氮预冷，进入节流阀进行等焓的 Joule-Thompson 膨胀过程以制备液氢；未被制成液氢的制冷气体返回热交换器，见图3-6(a)。对于大多数气体（如 N_2）来说，室温下发生 Joule-Thompson 膨胀过程时会导致气体变冷。而氢气则恰恰相反，必须将其温度降至 202K 以下，才能保证在膨胀过程中气体变冷，如图 3-7 所示。这也是 Linde 制冷流程中高压氢气采用液氮预冷的原因。实际上，只有压力高达 10～15MPa，温度降至 50～70K 时进行节流，才能以较理想的液化率（24%～25%）获得液氢。

氦气布雷顿法适合于中等规模制液氢，其工艺流程见图 3-6(b)。压缩机与膨胀涡轮机（turbine）内的流体是惰性气体氦，因此有利于防爆。此外，由于能够全量液化所供给的氢气，并且容易获得过冷的液态氢，所以向储存罐移送时能够降低闪蒸损失。

氢气克劳德法是将氢的等熵膨胀与焦耳-汤姆森效应相结合的方法，其工艺流程见图 3-6(c)。理论证明：在绝热条件下，压缩气体经涡轮机膨胀对外做功，可获得更大的温降冷量。这一操作的优点是无需考虑氢气的转化温度（即无需预冷），可一直保持制冷过程。缺点是在实际使用中只能对气流实现制冷，但不能进行冷凝过程，否则形成的液体会损坏叶片。尽管如此，工艺流程中加入涡轮式膨胀机后，效率仍高于仅使用节流阀来制液氢的 Joule-

Thompson过程，液氢产量可增加1倍以上。由于采用氢气克劳德法液化氢气所需的动力是三种方法中最小的，经济性突出，因此被用于大规模的液态氢生产中。采用这种方法制液氢，由于氢本身作为制冷剂，所以在循环中氢的保有量大，而且还需要提供氢的压力，因此应充分考虑安全问题。

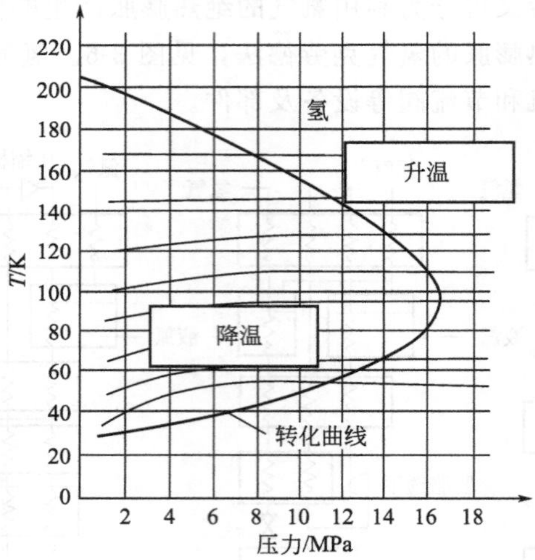

图 3-7 Joule-Thompson 膨胀过程的转化温度曲线[3]

3.2 氢气液化储存关键技术

3.2.1 氢气液化技术

氢气液化技术最大的问题是能耗大。理想状态下，氢气液化耗能为3.228kW·h/kg。但是，由3.1.2所述的氢气液化方法可知，氢气液化经历了压缩、预冷、热交换、涡轮机膨胀、节流阀膨胀等过程，实际的耗能为15.2kW·h/kg，这个值几乎是氢气燃烧所产生低热值（产物为水蒸气时的燃烧热值）的一半。而生产液氮的耗能仅为0.207kW·h/kg[3]。

图3-8所示为国产的YQS-8型氢液化机的液氢生产流程图。每小时可生产6～8L液氢，功率消耗为27kW，冷却水消耗为每小时2t。要求原料氢气纯度不低于99.5%，水分不高于2.5kg/m^3，氧含量不超过0.5%。在氢液化机中，先令经过活性炭吸附除去杂质（不超过20×10^{-6}）的纯化氢气通过储氢器进入压缩机，经三级压缩达到150atm，再经高压氢纯化器（除去由压缩机带来的机油等）分两路进入液化器。一路经由热交换器Ⅰ与低压回流氢气进行热交换，然后经液氮槽进行预冷。另一路在热交换器Ⅱ中与减压氮气进行热交换，然后通过蛇形管在液氮槽中直接被液氮预冷。经液氮预冷后的两路高压氢汇合，此时氢气温度已经冷却到低于65K。冷高压氢进入液氢槽的低温热交换器，直接受到氢蒸汽的冷却，使温度降到33K（氢的液气相变临界点），最后通过节流阀绝热膨胀到气压低于0.1～0.5atm。由于高压气体膨胀的制冷作用，一部分氢液化，聚集在液氢槽中，可通过放液管放出注入液氢容器中。没有液化的低压氢和液氢槽里蒸发的氢（作为制冷剂）一起经过热交换器由液化器放出，进入储氢器或压缩机进气管，重新进入循环。

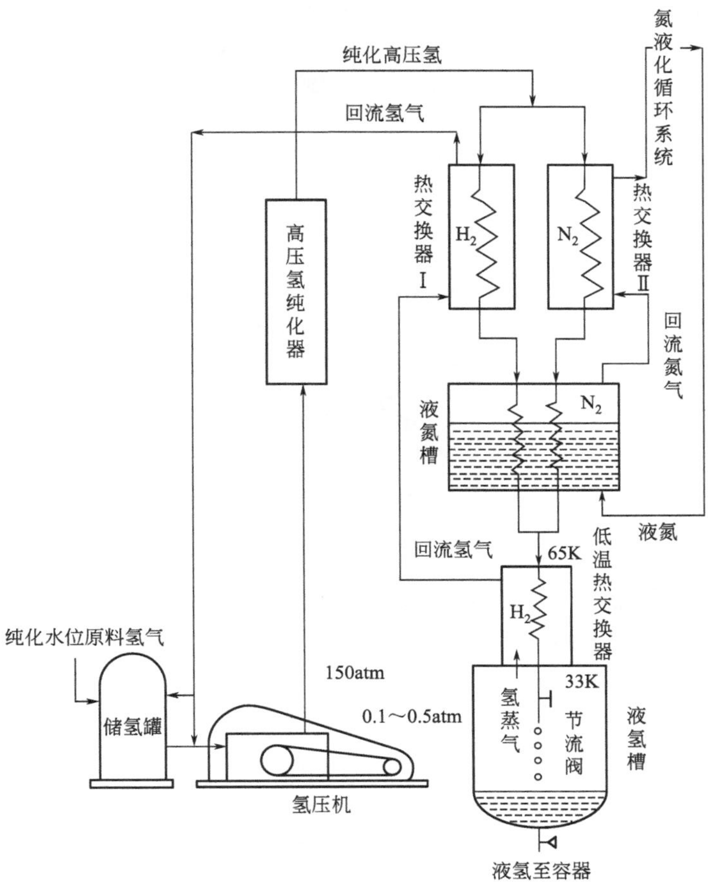

图 3-8 液氢生产流程图[8]

3.2.2 液氢存储技术[3,6]

液态氢的体积密度大（71kg/m³），质量储氢效率（氢的存储质量/包括容器的整体质量，40%）比其他储氢形式都大，但是沸点低（20.3K）、潜热低（31.4kJ/L，443kJ/kg）、易蒸发。液氢汽化是液氢存储必须解决的技术难点。若不采取措施，液氢储罐内达到一定压力后，减压阀会自动开启，导致氢气泄漏，引发安全性问题。因此在设计液态氢容器时应考虑周详。

3.2.2.1 液氢储罐的结构设计

液态氢通常用液氢储罐来存储，其外形一般为球形和圆柱形。美国航空航天中心（National Aeronautics and Space Administration，NASA）使用的液氢储罐容积为 3900m³，直径为 20m，液氢蒸发的损失量为 600000L/a。由于蒸发损失量与容器表面积和容积的比值（S/V）成正比，因此储罐的容积越大，液氢的蒸发损失就越小，故而最佳的储罐形状为球形。对于双层绝热真空球形储罐来说，当容积为 50m³ 时，蒸发损失为 0.3%～0.5%；容积为 1000m³ 时，蒸发损失为 0.2%；当容积达到 19000m³ 时，蒸发损失可降至 0.06%。此外，因球形应力分布均匀，因此可得到更高的机械强度。球形储罐的缺点是加工困难，造价太高。图 3-9 所示为 NASA Lewis 研究中心的液氢储罐。

图 3-9 Lewis 研究中心的液氢储罐

目前常用的液氢储罐为圆柱形容器，其常见的结构如图 3-10 所示。对于公路运输来说，直径一般不超过 2.44m，与球形储罐相比，其 S/V 值仅增大了 10%。

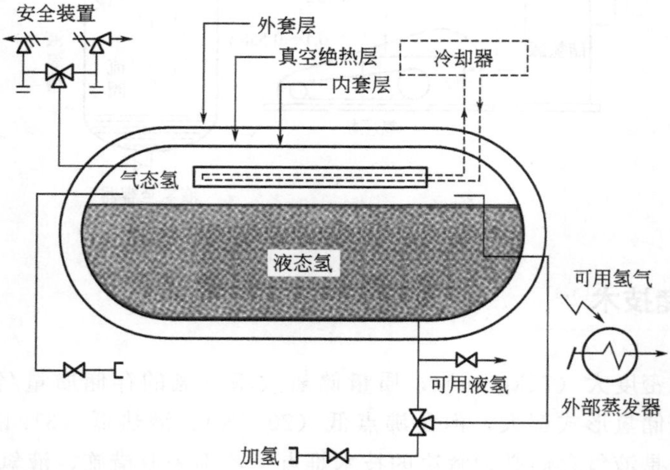

图 3-10 圆柱形液氢储罐结构示意图[3]

由于储罐各部位的温度不一致，液氢储罐中会出现“层化”现象，即由于对流作用，温度高的液氢集中于储罐上部，温度低的沉到下部。由此储罐上部的蒸气压随之增大，下部则几乎无变化，导致罐体所承受的压力不均。因此在存储过程中必须将这部分氢气排出，以保证安全。

此外，还可能出现“热溢”的现象。主要原因如下：

① 液体的平均比焓高于饱和温度下的值，此时液体的蒸发损失不均匀，形成不稳定的层化，导致气压突然降低。常见情况为下部的液氢过热，而表面液氢仍处于“饱和状态”，可产生大量的蒸气。

② 操作压力低于维持液氢处于饱和温度所需的压力，此时仅表面层的压力等同于储罐

压力，内部压力则处于较高水平。若由于某些因素导致表面层的扰动，如从顶部重新注入液氢，则会出现“热溢”现象。

解决“层化”和“热溢”问题的办法有两个：一是在储罐内部垂直安装一个导热良好的板材，以尽快消除储罐上、下部的温差；二是将热量导出罐体，使液体处于过冷或饱和状态，如采用磁力冷冻装置。

通常中型氢液化厂的产能为380～2300kg/h。20世纪90年代后规模有所减小，多为110～450kg/h。图3-11所示为Linde公司放在德国Autovision博物馆的液氢储罐样品，图3-12所示为Linde液态储氢系统结构图。

图3-11 Linde公司放在德国Autovision博物馆的液氢储罐样品

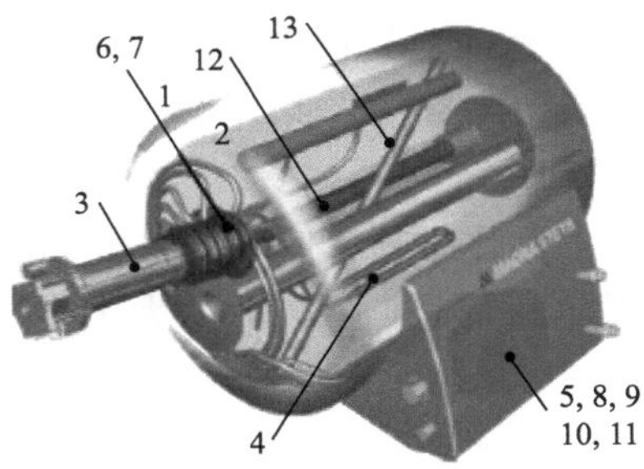

图3-12 Linde液态储氢系统结构图

1—外箱；2—内罐；3—联轴器（Johnston-Cox）；4—加热器；5—热交换器；
6—低温灌装阀；7—低温回流阀；8—压力调节阀；9—关闭阀；
10—蒸发阀；11—安全减压阀；12—支柱；13—液位传感器

3.2.2.2 液氢设备的绝热技术[3,6-9]

液氢的沸点为21K（−252℃），汽化潜热小，极少量的漏热也会引起介质蒸发，因此要求容器的绝热性能很好。目前低温绝热的主要形式有常规外绝热、高真空绝热、真空粉末绝热、高真空多层绝热和低温冷屏绝热。液氢设备的绝热材料分为两类：一类是可承重材料，如Al/聚酯薄膜/泡沫复合层、酚醛泡沫、玻璃板等，此类材料的热泄漏比多层绝热材料严重，优点是内部容器可“坐”在绝热层上，易于安装；另一类是不可承重、多层（30～100层）材料，如SI-62、Al/聚酯薄膜、Cu/石英、Mo/ZrO_2等，常使用薄铝板或在薄塑料板上通过气相沉积覆盖一层金属层（Al、Au等）以实现对热辐射的屏蔽，缺点是储罐中必须安装支撑棒或支撑带。

(1) 常规外绝热

这类绝热方式的绝热层由低密度和低热导率的材料构成，常采用的绝热材料有珠光砂、软木、矿渣棉、泡沫玻璃、苯乙烯发泡材料、PU发泡材料等。绝热层的厚度根据其外表面不会冷凝水的条件来设计。必要时采用适当的防护衬层以防止水汽侵入。

常规外绝热方式典型的应用案例是航天飞机的液氢外储箱。整个外储箱被一层2.5cm厚的氟利昂吹塑聚异三聚氰胺刚性发泡塑料覆盖，发泡层的质量密度为32kg/m^3。该绝热层不仅要承受严重的热负荷，还要承受机械负荷。在航天飞机上升气动加热时，绝热层承受的气动加热强度为90～110kW/m^2，此时防热层的作用相当于一个烧蚀器。同时，绝热层要承受剧烈的振动和由铝储箱冷收缩引起的很大的机械应力。

(2) 高真空绝热

高真空绝热要求10^{-3}Pa以下的真空度。它可以避免绝热空间内气体对流传热和大部分气体热传导。进入设备的热流主要为辐射热，其特点是绝热结构简单、热容小、制造简便、对降温和复热影响较小。但高真空的获得和保持都较困难，仅适用于中、小型低温储液器或绝热要求高的低温装置。

(3) 真空粉末绝热

真空粉末绝热适用于大型低温容器。这种绝热方式是在真空夹层中充填粉末状或颗粒状的多孔性绝热材料以减少热辐射，并抽真空到10^{-5}Pa以上。其绝热性能比高真空绝热至少高一个数量级，绝热效果取决于真空度、粉末的粒度和密度、添加剂的种类与数量，以及界面的温度等多个因素。

常见的真空粉末绝热材料如珠光砂，其粒度大小通常为750μm。实验表明，珠光砂的粒度对热导率有显著影响。如粒度为750μm时，其热导率为11W/(cm·K)；粒度大小为1300μm时，其热导率增大到23W/(cm·K)。

通过真空多层绝热的传热由经固体粉末的传导传热和经夹层空间的辐射传热组成。在绝热粉末中掺加铝粉或铝屑能降低辐射传热，但同时增大了传导传热。当铝掺加量在15%～45%时，可获得最小的有效热导率。

微球绝热是用直径为15～150μm的中空玻璃球取代珠光砂的一种真空绝热。微球常被浸镀铝以提高其抗辐射传热的能力。微球的热导率低，只有珠光砂的20%～60%，然而价高、易碎，因此仅适用于小型低温容器。

日本的WE-NET计划中液氢储罐采用真空粉末绝热结构，其采用的墙体尺寸为ϕ1000mm，厚度为250mm。如图3-13所示为绝热层中所采用的绝热粉末（微球）的SEM照片，粉末的平均直径为50μm，微观结构为中空的玻璃球。

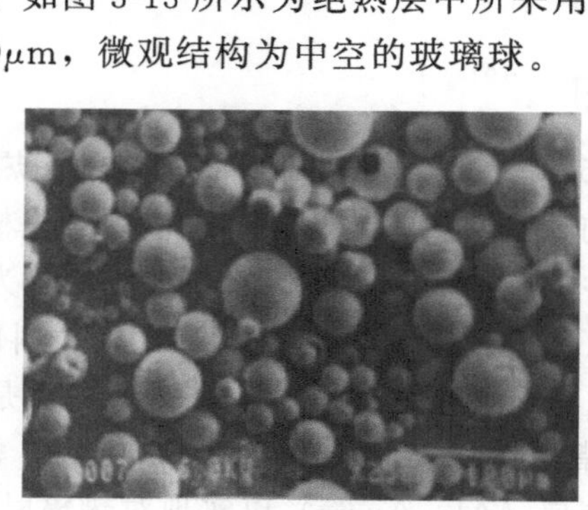

图3-13 绝热粉末的SEM照片

（4）高真空多层绝热

高真空多层绝热具有最佳的绝热性能，也称为超绝热。这种绝热方式由多层高反射率的金属箔或镀金属的薄膜交替间隔低热导率的隔垫构成。真空多层绝热夹层的真空度必须在 10^{-4}Pa 以上。通过多层绝热的辐射传热随层数增加而下降，而通过层间的传导传热则随单位厚度的层数增加而增加。因此，在一定的最佳层密度下，高真空多层绝热具有最小的有效热导率。

（5）低温冷屏绝热

低温冷屏绝热是指在真空夹层中设置冷屏，冷屏用液氮或容器中低温液体蒸发的冷蒸气冷却。这种绝热方式可显著地改善容器的绝热性能。利用容器中液氢蒸发的冷蒸气冷却的冷屏数与容器中液氢蒸发损失率间的关系如表 3-1 所示。

表3-1 液氢蒸发损失率与容器中冷屏数的关系

冷屏数	0	1	2	3	∞
蒸发损失率（归一化）	1	0.5	0.4	0.35	0.25

3.2.2.3 液氢容器的材料[6,9]

传统的液氢容器材料选用金属，如不锈钢 0Cr19Ni9 和铝合金。例如欧洲航天局使用的压力为 40MPa、容积为 12m^3 的高压液氢容器，其内容器为总壁厚 250mm 的不锈钢绕板结构；中国也研发了压力为 10MPa、容积为 4m^3 的高压液氢容器，其内容器为总壁厚 60mm 的不锈钢单层卷焊结构。

为了适应液氢储罐在车载储氢等领域的应用，在保持容器强度的同时减小容器的重量（即容器的轻量化），以及提高质量储氢效率，是液氢储罐设计的基本原则。此外，减小内层的热容非常利于抑制灌氢时的液体蒸发和损失。为了实现液氢容器的轻量化，与高压气态储氢类似，传统的金属材料逐步被低密度、高强度复合材料所取代。典型的复合材料是玻璃强化塑料（GFRP）和碳纤维强化塑料（CFRP）。表 3-2 为这两种复合材料与不锈钢和铝合金的主要性能对比。

表3-2 复合材料与金属材料的主要性能对比

材料	密度 ρ/(g/cm^3)	强度 σ/MPa	热导率 λ /[W/(m·K)]	比热容 /[J/(kg·K)]	性能比 [$\sigma/(\rho\lambda)$]
GFRP	1.9	1000	1	1(环氧树脂)	526
CFRP	1.6	1200	10	1(环氧树脂)	288
不锈钢	7.9	600	12	400	5.8
铝合金	2.7	300	120	900	0.86

注：表中性能均为室温下有代表性的值，随成分不同会有所变化。对复合材料而言，随纤维含量、编织方式的不同，性能会发生较大变化。

复合材料的低密度、高强度、低热导率、低比热容等性质都能很好地满足液氢储存容器的轻量化以及减小灌氢时的液体损失，但是复合材料的气密性和均匀性不如金属材料，易导致空气或氢气透过复合材料进入真空绝热层。此外，纤维和塑料的热膨胀系数差异大，导致冷却时产生宏观裂纹的可能性增高。因此，研发低温环境下阻止气体透过的材料具有很大的工程意义。

3.3 氢气液化储存应用前景[3,6,10,11]

目前液氢的主要用途是在石化、金属加工、电子、玻璃等工业中作为重要原料和物料。在未来规划的“氢经济”时代，液氢的应用领域主要有：航空航天、氢燃料电池汽车、氢内燃机车、燃气轮机发电等。其中，燃料电池被大多专家认为是未来人类社会最主要的发电和动力装备。

氢作为一种高能燃料，其燃烧值（以单位质量计）最高，为 121061kJ/kg，而甲烷为 50054kJ/kg，汽油为 44467kJ/kg，乙醇为 27006kJ/kg，甲醇为 20254kJ/kg。

3.3.1 液氢在航空领域的应用

氢的能量密度很高，是普通汽油的 3 倍，这意味着燃料的自重可降低 2/3，这对飞机来讲是极为有利的。与常用的航空煤油相比，用液氢作航空燃料，能大幅度地改善飞机的所有性能参数。以液氢为燃料的超声速飞机，起飞质量只有煤油的一半，而每千克液氢的有效载荷能量消耗率只有煤油的 70％。

美国洛克西德马丁公司对航空煤油和液氢做了亚声速和超声速运输机的燃烧对比试验，证明液氢具有许多优越性。多家航空公司对民航喷气发动机设计方案进行了研究，得出如下结论：在相同的有效载荷和航程下，液氢燃料要轻得多。飞机的总质量减小，可以缩短跑道，同时可以增加载荷，从而节省了总的燃料消耗量。

在相同的动力条件下，液氢飞机的燃料箱体积比煤油大三倍。因此，为了克服这一不利因素，液氢飞机必须向高超声速（＞6Ma，1Ma≈1225km/h）、远航程（＞10000km）、超高空（30000km）方向发展，才能更充分地发挥液氢的优越性，以替代现有航速较低、飞行时间长、煤油消耗量大的大型客机。

协和号超声速客机（见图 3-14）共正式生产 16 架，14 架用于商业运营，运行过程中积累了超声速（2.04Ma）的飞行经验，最大载重航程达到 5110km。美国已用液氢燃料在B-57轰炸机（最大飞行速度为 937km/h）上成功地进行了飞行试验，证明了采用火箭中的氢氧发动机作为超声速液氢燃料飞机的主发动机具有可行性。

图 3-14 协和号超声速客机

图 3-15 高超声速飞机 X-43A

以时速为 6400km/h（6.03Ma）的高超声速飞机为例，从美国纽约到日本东京只需 2h，而普通的燃油客机需 12h，液氢高超声速飞机缩短了 10h。这不仅节约了 80％以上的时间，更重要的是节省了 10 多个小时的煤油消耗量。2004 年 11 月美国航空航天局（NASA）第三次试飞了 X-43A 高超声速飞机，见图 3-15，最高时速接近 9.8Ma。X-43A 的主动力是以氢为燃料的超声速冲压发动机。

氢气作为航空燃料大量使用所面临的最大问题是：若在高空（高度＞11km）排放会产生冰云，使上层大气更冷、更多云。一方面，尽管水分一般在平流层（云层的最高层）停留时间为6～12个月（远低于CO_2），平流层以下高度仅为3～4天，但仍有可能产生温室效应；另一方面，在冰晶上可以发生很多化学反应，有可能导致上层大气臭氧层的破坏，这些问题仍处于研究中。若上述问题对气候影响过大，则必须严格限定飞行高度。

3.3.2 液氢在航天领域的应用

液氢燃料在航天领域也是一种难得的高能推进剂燃料。氢氧发动机的推进比冲 $I=391s$，除了有毒的液氟外，液氢的比冲是最高的，因此在航天领域得到了重要的应用，如图3-16所示的航天飞机和图3-17所示的火箭。表3-3列出了各种组合推进剂的比推力值。

图 3-16 航天飞机发射现场

图 3-17 长征系列火箭

表3-3 几种液体推进剂的比推力值

氧化剂	燃料	比推力	
		3.5MPa	7.0MPa
过氧化氢	汽油	248	273
过氧化氢	肼	262	288
硝酸	汽油	240	255
硝酸	苯胺	235	258
液氧	酒精	259	285
液氧	肼	280	308
液氧	液氢	364	400
液氟	氨	306	337
液氟	肼	316	348
液氟	氢	373	410
四氧化二氮	偏二甲肼		274

2011 年，圣达因公司制造了国内首台 300m³/0.6MPa 的液氢储罐，用于海南文昌火箭发射场以及液氢液化工厂项目[12]，见图 3-18。

图 3-18　圣达因公司制造的 300m³/0.6MPa 液氢储罐[12]

1958 年，美国波拉特惠特尼公司正式研发空间用液氢液氧火箭发动机，于 1959 年首次通过了全机组实验。目前世界上性能最先进的发动机仍是氢氧发动机。实际上，早在第二次世界大战期间，氢即用作 A-2 火箭发动机的液体推进剂。

航天飞机的主机以液氢为燃料和以液氧为氧化剂，在轨道飞行器下面有一个可拆卸的燃料箱，其中两个隔开的室分别装有液氢和液氧。轨道飞行器内也有两个液氢和液氧储槽以备进入轨道时使用。由美国罗克韦尔公司研制的航天飞机于 1981 年 4 月发射成功，这是人类历史上首次试验航天飞机成功。

3.3.3　液氢在汽车领域的应用[6,13,14]

液氢在汽车领域中的主要应用技术是氢内燃机（hydrogen internal combustion engine，HICE）。氢内燃机继承了传统内燃机（ICE）100 多年发展过程中所积累的全部理论和经验，没有特别的不可逾越的技术障碍。

早在 1820 年，Rev. W. Cecil 就发表文章，谈到用氢气产生动力的机械，还给出了详尽的机械设计图。首次全面认真研究氢发动机的学者是英国的里卡多（Ricardo）和伯斯托尔（Burstoll），两人合作用了整整 20 年对氢发动机的燃烧及工作过程进行了详细的研究，得出了一些有价值的结论。在氢发动机的发展历史中，不得不提到鲁多夫·埃伦（Rudolph Erren），他第一次在氢发动机中采用内部混合气形成方式，氢通过一些小喷嘴直接喷入气缸内进行混合，保留了原来的燃油供给系统，这种改装使得发动机可以用其中任何一种燃料工作，从一种燃料换成另一种燃料。

下面列出氢内燃机的研发历史中几件标志性的事记：

① 1968 年，苏联科学院西伯利亚分院理论和应用力学研究所用汽车发动机进行了分别燃汽油和燃氢的试验，并研究了改用液氢的结构方案，试验取得成功。改用氢后，发动机热效率提高，热负荷减轻。

② 1972 年，美国在通用汽车（General Motors）公司的试车场上举行了城市交通工具对大气污染最小的比赛。参赛的 63 辆装着各种不同发动机的汽车，包括电瓶车、氢和丙烷等作为燃料的汽车，结果德国大众（Volkswagen）汽车公司的改用氢的汽车夺得第一名，据称其废气比吸入发动机内的城市空气还干净。

③ 日本武藏工业大学与日产（Nissan）汽车公司长期合作，从 1974 年开始研制“武藏 1 号”氢燃料汽车，几乎每一届世界氢能大会都展出新品。在 1990 年研制成功“武藏 8 号”

液氢发动机汽车，在1990年7月26日于美国夏威夷召开的第八届世界氢能会议上展出，展示了液氢汽车研制中所取得的新成果。

④ 德国奔驰（Benz）汽车公司和巴伐利亚汽车厂还组建了一个用分解水生产的氢气作为燃料的汽车队，同时开展公共汽车用氢燃料的试验研究。第一批未来型公共汽车——MAN公司制造的氢燃料公共汽车，已于1996年复活节后在德国巴伐利亚州的埃尔兰根（Erlangen）市投入运行。德国为此每年投入5000万马克的费用。德国斯图加特大学、德国宇航中心和奔驰汽车公司参与研制的奔驰F100液氢汽车被称为21世纪房车，它和武藏系列液氢汽车代表了当今世界液氢汽车研究的最高水平。

⑤ 宝马汽车（BMW）公司于1996年6月在德国斯图加特市举行的第11届世界氢能会议上展出了计算机控制的新式氢能汽车。BMW公司称其为“人类最终使用的汽车，是汽车发展史上的一个里程碑”。自此，氢能也正式进入了一个规划、开发、研究和应用的新时期。

随着1999年5月德国第二个商用加氢站在慕尼黑的落成（第一个加氢站已于1999年1月在汉堡开始商业运作），BMW公司有15辆使用液氢燃料的大型高级轿车（BMW750HL型，见图3-19），用于接送到慕尼黑“清洁能源”项目研究中心参观访问的客人。目前，BMW集团拥有了世界上第一个由15辆装备液氢内燃机的汽车组成的车队，该车队已经进行了环球巡游来演示氢内燃机的可行性。该车型的发动机功率为250kW，最高速度可达到250km/h，百公里耗氢2.3kg，储氢器容量190L，一次加氢可行驶580km。

图3-19 德国宝马公司的BMW750HL型氢内燃机轿车

2004年9月，宝马集团研发的H2R氢内燃机赛车［见图3-20(a)］在法国创造了9项速度记录[15]。该车装备了6LV12液氢燃料内燃机，最大功率为210kW，0～100km/h加速约6s，最高速度达301.95km/h。这组数据表明，氢动力汽车的性能丝毫不逊于传统能源汽车。H2R的核心技术是经过改造的宝马顶级12缸发动机。氢和空气混合会产生比汽油更高的内燃压力，从而可以用同样多的燃料提供更大的动力，即氢的效能更高。当然，要实现高效能还需要配合一系列精密的技术应用。H2R加氢是通过一个移动加氢站完成的，见图3-20(b)。液氢罐具有双真空绝热层，液氢储量为11kg，位置被安排在驾驶座椅的一侧。其三阀门设计可以确保最大的安全性。工作阀门在4.5Pa的压力下打开，另外两个安全阀门可以防止任何液氢泄漏产生的危险后果，在压力超过5Pa时将立即开启以释放压力，从而保证液氢罐不会因为压力过高而发生事故。

宝马公司是最早（20世纪70年代末期）也是一直坚持研制氢发动机汽车的厂商，于2006年上市了世界上第一款氢动力汽车——H7。由于缺乏加氢站，H7设计时采用既可燃液氢，也可燃汽油的内燃机系统。从 2006 年到 2007 年，宝马公司开始小批量（几百辆）生产 H7，如图 3-21 所示为现已部分商业化的 H7 液氢发动机汽车。无论从性能上还是安全测试上都清楚地表明：氢内燃机汽车已经完全达到目前汽油内燃机汽车的技术指标，氢完全可以替代汽油而满足人们的驾乘需求。

(a) (b)

图 3-20 BMW 公司的 H2R 氢内燃机赛车（a）及液氢加注（b）[16]

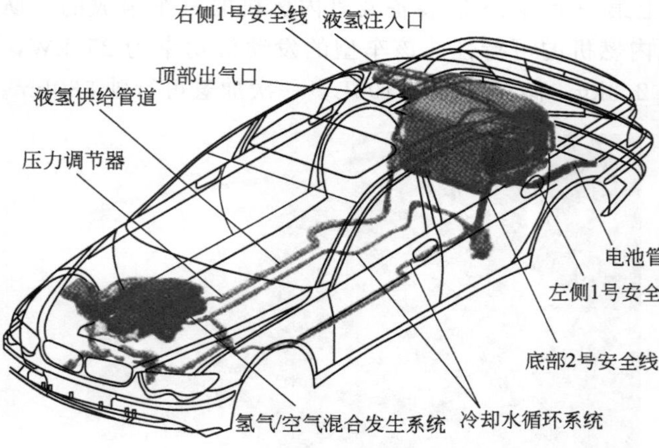

图 3-21 液氢发动机汽车的结构图

3.3.4 液氢在其他领域的应用[6,10]

在大规模、超大规模和兆位级集成电路制作过程中，需用纯度为 5.5～6.5N 的超纯氢作为配置某些混合气的载气。在硅外延时，需严格控制氢气中的 O_2、H_2O、CO、CO_2、CH_4 等杂质气体的含量。在砷化镓外延时对氢气纯度要求更高。液氢有利于氢的大量运输，并可以制备超高纯氢，在上述领域以及高效非晶硅、光导纤维领域均有重大作用。

在冶金工业中，氢常被用作将金属氧化物还原成金属的还原剂，也被用作金属高温加工时的保护气氛。在硅钢片生产中需使用纯度为 99.999％以上的氢气。在高熔点金属钨和钼的生产过程中，用氢气还原氧化物得到金属粉末，再加工成线材和带材。氢气纯度越高，还原温度就越低，所得金属的粒度就越细。电子管、氢阀管、离子管、激光管和显像管等的制造均不同程度地需要液氢。

液氢还可作为实验研究用低温冷却剂，充填气泡室（低温物理研究），以及用于其他超高温、超低温物理研究。

3.4 小结与展望

液态氢储存方法具有比其他储氢技术更高的质量储氢效率，在优化选材和结构设计的条件下可高达40%，因此具有极高的吸引力。法国液化空气公司等国内外企业对此技术的规模化应用正在尝试推进。

液态氢储存技术最大的应用障碍有两点：一是液化耗能过高，通常为高热值的40%，低热值的50%；二是汽化率过高，容器的体积越小，氢气的泄漏率越大，所引发的安全性问题越严重。因此，目前普遍认为液氢更适合的应用范围是短期大量使用的场景，如航空航天、氢的运输和加氢站短期储存等。

为了扩大液态氢的工业化应用范围，进一步提高其质量储氢效率，降低液化能耗和氢气的泄漏率是主要的技术突破。

参 考 文 献

[1] Leung W B, March N H. Primitive phase diagram for hydrogen [J]. Phys Lett, 1976, 56A (6): 425-426.

[2] Zuttel A, Borgschulte A, Schlapbach L. Hydrogen as a future energy carrier [M]. Wiley-VCH Verlag GmbH&Co. kGaA, Weinheim, 2008.

[3] 翟秀静，刘奎仁，韩庆. 新能源技术 [M]. 2版. 北京：化学工业出版社，2010：106.

[4] Sherif S A, Zeytinoglu N, Veziroglu T N. Liquid hydrogen: potential, problems, and a proposed research program [J]. Int J Hydrogen Energy, 1997, 22 (7): 683-688.

[5] Sullivan N S, Zhou D, Edwards C M. Precise and efficient in situ ortho-para-hydrogen converter [J]. Cryogenics, 1990, 30: 734-735.

[6] 李星国. 氢与氢能 [M]. 北京：机械工业出版社，2012：167-188.

[7] 氢能协会. 氢能技术 [M]. 宋永臣，等译. 北京：科学出版社，2009.

[8] 申泮文. 21世纪的能力：氢与氢能 [M]. 天津：南开大学出版社，2000.

[9] 朱国辉，郑津洋. 新型绕带式压力容器 [M]. 北京：机械工业出版社，1995：465-467.

[10] 孙酣经，梁国伦. 氢的应用、提纯及液氢输送技术 [J]. 低温与特气，1998 (1)：28-35.

[11] Thomas C E, Brian D James, et al. Fuel options for the fuel cell vehicle: hydrogen, methanol or gasoline? [J]. Inter J Hydrogen Energy, 2000, 25: 551-567.

[12] 张家港中集圣达因低温装备有限公司. 国内首台300m³可移动式液氢储罐通过鉴定 [N]. 2011-07-13 [2020-05-26]. https://zixun. ibicn. com/d 170356. html.

[13] 毛宗强. 无碳能源：太阳氢 [M]. 北京：化学工业出版社，2009.

[14] 毛宗强. 氢能——21世纪的绿色能源 [M]. 北京：化学工业出版社，2005.

[15] 晓智. 氢动力之父——宝马"H2R"氢内燃机汽车创造汽车工业历史 [J]. 汽车实用技术，2004 (11)：40-41.

[16] Eric Trcker. How the BMW H2R Works [N]. How Stuff Works. com, 2005-03-11 [2020-05-17]. http://auto. howstuffworks. com/bmw-h2r. htm.

第4章 材料吸附储氢

储氢技术作为氢气从生产到利用过程中的桥梁，是指将氢气以稳定形式的能量储存起来，以方便使用的技术。目前常用的储氢技术，主要包括物理储氢、化学储氢与其他储氢。物理储氢主要包括高压气态储氢与低温液化储氢，具有成本低、易放氢、氢气浓度高等特点，但安全性较低。化学储氢包括金属氢化物储氢、配位氢化物储氢、有机液体储氢、液氨储氢与甲醇储氢等。化学储氢虽保证了安全性，但其放氢相对困难，且易发生副反应。其他储氢技术包括吸附储氢与水合物法储氢等。大量的多孔材料包括多孔炭、沸石、金属有机骨架等，都一直被人们认为是不错的氢气存储介质。其中多孔碳基材料比表面积和孔容较高，化学稳定性和热稳定性好且密度低，更重要的是可用来重复存储，所以备受关注。

4.1 碳材料储氢

碳质材料吸附储氢，是近年来根据吸附理论发展起来的储氢技术，是指用碳质材料作为储氢介质的吸附储氢。碳质材料如碳纳米管、石墨纳米纤维等，它们具有优良的吸、放氢性能，已引起了世界各国的广泛关注。美国能源部专门设立了研究碳质材料储氢的财政资助。我国也将高效储氢的纳米碳质材料研究列为重点研究项目。目前，碳质储氢材料主要有活性炭、碳纤维和碳纳米管（CNT）等3种。

4.1.1 活性炭吸附储氢

活性炭是经过加工处理所得的无定形碳，具有很大的比表面积，对气体、溶液中的无机或有机物质及胶体颗粒等都有良好的吸附能力。活性炭材料作为一种性能优良的吸附剂，主要是由于其具有独特的吸附表面结构特性和表面化学性能。活性炭材料的化学性质稳定，机械强度高，耐酸、耐碱、耐热，不溶于水与有机溶剂，可以再生使用，已经广泛地应用于化工、环保、食品加工、冶金、药物精制、军事化学防护等各个领域。

活性炭储氢是在中低温（77～273K）、中高压（1～10MPa）下利用超高比表面积的活性炭作吸附剂的吸附储氢技术。与其他储氢技术相比，超级活性炭储氢具有经济、储氢量高、解吸快、循环使用寿命长和容易实现规模化生产等优点，是一种颇具潜力的储氢方法。在活性炭中分布着很多尺寸和形状不同的小孔，一般根据孔的尺寸可以将其分为3类：即孔径＜2nm的微孔，2～50nm的中孔，＞50nm的大孔。微孔又可细分为超微孔（0.7～2nm）

和极微孔（<0.7nm）。大孔主要是作为被吸附分子到达吸附点的通道，控制着吸附速度；中孔和大孔同样也支配着吸附速度，但在较高浓度下会发生毛细凝聚，同时还作为不能进入微孔的较大分子的吸附点；微孔由纤细的毛细管壁构成，因而可使材料表面积增大，相应地也使吸附量提高。研究证实，能够吸附两层氢的孔的大小是最合适的吸附氢的孔尺寸（大约0.6nm）。

用于储氢的活性炭材料中较多从来源广泛的生物质材料制备获得，具有廉价的特点。Ramesh 等[1]通过炭化罗望子种子获得了微孔活性炭，炭化后的活性炭经过进一步的 KOH 活化处理可以进一步提高比表面积和孔容，其中 700℃下炭化的样品经过 KOH 活化后比表面积和孔容可以分别高达 $1784m^2/g$ 和 $0.93cm^3/g$，在室温和 4MPa 氢压下的储氢量可以达到 4.73%（质量分数，下同），并且 30 个循环后储氢量不发生变化。与之类似的，Heo 等[2]将稻壳炭化后采用 KOH 进行活化（图 4-1），通过比表面积和孔尺寸的优化，可以使其储氢量提高到 2.85%（77K，1bar）。Xia 等[3]改良了碳材料的优化剂，使用 CO_2 代替 KOH 进行碳材料的活化，获得了多级孔道结构的比表面积高达 $2829m^2/g$，孔容高达 $2.34cm^3/g$ 的活性炭。此活性炭材料中既有孔径 0.1～1.3nm 的微孔结构，又有孔径 2～4nm 的介孔结构。该材料在室温 298K 和 80bar 下的吸氢量可以达到 0.95%，在温和条件储氢的报道中，该材料的储氢量较高。

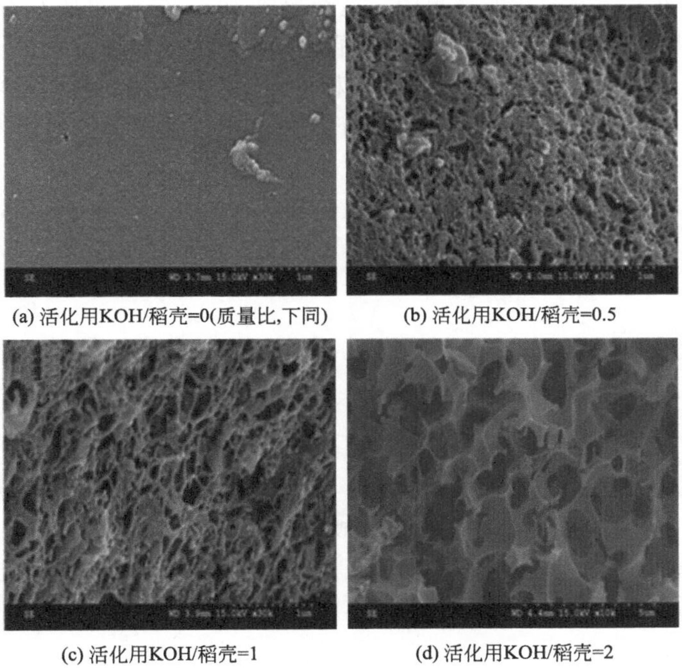
(a) 活化用KOH/稻壳=0(质量比,下同)　(b) 活化用KOH/稻壳=0.5

(c) 活化用KOH/稻壳=1　(d) 活化用KOH/稻壳=2

图 4-1　稻壳经炭化与 KOH 活化后的活性炭形貌图[2]

4.1.2　碳纤维吸附储氢

碳纤维（carbon fiber，CF），是一种含碳量在 95%以上的高强度、高模量的新型纤维材料。它是由片状石墨微晶等有机纤维沿纤维轴向方向堆砌而成，经碳化及石墨化处理而得到的微晶石墨材料。碳纤维“外柔内刚”，质量比金属铝轻，但强度却高于钢铁，并且具有耐腐蚀、高模量的特性，在国防军工和民用方面都是重要的材料。它不仅具有碳材料的固有本征特性，又兼备纺织纤维的柔软可加工性，是新一代增强纤维。

碳纤维表面是分子级细孔，而内部是直径大约 10nm 的中空管，比表面积大，可以合成石墨层面垂直于纤维轴向或者与轴向成一定角度的鱼骨状特殊结构的纳米碳纤维，H_2 可以在这些纳米碳纤维中凝聚，因此具有超级储氢能力。

赵东林等[4]用 KOH 活化法制备了沥青基活性碳纤维，利用低温（77K）N_2 吸附法（BET）测定沥青基活性碳纤维的比表面积和孔结构，沥青基活性碳纤维的比表面积为 $1484m^2/g$，微孔孔容为 $0.373m^3/g$。采用日本 Suzuki Shokan 公司的 PCT 测量系统，测试沥青基活性碳纤维的储氢性能，在液氮温度和 4MPa 压力条件下，沥青基活性碳纤维储氢量为 4.75%。陈秀琴等[5]研究了直径 4～7nm 的双螺旋碳纤维的一些表面特性，得出直径 3.37nm 的细孔比例最大。比较各种碳材料的表面积可以得出，双螺旋碳纤维的比表面积比其他碳纤维高得多，是性能优异的储氢材料，也可以作为高效吸收剂和催化剂载体使用。Y. Furuya 等[6]将双螺旋碳纤维、碳纳米管和活性炭在液氮温度和 10MPa 的氢气中进行吸附实验，通过测定室温下的平衡压力来比较吸氢量。结果发现双螺旋纤维的吸氢性能（0.12～0.16%）较活性炭和碳纳米管优异；在 700～1000℃下除去未分解而沉积的乙炔，吸氢量能够提高 20%；然而当热处理温度超过 2500℃时，材料的吸氢性能明显下降，这是由于双螺旋碳纤维在高温石墨化的过程中，边缘形成 10～20nm 单层石墨组成的胶囊结构。Hwang 等[7]通过湿纺和后续炭化的方法，以稻草和构树为原料制备获得了多孔生物质碳纤维材料（图 4-2），通过 N_2 吸脱附实验测得以稻草和以构树为原材料制备获得的碳纤维材料的比表面积分别可以高达 $2260m^2/g$ 和 $1331m^2/g$，其中以稻草为原料制得的碳纤维材料在 77K 和 10bar 下的储氢量可以高达 4.35%。

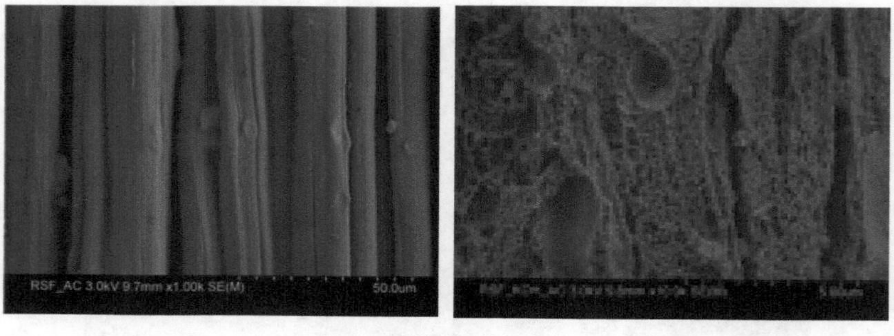

(a) 稻草碳纤维

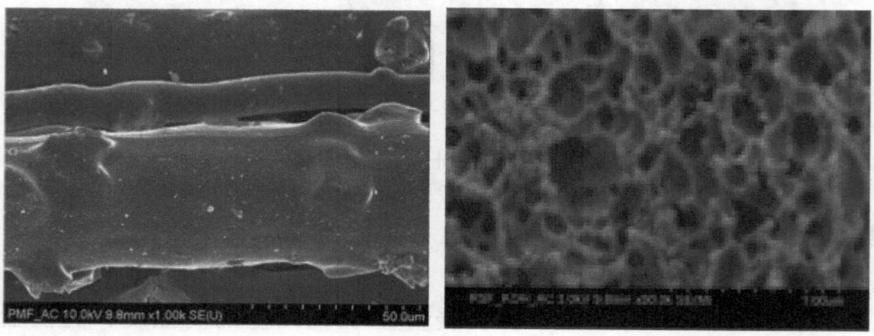

(b) 构树碳纤维

图 4-2 以稻草和构树为原料制备的碳纤维及其多孔结构[7]

4.1.3 碳纳米管吸附储氢

碳纳米管，又名巴基管，如图 4-3 所示，是一种具有特殊结构（径向尺寸为纳米量级，轴向尺寸为微米量级，管子两端基本上都封口）的一维量子材料。碳纳米管主要是由呈六边形排列的碳原子构成数层到数十层的同轴圆管。层与层之间保持固定的距离，约 0.34nm，直径一般为 2～20nm。并且根据碳六边形沿轴向的不同取向可以将其分成锯齿形、扶手椅形和螺旋形三种。其中螺旋形的碳纳米管具有手性，而锯齿形和扶手椅形碳纳米管没有手性。碳纳米管作为一维纳米材料，重量轻，六边形结构连接完美，具有许多异常的力学、电学和化学性能。近些年随着碳纳米管及纳米材料研究的深入，其广阔的应用前景也不断地展现出来。

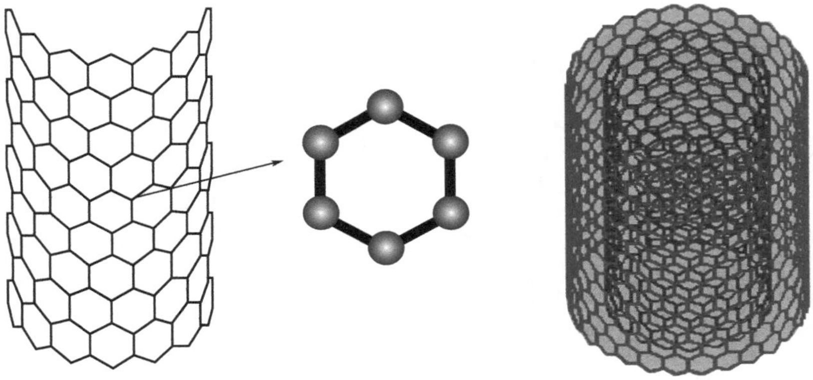

(a) 单壁碳纳米管(SWCNT)　　(b) 多壁碳纳米管(MWCNT)

图 4-3 碳纳米管结构示意图[8]

碳纳米管对氢气的吸附储存行为比较复杂，可用物理吸附和化学吸附对 H_2 在碳纳米管中的吸附储存进行描述。关于碳纳米管储氢的研究有理论研究和实验研究两类，都已经取得了丰富的研究进展，下面就两类研究内容分别做简述。

与物理吸附和化学吸附两种机理对应，理论研究方法主要有两种。一种方法是假设吸附过程 H_2 和材料无化学反应，即为物理吸附。将 H_2 与材料分子之间的作用能归结为一个经典的位势函数；用分子动力学（MD）及分子力学（MM）进行模拟和计算，能够得到吸附储氢过程的吸附等温线。王丽莉等[9]用第一性原理平面波赝势方法模拟研究了手性单壁碳纳米管与氢分子的相互作用，考察了碳纳米管直径、吸附方式等对碳纳米管本身结构（见图 4-4）和储氢性能的影响。结果表明，H_2 在单壁碳纳米管上发生物理吸附时，以分子形式在碳纳米管附近形成分子云，H_2 可以吸附在空腔内，也可以吸附在管与管之间的空隙中，纳米管内部的氢吸附力均高于管外，而“完好无损”的 H_2 分子不能够穿过管壁而进入管内。程锦荣等[10]采用 MD 方法，模拟了常温和不同压强下，氢在不同管径和管间距的单壁碳纳米管阵列中的物理吸附过程，重点研究了压强、管径和管间距对单壁碳纳米管（管内和管间隙）物理吸附储氢的影响。发现氢分子主要储存在单壁碳纳米管的管壁附近，适当地增大管径和管间距可有效增加单壁碳纳米管的物理吸附储氢量，使其在常温下具有较高的储氢能力。计算结果表明，在常温和中等压强下，单壁碳纳米管的物理吸附总储氢量可达 4.2%。方兴[11]在碳纳米管储氢研究的基础上提出了三种掺杂过渡金属原子的方案，并采用巨正则蒙特卡罗（GCMC）方法系统地研究了常温和中等压强下过渡金属掺杂单壁碳纳米管束的物理吸附储氢特性。计算结果表明，采用过渡金属掺杂能够有效地提高碳纳米管束的物理吸附储氢量，掺杂的实际效果则与过渡金属元素、掺杂位置、掺杂浓度等密切相关。其计算结果表明，过渡金属原子的 d 轨道与碳原子的 p 轨道之间发生的轨道杂化，能更有效地提高过渡金属掺杂单壁碳纳米管的储氢效果，掺杂的碳纳米管在常温和中等压强下的物理吸附储氢量有望达到和超过 5%。多壁碳纳米管的物理吸附储氢理论研究相对较少，赵力[12]通过研究发现多壁碳纳米管的储氢量低于单壁碳纳米管，并且管径、管层数和管间距都对碳纳米管的储氢量有一定的影响。多壁碳纳米管的物理吸附储氢量随碳管内径的增加而增加；多壁碳纳米管的物理吸附储氢量随碳管层数的增加有减小的趋势；多壁碳纳米管储氢时，管壁附近的氢分子密度普遍高于管内部分，因此适当地增加多壁碳纳米管的管间距可以有效地提高储氢量。

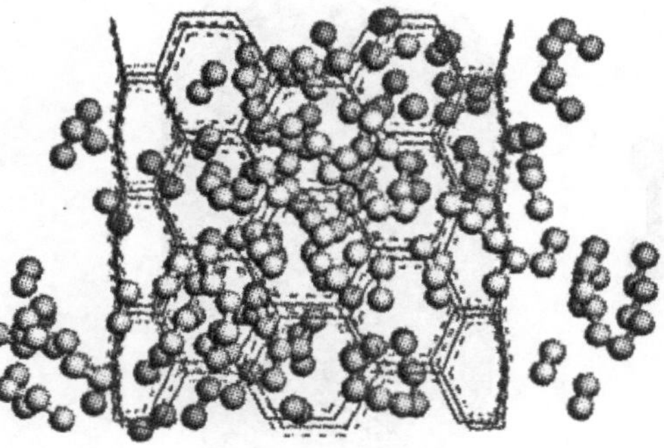
(a)

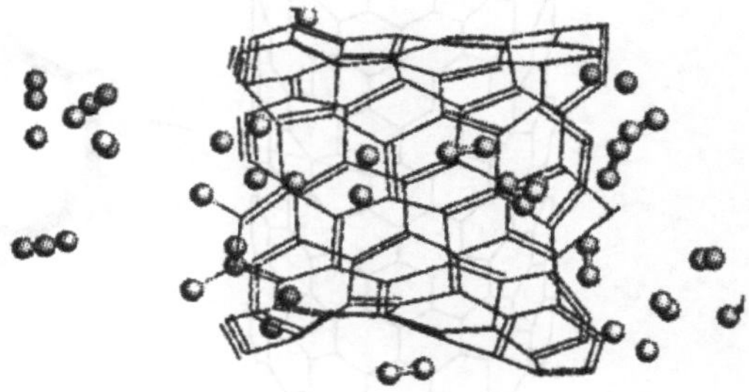
(b)

图 4-4　单壁碳纳米管物理吸附（a）和化学吸附（b）储氢模型[9]

另一种方法认为，由于 C—H 键的作用，碳管对 H_2 有化学吸附，因此可从化学反应的角度来探究碳管中的吸附储氢过程，运用密度泛函理论和从头计算分子轨道方法能够有效地计算出碳管的吸附储氢性能。从能量角度考虑，氢分子能穿越吸附势垒，产生解离吸附，从而大大提高吸附容量。然而从 C—H 键与 H—H 键的键长与键能的数据（两者的键长分别为 0.113nm 与 0.074nm，键能分别为 1.88eV 和 4.748eV）对比来看，H—H 键的键能更大，因此，氢在碳纳米管上的吸附应该是以物理吸附为主、化学吸附为辅的[13]。并且氢在碳纳米管壁面上发生化学吸附时，单壁碳纳米管结构内部的张力增大，会发生结构的变形［见图 4-4(b)］，使系统变得不稳定。

在碳纳米管储氢的实验研究方面，早在 1997 年，美国 Jones 等人率先提出单壁碳纳米管具有吸附氢分子的能力，在温度 300K、压力 0.4atm 的条件下，碳纳米管可以吸附氢气，氢的质量密度达到 5%～10%[14]，如此高的储氢密度引起了人们的普遍关注。近年来，关于碳纳米管储氢方面的论文已不断发表，不同研究的实验结果相差很大，理论计算与实验研究结果仍有较大差距。如在同样为 80K、10MPa 的条件，Darkrim 和 Wang 研究得到单壁碳纳米管的储氢量差别很大，分别是 11%和 2%[15,16]。一些文献报道的碳纳米管的储氢性能见表 4-1。由于目前实验技术的局限性，还不能生产出尺寸均一、纯度高的碳纳米管，实验的可重复性较差，并且碳纳米管储氢属于物理吸附，在常温常压下氢气很容易从储氢材料中逸出，造成储氢量的损失，因此碳纳米管的储氢性能还需进一步探究。

表4-1 一些文献报道的碳纳米管的储氢性能

序号	材料	储氢条件	储氢量	研究类型	文献
1	单壁碳纳米管	室温，0.5MPa	0.2%	实验	[17]
2	双壁碳纳米管	25℃，30atm	1.7%	实验	[18]
3	镍修饰碳纳米管	298K，20bar	0.298%	实验	[19]
4	钯修饰碳纳米管	—	2.88%	理论	[20]
5	γ射线活化碳纳米管	100℃，常压	1.2%	实验	[21]
6	单壁碳纳米管	常温，中等压强	4.2%	理论	[10]
7	单壁碳纳米管	常温，电化学测试	2.9%	实验	[22]
8	镁修饰多壁碳纳米管	常温，电化学测试	1.5%	实验	[23]
9	多壁碳纳米管	77K，常压	6.0%	理论	[24]

一般来说，对于单壁碳纳米管（SWCNT）的研究表明，通过对碳纳米管的提纯和结构的改进，能明显改善其吸附性能。通常采用的处理方法有元素掺杂、热处理、酸处理、球磨处理等方法[25]。其中球磨处理可以改变碳纳米管的长度，使碳纳米管在球磨过程中变短，并且能够打开碳纳米管的端口，在碳纳米管端口打开的同时，还会出现较多的扭曲和断裂，形成大量的缺陷，缺陷为氢的扩散提供了通道，这些改善使碳纳米管的储氢量显著增加，吸放氢动力学也有了明显的改善；而球磨的时间过长则会破坏碳纳米管的结构，产生一些含碳颗粒，这又不利于氢的吸附[26]。掺杂原子的存在，如N、P、B、S等，可以使碳纳米管更加容易活化储氢，并且掺杂原子被认为是吸氢活化位点[27,28]。酸处理可以打开碳纳米管的端口，增加表面的缺陷，从而增加吸氢位点，提高储氢量[18]。在活化气氛，如CO_2等的存在下对碳纳米管进行高温热处理可以进一步发展碳纳米管的组织结构，使其更易储氢[29]。

4.1.4 其他碳基储氢材料

多孔碳材料具有质量轻、高的比表面积、大的孔隙率、较强的吸附能力、化学性能稳定等特点，在储氢、电化学等领域具有潜在的应用，成为人们研究的热点。陈冰晶[30]通过改变前驱体结构，即实心PS-DVB微球变为中空微球，经超交联、碳化制备多孔碳球，同时通过改变超交联温度改变超交联PS微球的孔结构，调节碳球的孔结构。改变前驱体后所制备的碳球仍是实心碳球，表面形貌没有大的变化；氮气吸附测试结果表明0℃超交联制备的碳球的比表面积要大于40℃超交联的碳球，且0℃超交联碳球中微孔体积在总孔容所占比例较大，利于储氢。中空结构改变了微球的质量密度，交联温度改变了微球的交联程度，通过各种表征表明这是一种可以调节孔径的新方法。

碳气凝胶（carbon aerogels）是一种低密度轻质纳米多孔无定形碳材料，具有非常多优异的性能（例如导电性、绝热性、多孔性等），并可应用于色谱仪填充材料、催化剂载体、电吸附除盐、储氢材料等方面。任娟等[31]采用基于Metropolis和Reverse的杂化逆向蒙特卡洛方法，构建了碳气凝胶的微孔结构模型，根据碳气凝胶的介孔尺寸人为构建了介孔模型，设计了不同形状、不同孔径的介孔模型，使用GCMC方法详细模拟了其在298K和77K下的储氢量。模拟结果显示，在77K时，所设计的碳气凝胶的储氢量几乎是室温下的4

倍。在 77K、100bar 时，储氢量最高可以达到 11.12%和 45.68g/L。

表 4-2 中列出了一些典型碳材料的储氢性能。

表4-2 一些典型碳材料的储氢性能

序号	材料	储氢条件	储氢量	文献
1	Sc 功能化石墨烯	391K	8.0%	[32]
2	碳纤维	295K，105bar	0.7%	[33]
3	纳米石墨	300K，10bar	7.4%	[34]
4	热还原氧化石墨烯	300K，50bar	0.32%	[35]
5	CO_2 活化碳纳米管	20.1K，125bar	1%	[36]
6	碳纳米管薄膜	室温，大气压	8%	[37]
7	微孔炭	77K，1bar	2.01%	[38]
8	生物质碳材料	77K，200bar	6%	[39]
9	生物质碳材料	298K，200bar	1.22%	[39]
10	介孔碳纤维	303K，100bar	0.8%	[40]

4.2 金属-有机骨架材料储氢

4.2.1 金属-有机骨架材料的结构特点

金属-有机骨架（MOF）材料是由无机金属中心（金属离子或金属簇）与桥连的有机配体通过自组装相互连接，形成的一类具有周期性网络结构的晶态多孔材料，具有孔隙率高、吸附量高、热稳定性好等特点。其在构筑形式上不同于传统的多孔材料（如沸石和活性炭），它通过配体的几何构型控制网格的结构，利用有机桥连单元与金属离子组装得到可预测的几何结构固体，而这些固体又可体现出预想的功能。图 4-5 是一些 MOF 图片，其中图 4-5(a) 是 $Zn_4O(BDC)_3$(MOF-5) 的结构示意图，$(BDC)^{2-}$ =1,4-benzenedicarboxylate，是最早研究的金属-有机骨架材料。N. L. Rosi 等[41]报道 MOF-5 在 78K、20bar 下能够储氢 4.5%，即使在室温 20bar 下也能够储氢 1%，即具有较高的储氢容量，因此引起人们将其用于储氢方面的关注和研究。图 4-5(b) 是 $Zn_4O(BTB)_2(DEF)_{15}(H_2O)_3$(MOF-177) 的结构示意图。该晶体的密度为 0.42g/cm^3，是目前所报道的储氢材料中最轻的，且比表面积大，文献报道的 MOF-177 在 77K 下单层吸附面积达到 4500m^2/g[42]。MOF-177 具有特有的立方微孔，具有规则的大小和形状，可以在室温和小于 2MPa 下快速可逆地吸收氢气。总体上来说，MOF 材料具有产率较高、微孔尺寸和形状可调、结构和功能变化多样的特点。另外，与碳纳米结构和其他无序的多孔材料相比，MOF 具有高度有序的结晶态，可以为实验和理论研究提供简单的模型。以上特性有助于人们提高其对于气体吸附作用的理解。

金属-有机骨架化合物是由金属离子或者金属簇与有机配体通过氧、氮配位连接而成的具有拓扑结构的晶体材料[43,44]。配位中的金属离子一般为 Zn^{2+}、Cu^{2+}、Fe^{2+}、Ni^{2+}、Co^{2+} 等一系列过渡金属元素，而所用的有机配体多为含羧基与咪唑的有机化合物。配合聚

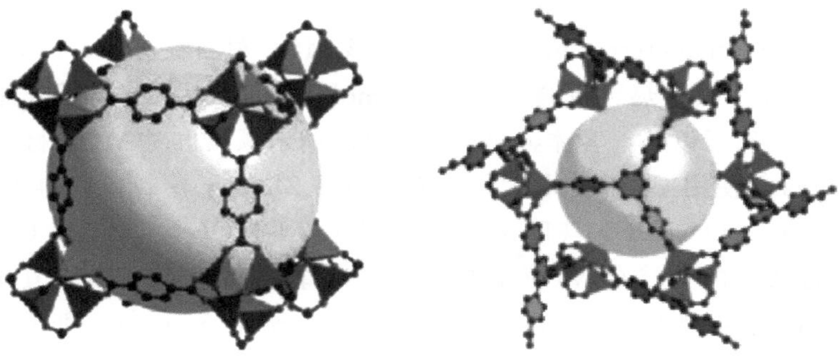

(a) MOF-5　　(b) MOF-177

图 4-5　两种 MOF 的结构示意图[41,42]

合物概念最早出现在由 J. C. Bailar 发表的关于金属离子与有机物形成的聚合物的结构的相关论文中。自 1989 年以来，随着 R. Robson 等[45,46]将拓扑学理论应用于金属-有机骨架化合物的结构研究过程中，为金属-有机骨架化合物定向与半定向结构合成提供了理论基础。自此以后对于 MOFs 的研究迎来一个快速发展时期。1999 年 H. Li 等[47]首次将金属-有机骨架以其英文首字母命名为“MOF”，并且在同年制备出具有代表性的金属-有机骨架 MOF-5，MOF-5 是由锌离子与对苯二甲酸配位合成的具有三维结构的晶体材料，具有较高的热稳定性（300℃），其 Langmuir 比表面积高达 $2900m^2/g$。同样为 MOF 的发展奠定基础的是 1999 年 Chui 等[48]制备出的 HKUST-1，它是由铜离子与均苯三甲酸通过配位键形成的具有 9×9Å（1Å$=10^{-10}$m）三维孔道结构的晶体化合物，其孔道结构的孔径在 1nm 左右，孔隙率达到 40%。与沸石类材料相比，此材料的孔道可以通过化学方法进行改性，如有机配体可以用吡啶类、吡咯类、咪唑类等材料取代。其中具有代表性的为 ZIF（zeolitic imidazolate framework）系列材料，因含氮类配体的酸性比羧酸类配体的酸性弱，故其构成的金属-有机骨架稳定性较高。

随着人类对金属-有机骨架化合物研究的深入，各种各样的 MOF 材料被合成出来，目前研究较多的 MOF 材料主要包括 MOF-5、HKUST-1、ZIF 系列（ZIF-7 和 ZIF-8 等），以及 MIL 系列[49]。有机和无机单元的共存导致 MOFs 的可调性，可以通过改变分子构建的类型调控。MOF 的比表面积非常高，实验测试比表面积达到 $7140m^2/g$，理论极限为 $14600m^2/g$[50]。超高孔隙率（高达 90%的孔容体积），可调孔径和可修饰的内表面，使得 MOF 材料有很多潜在的应用，例如可用于 H_2 的存储。在 2003 年 Nathaniel 课题组第一次研究了金属-有机骨架化合物的储氢性能，他们报道 MOF-5 在 77K、105bar 下吸氢量达到了 4.5%[51]。到目前为止，利用 MOF 储氢的报道已相当多，发表了大量研究文章与综述文章[52-54]。MOF 储氢以吸附方式进行，在恒定温度下，氢气的吸附量随着压力的增加而增加，当压力增加到一定值后，吸氢量则增加缓慢。

4.2.2 金属-有机骨架材料的储氢性能

在低温下，MOF 材料通常具有较高的储氢容量，可以高达 9%，目前已有相当多的学者对 MOF 材料的储氢特性进行了研究。

首先，不饱和金属位点（open metal sites）与 MOF 材料的储氢特性关系密切，这是因为金属离子充分配位后，将不可吸氢[54]。而不饱和金属位点可以通过脱除溶剂来实现。

Cheon 等制备了多孔 MOF $[Co_4^{II}(\mu\text{-}OH_2)_4(MTB)_2]_n$（SNU-15′；SNU＝Seoul National University；MTB＝methanetetrabenzoate），尽管该 MOF 材料在 77K、15bar 下的吸氢量仅有 0.74%，然而其 H_2 吸附热可以高达 15.1kJ/mol，这是因为 Co 离子未能配位饱和[55]。除了配位不饱和金属离子以外，客体金属离子和金属纳米颗粒也对 MOF 材料的储氢性能有重要的影响。Botas 等使用 Co 部分取代了 MOF 中的 Zn 离子，制备获得了共掺杂的 Co8-MOF-5 $[Zn_{3.68}Co_{0.32}O(BDC)_3(DEF)_{0.75}]$ 和 Co21-MOF-5 $[Zn_{3.16}Co_{0.84}O(BDC)_3(DEF)_{0.47}]$，制备获得的共掺杂 MOF 材料的储氢性能均高于 MOF-5，其中 Co21-MOF-5 在 77K 和 1bar 下的吸氢量高达 7.4%[56]。Cheon 等制备了 Pd 纳米颗粒（PdNPs，ca. 3.0nm，3wt%Pd）担载的具有氧化-还原活性的 MOF 材料 $\{[Zn_3(ntb)_2\text{-}(EtOH)_2]\cdot 4EtOH\}n$（ntb＝4,4′,4″-nitrilotrisbenzoate），该材料在 77K 和 1bar 下的吸氢量可以达到 1.48%，高于未担载 Pd 纳米颗粒的 MOF 材料[57]。

其次，配体对 MOF 材料的储氢性能也有着重要的影响，配体影响着 MOF 材料的多孔性、表面积和电子环境。关于采用不同配体制备的 MOF 材料的储氢特性研究表明，含有 C═C双键的配体制备的 MOF 的孔稳定性高于使用 N═N 双键配体制备的 MOF，而 N═N 双键与 C═C 双键对比则具有更好的 H_2 亲和性。Wang 等使用不同配体制备了两种 MOF 材料，$Cu_2(abtc)(H_2O)_2\cdot 3DMA$(PCN-10，PCN＝porous coordination network；abtc＝azobenzene-3,3′,5,5′-tetracarboxylate) 和 $Cu_2(sbtc)\text{-}(H_2O)_2\cdot 3DMA$(PCN-11，sbtc＝trans-stilbene-3,3′,5,5′-tetracarboxylate)，这两种材料在 77K 和 1bar 下的储氢量分别为 2.34% 和 2.45%[58]。

从表 4-3 中可以看出，尽管 MOF 材料在低温下具有较高的储氢容量（可以高达 9%），但是由于 H_2 和 MOF 之间的结合是以较弱的范德华力进行的，MOF 材料在室温下的储氢量相当低（一般不超过 1%）[59]。为了进一步改善 MOF 材料的储氢性能，人们主要从调控孔尺寸、担载金属纳米颗粒和与其他材料复合等几个方面进行了大量的研究工作。

表4-3 一些 MOF 材料的储氢性能

序号	材料	储氢条件	储氢量	文献
1	MOF-5,IRMOF-1,$Zn_4O(BDC)_3$	77K，40bar	7.1%	[60]
2	MOF-5,IRMOF-1,$Zn_4O(BDC)_3$	77K，35bar	5.75%	[61]
3	MOF-177,$Zn_4O(BTB)_2$	77K，70bar	7.5%	[62]
4	MOF-177,$Zn_4O(BTB)_2$	室温，100bar	0.62%	[63]
5	UMCM-150,$Cu_3(bhtc)_2$	77K，1bar	2.1%	[64]
6	UMCM-150(N)$_1$,$Cu_3(cpip)_2$	77K，1bar	2.2%	[65]
7	MOF-74(Mg),$Mg_2(dobdc)$	77K，1bar	2.2%	[66]
8	MOF-74,$Zn_2(C_8H_2O_6)$	77K，1bar	1.8%	[62]
9	$Zn_2(BDC)_2(DABCO)$	77K，1bar	2.0%	[67]
10	$Zn_2(TFBDC)_2(DABCO)$	77K，1bar	1.8%	[67]
11	NOTT-119,$Cu_3(btti)$	77K，62bar	9.2%	[68]
12	FJI-1,$Zn_6(BTB)_4(4,4\text{-}bipy)_3$	77K，62bar	9.08%	[69]
13	PCN-68,$Cu_3(ptei)$	室温，90bar	1%	[70]
14	SNU-77H,$Zn_4O(TCBPA)_2$	室温，90bar	0.5%	[71]
15	$Zn_7O_2(pda)_5(H_2O)_2$	室温，71.4bar	1.01%	[72]

在孔的尺寸方面比较理想的孔尺寸应接近 H_2 的动力学直径，大约为 2.89Å。MOF 材料［$Co_3(ndc)_3(dabco)$］由于具有特定的组织结构，如孔尺寸、通道形状等，表现出显著的吸氢特征，高比表面积和窄通道组成均对 MOF 材料的储氢性能有利，该材料可以在室温下吸氢[73]。铝基金属-有机骨架 Al-TCBPB 由于具有高的比表面积和大孔，在室温和 90bar 下可以表现出 1.4% 的储氢量[74]。据报道，具有一维敞开孔道的［Cu-(hfipbb)(H_2hfipbb)$_{0.5}$］［H_2hfipbb＝4,4¢-(hexafluoroisopropylidene)-bis(benzoic acid)］MOF 材料在室温和 48bar 下具有 1%的吸氢量，其高吸氢量与其特殊的孔道结构有关[75]。

将贵金属纳米颗粒，如 Pt 和 Pd 等引入并担载于 MOF 材料中，可以使得 H_2 分子在金属颗粒表面发生解离，形成氢原子，而氢原子则可以扩散至载体当中，即所谓的溢出效应。Li 等报道室温和 100bar 下 MOF-5 和 Pt/AC（AC＝活性炭，Pt 含量为 5%）的吸氢量分别为 0.4%和 1.0%，而两者经过物理混合后，材料的储氢量增至 MOF-5 储氢量的 3.3 倍。将以上实验中的 MOF-5 换成 IRMOF-8 后，材料的储氢量也增至 IRMOF-8 的 3.1 倍[76]。与之类似的工作报道中也显示，HKUST-1、$Cu_2(C_9H_3O_6)_4/3$、MIL-101｛$Cr_3F(H_2O)_2O[(O_2C)\text{-}C_6H_4\text{-}(CO_2)]_3 \cdot nH_2O$｝等 MOF 材料与少量的 Pt/AC 混合后同样会表现出储氢量显著提高的现象[77]。未负载的贵金属颗粒，如 Pt、Pd 等，也可以直接与 MOF 材料进行复合，其中将 Pt 纳米颗粒担载于 MOF-177 上所制备得到的 Pt@MOF-177 在室温和 144bar 下的首次吸氢量可以达到 2.5%，然而第二周的吸氢量则骤降到 0.5%（与 MOF-177 的吸氢量相当）。这是因为 Pt 的氢化物在室温下稳定，不能释氢[78]。

近年来，还有一些将 MOF 材料与其他材料，如石墨烯、碳纳米管、金属硫化物、金属氧化物等进行复合，并将复合材料用于储氢的报道。Yang 等将 MOF 与多壁碳纳米管进行复合制得的复合材料在室温和 100bar 下的储氢量可以达到 1.25%[79]；Musyoka 等将 MOF 与还原氧化石墨烯（rGO）进行复合，复合材料的储氢量达到 1.8%[80]。

目前相当多的工作关注于 MOF 材料在储氢领域的应用，然而实现 MOF 材料在室温和适中的压力下大量储氢仍然是一项非常具有挑战性的工作。

4.3 沸石类材料储氢

沸石类储氢材料的纳米孔道可以是一维或二维，甚至是三维尺度，通常具有较大的比表面积，且外比表面积相对于内比表面积可以忽略不计。理论上，多孔矿物储氢原理与多孔固体材料储氢相似，但由于矿物表面通常具有极性，而极性表面会对氢分子产生静电吸引，因此矿物储氢的形式可能是多样的。沸石类微孔材料作为储氢介质的研究已成为近年来储氢领域中备受关注的热点问题，但对于其储氢机理、储氢容量及其影响因素的文献报道不尽一致。很多报道从吸附实验测定和理论计算模拟等不同方面介绍了各种类型沸石的吸附储氢结果。这里我们将分析沸石的结构类型、硅铝比、阳离子类型及吸附实验条件差异对储氢量的影响，并讨论沸石作为储氢材料的可行性和发展方向。

沸石是一类水合结晶的硅铝酸盐，其骨架结构主要是由硅和铝的四面体（SiO_4 和 AlO_4）在三维空间共享氧原子结合而成。这种结构可形成孔径在 0.3～1.0nm 的微孔洞，选择性地吸附大小及形状不同的分子，因此沸石又被称为“分子筛”。根据结构、硅铝比以及阳离子的不同，沸石可分为 A 型、X 型、Y 型、MOR 型、MCM-22 型和 ZSM-5 型等。其中典型结构示意图如图 4-6 所示。

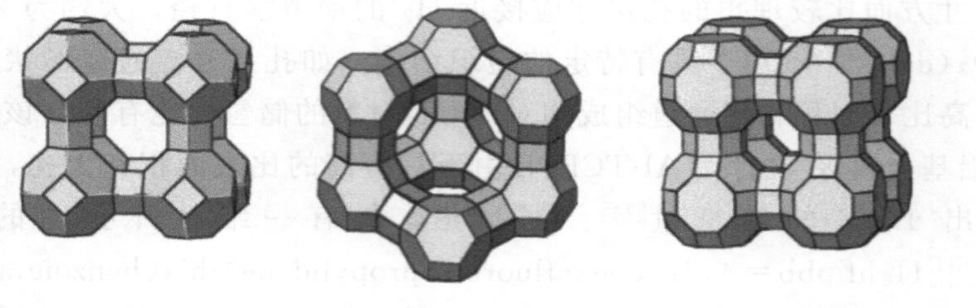

图 4-6 沸石框架结构

近年来，研究者们采用 GCMC、MD、MM 模拟氢在沸石材料中的吸附和扩散行为，从理论模拟结果上来看，沸石材料具有比较大的氢吸附量。Vitillo 等[81]采用分子动力学方法模拟了介孔分子筛的氢吸附行为，得出在 77K 下，含有笼状结构的介孔分子筛 RHO、FAU、KFI、LTA、CHA 等的最大吸氢量介于 2.65%～2.86%之间，虽然低于车载储氢材料的容量要求，但是仍然具有一定的研究价值。与之相比，Van den Berg 等人的研究结果则显示沸石分子筛材料可具有更高的储氢容量。Van den Berg 等[82,83]通过理论模拟研究，先后报道了 SOD 结构的沸石材料和 Mg-X 沸石分别具（4.8±0.5)%和 4.45%的最大吸氢量，表现出其在储氢领域具有一定的应用前景，因此也吸引了一些研究者的目光。

尽管从理论模拟角度来看，沸石材料具有一定的储氢应用前景，但是一些实验研究的结果却并不乐观[84]。由于氢气的临界温度较低（33.2K)，因此，目前针对沸石的吸附储氢实验研究大多数集中在其临界温度以上，实验中所用的沸石主要有 A 型、X 型、Y 型和 ZSM-5型等，所得的超临界吸附储氢量在3%以下[85]。Nijkamp 等人认为由于受到孔体积的限制，沸石不可能成为高效的储氢材料[86]。Langmi 等人在 77～573K 范围内测得了 A 型、X 型、Y 型、RHO 型等不同类型的分子筛的吸氢量，得出在 77K 下，沸石材料的储氢量范围在 0～1.81%之间，当温度升高至室温时，多数沸石材料的吸氢量骤降，多数的吸氢量已经不高于 0.28%[87]。近期，Anderson 等人报道在低温 77K 和压强 40bar 下，Na-X 的吸氢量可以达到 2.55%[88]。

Kazansky 等[89]利用吸附与 DRIFT 光谱结合的方法研究了氢在 77K、0.06MPa 条件下不同 Si/Al 和不同阳离子交换的 X 型、Y 型沸石上的吸附量及吸附位。实验结果表明，氢分子在 X 型、Y 型沸石中的吸附位主要是在八面沸石笼中处于Ⅱ位和Ⅲ位的 Na^+ 和沸石骨架中的氧原子，且不同的 Si/Al 对氢吸附量会产生显著影响，对于 Si/Al＝1.05 的 NaX 沸石，每个 Na^+ 可以吸附一个氢分子，而对于 Si/Al＝2.4 的 NaY 沸石，每个 Na^+ 最多可以吸附 0.6 个氢分子。这种差别反映出氢在沸石中的吸附量及吸附位并非仅取决于阳离子，骨架中的氧原子也显示出了重要的作用。Jhung 等[90]研究了 Si/Al 对 X 型、MOR 型和 ZSM-5 型沸石在 77K、0.1MPa 下氢吸附量和吸附热的影响，结果表明，降低 Si/Al（或增加 Na^+ 数)，氢吸附量和吸附热显著增加。Yang 等[91]研究了 Li-LSX、Na-LSX、K-LSX 等的氢吸附行为以分析 Li^+、Na^+、K^+ 交换对 X 型沸石储氢性能的影响。从他们在 77K、0.1MPa 下得到的实验数据看，沸石 Li-LSX、Na-LSX 和 K-LSX 的吸附量分别为 1.5%、1.46%、1.33%，且沸石与氢分子间的作用力是 Li^+ 最强，K^+ 最弱。Langmi 等[87]同样研究了阳离子对沸石吸氢性能的影响，他们使用 Cd^{2+} 和 Mg^{2+} 对沸石中的 Na^+ 进行阳离子交换，并得到了如图 4-7 所示的吸氢数据。从图中可以看出，在三种类型的分子筛中 Na 分子筛都表现出较高的吸附量。以上结果表明沸石结构中阳离子的类型和密度是影响物理吸附储氢的关键因素。

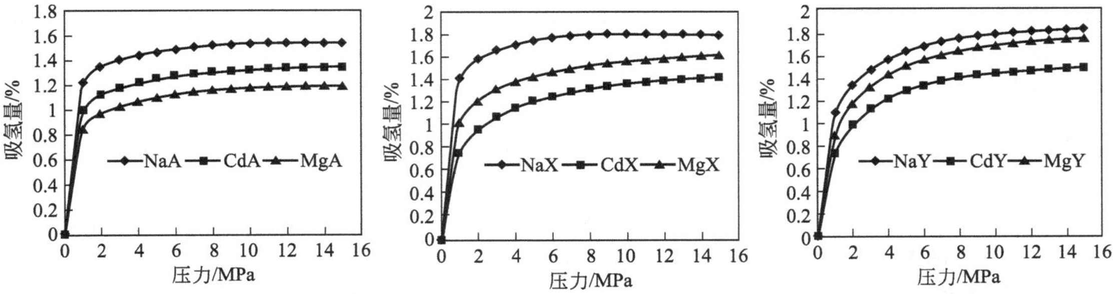

(a) A型沸石 (b) X型沸石 (c) Y型沸石

图 4-7 不同阳离子沸石在 77K 和 1bar 下的吸氢行为

除了以上分子筛的结构、硅铝比、阳离子等因素以外，氢吸附的实验条件（如温度、压力等）也对分子筛的储氢量有着重要的影响。从以上已有的报道结果可以看出：关于沸石材料目前报道的储氢量不尽相同，对于储氢机理的研究不够清晰，因此沸石到底能否作为有价值的储氢材料还有待进一步研究和验证。

4.4 材料物理吸附储氢应用前景

物理吸附储氢主要是依靠 H_2 和材料之间微弱的分子力。与化学储氢相比，多孔材料的物理吸附储氢虽然需要较低的温度，但其过程完全可逆，并表现出非常快速的动力学。物理吸附储氢通常在较低的温度下才有较高的储氢量。因此，如何能高容量且安全储氢在现实中仍旧是一个技术难关和挑战。

参 考 文 献

[1] Ramesh T, Rajalakshmi N, Dhathathreyan K S. Activated carbons derived from tamarind seeds for hydrogen storage [J]. J Energy Storage, 2015, 4: 89-95.

[2] Heo Y J, Park S J. Synthesis of activated carbon derived from rice husks for improving hydrogen storage capacity [J]. J Indust Eng Chem, 2015, 31: 330-334.

[3] Xia K, Hu J, Jiang J. Enhanced room-temperature hydrogen storage in super-activated carbons: The role of porosity development by activation [J]. Appl Surf Sci, 2014, 315: 261-267.

[4] 赵东林，李岩，李兴国，等. 沥青基活性碳纤维的微观结构及其储氢性能研究 [C]. 第六届中国功能材料及其应用学术会议论文集，武汉，2007: 1655-1657.

[5] 陈秀琴，元岛栖二. 微旋管状碳纤维的微细构造和表面特性 [J]. 材料导报，2000, 14: 56-59.

[6] Furuya Y, Hashishin T, Iwanaga H, et al. Interaction of hydrogen with carbon coils at low temperature [J]. Carbon, 2004, 42: 331-335.

[7] Hwang S H, Choi W M, Lim S K. Hydrogen storage characteristics of carbon fibers derived from rice straw and paper mulberry [J]. Mater Lett, 2016, 167: 18-21.

[8] Li C, Chou T W. Elastic moduli of multi-walled carbon nanotubes and the effect of van der waals forces [J]. Cornp Sci Tech, 2003, 63: 1517-1524.

[9] 王丽莉，王朝阳，唐永建，等. 单壁碳纳米管储氢的第一原理分子动力学模拟 [J]. 原子与分子物理学报，2012, 29: 488-492.

[10] 程锦荣，丁锐，刘遥，等. 碳纳米管阵列储氢的分子动力学模拟 [J]. 安徽大学学报（自然科学版），2006: 48-52.

[11] 方兴. 过渡金属掺杂碳纳米管束储氢的计算机模拟研究 [D]. 合肥：安徽大学，2010.
[12] 赵力. 多壁碳纳米管储氢的物理吸附与化学吸附特性 [D]. 合肥：安徽大学，2003.
[13] 阎世英，杨自钦. 单壁碳纳米管储氢研究 [J]. 原子与分子物理学报，2012，29：941-947.
[14] Dillon A C，Jones K M，Bekkedahl T A，et al. Storage of hydrogen in single-walled carbon nanotubes [J]. Nature，1997，386：377.
[15] Darkrim F，Levesque D. High adsorptive property of opened carbon nanotubes at 77 K [J]. J Phys Chem B，2000，104：6773-6776.
[16] Wang Q，Johnson J K. Molecular simulation of hydrogen adsorption in single-walled carbon nanotubes and idealized carbon slit pores [J]. J Chem Phys，1999，110：577-586.
[17] Lim S C，Kang Kim K，Hun Jeong S，et al. Dual quartz crystal microbalance for hydrogen storage in carbon nanotubes [J]. Int J Hydrogen Energy，2007，32：3442-3447.
[18] Wu H，Wexler D，Ranjbartoreh A R，et al. Chemical processing of double-walled carbon nanotubes for enhanced hydrogen storage [J]. Int J Hydrogen Energy，2010，35：6345-6349.
[19] Kaskun S，Kayfeci M. The synthesized nickel-doped multi-walled carbon nanotubes for hydrogen storage under moderate pressures [J]. Int J Hydrogen Energy，2018，43：10773-10778.
[20] Xiao H，Li S H，Cao J X. First-principles study of Pd-decorated carbon nanotube for hydrogen storage [J]. Chem Phys Lett，2009，483：111-114.
[21] Silambarasan D，Surya V J，Iyakutti K，et al. Gamma (γ)-ray irradiated multi-walled carbon nanotubes (MWCNTs) for hydrogen storage [J]. Appl Surf Sci，2017，418：49-55.
[22] Rajalakshmi N，Dhathathreyan K S，Govindaraj A，et al. Electrochemical investigation of single-walled carbon nanotubes for hydrogen storage [J]. Electrochim Acta，2000，45：4511-4515.
[23] Reyhani A，Mortazavi S Z，Mirershadi S，et al. H_2 adsorption mechanism in Mg modified multi-walled carbon nanotubes for hydrogen storage [J]. Int J Hydrogen Energy，2012，37：1919-1926.
[24] Chen C-H，Huang C-C. Hydrogen adsorption in defective carbon nanotubes [J]. Separation and Purification Technology，2009，65：305-310.
[25] Silambarasan D，Vasu V，Iyakutti K，et al. Reversible hydrogen storage in functionalized single-walled carbon nanotubes [J]. Physica E，2014，60：75-79.
[26] Awasthi K，Kamalakaran R，Singh A K，et al. Ball-milled carbon and hydrogen storage [J]. Int J Hydrogen Energy，2002，27：425-432.
[27] Sankaran M，Viswanathan B. The role of heteroatoms in carbon nanotubes for hydrogen storage [J]. Carbon，2006，44：2816-2821.
[28] Lee S-Y，Yop Rhee K，Nahm S-H，et al. Effect of p-type multi-walled carbon nanotubes for improving hydrogen storage behaviors [J]. J Solid State Chem，2014，210：256-260.
[29] Lee S-Y，Park S-J. Effect of temperature on activated carbon nanotubes for hydrogen storage behaviors [J]. Int J Hydrogen Energy，2010，35：6757-6762.
[30] 陈冰晶. 离散无定形微孔碳球的制备、石墨化、结构调控与表征 [D]. 郑州：郑州大学，2015.
[31] 任娟，张宁超，刘萍萍. 碳气凝胶储氢性能的理论研究 [J]. 计算物理，2009 (6)：1-14.
[32] Durgun E，Ciraci S，Yildirim T. Functionalization of carbon-based nanostructures with light transition-metal atoms for hydrogen storage [J]. Phys Rev B，2008，77：439-446.
[33] Poirier E，Chahine R，Bose T K. Hydrogen adsorption in carbon nanostructures [J]. Int J Hydrogen Energy，2001，26：831-835.
[34] Orimo S，Majer G，Fukunaga T，et al. Hydrogen in the mechanically prepared nanostructured graphite [J]. Appl Phys Lett，1999，75：3093-3095.
[35] Hudson M S L，Raghubanshi H，Awasthi S，et al. Hydrogen uptake of reduced graphene oxide and graphene sheets decorated with Fe nanoclusters [J]. Int J Hydrogen Energy，2014，39：8311-8320.
[36] Yang R T. Hydrogen storage by alkali-doped carbon nanotubes-revisited [J]. Carbon，2000，38：623-626.
[37] Wang Q，Zhu C，Liu W，et al. Hydrogen storage by carbon nanotube and their films under ambient pressure [J]. Int

J Hydrogen Energy，2002，27：497-500.

［38］ Xia K，Gao Q，Jiang J，et al. An unusual method to prepare a highly microporous carbon for hydrogen storage application ［J］. Mater Lett，2013，100：227-229.

［39］ Bader N，Ouederni A. Optimization of biomass-based carbon materials for hydrogen storage ［J］. J Energy Storage，2016，5：77-84.

［40］ Moradi S E，Amirmahmoodi S，Baniamerian M J. Hydrogen adsorption in metal-doped highly ordered mesoporous carbon molecular sieve ［J］. J Alloy Compds，2010，498：168-171.

［41］ Rosi N L，Eckert J，Eddaoudi M，et al. Hydrogen storage in microporous metal-organic frameworks ［J］. Science，2003，300：1127-1129.

［42］ 郑倩，徐绘，崔元靖，等. 金属-有机骨架物（MOFs）储氢材料研究进展 ［J］. 材料导报，2008，22：106-110.

［43］ Jian-Rong L，Julian S，Hong-Cai Z. Metal-organic frameworks for separations ［J］. Chem Rev，2012，112：869-932.

［44］ James S L. Metal - Organic Frameworks ［J］. Chem Soc Rev，2003，32：276-288.

［45］ Hoskins B F，Robson R. Infinite polymeric frameworks consisting of three dimensionally linked rod-like segments ［J］. J Am Chem Soc，1989，111：5962-5964.

［46］ Bell M，Edwards A J，Hoskins B F，et al. Synthesis and x-ray crystal structures of tetranickel and tetrazinc complexes of a macrocyclic tetranucleating ligand ［J］. J Am Chem Soc，1989，111.

［47］ Li H，Eddaoudi M，O'Keeffe M，et al. Design and synthesis of an exceptionally stable and highly porous metal-organic framework ［J］. Nature，1999，402：276-279.

［48］ Chui S S，Lo S M，Charmant J P，et al. A chemically functionalizable nanoporous material ［J］. Science，1999，283：1148-1150.

［49］ 曹飞. 金属有机骨架化合物合成及改性和储氢性能研究 ［D］. 大连：大连理工大学，2017.

［50］ Farha O K，Ibrahim E，Nak Cheon J，et al. Metal-organic framework materials with ultrahigh surface areas：is the sky the limit? ［J］. J Am Chem Soc，2015，134：15016-15021.

［51］ Nathaniel L R，Juergen E，Mohamed E，et al. Hydrogen storage in microporous metal-organic frameworks ［J］. Science，2003，300：1127-1129.

［52］ 朱娜，石玉美. 金属有机骨架材料 MOF-5 宽温区储氢性能模拟研究 ［J］. 低温与超导，2011，39：7-11.

［53］ 刘青. 铝基金属有机骨架材料的合成及氢气吸附性能研究 ［D］. 大连：大连理工大学，2017.

［54］ Song P，Li Y，He B，et al. Hydrogen storage properties of two pillared-layer Ni(Ⅱ) metal-organic frameworks ［J］. Mic Mes Mater，2011，142：208-213.

［55］ Cheon Y E，Suh M P. Selective gas adsorption in a microporous metal-organic framework constructed of CoII4 clusters ［J］. Chem Commun，2009，17：2296-2298.

［56］ Botas J A，Calleja G，Sánchez-Sánchez M，et al. Cobalt doping of the MOF-5 framework and its effect on gas-adsorption properties ［J］. Langmuir，2010，26：5300-5303.

［57］ Cheon Y E，Suh M P. Enhanced hydrogen storage by palladium nanoparticlesfabricated in a redox-active metal-organic framework ［J］. Angew Chem Int Ed，2009，48：2899-2903.

［58］ Wang X-S，Ma S，Rauch K，et al. Metal-organic frameworks based on double-bond-coupled di-isophthalate linkers with high hydrogen and methane uptakes ［J］. Chem Mater，2008，20：3145-3152.

［59］ Langmi H W，Ren J，North B，et al. Hydrogen storage in metal-organic frameworks：A review ［J］. Electrochim Acta，2014，128：368-392.

［60］ Kaye S S，Anne D，Yaghi O M，et al. Impact of preparation and handling on the hydrogen storage properties of Zn_4O $(1,4\text{-benzenedicarboxylate})_3$ （MOF-5）［J］. J Am Chem Soc，2007，129：14176.

［61］ Zhou W，Wu H，Hartman M R，et al. Hydrogen and methane adsorption in metal organic frameworks：A high-pressure volumetric study ［J］. J phys chem C，2007，111：16131-16137.

［62］ Rowsell J L C，Yaghi O M. Effects of functionalization，catenation，and variation of the metal oxide and organic linking units on the low-pressure hydrogen adsorption properties of metal-organic frameworks ［J］. J Am Chem Soc，2006，128：1304-1315.

［63］ Yingwei L，Yang R T. Gas adsorption and storage in metal-organic framework MOF-177 ［J］. Langmuir，2007，23：

12937-12944.

[64] Kyoungmoo K, Wong-Foy A G, Matzger A J. A porous coordination copolymer with over 5000m²/g BET surface area [J]. J Am Chem Soc, 2009, 131: 4184-4185.

[65] Tae-Hong P, Katie A C, Antek G W-F, et al. Gas and liquid phase adsorption in isostructural Cu3 [biaryltricarboxylate] 2 microporous coordination polymers [J]. Chem Commun, 2011, 47: 1452-1454.

[66] Kenji S, Brown C M, Herm Z R, et al. Hydrogen storage properties and neutron scattering studies of Mg2 (dobdc)-a metal-organic framework with open Mg^{2+} adsorption sites [J]. Chem Commun, 2010, 47: 1157-1159.

[67] Chun H, Dybtsev D N, Kim H, et al. Synthesis, X-ray crystal structures, and gas sorption properties of pillared square grid nets based on paddle-wheel motifs: Implications for hydrogen storage in porous materials [J]. Chemistry, 2010, 11: 3521-3529.

[68] Yan Yong, Yang Sihai, Alexander J. Blake, et al. A mesoporous metal-organic framework constructed from a nanosized C3-symmetric linker and [Cu24(isophthalate)24] cuboctahedra [J]. Chem Commun, 2011, 47: 9995-9997.

[69] Dong H, Fei-Long J, Ming-Yan W, et al. A non-interpenetrated porous metal-organic framework with high gas-uptake capacity [J]. Chem Commun, 2011, 47: 9861-9863.

[70] Yuan D, Zhao D, Sun D, et al. An isoreticular series of metal-organic frameworks with dendritic hexacarboxylate ligands and exceptionally high gas-uptake capacity [J]. Angew Chem Int Ed, 2010, 49: 5357-5361.

[71] Park H J, Lim D-W, Yang W S, et al. A highly porous metal-organic framework: Structural transformations of a guest-free MOF depending on activation method and temperature [J]. Chem-A Eur J, 2011, 17: 7251-7260.

[72] Fang Q-R, Zhu G-S, Xue M, et al. Microporous metal-organic framework constructed from heptanuclear zinc carboxylate secondary building units [J]. Chem- A Eur J, 2006, 12: 3754-3758.

[73] Chun H, Jung H, Koo G, et al. Efficient hydrogen sorption in 8-connected MOFs based on trinuclear pinwheel motifs [J]. Inorg Chem, 2008, 47: 5355-5359.

[74] Saha D, Zacharia R, Lafi L, et al. Synthesis, characterization and hydrogen adsorption properties of metal-organic framework Al-TCBPB [J]. Int J Hydrogen Energy, 2012, 37: 5100-5107.

[75] Pan L, Sander M B, Huang X, et al. Microporous metal organic materials: Promising candidates as sorbents for hydrogen storage [J]. J Am Chem Soc, 2004, 126: 1308-1309.

[76] Li Y, Yang R T. Significantly enhanced hydrogen storage in metal-organic frameworks via spillover [J]. J Am Chem Soc, 2006, 128: 726-727.

[77] Li Y, Yang R T. Hydrogen storage in metal-organic and covalent-organic frameworks by spillover [J]. AIChE Journal, 2008, 54: 269-279.

[78] Proch S, Herrmannsdörfer J, Kempe R, et al. Pt@MOF-177: Synthesis, room-temperature hydrogen storage and oxidation catalysis [J]. Chem - A Eur J, 2008, 14: 8204-8212.

[79] Yang S J, Cho J H, Nahm K S, et al. Enhanced hydrogen storage capacity of Pt-loaded CNT@MOF-5 hybrid composites [J]. Int J Hydrogen Energy, 2010, 35: 13062-13067.

[80] Musyoka N M, Ren J, Langmi H W, et al. Synthesis of rGO/Zr-MOF composite for hydrogen storage application [J]. J Alloy Compds, 2017, 724: 450-455.

[81] Vitillo J G, Gabriele R, Giuseppe S, et al. Theoretical maximal storage of hydrogen in zeolitic frameworks [J]. Phys Chem Chem Phys, 2005, 7: 3948-3954.

[82] Berg A W C V D, Bromley S T, Jansen J C. Thermodynamic limits on hydrogen storage in sodalite framework materials: a molecular mechanics investigation [J]. Mic Mes Mater, 2005, 78: 63-71.

[83] Berg A W C V D, Bromley S T, Wojdel J C, et al. Adsorption isotherms of H_2 in microporous materials with the SOD structure: A grand canonical Monte Carlo study [J]. Mic Mes Mater, 2006, 87: 235-242.

[84] 任娟，刘其军，张红. 多孔储氢材料研究现状评述 [J]. 材料科学与工程学报，2017，35：160-165.

[85] 杜晓明，李静，吴尔冬. 沸石吸附储氢研究进展 [J]. 化学进展，2010，22：248-254.

[86] Nijkamp M G, Raaymakers J E M J, Dillen A J V, et al. Hydrogen storage using physisorption-materials demands [J]. Appl Phys A, 2001, 72: 619-623.

[87] Langmi H W, Walton A, Al-Mamouri M M, et al. Hydrogen adsorption in zeolites A, X, Y and RHO [J]. J Alloy

Compds, 2003, 356-357: 710-715.

[88] Hussain I, Gameson I, Anderson P A, et al. A route to the dispersion of ultrafine cobalt particles on zeolite Na-X through salt occlusion and reduction [J]. Dalton Trans, 1996, 775-781.

[89] Kazansky V B, Borovkov V Y, Serich A, et al. Low temperature hydrogen adsorption on sodium forms of faujasites: barometric measurements and drift spectra [J]. Mic Mes Mater, 1998, 22: 251-259.

[90] Jhung S H, Yoon J W, Lee J S, et al. Low-temperature adsorption/storage of hydrogen on FAU, MFI, and MOR zeolites with various Si/Al ratios: effect of electrostatic fields and pore structures [J]. Chemistry, 2010, 13: 6502-6507.

[91] And Y L, Yang R T. Hydrogen storage in low silica type X zeolites [J]. J Phys Chem B, 2006, 110: 17175-17181.

第5章 金属氢化物储氢

5.1 概述

5.1.1 金属氢化物储氢的概念

金属氢化物储氢是利用金属（合金）在一定的温度和压力下吸收/放出氢气的技术手段。能够储氢的金属（合金）具有很强的“捕捉”氢的能力，在一定的温度和压力条件下，氢分子在金属（合金）表面分解为氢原子并扩散到金属（合金）的原子间隙中，与金属（合金）反应形成金属氢化物（metal hydrides），同时放出大量的热量；而对这些金属氢化物进行加热时，它们又会发生分解反应，氢原子又结合成氢分子释放出来，而且伴随明显的吸热效应。

金属和氢的化合物统称金属氢化物。元素周期表中所有金属元素的氢化物在20世纪60年代以前就已被探明，并被汇总于专著中。表5-1列出了氢在一些金属中的溶解热。

表5-1 氢在一些金属中的溶解热 ΔH 单位：kcal/mol

Ca	−18.0	V	−7.4	Fe(δ)	−5.4
Sr	−21.0	Nb	−8.6	Co	+4.9
Ba	−22.0	Ta	−8.1	Ir	+17.6
La	−20.0	Cr	+11.4	Ni	+4.0
Ti(α)	−10.8	Mo	+12.3	Pd	−2.3
Ti(β)	−13.9	Mn(α)	−1.9	Cu	+13.1
Zr(α)	−12.2	Fe(α)	+6.7	Ag	+13.6
Zr(β)	−15.4				

注：1cal≈4.18J。

储氢合金通常由A侧与B侧两类元素组成，通式为A_nB_m。其中A侧元素容易与氢反应，吸收大量的氢，形成稳定的氢化物并放出大量的热（$\Delta H<0$），这些金属主要是ⅠA～ⅤB族金属，如Ti、Zr、Ca、Mg、V、稀土元素等，这些元素称为氢稳定因素，控制着储氢量，是组成储氢合金的关键元素；而B侧元素与氢的亲和力小，氢在其中极易移动，通

常条件下不生成氢化物，这些元素主要是ⅥB～Ⅷ族（Pd除外）过渡金属，如Fe、Co、Ni、Cr、Cu、Al等，这些元素称为氢不稳定因素，控制着吸/放氢的可逆性，起着调节生成热和分解压力的作用。

金属氢化物储氢为氢气和碱金属、除铍（Be）以外的碱土金属、某些d区金属或f区金属之间进行的化合反应，多数可逆。当外界有热量加给氢化物时，它就分解为相应金属单质并释放出氢气。目前工业上用来储氢的金属材料大多是由多种金属混合而成的合金。在金属氢化物中氢一般以原子形式储存在金属晶格的四面体或八面体间隙中，如图5-1所示。

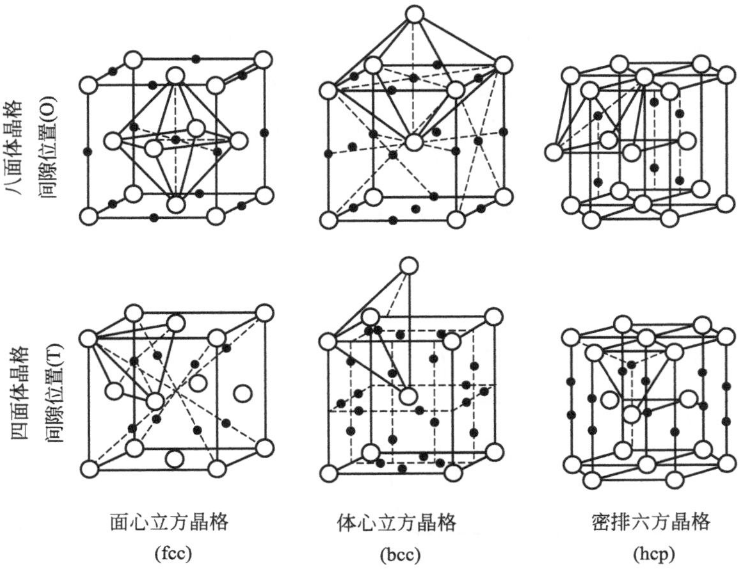

图5-1 金属晶体结构中的八面体和四面体间隙位置

5.1.2 金属氢化物储氢的热力学原理

在一定温度和压力下，氢可与许多金属、合金生成金属氢化物 MH_x 和 MH_y，反应分三步进行：

① 在合金吸氢的初始阶段形成固溶体（α相），合金结构保持不变。

$$M+\frac{x}{2}H_2 \longrightarrow MH_x(MH_x\text{ 是固溶体}) \tag{5-1}$$

② 固溶体进一步与氢反应生成氢化物（β相）。

$$\frac{2}{y-x}MH_x+H_2 \longrightarrow \frac{2}{y-x}MH_y+\Delta H(MH_y\text{ 是金属氢化物}) \tag{5-2}$$

③ 进一步增加氢压，合金中的氢含量略有增加。

储氢合金吸收和释放氢的过程，最方便的表示方法是压力-组成等温（PCT）曲线。从图5-2所示的典型的储氢合金的PCT曲线来看：OA 段对应反应(5-1)，在此阶段平衡氢压显著上升，而合金吸氢量变化不十分明显，表示合金同氢气反应形成固溶体相，也称为α相；AB 段对应反应(5-2)，固溶体相同氢气进一步反应形成氢化物相，也称β相，此时压力恒定，也称平台区，此时的压力称为平台压。压力恒定的原因是根据吉布斯相律 $F=C-P+2$（F 为自由度，C 为组分，P 为相数），系统组分为2（合金和氢气），当氢化物形成后相数为3（氢气、固溶体和氢化物），所以此时自由度为1。B 以后 α 相消失，自由度变为2，氢化物继续吸收少量氢气，成分逐渐达到氢化物的成分计量比甚至更高，但这需要在很高的压力下完成，因此图中斜率急剧增加。这里需要说明的是，理想的情况下 B 点应该对应氢化物成分计量点，但通常在实际测量条件下，由于氢原子移动非常迅速，需要进一步增加压力才会达到其化学计量点。继续在很高的压力下，氢化物的成分甚至会继续微小增加的原因是形成类似以氢化物为基体的固溶体。

一般来说，绝大多数储氢材料的吸放氢 PCT 曲线并不重合，放氢曲线要滞后于吸氢曲线。关于产生滞后现象的原因，已有很多人给出了解释，认为除了考虑压力、组成和温度参数外，还应考虑到磁作用、电作用、重力场、机械应力效应和表面效应等。PCT 曲线的滞后特性可用滞后因子 H_f 表征，Yürüm 等对滞后因子作了如下表示[1]：

$$H_f = \ln(p_a/p_d)_{H/M=0.5} \tag{5-3}$$

式中 p_a——$H/M=0.5$ 时的吸氢平台压力，Pa；

p_d——$H/M=0.5$ 时的放氢平台压力，Pa。

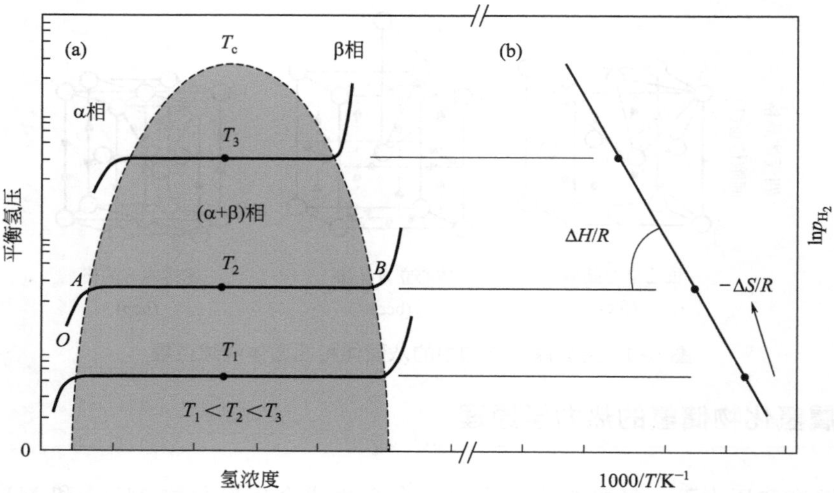

图 5-2 典型的储氢合金吸放氢 PCT 曲线

从图 5-2 来看，随着温度的升高，平衡氢压升高，平台逐渐缩短，若温度达到 T_c，平台就将消失，这也意味着降低温度有利于吸氢［图 5-2(a)］。根据化学平衡原理，PCT 曲线中吸放氢的温度与对应的平台压的关系可以用 Van't Hoff 方程式表示：

$$\ln p_{H_2} = \frac{\Delta H}{RT} - \frac{\Delta S}{R} \tag{5-4}$$

式中，T 为测试温度；p_{H_2} 为温度 T 时的等温平台压；ΔH 为反应焓变；ΔS 为反应熵。T 以 K 为单位，p_{H_2} 以大气压（atm）为单位，ΔH 通常以 kJ/molH_2 为单位，ΔS 的单位为 J/(K·mol H_2)。结合图 5-2 中 PCT 曲线不同温度下的平台压，拟合出 $\ln p_{H_2}$-1000/T 直线［图 5-2(b)］，根据拟合出的斜率和截距，可以分别计算出氢化物的反应生成焓 ΔH 及生成熵 ΔS。

反应生成焓 ΔH 与生成熵 ΔS 都是描述氢化物热力学稳定性的重要参数。研究发现，反应生成焓值越正，生成的氢化物越不稳定，越容易放氢。反之，如果氢化物的反应生成焓越负，表示氢化物越稳定，越不易放氢。因此，生成焓 ΔH 是衡量储氢合金热力学稳定性的主要判据之一，ΔH 的绝对值越小，其氢化物越不稳定，越满足实际应用的需要。反应熵主要包括气态熵和组态熵两部分，由于组态熵远远小于气态熵，ΔS 主要来自气态熵的变化，而其气态熵变化不大，因此储氢合金的反应熵基本不变。各种金属氢化物的反应生成焓与1bar下的平衡温度之间的关系如图5-3所示。

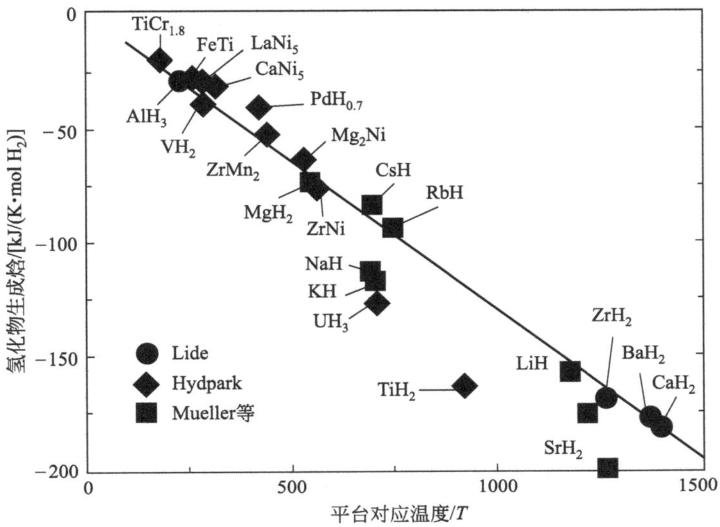

图5-3 金属氢化物的反应生成焓与1bar下的平衡温度之间的关系[1]

PCT曲线是衡量储氢材料热力学性能的重要特性曲线。通过该曲线可以了解金属氢化物中能含多少氢和任意温度下的分解压力值。PCT曲线的平台压力、平台宽度与倾斜度、平台起始浓度和滞后效应，既是常规衡量储氢合金吸放氢性能的主要指标，又是探索新的储氢合金的依据。对于实际应用的储氢材料，总是希望其吸放氢PCT曲线的平台平坦度高、滞后小，即 H_f 越小越好。

5.1.3 金属氢化物储氢的动力学过程

以储氢合金为例，其气固反应吸氢过程如图5-4所示，大致可分为三个步骤：

① 氢的表面吸附和分解 氢分子在储氢合金表面解离成为活性氢原子，该活性原子被合金表面吸附并进一步形成化学吸附，此过程的反应速率取决于储氢合金表面的催化活性。

② 氢的扩散 氢被吸附越过固气界面后，在储氢合金基体中的扩散。该过程的速度受合金颗粒表面氧化膜的厚度及致密性、合金的颗粒尺寸及氢在合金和氢化物中的扩散系数等因素影响。

③ $\alpha \leftrightarrow \beta$ 相变 当储氢合金表面的 α 相氢浓度 C_α 升至高于 β 相氢浓度 C_β 时（即 $C_\alpha > C_\beta$），在过饱和度（$C_\alpha - C_\beta$）的作用下，α 相开始逐渐转变为 β 相并不断吸氢，此过程的速度主要受 β 相的形核与生长速度制约。

5.1.4 金属氢化物储氢性能的评价

评价一种储氢合金的性能，往往从以下方面进行，其中包括离解压-组成-温度（PCT曲线）、平台特性、滞后性、吸氢量、反应热、活化特性、膨胀率、反应速率、寿命、热导率、

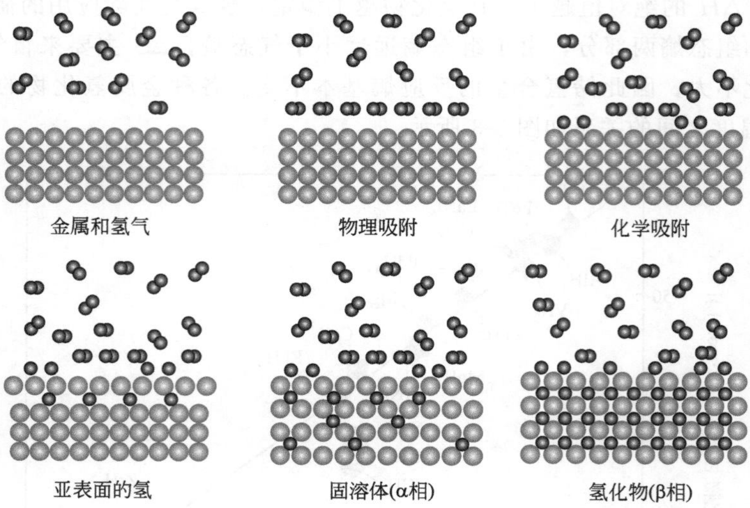

图 5-4 储氢合金的吸氢机理图[2]

中毒性、稳定性、成本等。储氢合金材料要具有实用价值，必须满足下列要求：

① 储氢量大，能量密度高。不同金属或合金的储氢量差别很大，一般认为可逆吸氢量不小于 150mL/g 为好。

② 吸氢和放氢的速度快。吸氢过程中，氢分子在金属表面分解为氢原子，然后氢原子向金属内部扩散，发生相转变形成金属氢化物，这些步骤都直接影响吸收氢的速率和金属氢化物的稳定性。

③ 氢化物生成热小。合金吸收氢时生成热要小，一般在 −46～−29kJ/mol H_2 之间为宜。

④ 分解压适中。在室温附近，具有适当的分解压（0.1～1.0MPa）。同时，PCT 曲线应有较平坦和较宽的平衡压平台区，在这个区域内稍微改变压力，就能吸收或释放较多的氢气。

⑤ 容易活化。储氢合金第一次与氢反应称为活化处理，活化的难易直接影响储氢合金的实用价值。它与活化处理的温度、氢气压及其纯度等因素有关。

⑥ 化学稳定性好。经反复吸/放氢，材料性能不衰减，对氢气所含的杂质敏感性小，抗中毒能力强。即使有衰减现象，经再生处理后，也能恢复到原来的水平，因而使用寿命长。

⑦ 在储存与运输中安全、无害。

⑧ 原材料来源广，成本低廉。

金属氢化物除了在气-固储氢方面进行应用以外，在金属氢化物-镍（MH-Ni）电池负极材料中也有广泛的应用，其中，金属或合金用作 MH-Ni 电池负极材料时需要满足以下基本条件：

① 材料易活化，并具有较高的电化学容量，表面活性高，能够很好地催化氢的阳极反应过程；

② 金属或合金在强碱性电解质中抗氧化能力强；

③ 在电极的充/放电过程中，金属或合金晶格体积膨胀率小，粉化程度低；

④ 金属或合金在强碱性电解质中能够稳定存在，不发生溶解；

⑤ 具备良好的导电、导热能力；

⑥ 金属或合金可以在较大的温度范围内保持放电容量稳定；

⑦ 原材料在地壳中存储量大，价格低。

5.2 金属单质储氢

金属单质储氢是利用某些金属单质与氢反应后以金属氢化物形式吸氢，生成的金属氢化物加热后释放出氢的过程，常见的储氢金属单质有镁、钛、钒等。

5.2.1 金属镁储氢

金属镁在地壳中广泛地存在，呈银白色，熔点 649℃，密度为 1.74g/cm^3。金属镁在储氢研究领域具有成本极低、质量轻和无污染等优点而被认为是最有发展前途的固态储氢材料之一。此外，镁是我国的优势矿产资源，其储量、产量、出口量均居世界首位，若能在镁基储氢材料领域形成技术优势，将利于我国在未来的低碳经济竞争中占据领先地位。

镁氢化合物（MgH_2）储氢容量相对较高，质量储氢密度达到 7.6%，体积储氢密度达到 110g/L，能量密度为 9MJ/kg，在未来很有希望成为商业使用的储氢材料。金属镁置于氢气氛中极易吸氢，形成稳定化合物 MgH_2，并放出大量的热。在室温条件下氢化镁为 β-MgH_2金红石型四方晶体结构（如图 5-5 所示），MgH_2 空间群为 $P4_2/mnm$，空间群号为 136，晶格常数 $a=b=0.4517$nm，$c=0.3021$nm。晶胞中分别包含 2 个 Mg 原子和 4 个 H 原子，相应的 Mg 原子与 H 原子数量之比为 2∶4，原胞中 Mg 原子与 H 原子数量之比为 1∶2[3]。α-MgH_2 在高压下可以转变为斜方 γ-MgH_2 相和六方 β-MgH_2 相结构。

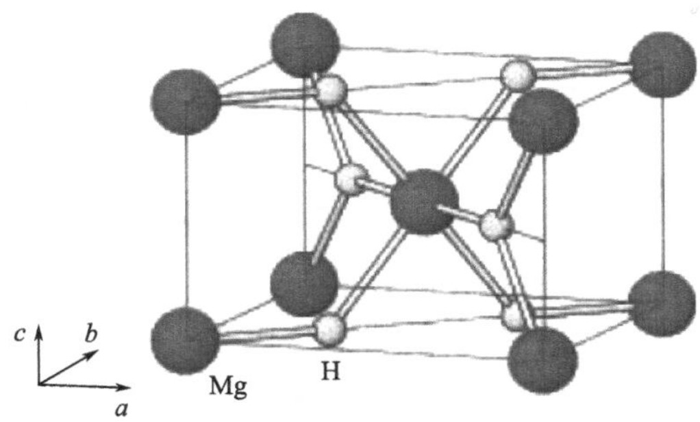

图 5-5 MgH_2 的晶体结构

对于纯 MgH_2 放氢过程而言，由于实验条件的差异，文献报道的 ΔH 结果有所不同，ΔH 值在 74～78kJ/mol H_2 之间，ΔS 值在 126～146J/(K·mol H_2）之间。基于 Mg-H 相图理论计算得到的 ΔH 与 ΔS 值分别为 74.7kJ/mol H_2 和 130J/(K·mol H_2)[4]。较高的 ΔH 说明 MgH_2 非常稳定，这使得 MgH_2 在温和服役条件下的标准平衡氢压很低；而在一个标准大气压（101325Pa）下，MgH_2 的放氢过程通常要在 350℃以上才能完成。即纯 MgH_2 存在放氢温度高的问题，同时放氢动力学性能很差。

由于 MgH_2 高容量的优势，尽管它还存在着放氢温度高、动力学性能差等问题，近年来研究者们采用了纳米化、添加剂、合金化等方法对 MgH_2 的储氢性能进行了改善。纳米化是将金属 Mg 或者镁氢化物 MgH_2 的粒径急剧减小至纳米级别，利用大比表面积、高吉布斯自由能和尺寸效应降低 MgH_2 的稳定性，从而改善其放氢温度高、动力学性能差等问题。当镁颗粒大小降至 5nm 以下时，将可以实现 85℃以下的可逆吸放氢，这一温度已经接近质子交换膜燃料电池的操作温度，为 MgH_2 储氢材料的实际应用提供了可能[5,6]。由于小尺寸 Mg 颗粒规模制备与存储的困难，与此同时，保证纳米材料在吸放氢过程中保持纳米形貌和性能，防止空气的氧化，寻找高效的催化剂，以及改进整个体系的储氢热力学性能，也是科技工作者今后继续研究的重点。近年来更多的研究采用加入添加剂的方法来改善 MgH_2 储氢材料的吸放氢性能。目前相当多的报道采用金属（合金）、配合物、卤化物、碳材料、复合材料等对 MgH_2 进行催化掺杂，以期改善其储氢的热力学与动力学性能。Ouyang 等[7]通过球磨法制备了空气中稳定的 MgH_2-$LiNH_2$，该复合材料在 1min 内的产氢量可以达到 887.2mL/g。通过球磨法添加 Ni@rGO 催化剂使储氢体系的脱氢峰从 356℃降低到了 247℃[8]；而在 MgH_2 基体表面负载了多价 Ti 催化剂则可使体系的起始脱氢温度降低到 175℃[9]。

5.2.2 金属钛储氢

钛（Ti）是一种银白色的过渡金属，是地壳中分布最广和储量最为丰富的元素之一。金属钛密度为 4.5g/cm³，熔点 1668℃，沸点 3260℃。钛元素有许多重要的特性，如密度低、比强度高、耐腐蚀、热导率低、无磁性、生物相容性好，具有储氢、超导、形状记忆、超弹等特殊功能。作为储氢材料进行应用时，金属钛可以与氢形成稳定的化合物 TiH_2（氢化钛），为暗灰色粉末或结晶。TiH_2 是一种具有 CaF_2 型晶体结构的化合物，属于立方晶系，空间群为 $Fm3m$，晶格常数 $a=b=c=0.4454$nm。其晶胞和原胞中分别包含 12 个原子和 3 个原子，其相应的 Ti 原子与 H 原子数量之比分别为 4∶8 和 1∶2[10]，其结构示意图如图 5-6所示。

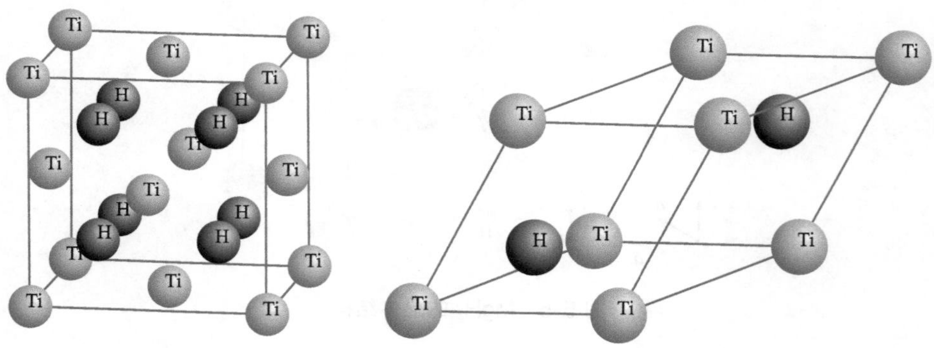

图 5-6　TiH_2 的晶胞和原胞结构示意图

TiH_2 放氢条件苛刻，于 400℃下可以缓慢分解，真空中在 600～800℃完全脱氢，可见 TiH_2 很难进行氢的释放，因此多将金属 Ti 与其他金属，如 Fe、Cr、Mn 等过渡金属进行合金化后作为储氢材料。

5.2.3 金属钒储氢

钒是一种银灰色金属，密度 5.96g/cm³，熔点（1890±10）℃，属于高熔点稀有金属。

它的沸点 3380℃，纯钒质坚硬，无磁性，具有延展性。对 V 的氢化物 VH_x（$x=1$，2）的研究表明，VH_2 的晶体结构为面心立方晶格（fcc），晶胞参数 $a=0.4271$nm，空间群都为 *Td* 群。每个 H 原子占据了晶体中的 8c 位置，氢化时 H 原子会优先占据晶胞中的四面体间隙，而不是八面体间隙（VH_2 的原子簇模型如图 5-7 所示）。并且金属 V 的氢化物很难全部释放，理论计算表明 VH 和 VH_2 中 V—H 键既有离子性又有共价性的相互作用，VH 中 V—H 键的键级比 VH_2 中 V—H 键的键级大，说明 VH 更稳定，难分解释放。与金属钛储氢性能的改善方法类似，实际研究中也多采用合金化的方法来改变钒氢化物的稳定性。

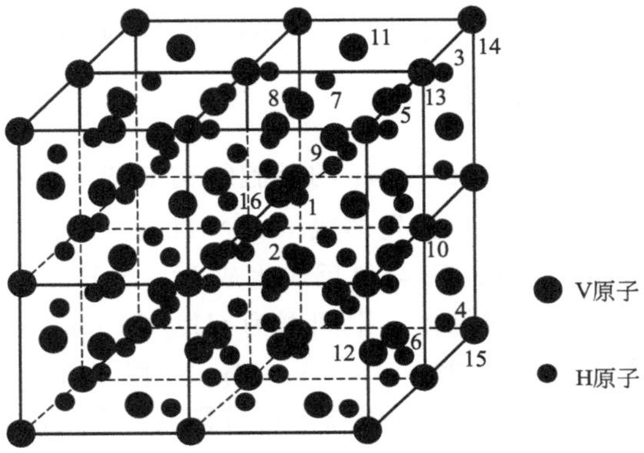

图 5-7 VH_2 的原子簇模型[11]

5.3 合金储氢

在一定的温度和压力条件下，一些合金能够大量吸收氢气，生成金属氢化物，同时放出热量。将这些金属氢化物加热，它们又会分解，将储存在其中的氢释放出来。这些会吸收/释放氢气的金属合金被称为储氢合金。目前较为常见的储氢合金有镁系 A_2B 型储氢合金、FeTi 系 AB 型储氢合金、Zr 系 AB_2 型 Laves 相储氢合金、稀土系 AB_5 型储氢合金、La-Mg-Ni 系超晶格储氢合金。表 5-2 中给出了各类型储氢合金的代表性氢化物及一些性能参数[12]。

表5-2 各类储氢合金的代表性氢化物及一些性能参数

组成	典型氢化物	合金晶体结构	氢与金属原子比（H/M）	吸氢量(质量分数)/%
A_2B	Mg_2NiH_4	Mg_2Ni	1.33	3.62
AB	$TiFeH_2$	CsCl	1.0	1.91
AB_2	$ZrMn_2H_3$	C14	1.0	1.48
	$ZrV_2H_{4.5}$	C15	1.5	2.30
AB_5	$LaNi_5H_6$	$CaCu_5$	1.0	1.38
	$CaNi_5H_6$	$CaCu_5$	1.0	1.78

现就各类合金的结构与储氢性能简介如下。

5.3.1 A_2B 型储氢合金

镁系储氢合金是很有潜力的轻型高能储氢材料，其典型代表 Mg_2Ni 合金的理论储氢容量可以达到 3.6%，理论放电容量则高达 999mA·h/g，并且金属镁在地壳中储量丰富，在价格上也优于稀土系 AB_5 型合金和 AB_2 型 Laves 相合金。因此，镁系储氢合金吸引了众多研究者的兴趣，各国研究人员纷纷对镁基储氢合金进行了多方面的研究，并取得了一批显著的研究成果。现有的大量研究结果显示，制备非晶、纳米晶的镁系合金是提高电化学容量，改善动力学性能和降低吸/放氢温度的有效方法。同时，为了提高合金的寿命，国内外研究者则开展了镁基合金的多元合金化、表面处理、热处理等方面的工作。

5.3.1.1 A_2B 型储氢合金的晶体结构

典型代表 Mg_2Ni 及其氢化物 Mg_2NiH_4 的晶胞结构如图 5-8 所示。Mg_2Ni 晶体为六方结构，其空间群为 $P6222$。吸氢后，首先形成 $Mg_2NiH_{0.3}$，$Mg_2NiH_{0.3}$ 在结构上与 Mg_2Ni 一致。在较高的温度和压强下，Mg_2Ni 与氢反应生成 Mg_2NiH_4，其结构发生变化。低温相 Mg_2NiH_4（LT-Mg_2NiH_4）为单斜晶体，空间群为 $C12/C1$。LT-Mg_2NiH_4 的晶格常数 a、b 和 c 分别取为 14.343Å、6.4038Å 和 6.4830Å。Mg_2Ni 型储氢合金目前在储氢领域应用方面面临的最大问题是合金氢化物的稳定性极强，不易释氢，需要很高的温度才能释放出晶格结构中存储的氢气。对合金中的 Mg 和 Ni 进行部分取代可以改变合金的晶体结构参数，进而影响到合金的储氢性能。García 等[13]采用从头算法对 Mg_2Ni 氢化物（Mg_2NiH_4）的晶体结构进行了研究，确定了 H 原子的具体占位。接着依据 Mg_2NiH_4 的电荷分布推断体系中各原子之间的成键类型，认为 H 与 Ni 之间形成共价键，组成 $[NiH_4]^{4-}$ 阴离子，而该阴离子与 Mg^{2+} 形成离子键，因此形成具有反萤石结构的 Mg_2NiH_4 化合物，具有较稳定的结构。蓝志强等[14]通过第一性原理计算研究了 Al 取代 Mg 对 Mg_2Ni 晶体结构的影响，结果表明 Al 替代后 Mg_2Ni 合金的晶胞参数发生了明显变化，相对于 Mg_2Ni 合金的晶胞参数而言，Al 替代后 Mg_2Ni 晶胞的 a、b 轴和体积随着 Al 含量的增加都逐渐减小，与实验结果一

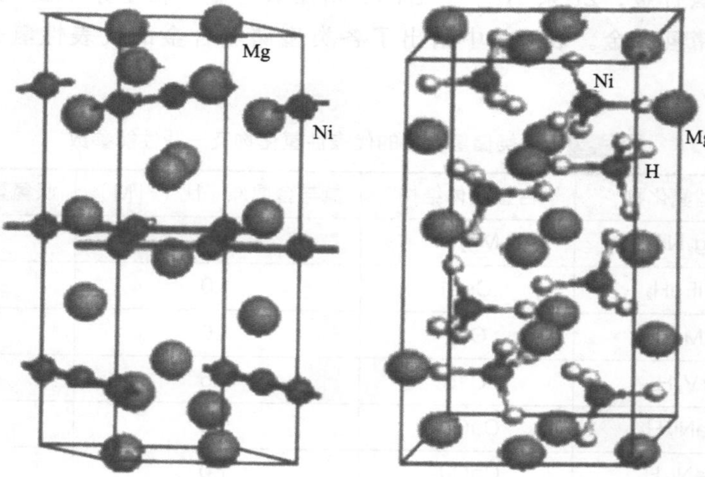

(a) Mg_2Ni (b) Mg_2NiH_4

图 5-8 Mg_2Ni 及其氢化物 Mg_2NiH_4 的晶胞结构

致[15]。合金的晶胞体积减小后限制了合金中氢的扩散，然而 Al 部分取代 Mg 后合金中 Ni—H 键的作用减弱。B 侧元素 Cu 合金化 Mg_2Ni 形成 $Mg_2Ni_{1-x}Cu_x$（$x=1/3$）的相结构稳定性最高，两个 Cu 原子最易占据 Ni(Ⅱ) 的（0，0.5，0.16667）与（0.5，0，0.5）位置；进一步对其氢化物的解氢反应热进行计算，发现 Cu 合金化后，氢化物体系解氢反应热与合金化前相比，明显降低，表明 Cu 合金化 Mg_2Ni 氢化物的解氢能力增强，这主要是因为 Cu 合金化削弱了氢化物中 Mg—Ni 和 Ni—H 间的成键作用以及相应原子在低能级区成键电子数的减少[16]。

5.3.1.2 A_2B 型储氢合金的组成与物相结构特征

Mg_2Ni 型储氢合金的物相结构与其储氢性能密切相关，而物相结构又主要受到合金组成与制备工艺的影响，因此研究者们采用不同的元素分别对 Mg_2Ni 合金的 A 侧与 B 侧元素进行了取代，并采用不同的制备技术制备了 Mg_2Ni 型储氢合金，研究了 A_2B 型储氢合金物相结构与储氢性能的变化。部分研究结果显示 Co 取代 Ni 没有改变合金主相 Mg_2Ni，但它使合金形成 $MgCo_2$ 相和 Mg 相，并随着 Co 含量的增加，$MgCo_2$ 相和 Mg 相相应地增加。Co 取代 Ni 增大了合金晶胞体积，并细化合金晶粒尺寸，致使合金气态吸氢量和动力学性能得到改善[17]。当使用 Cu 部分取代 Ni 时，较少量的 Cu 取代 Ni 没有改变合金的相结构，仍具有单一相 Mg_2Ni，并且 Cu 元素与 Mg_2Ni 发生固溶，并完全溶入 Mg_2Ni，致使合金气态吸氢量随 Cu 元素的增加而减少；然而当 Cu 的取代量明显增加后，合金的 XRD 检测结果显示合金中形成了 $Cu_{11}Mg_{10}Ni_9$ 新相，同时 Cu 的加入明显使合金表面产生较多的裂纹，减小了晶粒尺寸，有利于改善其动力学性能。快淬处理没有使合金非晶化，但也改善了其气态吸氢量和动力学性能[18]。Mn 取代 Ni 使合金出现了 Mg 相和少量的 MnNi 相，并随着 Mn 含量的增加，主相 Mg_2Ni 相减少，Mg 相和 MnNi 相增加。Mn 取代 Ni 增大了合金晶胞体积，并细化合金晶粒尺寸，致使合金动力学性能得到改善，但气态吸氢量随 Mn 含量的增加先增加后减少[19]。金属 Nb 加入 Mg_2Ni 合金中后不能形成金属间化合物，而是生成 NbO_2 氧化物，生成的氧化物可以与 Mg_2Ni 合金发生相互作用，提高 Mg_2Ni 合金在碱液中的抗腐蚀能力[20]。

在 A_2B 型储氢合金的研究工作中除了 B 侧元素（即 Ni 侧）的取代外，关于 A 侧元素（即 Mg 侧）的研究也很常见。张羊换等[21]用快淬技术制备了 $Mg_{2-x}La_xNi$（$x=0$，0.2，0.4，0.6）储氢合金，该合金具有典型的纳米晶结构，而 La 替代合金具有明显的非晶结构，即 La 替代 Mg 后合金更容易非晶化。稀土元素 Nd 对 Mg 的取代也可以实现 Mg_2Ni 型储氢合金的储氢性能改善。当 Nd 的添加量很少时，Nd 可以溶解在 Mg_2Ni 基合金的 α-Mg、Mg_2Ni 和 $MgNi_2$ 相中，而不析出杂相[22]；而 Nd 的添加量增大到超过 Nd 在 Mg 中的固溶度后将会增加合金的非晶化程度[23]。熔炼浇铸制备获得的 Y 取代的 Mg_2Ni 储氢合金中会形成 Mg_2(Ni，Y) 相纳米晶，晶粒尺寸一般在 2～3nm 之间，并有较多量的非晶结构；而经过热处理后，合金中的晶粒尺寸明显长大[24]。Drenchev 等制备了 Sn 取代 Mg 的 $Mg_{2-x}Sn_xNi$（$x=0$，0.1，0.3）合金，在 XRD 检测中，即使 Sn 含量较高的合金仍然检测不到 Sn 相，表明 Sn 能够固溶到 Mg_2Ni 母体合金中，不会析出新的相[25]。

关于 Mg_2Ni 型合金的制备方法主要有感应熔炼、机械合金化、氢化燃烧、熔体快淬等方法。由于 Mg、Ni 熔点相差较大，若以 Ni 的熔点（1455℃）确定熔化温度，势必会造成 Mg 的大量烧损。然而从图 5-9 的 Mg-Ni 二元合金相图来看，在 Mg-Ni 合金中存在 2 种金属间化合物，即在1145℃时分解的 $MgNi_2$（含 Mg 量 17.2%，不吸氢）和在760℃时分解的 Mg_2Ni（含 Mg 量 54.6%）。据此，熔炼工艺最高温度不超过 900℃即可通过感应熔炼法获得 Mg_2Ni 型合金。感应熔炼制备的 Mg_2Ni 合金具有晶体结构，主要含有 Mg 与 Mg_2Ni 等相[26]。机械合金化方法也称为高能球磨方法，是一种制备合金粉末的高新技术，即利用金属粉末混合物的反复变形、断裂、焊合、原子间相互扩散或发生固态反应形成合金粉末。Ebrahimi-Purkani 等[27]通过高能球磨-热处理制备了 Mg_2Ni 合金，采用 10：1 的球料比进行球磨后，生成了大量的 Mg_2Ni 纳米晶，而经过热处理后，合金结构以 Mg_2Ni 相为主。李李泉等[28]采用氢化燃烧法制备了氢化物 Mg_2NiH_4，获得了纯净的 Mg_2NiH_4 物相的氢化物，氢化燃烧合成的物质具有更高的氢化反应活性。具体方法为利用自制的氢化燃烧设备，直接以不经压制的 Mg、Ni 混合粉末为原料，在一定的合成温度和氢压下制备镁基储氢合金氢化物 Mg_2NiH_4。DSC 和 XRD 的研究结果表明，在氢气压力为 2.0MPa 气氛下，氢化燃烧合成 Mg_2NiH_4 的全过程由以下七个反应组成。它们依次为：①$Mg + H_2 \longrightarrow MgH_2$，发生在 520～660K 之间；②$MgH_2 \longrightarrow Mg + H_2$，发生在 675～700K 之间；③$2Mg + Ni \longrightarrow Mg_2Ni(L)$，镁镍二元系的共晶反应；④$2Mg + Ni \longrightarrow Mg_2Ni$，发生在 675～870K 之间；⑤$Mg_2Ni + 0.15H_2 \longrightarrow Mg_2NiH_{0.3}$，固溶反应；⑥$Mg_2Ni + 2H_2 \longrightarrow Mg_2NiH_4(HT)$，发生在 600～645K 之间；⑦$Mg_2NiH_4(HT) \longrightarrow Mg_2NiH_4(LT)$，发生在 510K 左右[29]。熔体快淬技术是将铸态的 Mg_2Ni 合金加热至熔融状态，并于气氛保护条件下将熔融料浆浇到以一定速度旋转的冷铜辊上，迅速冷却成型的技术。采用该技术制备的 Mg_2Ni 型储氢合金材料一般仍能保持原有的 Mg_2Ni 型主相，同时由于铜辊的激冷作用，可以使得材料中的柱状晶数量明显增加[30]。

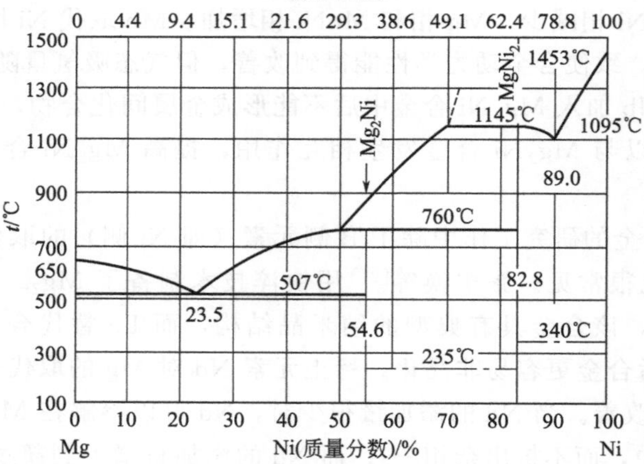

图 5-9 Mg-Ni 二元合金相图

5.3.1.3 A_2B 型储氢合金的气-固储氢性能

美国 Brookhaven 国家实验室的 Reilly 和 Wiswall 在 1968 年首次采用高温熔炼法制备了 Mg_2Ni 储氢合金以来，该合金作为最为理想的 A_2B 型镁基储氢合金得到了广泛的研究。Mg_2Ni 合金在 2MPa、300℃下能与氢反应生成 Mg_2NiH_4，此氢化物在温度为 253℃时分解压为 0.101MPa，放氢温度比纯镁明显降低，而且镍的加入对镁氢化物的形成起催化作用，加快了氢化反应。同时，Mg_2Ni 具有较高的储氢容量，其储氢质量分数为 3.6%。

Mg_2Ni 合金与其他类型储氢合金最大的区别在于该合金的两种成分即镁和镍的熔点相差大，分别为 649℃和 1455℃，若采用熔炼法制备合金则不易控制，因此，在 Mg_2Ni 储氢合金性能的改善研究中，人们往往采用不同的方法制备合金以期改善合金的储氢性能。机械合金化法是采用较早的一种方法，多在高能球磨下完成，粒子间不断地细化可产生大量的新鲜表面及晶格缺陷，从而增大其吸放氢过程中的反应速率并有效地降低活化能。采用机械合金化法并以钛置换部分镁合成的纳米晶 $Mg_{1.9}Ti_{0.1}Ni$ 合金的放氢活化能由 69kJ/mol 降低到 59kJ/mol，并且吸氢量超过了 3%，储氢量和吸放氢速率都远超过铸态的合金。烧结法是将金属原料或者中间合金的超细粉末按比例混合，并压制成型，在氢气、氩气或者抽真空的环境下加热到熔点温度附近进行烧结，形成合金产物。采用固相烧结法制备的三元 $Mg_2Ni_{0.8}Co_{0.2}$ 合金的放氢焓变可降低为 64kJ/mol，放氢过程的活化能降低为 54kJ/mol。氢化燃烧合成法（HCS）是一种较新的镁基储氢合金制备方法，是在高压氢气气氛下直接把金属 Mg、Ni 混合粉末（或压坯）合成无激活、高活性镁镍氢化物的一种材料合成技术。采用氢化燃烧合成法制备的 Mg_2Ni 合金储氢量较为理想，可达到 3.4%，接近其理论容量，并且该体系经过 7 次循环后，其吸放氢量几乎不衰减。Mg_2Ni 型储氢合金的吸氢动力学研究结果表明，氢化过程中固溶体形成于合金表面，而氢化物的晶核生长方向为一维方向[31]。

5.3.1.4 A_2B 型储氢合金的电化学储氢性能

根据本征储氢容量计算，Mg_2Ni 合金的理论电化学容量为 999mA・h/g，远高于其他类型的储氢合金。然而 Mg_2Ni 合金却一直未能实际应用于电化学储氢材料，主要原因是此类合金极易受到腐蚀，性能衰减过快。一般铸态的 Mg_2Ni 储氢合金经过 20 次充放电循环后，容量迅速衰减到最大放电容量的 30%以下，因此很难进行实际应用。近年来，人们通过添加合金化元素（Mn、Co、Cu、Nd 等）、采用快淬处理获得非平衡组织的合金材料等方法显著提高了该合金材料作为电极材料使用的循环稳定性。在 Mg_2Ni 合金电极制备的过程中也可以采用碳基材料提供一定的保护作用来提高电极的使用寿命，如 Li 等[32]通过多壁碳纳米管与氧化石墨烯作为电极骨架制备的 Mg_2Ni 电极的最大放电容量可以达到 644mA・h/g，如图 5-10 所示，而且电极在充放电循环后，容量保持率仍高达 78%。

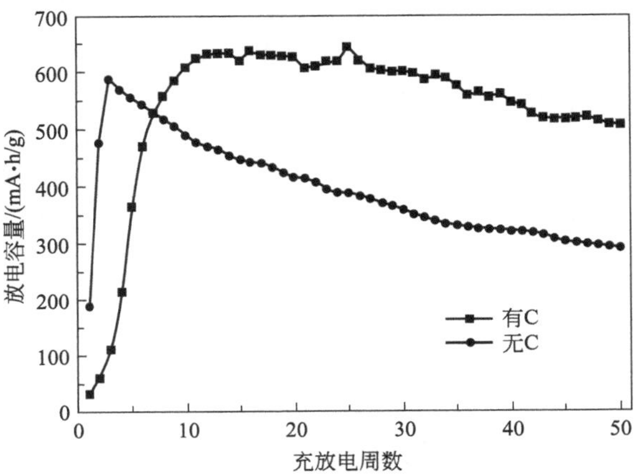

图 5-10 Mg_2Ni 合金电极的充放电容量[32]

5.3.2 AB 型储氢合金

5.3.2.1 AB 型储氢合金的晶体结构

AB 型储氢合金的典型代表为 TiFe 合金，TiFe 是由美国 Brookhaven 国家实验室的 Reilly 和 Wiswall 在 1974 年首先合成的[33]。此后，TiFe 合金作为一种储氢材料，逐渐受到人们的重视。TiFe 合金具有 CsCl 类型结构（如图 5-11 所示），有 6 个四面体间隙和 3 个八面体间隙，经过充分活化后，在温度 55℃以下可以生成两种氢化物，β 相（$TiFeH_{1.04}$）和 γ 相（$TiFeH_{1.95}$）[34]。

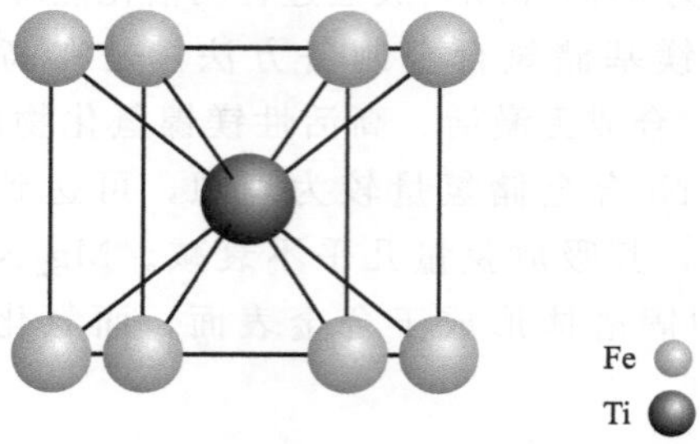

图 5-11　AB 型合金典型代表 TiFe 合金的晶体结构示意图

5.3.2.2 AB 型储氢合金的组成与物相结构特征

从 Ti-Fe 合金相图（图 5-12）来看，Ti 和 Fe 可以生成两种稳定的金属间化合物，分别是 TiFe 和 $TiFe_2$。Ti-Fe 二元合金经过高能球磨处理后可形成非晶结构，接着若将球磨得到的非晶化材料进行加热则可以形成 TiFe 的纳米晶材料，从而改善材料的储氢性能。而加入其他元素，如 Ni 则会增加相界面或析出第二相。

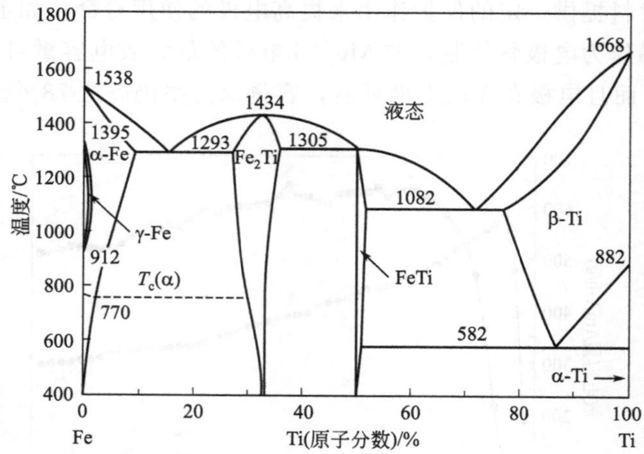

图 5-12　Ti-Fe 合金相图

5.3.2.3 AB 型储氢合金的气-固储氢性能

TiFe 合金在温度低于 55℃ 吸氢时有两个平台，分别对应两种氢化物相，即 β 相

($TiFeH_{1.04}$) 和 γ 相 ($TiFeH_{1.95}$)，相应的反应分别为[35]：

$$2.13TiFeH_{0.10}+H_2 \longrightarrow 2.13TiFeH_{1.04} \quad (5\text{-}5)$$

$$2.13TiFeH_{1.04}+H_2 \longrightarrow 2.13TiFeH_{1.95} \quad (5\text{-}6)$$

其中，$TiFeH_{0.10}$是 H 溶解于 TiFe 合金中而形成的固溶体相（α 相）。

TiFe 合金作为储氢材料具有一定的优越性：首先，TiFe 合金活化后，在室温下能可逆地吸放大量的氢（理论值为 1.86%），且氢化物的分解压力仅为几个大气压，很接近工业应用；其次，Fe 和 Ti 两种元素在自然界中含量丰富，价格便宜，适合在工业中大规模应用，因而 TiFe 合金自首次合成后即引起科研人员广泛的研究兴趣。但是 TiFe 合金也存在着很多问题，如：活化困难，往往需要多次活化才可以达到最大放氢量；容易受到环境的影响，在 CO、CO_2 等气体杂质的存在下易中毒；平衡压力差（滞后）大等，影响了此类合金的实际应用。为了改善 TiFe 合金的储氢性能，人们从 Ti 与 Fe 计量比调整、元素取代（添加）、表面改性等方面来改善合金的储氢性能，并取得了一些重要的进展。

其中，以往研究表明最为有效的性能改进方法是元素取代，主要是采用过渡金属元素、稀土元素和其他金属元素等对 Fe 和 Ti 进行部分取代，以提高合金的储氢性能。以 Mn 部分取代 Fe 获得的 Ti-Fe-Mn 三元合金在活化性能方面得到了明显的改善，这主要是与相界面的增加和第二相的析出有关[36-38]。Nagai 等[39]系统地研究了用 Mn 部分替代 Fe 或 Ti，或同时部分替代 Fe 和 Ti 所形成的三元合金的氢化性能。研究表明形成的三元合金不经过任何活化处理，在 303K 时经一定孕育期后均能吸氢（$Fe_{0.9}TiMn_{0.1}$除外），分析认为这与合金表面形成少量的（$Fe_{1-x}Mn_x$）$_{1.5}$Ti 和 $Ti_{1.5}$（$Fe_{1-w}Mn_w$）等第二相有关。此外，Ni、V 对 TiFe 合金的储氢性能也有明显的改善作用，并引起 TiFe 合金储氢平台氢压的变化，其中 Ni 对合金的吸放氢动力学性能改善尤为明显[40]。除了以上过渡金属元素以外，稀土元素等对合金的活化性能也有改善作用[41]。Ali 等向 Ti-Fe-Mn-Cu 体系中添加稀土元素 Y，结果表明，体系中可析出 CuY 第二相，提高合金的活化性能，而合金的储氢容量则会随着 Y 元素的增加而先增加后减少[42]。TiFe 合金难以活化的特性与表面致密的氧化物膜有一定的关系[43]，因此，采用球磨破坏其表面氧化层和表面酸、碱刻蚀等去除氧化物膜也具有加快合金活化过程的作用。Davids 等[44]采用金属-有机化合物化学气相沉积的方法，将 Pd $[acac]_2$ 在 TiFe 合金表面分解，获得了 Pd 修饰层，该修饰层具有加速氢分解的作用，进而促进了合金的动力学过程，如图 5-13 所示。Zhang 等[45]将 $LaNi_5$ 合金与 TiFe 合金共同进行球磨，获得的复合合金颗粒在 4MPa 的氢压和室温下即可以活化，这是因为 $LaNi_5$ 合金在 TiFe 的吸氢过程中起到了“窗口”和“通道”的作用。

5.3.2.4 AB 型储氢合金的电化学储氢性能

TiFe 合金的电化学容量相对较低，难以实际应用，因此作为电化学储氢材料的研究较少。近年来也有一些研究对其电化学性能进行了改善[46-48]。Shang 等[49]制备的铸态合金的电化学容量仅为 12.6mA·h/g，而经过球磨处理后可以上升至 52.6mA·h/g，进一步添加 Ni-C 纳米颗粒进行球磨后的放电容量可以达到 191.6mA·h/g。Hosni 等[50]对 TiFe 合金进行了球磨处理，发现球磨 40h 的合金在 5 次充放电循环后可以完全活化，达到最大放电容量 147mA·h/g，而球磨 30h 的处理过程则使合金获得了更优的循环性能。

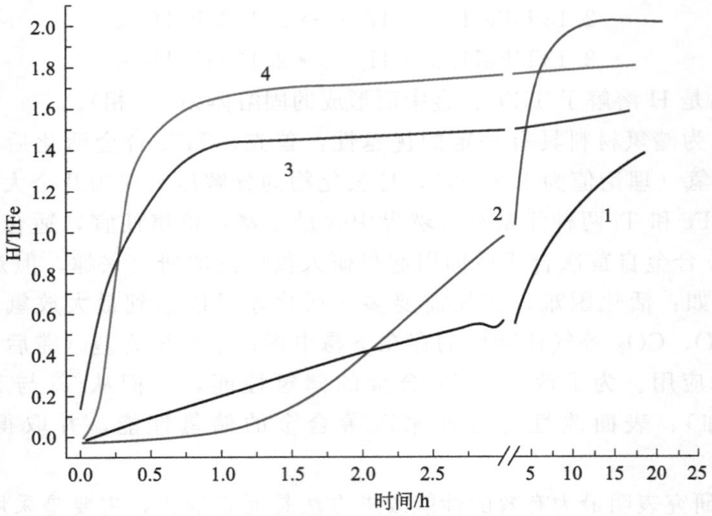

图 5-13 TiFe 合金的吸氢动力学曲线（$T=20℃$，$p_{H_2}=3bar$）[44]

1—0.5%Pd 处理 400℃活化 3h 的吸氢曲线；

2—0.5%Pd 处理 400℃活化 1h 的吸氢曲线；

3—1%Pd 处理 400℃活化 3h 的吸氢曲线；

4—1%Pd 处理 400℃活化 1h 的吸氢曲线

5.3.3 AB_2 型储氢合金

AB_2 型合金分为钛系和锆系合金两大类，多是在 $ZrCr_2$、ZrV_2 和 $TiMn_2$ 等二元合金的基础上发展起来的，其合金相主要为六方结构的 C14 相和立方结构的 C15 相。美国 Ovonic 公司是进行 AB_2 型 Laves 相储氢电极合金研究开发的重要厂家之一[51,52]，另外，日本的东海大学、松下电池公司和我国的浙江大学等单位对于 AB_2 型 Laves 相储氢合金也做了大量的研究工作，该类合金被认为有望实现规模生产和实现商业化应用[53-55]。

5.3.3.1 AB_2 型 Laves 相储氢合金的晶体结构

在 A-B 二元合金中，ZrM_2（M＝Mn、V、Cr 等）合金的化学式均为 AB_2，且因 A 原子和 B 原子半径之比（r_A/r_B）接近于 1.2，而形成一种密堆排列的 Laves 相结构，故称该类合金为 AB_2 型 Laves 相合金。在合金中半径较大的 A 原子与半径较小的 B 原子相间排列，故 Laves 相的晶体结构具有很高的对称性及空间填充密度。Laves 相的结构有 C14（$MgZn_2$ 型，六方晶，空间群为 $P63/mmc$）、C15（$MgCu_2$ 型，立方晶，空间群为 $Fd3m$）及 C36（$MgNi_2$ 型，六方晶）三种类型，但 AB_2 型储氢合金只涉及 C14 及 C15 两种结构[56]。图 5-14所示为这两种 Laves 相储氢合金的晶体结构。由于原子排列紧密，C14 和 C15 型 Laves 相的原子间隙均由四面体构成，即氢进入 Laves 相合金晶格中的位置全部是四配位位置，它们根据 4 个靠近的金属原子的种类，区分为 A_2B_2 位置、AB_3 位置和 B_4 位置三种位置[57]，见图 5-14。

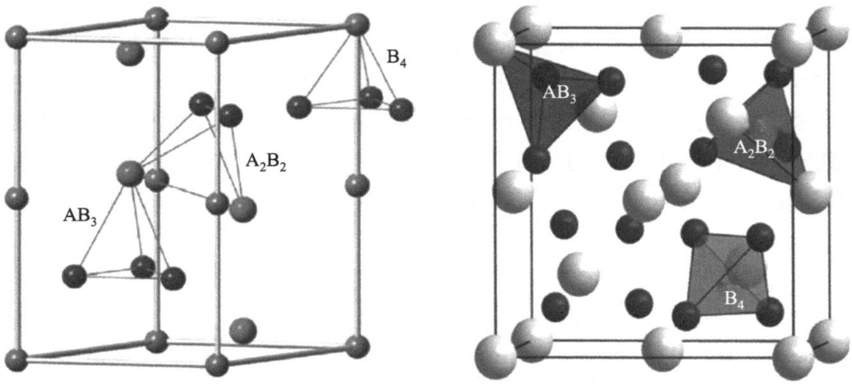

(a) C14　　(b) C15

图 5-14 AB_2 型储氢合金的晶体结构示意图

5.3.3.2 AB_2 型 Laves 相储氢合金的组成与物相结构特征

由于 ZrM_2 或 TiM_2（M＝Mn、V、Cr 等）二元合金吸氢生成的氢化物均过于稳定，不易释放，不能满足储氢要求，因此，常需要加入其他合金成分，形成多组元合金。在一定的范围内改变合金中 A、B 两侧元素的化学计量比并不改变 AB_2 型合金的 Laves 相结构，然而当取代元素大量引入后则可能改变合金的相结构，进而改变其储氢性能。

在 AB_2 型 Laves 相多元合金中，通常均含有 C14 型和 C15 型两种结构。此外，一般还可能存在 Zr_7Ni_{10}、Zr_9Ni_{11}、ZrNi 以及固溶体等少量非 Laves 相[58]。在 AB_2 型合金中，由于 C14 与 C15 型 Laves 相是合金的主要储氢物相，它们的含量丰度直接影响着合金的电化学容量。但是，在不同的合金体系中，C14 型和 C15 型两种 Laves 相对电极的综合性能往往表现出不同的作用和影响。因此，必须针对具体合金体系研究确定两种 Laves 相的合适比例，才能使合金具有较好的综合性能。而 Zr_7Ni_{10}、Zr_9Ni_{11}、ZrNi 等非 Laves 相具有很高的气态吸氢容量，在室温下这些合金氢化物非常稳定，吸放氢平台很低，可逆吸放氢性能差，故电化学容量很低。但这些 Zr-Ni 相易于活化，且具有良好的催化活性和耐腐蚀性能。Zr-Mn-V-Ni 系 Laves 相合金经退火处理后，铸态合金中的 Zr-Ni 相消失，则合金的活化性能和循环稳定性急剧降低。因此，合金析出适量的 Zr-Ni 相，与合金中的 Laves 相起协同效应，可改善合金的综合电化学性能[59]。合金中两种 Laves 相的含量及比例因合金成分不同而异，一般合金 A 侧含 Ti 量较高的合金通常以 C14 型 Laves 相为主相[60]。此外，合金中 B 侧的元素对两种 Laves 相含量也有一定影响。在 Zr 系 AB_2 合金中，Zr-Ni 非 Laves 相的形成与含量也与合金的组成和制备条件有关[61]。

5.3.3.3 AB_2 型 Laves 相储氢合金的气-固储氢性能

Ti-Mn 基储氢合金的成本较低，其具有良好的吸放氢性能，较高的储氢容量（约 2.0%），容易活化以及良好的抗中毒性能等优点[62]。

Ti-Cr 基储氢合金具有很高的储氢密度，其最大储氢容量超过 2.4%。日本科技界在对储氢合金的分类和发展趋势研究中，将它与镁基储氢合金并列称为第三代储氢合金。Ti-Cr 基储氢合金的典型氢化物结构为 $TiCr_2H_{3.6}$，质量储氢密度接近 2.5%。达到最高吸氢量时相应氢化物组成为 $TiCr_2H_{5.3}$，此时相应的质量储氢密度可达 3.6%[63]。

Zr-Fe 基储氢合金的吸氢压力极高，$ZrFe_2$ 在 6MPa 下的吸氢量仅为 0.07%。由于立方 C15 型 $ZrFe_2$ 合金在 15MPa 以下时储氢量非常低，因此过去一直被认为是非吸氢材料。直到 2001 年才发现，373K 下 $ZrFe_2$ 合金在 1080MPa 的氢压下才能开始吸氢，并且该合金在该温度下的放氢平台压高达 340MPa。此类高平台储氢合金有望用于复合储氢系统，其前提是降低平台氢压，其中一项有效的措施是通过元素取代的方法降低平台氢压，人们已通过添加 Cr、Al 等金属适当地降低了氢压，见图 5-15，使其性能的改善向实用化迈进[64]。

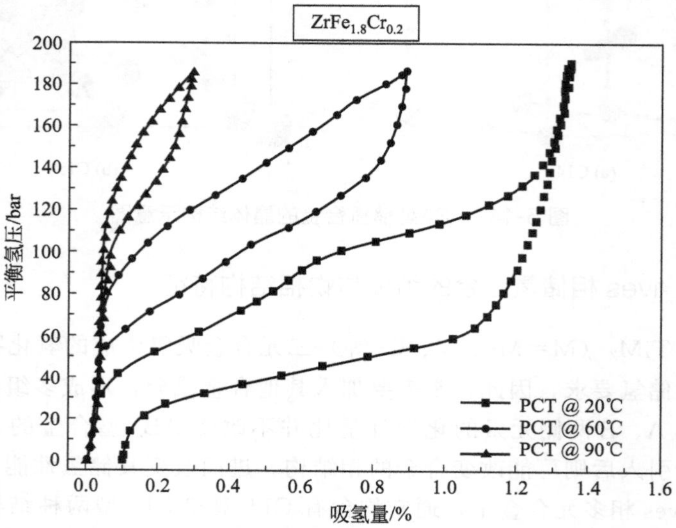

图 5-15 $ZrFe_{1.8}Cr_{0.2}$ 合金的吸放氢 PCT 曲线（吸氢 PCT 曲线在上，放氢 PCT 曲线在下）[64]

5.3.3.4 AB_2 型 Laves 相储氢合金的电化学储氢性能

作为一种新型的高容量储氢合金电极材料，AB_2 型合金的放电容量已达 380～420mA·h/g，比已商品化的 AB_5 型混合稀土储氢合金提高约 30%，并开始在美国 Ovonic 公司的 MH-Ni 电池生产中应用，显示出良好的应用前景。表 5-3 中列出了一些典型 AB_2 型合金的电化学性能参数。

表5-3 一些典型 AB_2 型合金的电化学性能参数

合金组成	最大放电容量 C_{max} /(mA·h/g)	高倍率放电性能 HRD/%	循环稳定性 S_{100}/%	参考文献
$Zr_{0.5}Ti_{0.5}(MnVNi)_2$	375	—	93	[65]
$Zr_{0.7}Ti_{0.3}(NiVMnCr)_{2.1}$	350	80 (350mA/g)	91	[66]
$Zr_{0.7}Ti_{0.3}Mn_{0.4}V_{0.4}Ni_{1.2}$	384	77.9 (300mA/g)	98	[67]
$Ti_{0.9}Zr_{0.2}Mn_{1.5}Cr_{0.3}V_{0.3}$	48.6	—	—	[68]
$Zr(Mn_{0.25}V_{0.20}Ni_{0.55})_2$	342	75.1 (200mA/g)	100	[69]
$TiMn_{1.6}Ni_{0.4}$	615	89 (2000mA/g)	100	[70]

然而，AB_2 型合金目前还存在初期活化困难和高倍率放电性能较差等问题，尚有待进一步研究改进。从目前国内外的研究现状看，对 AB_2 型合金的研究工作主要集中在如下两个方面：①合金组成与相结构的进一步综合优化研究。AB_2 型合金具有多组元组成和多相

结构，且在较宽范围内波动并不改变其 Laves 相结构。因此，进一步通过元素替代或元素添加或改变 A 元素与 B 元素的化学计量比，使 C14 和 C15 型 Laves 相以及各种非 Laves 相的形成和丰度得到进一步优化，进一步揭示 C14 和 C15 型 Laves 相以及非 Laves 相的形成规律及其与合金组成的关系，揭示各种合金相结构及丰度对合金电极性能的影响规律，从而通过合金组成与相结构的综合优化使合金的综合性能进一步得到改善，进而在 MH-Ni 电池生产中得到广泛应用。②合金的表面改性处理研究。与 AB_5 型稀土合金相比，AB_2 型合金由于含 Ni 量较低和 Zr、Ti 易于生成致密的氧化膜，所以其表面的电催化活性、导电性、交换电流密度以及氢的扩散速度等均较低。只有进一步研究合金的表面组成和结构及其对合金电极性能的影响关系，寻求更简便、更有效的表面改性处理方法，才能使 AB_2 型 Laves 相的活化性能和高倍率放电性能得到显著改善[56,71]。

5.3.4 AB_5 型储氢合金

AB_5 型合金是研究开发较早的一类储氢合金，具有 $CaCu_5$ 型晶体结构，典型代表为 $LaNi_5$ 合金。AB_5 型合金易活化、吸放氢动力学性能好。人们通过采用混合稀土代替纯镧和 B 侧多元合金化的方法制备的 $Mm(NiMnAlCo)_5$ 和 $Ml(NiMnAlCo)_5$ 等合金已成为我国和日本 MH-Ni 电池产业中的主干电极材料。合金粉的生产厂家也主要集中在这两个国家。研究人员在调整合金组分、生产工艺、表面改性和电极成型工艺方面进行了广泛的研究，以期提高合金电极的性能[72-74]。

近年来 AB_5 型混合稀土系储氢合金的研究热点及其进展主要有如下几个方面：采用低 Co 或无 Co 设计以降低原料成本；采用快速凝固制备技术获得非平衡组织，主要有气体雾化法和离心快淬法两大类；制备双相合金，通过具有良好的电催化活性的第二相的析出提高电极的倍率放电性能；通过表面修饰处理进一步提高合金电极的综合放电能力[75]。

5.3.4.1 AB_5 型储氢合金的晶体结构

AB_5 型储氢合金中研究最早的是 $LaNi_5$ 储氢合金，其具有典型的 $CaCu_5$ 结构，晶体结构如图 5-16 所示[76]。

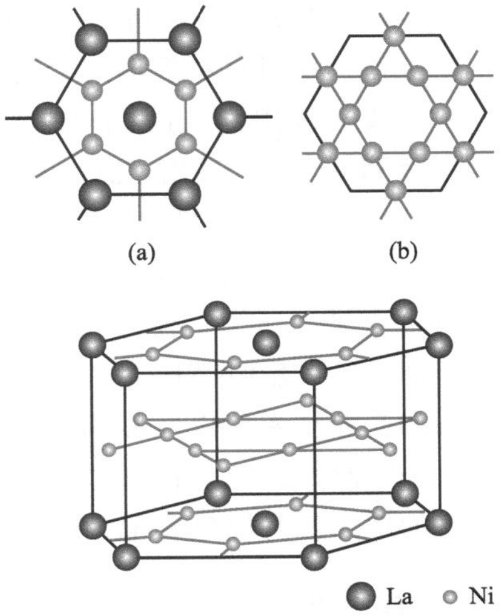

图 5-16 $LaNi_5$ 储氢合金的晶体结构示意图

5.3.4.2 AB_5 型储氢合金的组成与物相结构特征

通常通过调节化学计量比来改变合金的某些性质（如组织结构、相组成、平衡氢压、放电容量、活化性能、循环寿命及高倍率放电性能等）。所谓的非化学计量比方法就是通过调整 A、B 两端元素的含量使得合金偏离 AB_5 型结构，同时合金中有第二相生成。这是因为，当合金中 Ni 含量过少或过多时，其不在 La-Ni 相图中 $LaNi_5$ 存在的均相区域，从而合金中发生了偏析现象，进而产生了第二相。A 侧过量也即欠计量比时，合金中有稀土化合物形成且合金电极放电容量较高；B 侧过量也即过计量比时，一般还可以得到自由的 Ni 相，弥散分布在基体上的适量 Ni 有助于吸附和解析氢，改善电催化性能和循环寿命。无论是过化学计量比还是欠化学计量比均可使高倍率放电性能得到提高，这是因为在非计量比合金中除了 $CaCu_5$ 型结构的主相外，过计量比合金中还生成 $AlNi_3$ 型的第二相，而在欠计量比的合金中则是 Ce_2Ni_7 型的第二相。由于 $AlNi_3$ 相与 Ce_2Ni_7 相相比具有较高的催化活性，因此认为过化学计量比较欠计量比有较好的高倍率放电性能[77,78]。同时，过化学计量比合金有较优的循环寿命，然而，欠化学计量比合金有比过计量比合金高的放电容量。从综合性能考虑，AB_x 型合金中 x 的最佳范围在 $5.2 \leqslant x \leqslant 5.5$[79]。

在两相合金中一般主相起到储氢的作用，而第二相也就是辅相起到电催化作用。这类合金的综合电化学性能往往要比单一结构的合金好，并且第二相的性质（如成分、大小、数量、形态和分布）对整个合金的组织结构、平衡氢压、电化学性能（如放电容量、活化性能及高倍率放电性能、循环寿命）等都将产生一定的影响。目前主要有非化学计量比、添加难熔的金属元素和复合处理 3 种方法使合金中产生第二相。

5.3.4.3 AB_5 型储氢合金的气-固储氢性能

AB_5 型储氢合金的显著优势是易活化、平台压力适中而平坦、滞后小，很适合于室温下应用，目前已在氢气的储存、分离、提纯、压缩、热泵以及 Ni-MH 电池等技术上均有应用。$LaNi_5$ 是稀土系储氢合金的典型代表。其最引人注目的优点是活化容易，平衡压力适中（25℃时为 2.0265MPa）而平坦，滞后小以及良好的动力学和抗杂质气体中毒特性，吸氢量为 1.4%，很适合于室温储氢。但其最大的缺点是容易粉化，循环稳定性不好，大规模应用受到限制，而且也不能满足氢化物工程开发对材料提出的不同要求，因此发展了稀土系多元合金。在合金多元化的研究过程中发现：采用富 La 混合稀土取代纯 La 可以提高合金的平台氢压，进而改善合金放氢的动力学性能[80]；采用 Ca 取代稀土元素则有利于提高合金的活化性能；采用 Co 部分取代 Ni 可以降低合金在吸放氢过程中的体积膨胀率，减少合金的粉化，延长合金的使用寿命[81]；Mn 是调整合金吸氢平台压力的有效元素，还能降低滞后（见图 5-17）[82]；而 Al 能有效地降低氢平衡压力，使氢化物稳定性提高[83]。除了元素取代以外，对合金进行不同方式的后处理也可以影响 AB_5 型合金的储氢性能。对 AB_5 型合金进行高能球磨处理后，高能球磨导致的晶粒纳米化以及晶格畸变增大使合金的储氢容量减少，并使合金 PCT 曲线上吸/脱氢压力平台倾斜。除晶粒尺寸外，晶格畸变对纳米储氢合金的储氢性能有明显的影响，随晶格畸变的增大，其储氢容量有减小的趋势。

5.3.4.4 AB_5 型储氢合金的电化学储氢性能

稀土系 AB_5 型储氢合金已经在 Ni-MH 电池中产业化。$LaNi_5$ 的性能不足以满足商业应

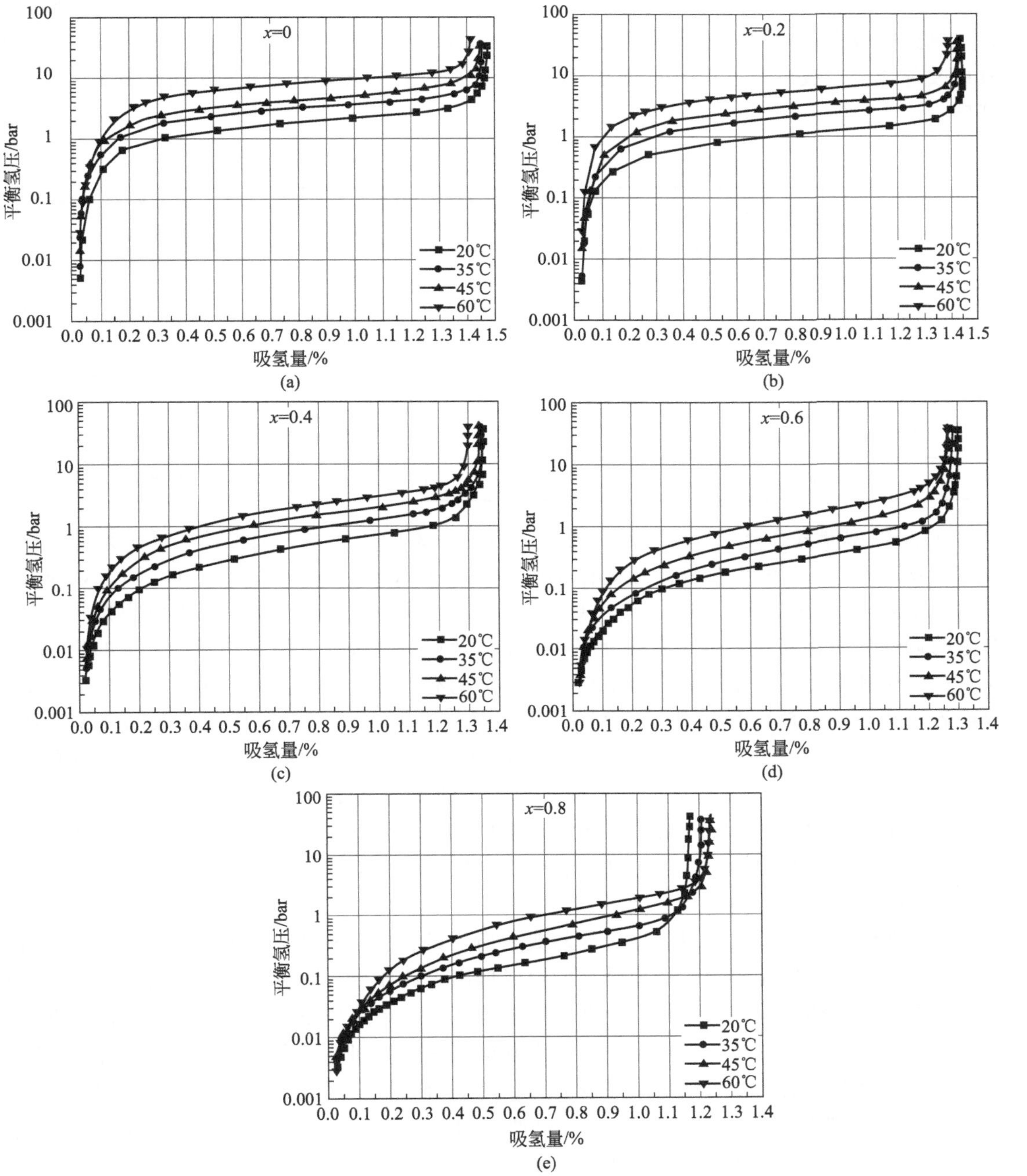

图 5-17 $La_{0.78}Ce_{0.22}Ni_{4.40-x}Co_{0.60}Mn_x$（x= 0~0.8）合金的 PCT 曲线[82]

用，因此人们从多方面对 $LaNi_5$ 的性能进行了改进。主要的改进方法包括元素取代、热处理、表面处理等，其中元素取代研究较多。一些有代表性的 AB_5 型储氢合金的电化学性能列于表 5-4 中。研究结果表明，Ce 元素的加入尽管可以明显地改善合金电极的循环寿命，降低氢化物稳定性，提高氢原子在氢化物中的扩散速度，进而改善合金动力学性能，然而却降低了最大放电容量；适当含量的 Pr 对提高容量有利，也可改善合金的循环稳定性；尽管 Nd 元素对储氢合金的放电电压有一定的好处，但对于小电流放电容量、高倍率性能和循环稳定性都是不利的[84]。混合稀土 Mm（La、Ce、Pr、Nd）取代 $LaNi_5$ 中的 La 是 A 侧目前替代研究中较为成功的方法。采用此方法可以降低合金的成本是一方面，另一方面是可以有效地改善合金在吸放氢过程中的动力学性能，这都为稀土系储氢合金的实用化奠定了坚实的基础。

表5-4　一些代表性 AB_5 型储氢合金的电化学性能

合金组成	最大放电容量 C_{max}（mA·h/g）	高倍率放电性能 HRD/%	循环稳定性 S_N (N,循环周数)/%	参考文献
$La_{0.78}Ce_{0.22}Ni_{3.73}Mn_{0.30}Al_{0.17}Co_{0.8}$	333	77.1(600mA/g)	77.1(150)	[85]
$La_{0.35}Ce_{0.65}Ni_{3.54}Co_{0.55}Mn_{0.35}Al_{0.32}Mo_{0.25}$	320	51(1500mA/g)	86.1(100)	[86]
$MmNi_{3.7}Co_{0.7}Mn_{0.3}Al_{0.3}$	318	52.9(1500mA/g)	90.1(50)	[87]
$La_{0.7}Mg_{0.3}Al_{0.3}Mn_{0.4}Sn_{0.5}Ni_{3.8}$	239.8	25.7(1400mA/g)	78(100)	[88]
$La_{0.7}Mg_{0.3}Al_{0.3}Mn_{0.4}Cu_{0.5}Ni_{3.8}$	305.2	80.6(1400mA/g)	81.8(100)	[88]
$LaNi_{3.55}Mn_{0.4}Al_{0.3}Fe_{0.75}$	250	—	95(20)	[81]

在 AB_5 型储氢合金的研究过程中通过对 B 侧元素的研究，大大推动了稀土系储氢合金的产业化进程。B 侧的主要替代元素有 Mn、Al、Fe、Co、Cu、Cr、Ga、Ge 和 Si，研究较多的是 Co、Al、Mn、Cu、Fe、Si 和 Cr。Co 元素主要通过降低吸氢后晶胞体积膨胀、增加合金的韧性、防止其他合金元素的分解和溶出以及保持合金成分稳定来降低合金的粉化、延长合金的循环寿命。它是提高合金电极循环寿命的有效元素，但其对合金的活化性能、最大放电容量和高倍率放电性能却是不利的。Mn 是一种调整平衡氢压特别有效的元素，适量 Mn 的加入可改善合金的最大放电容量和高倍率放电性能，但过量的 Mn 将引起容量和循环寿命的下降。Al 元素能有效降低氢平衡压力，也即提高氢化物稳定性，同时也可减小合金的吸氢膨胀及粉化速率，从而提高合金在碱液中的耐蚀性，达到延长合金循环寿命的目的。但 Al 的加入将导致储氢电极容量和高倍率放电性能降低。除以上元素以外，Cu、Fe、Si、Mo 等元素也有较多的研究[89]。

合金在经过熔炼、浇铸以后即可冷却成为所需的铸锭，然而，往往因为冷却时间较长，合金中的某些组分优先析出，造成合金的组成偏离设计成分，对合金的吸放氢性能产生不利影响。人们采用热处理办法来提高合金的吸放氢性能。热处理是在真空高温炉中，在真空或氩气气氛下将大块铸锭合金加热至一定温度并恒温一段时间，使合金均质化。对合金进行热处理的主要目的是消除微观结构中的内应力、抑制合金组分的偏析，使合金内部更加均匀，从而改善 PCT 曲线的平台特性，使平台更加平坦，并提高合金的储氢量，延长循环寿命。热处理可以有效地改善储氢合金吸放氢性能。

合金表面特性的好坏直接影响储氢合金电极的性能。在基本不改变储氢合金整体性质的条件下，通过改变合金的表面形貌，改善合金的动力学性质，从而使得合金的潜在性能可以呈现出来。合金表面处理的方法有化学处理、化学镀覆、电化学镀覆、机械合金化处理等。

5.3.5 BCC 型储氢合金

V 基固溶体合金为体心立方（BCC）结构，具有多个 H 原子可以占据的四面体空位，因此，具有较高的理论储氢量。V 基固溶体合金吸氢后可生成 VH 和 VH_2 两种氢化物，具有储氢量大（按 VH_2 计算理论容量可达 1052mA・h/g）的特点。尽管由于 VH 的热力学性质过于稳定而不能被利用，合金的放氢容量仅为其吸氢量的 50%左右，但 V 基合金的可逆储氢量仍高于 AB_5 和 AB_2 型合金[90]。但是由于 V 基固溶体本身在碱液中缺乏电极活性，不具备可充放电的能力，因而一直未作为 MH-Ni 电池的负极材料得到应用。

5.3.5.1 BCC 型储氢合金的组成与物相结构特征

V 基固溶体合金为典型的体心立方结构，可以在气-固储氢的过程中表现出很高的储氢容量，然而在电化学应用中却由于本体结构不具有电催化活性而难以实现应用。为了使其本征储氢量得到最大的发挥，获得高容量的电极材料，一些研究通过添加元素等方式获得了具有两相甚至多相结构的储氢合金，主要研究工作有：在 V 基固溶体的晶界上析出电催化活性良好的 TiNi 等第二相后，可改善合金表面的电催化活性；在 V 基固溶体三元合金中添加 Zr 和 Hf 等元素，合金中出现六方结构的 C14 型 Laves 相（第二相），可使合金的循环稳定性及高倍率性能得到明显提高[91]。

5.3.5.2 BCC 型储氢合金的气-固储氢性能

金属 V 的理论储氢量达到 3.8%，但 VH 氢化物中的 H 难以在常温常压条件下释放，仅 VH_2 氢化物中的氢在此条件下释放，因此目前直接利用的仅为 1.9%；V 基固溶体储氢合金存在着与金属 V 类似的储存的氢难以完全释放的问题，如 Ti-V-Fe-Cr 的吸氢量可以达到 2.8%，而放氢量仅有 1.5%[92]。尽管如此，很多 V 基固溶体合金的储氢量已经明显高于 AB_5 与 AB_2 型储氢合金[93]。BCC 固溶体对称性好，在吸、放氢过程中，容易产生位错，致使 V 基固溶体储氢合金较金属间化合物有明显的滞后现象。随着吸、放氢的进行，位错密度增加，晶格结构更加无序，可以降低循环滞后现象。Ti 与 V 能以任意比例形成固溶体，一般情况下具有较大的吸氢量，进行少量 Fe 掺杂后形成的 $Ti_{43.5}V_{49}Fe_{7.5}$ 和 $Ti_{46}V_{44}Fe_{10}$ 合金均为单一的 BCC 固溶体相。储氢性能测试表明，合金的动力学性能均很好，在室温和 4MPa 初始氢压条件下，无需氢化孕育期就能快速吸氢；经 4～5 次吸放氢循环即能活化；在 300℃和 0.1MPa 放氢终压条件下，合金的放氢量在 220.3～238.5mL/g 之间[94]。Cr 的掺杂对合金的相结构影响不十分明显，因为 Ti-V-Cr 三元体系可以在较大的范围内形成均一的固溶体。然而，Cr 的加入可以减小合金的晶格常数，提高合金的放氢平台氢压，这对提高合金的放氢量也是有一定帮助的。Mn 元素的加入可以改变 BCC 储氢合金的相结构，当 Mn 含量较少时可以很好地互溶形成三元固溶体相，而当 Mn 含量持续加大后，则会析出第二相。在 Ti-V-Mn 三元合金中增加 V 的量而减少 Mn 的量可以使得合金的放氢量增大，Ti-V-Mn合金的最大吸氢量可以达到 3.5%以上。随着 V 含量的增加，合金主相 BCC 相晶胞体积增大，从而导致合金 PCT 曲线平台压力降低，滞后效应也逐渐增大，但平台趋向于平缓[95]。为了析出第二相而改善合金的储氢性能，人们研究了多种取代元素的影响。Al 的加入则能显著改变合金的相结构，如在 Ti-V-Cr 三元体系中加入 8%（原子分数）的 Al 即可形成偏析相，从而显著改变合金的储氢性能[96]。加入 Si 元素可以在 BCC 合金中形成 Laves 第二相，虽然使合金的容量稍有下降，但是 Laves 相具有催化活性和易碎的特点，可以显著地提高合金的活化性能与动力学性能[97]。四川大学开发的四元 V-Ti-Cr-Fe 合金体系可用价廉的 FeV80 中间合金制备，添加稀土元素后可以提高合金的活化性能，使得合金无需活化处理，室温下 6min 内吸氢量超过 3.6%（见图 5-18）[98]；截止压 0.01MPa 时，部分合金 25℃放氢量超过 2.5%，3℃吸氢、60℃放氢量超过 3.0%，是已见报道的含 Fe 的低成本钒钛基储氢合金中 0.01MPa 截止压下放氢量最高的。

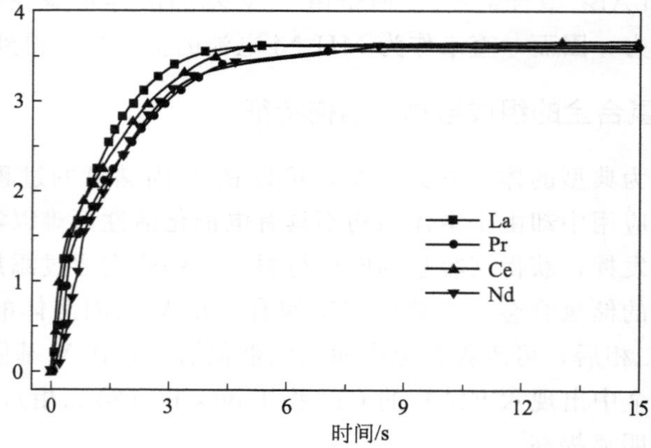

图 5-18 $(V_{55}Ti_{22.5}Cr_{16.1}Fe_{6.4})_{97}RE_3$ (RE= La, Ce, Pr 或 Nd) 合金的首次吸氢曲线[98]

除了元素取代种类和取代量改变合金的物相结构以外，快淬处理也可以使原本为两相的 BCC 固溶体储氢合金转变为单一的 BCC 相，同时合金的晶格常数随着快淬冷速的增加而增大。快淬作用能显著改善 Ti-28V-15Mn-10Cr 合金的吸放氢平台特性，从而导致合金放氢量的增加。然而，快淬处理也使得合金的放氢平台压下降以及活化性能变差。

5.3.5.3 BCC 型储氢合金的电化学储氢性能

如前所述，V 基固溶体储氢合金本身不具备电催化活性，表现出的电化学容量很低，然而近年来 Laves 相第二相的引入虽然在一定程度上降低了合金的整体储氢容量，但是催化作用下合金的放电容量得到了整体的提升。向 V 基固溶体储氢合金中加入 Ti、Ni 后，可以在晶界析出 TiNi 第二相，第二相以网络形式分布于晶界处（如图 5-19 所示），为氢的进出过程提供了途径[99]；而进一步向 Ti-V-Ni 三元合金中加入 Zr、Hf 等金属可以形成六方型的 C14Laves 相，改善合金电极的大电流放电能力；若在 Ti-V-Ni 合金的基础上以 Mn 部分取代 Ni 则可以提高合金电极的放电容量至 440mA・h/g。稀土元素（Ce、Dy）等的加入可以在 V 基固溶体储氢合金中引入催化活性更高的第二相，可以显著地提高合金的放电容量，并降低合金电极过程的电荷转移电阻[100]。

5.3.6 La-Mg-Ni 系超晶格储氢合金

在金属（合金）储氢材料中，AB_5 型稀土系合金的动力学性能很好，但理论储氢容量相对较低；AB_2 型 Laves 相合金的理论储氢容量高，但动力学性能相对较差；La-Mg-Ni 系超晶格储氢合金可看作是由 $2/3AB_2$ 结构和 $1/3AB_5$ 结构沿 c 轴堆垛组成的，弥补了 AB_2 和 AB_5 型合金的缺点，从而引起了人们的广泛关注。近年来，国内外关于稀土-镁-镍系储氢合金的研究也十分活跃，而且主要集中在合金的多相结构与电化学性能方面。国内浙江大学、兰州理工大学、华南理工大学、南开大学、燕山大学等多家单位都围绕稀土-镁-镍系储氢合金的储氢性能与电化学性能的改进开展了大量的工作[101-104]。

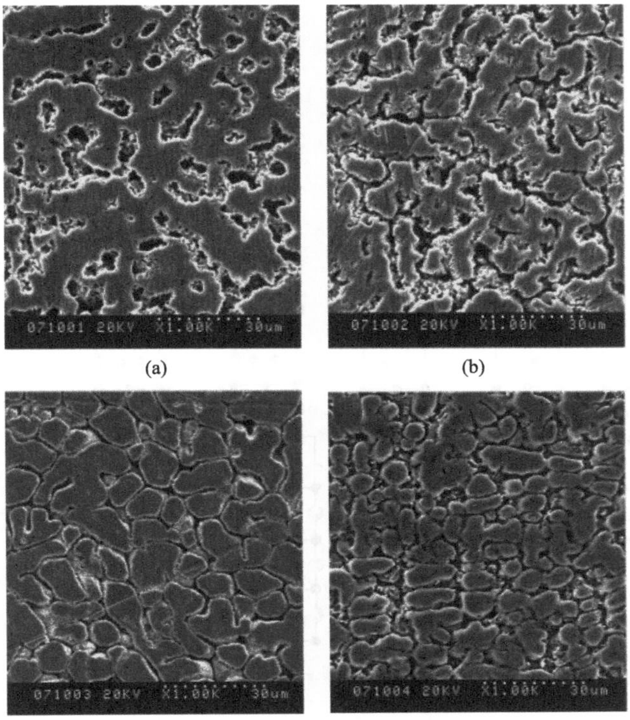

(a) (b) (c) (d)

图 5-19 $Ti_{0.25}V_{0.35}Cr_{0.40-x}Ni_x$ 合金的扫描电镜图像[99]

5.3.6.1 La-Mg-Ni 系超晶格储氢合金的晶体结构

如上所述 La-Mg-Ni 系超晶格储氢合金具有堆垛结构，典型代表如图 5-20 所示。图中 n 为［AB_5］亚单元与［A_2B_4］亚单元的比例。

AB_3 型结构可以表示为 $A_2B_4+AB_5 \longrightarrow A_3B_9 \longrightarrow 3AB_3 \quad (n=1)$ (5-7)

A_2B_7 型结构可表示为 $A_2B_4+2AB_5 \longrightarrow A_4B_{14} \longrightarrow 2A_2B_7 \quad (n=2)$ (5-8)

A_5B_{19} 型结构可表示为 $A_2B_4+3AB_5 \longrightarrow A_5B_{19} \quad (n=3)$ (5-9)

由于 Laves 相合金结构根据价电子浓度的不同可分为 $MgZn_2$ 型（C14）和 $MgCu_2$ 型（C15），因而 RE-Mg-Ni 系合金每种类型超晶格结构也可分为两种：当［A_2B_4］亚单元为 $MgZn_2$ 型结构时形成的超晶格结构为 $P63/mmc$ 空间群结构（2H 型）；而为 $MgCu_2$ 型结构时形成的超晶格为 R-3m 空间群结构（3R 型）。即每种超晶格合金均有 2H 和 3R 两种类型：AB_3 型合金分为 $CeNi_3$ 型（2H 型）和 $PuNi_3$ 型（3R 型）；A_2B_7 型合金分为 Ce_2Ni_7 型（2H 型）和 Gd_2Co_7 型（3R 型）；A_5B_{19} 型合金分为 Pr_5Co_{19} 型（2H 型）和 Ce_5Co_{19} 型（3R 型），如图 5-20 所示。

5.3.6.2 La-Mg-Ni 系超晶格储氢合金的组成与物相结构特征

此类合金虽然均具有［$LaNi_5$］与［(La,Mg)Ni_4］沿 c 轴方向堆垛而成的结构，但是根据化学组成与热处理条件的不同而出现不同的堆垛比例，从而形成不同的物相。一般来说可能存在的物相结构有 Ce_5Co_{19} 型、Pr_5Co_{19} 型、Gd_2Co_7 型、Ce_2Ni_7 型、$PuNi_3$ 型、$CeNi_3$

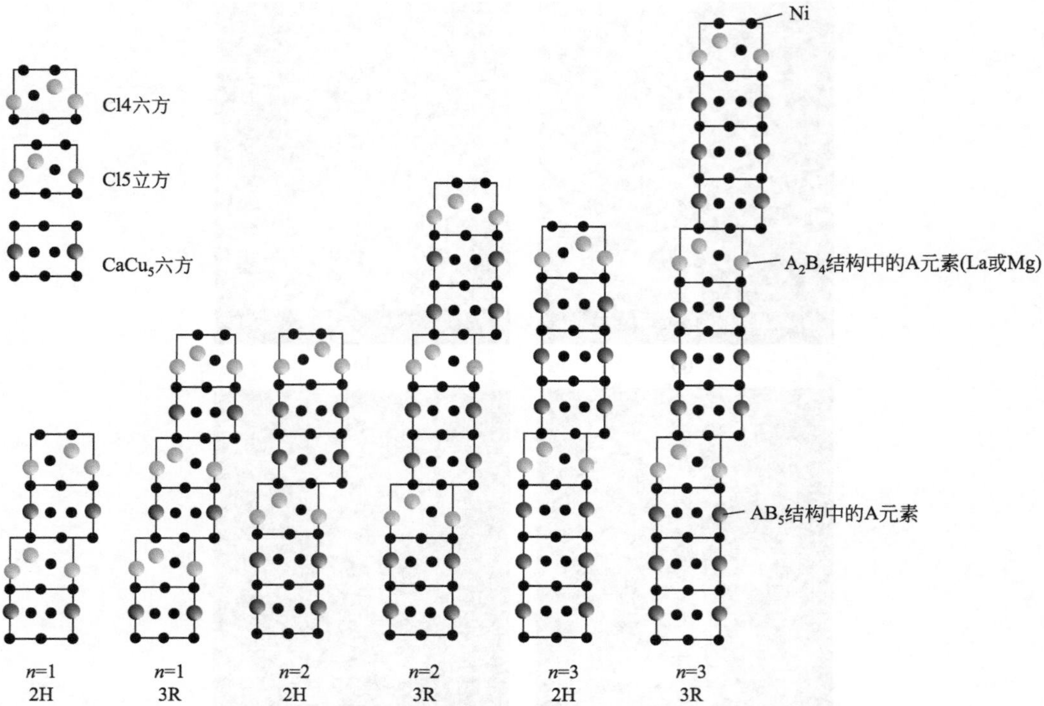

图 5-20 La-Mg-Ni 系超晶格储氢合金的结构示意图

型、$CaCu_5$ 型等，这些物相在一定条件下会出现共存与相互转变。

在二元 RE-TM 合金中，除 Ce 以外的稀土元素均有利于 $PuNi_3$ 型结构的形成；而当稀土元素采用 Ce 时，合金的结构则转变为 $CeNi_3$ 型。关于 B 侧元素的研究表明，当使用 Co 和 Mn 部分取代时，$PuNi_3$ 相保持不变，而 Al 部分取代则会使合金结构向 Ce_2Ni_7 型转变。A_2B_7 型结构一般分为 Ce_2Ni_7 和 Gd_2Co_7 两种晶体结构，原子半径较大的稀土元素（La，Ce，Pr）有利于前者的生成，而当使用原子半径较小的稀土元素时，物相结构则以后者为主[103]。

5.3.6.3 La-Mg-Ni 系超晶格储氢合金的气-固储氢性能

超晶格 RE-Mg-Ni 系储氢合金的研究始于 $PuNi_3$ 型合金。1997 年，Kadir 等[105]对合成的 $PuNi_3$ 型 RMg_2Ni_9（R＝La，Ce，Pr，Nd，Sm 和 Gd）合金的储氢性能进行了研究，发现合金吸/放氢性能取决于合金的元素组成，其中，$LaMg_2Ni_9$ 合金在 30℃吸氢量仅约为 0.33%（约 0.2H/M），平台压力为 2atm。但是与 $LaNi_3$ 合金相比，合金吸氢后没有发生非晶化现象。这表明合金结构的稳定性明显增强，吸/放氢可逆性也显著提高。其中 $CaMg_2Ni_9$ 合金在 273K 下的可逆储氢量可达到 1.48%，使用 Y 部分取代 Ca 和 Ca 部分取代 Mg 之后的（$Y_{0.5}Ca_{0.5}$)(MgCa) Ni_9 合金在 263K 下的可逆储氢量即可以达到 2%。Hayakawa 等[106]认为这是加入 Mg 以后消除 AB_5 子单元与 A_2B_4 子单元之间不匹配性的结果。而这类具有 RMg_2Ni_9 型结构的储氢合金也因为储氢量高等优点而开始受到重视。此外，Xin 等用 Ca 分别替代 La 和 Mg 时，($La_{0.65}Ca_{0.35}$)($Mg_{1.32}Ca_{0.68}$) Ni_9 合金的吸氢量显著增加，可达到 1.87%，并且该合金具有良好的循环稳定性，经过 2000 次吸放氢循环后，合金的储氢量仍然可以达到1.61%[107]。除了储氢量以外，吸放氢平台压力也是评价合金性能的重要参数，在La-Mg-Ca-Ni合金中加入Y元素则可以比较方便地调节合金的吸放氢平台压力[108]。

5.3.6.4 La-Mg-Ni系超晶格储氢合金的电化学储氢性能

超晶格La-Mg-Ni系储氢合金的电化学性能与合金的结构密切相关，而合金化学计量比、元素组成和La与Mg比例是影响合金结构的重要因素。Pan等[109]研究了超晶格储氢合金中化学计量比变化对合金相结构和电化学性能的影响，发现在La-Mg-Ni-Co合金中，合金主相$LaNi_5$相和$(La,Mg)Ni_3$相的相对含量随着x的增加发生明显变化，从而影响合金的电化学性能。其中$La_{0.7}Mg_{0.3}(Ni_{0.85}Co_{0.15})_{3.5}$合金最大放电容量达到396mA·h/g，并具有良好的综合电化学性能。Zhang等[110]通过使用Ce部分取代La降低了合金在吸放氢过程中的晶胞体积膨胀/收缩率，增强了其抗腐蚀能力，从而使合金的寿命得到了显著延长。目前关于B侧元素的取代研究较多，主要集中在Al、Co、Mn、Fe、Cu、Si、B和Cr等元素，而研究较为系统并广泛使用的为Al、Co和Mn元素，并且成为不可或缺的B侧元素。另外，研究发现Mg在合金中具有重要作用，由于Mg原子半径小，只进入超晶格结构中的$[A_2B_4]$亚单元，Mg的加入消除了$[AB_5]$亚单元与$[A_2B_4]$亚单元之间的不匹配性，提高合金结构稳定性，使得合金体系吸/放氢性能得到明显的改善。表5-5中列出了一些典型超晶格储氢合金的电化学性能。

表5-5 一些代表性超晶格储氢合金的电化学性能

合金组成	最大放电容量 C_{max} /(mA·h/g)	高倍率放电性能 HRD/%	循环稳定性 $S_N(N)$ /%	参考文献
La_2MgNi_9	398	72.8(600mA/g)	60.6(100)	[111]
$La_{0.69}Mg_{0.31}Ni_{3.05}$	360	36.6(1440mA/g)	66.1(100)	[112]
$La_{0.6}Nd_{0.15}Mg_{0.25}Ni_{3.4}$	396	62.5(1200mA/g)	89.1(100)	[113]
$La_{0.75}Mg_{0.25}Ni_{3.05}Co_{0.2}Al_{0.05}Mo_{0.2}$	388.4	89.8(900mA/g)	—	[114]
$La_{0.75}Mg_{0.25}Ni_{3.3}Co_{0.5}$	313.3	—	89.4(50)	[115]
La_4MgNi_{19}	367	56(1200mA/g)	70.9(100)	[116]
$La_{0.78}Mg_{0.22}Ni_{3.67}Al_{0.10}$	393	44.5(1800mA/g)	81.4(200)	[117]

除了元素取代以外，热处理和表面处理也是提高La-Mg-Ni系超晶格合金电化学性能的有效后处理手段。对超晶格La-Mg-Ni系储氢合金进行退火处理可以使合金的晶粒长大，消除合金内部应力，调整合金相的相对含量，使合金组分更加均匀，明显提高合金电极的电化学放氢容量和循环稳定性。表面电化学反应在Ni-MH电池负极工作过程中起着至关重要的作用。储氢合金电极的电化学反应发生在气/固/液的三相界面，很大程度上取决于合金表面的特性。对超晶格La-Mg-Ni系储氢合金进行表面处理，使合金表面形成具有高催化活性的金属或合金层，有利于提高合金表面的电荷转移速率，加速电化学反应的进行，可以显著地提高合金电极的大电流放电能力[118,119]。

5.4 金属氢化物储氢应用前景

氢能是未来社会可持续发展的理想能源之一，然而其大规模应用受到氢制取、储运和应用三大关键技术的制约。金属氢化物固态储氢以其储能密度高、便于运输、安全性好等优点被认为是目前最有发展前景的储氢方式之一。除此以外，金属氢化物在高温蓄热技术、氢气分离提纯技术、太阳能制冷技术等研究领域也发挥着重要作用。因此根据各行业的不同需求，研制开发具有特定性能的金属氢化物材料将能够进一步推动能源领域相关行业的发展，为建立未来社会稳定可靠的能源体系提供保障。

参 考 文 献

[1] Varin R A, Czujko T, Wronski Z S. Nanomaterials for Solid State Hydrogen Storage [M]. Springer US, 2009.

[2] Züttel A. Hydrogen storage materials [M]. Univeristy of Birmingham: Royal society of chemistry industrial inorganic chemicals sectors, 2004.

[3] 柳福提，程晓洪，张淑华. MgH_2 的结构与热力学性质的第一性原理研究 [J]. 山东大学学报（理学版），2012，47：39-43，54.

[4] Bohmhammel K, Wolf U, Wolf G, et al. Thermodynamic optimization of the system magnesium-hydrogen [J]. Thermochim Acta, 1999, 337: 195-199.

[5] Cheng F Y, Tao Z L, Liang J, et al. Efficient hydrogen storage with the combination of lightweight Mg/MgH_2 and nanostructures [J]. Chem Comm, 2012, 48: 7334-7343.

[6] Aguey-Zinsou K F, Ares-Fernandez J R. Synthesis of colloidal magnesium: A near room temperature store for hydrogen [J]. Chem Mater, 2008, 20: 376-378.

[7] Ma M, Ouyang L, Liu J, et al. Air-stable hydrogen generation materials and enhanced hydrolysis performance of MgH_2-$LiNH_2$ composites [J]. J Power Source, 2017, 359: 427-434.

[8] Liu G, Wang Y, Qiu F, et al. Synthesis of porous Ni@rGO nanocomposite and its synergetic effect on hydrogen sorption properties of MgH_2 [J]. J Mater Chem, 2012, 22: 22542-22549.

[9] Cui J, Wang H, Liu J, et al. Remarkable enhancement in dehydrogenation of MgH_2 by a nano-coating of multi-valence Ti-based catalysts [J]. J Mater Chem A, 2013, 1: 5603-5611.

[10] 刘显坤，张旸，郑洲，等. 第一性原理研究 TiH_2 的结构和热力学性质 [J]. 中国科学：物理学 力学 天文学，2011，41：207-213.

[11] 梁国明，李荣，余世刚，等. 钒氢化物 VH_2 电子结构的量子化学研究 [J]. 重庆师范大学学报（自然科学版），2006，54-56，59.

[12] 谭玲生，汪继强. MH-Ni 电池的发展现状与展望 [J]. 电源技术，1997：33-36.

[13] García G N, Abriata J P, Sofo J O. Calculation of the electronic and structural properties of cubic Mg_2NiH_4 [J]. Phys Rev B, 1999, 59: 11746-11754.

[14] 蓝志强，肖潇，苏鑫，等. Al 掺杂对 Mg_2Ni 合金的电子结构及贮氢性能的影响 [J]. 物理化学学报，2012，28：1877-1884.

[15] Gasiorowski A, Iwasieczko W, Skoryna D, et al. Hydriding properties of nanocrystalline $Mg_{2-x}M_xNi$ alloys synthesized by mechanical alloying (M = Mn, Al) [J]. J Alloy Compds, 2004, 364: 283-288.

[16] 张健，周惦武，彭平，等. Cu 合金化 Mg_2Ni 氢化物能量与电子结构的赝势平面波计算 [J]. 稀有金属材料与工程，2008：1336-1341.

[17] Zhang Y, Zhao C, Yang T, et al. Comparative study of electrochemical performances of the as-melt $Mg_{20}Ni_{10-x}M_x$ (M=None, Cu, Co, Mn; $x=0$, 4) alloys applied to Ni/metal hydride (MH) battery [J]. J Alloy Compds, 2013, 555: 131-137.

[18] 陈玉安，唐体春，傅洁，等. Cu 的添加对 Mg_2Ni 合金储氢性能的影响 [J]. 功能材料，2007：952-954.

[19] Zhag Y H, Yang Z M, Yang T, et al. Highly improved electrochemical performances of the nanocrystalline and amorphous Mg_2Ni-type alloys by substituting Ni with M (M=Cu, Co, Mn) [J]. J Wuhan Univ Technol, 2017, 32: 685-694.

[20] Venkateswari A, Nithya C, Kumaran S. Electrochemical behaviour of $Mg_{67}Ni_{33-x}Nb_x$ ($x=0$, 1, 2 and 4) alloy synthesized by high energy ball milling [J]. Procedia Materials Science, 2014, 5: 679-687.

[21] 张羊换，张国芳，李霞，等. 快淬 Mg_2Ni 型合金的结构及贮氢动力学 [J]. 中南大学学报（自然科学版），2012：

2101-2107.
[22] 宋文杰，李金山，张铁邦，等. 添加Nd、Zn、Ti的Mg_2Ni基合金微观组织及氢化动力学（英文）[J]. 中国有色金属学报，2013：3677-3684.
[23] Zhang Y, Zhai T, Li B, et al. Highly improved gaseous hydrogen storage characteristics of the nanocrystalline and amorphous Nd-Cu-added Mg_2Ni-type alloys by melt spinning [J]. J Mater Sci Technol, 2014, 30: 1020-1026.
[24] Spassov T, Köster U. Thermal stability and hydriding properties of nanocrystalline melt-spun $Mg_{63}Ni_{30}Y_7$ alloy [J]. J Alloy Compds, 1998, 279: 279-286.
[25] Drenchev N, Spassov T, Bliznakov S. Influence of tin on the electrochemical and gas phase hydrogen sorption in $Mg_{2-x}Sn_xNi$ ($x=0$, 0. 1, 0. 3) [J]. J Alloy Compds, 2008, 450: 288-292.
[26] 陈玉安，苗鹤，徐幸梓. 储氢合金Mg_2Ni的制备及其储氢性能分析 [J]. 重庆大学学报（自然科学版），2005：39-41.
[27] Ebrahimi-Purkani A, Kashani-Bozorg S F. Nanocrystalline Mg_2Ni-based powders produced by high-energy ball milling and subsequent annealing [J]. J Alloy Compds, 2008, 456: 211-215.
[28] 柳东明，韦涛，李李泉. 氢化燃烧合成法制备Mg-Mg_2Ni储氢合金氢化物 [J]. 功能材料，2004，35：1941-1943.
[29] 李李泉. 储氢材料镁镍合金Mg_2NiH_4氢化燃烧合成反应机理 [J]. 粉末冶金技术，2002：329-333.
[30] Jiang C, Wang H, Chen X, et al. Grain refining effect of magnetic field on $Mg_2Ni_{0.8}Mn_{0.2}$ hydrogen storage alloys during rapid quenching [J]. Electrochim Acta, 2013, 112: 535-540.
[31] Park H R, Kwak Y J, Song M Y. Nucleation and growth behaviors of hydriding and dehydriding reactions of Mg_2Ni [J]. Mater Res Bull, 2018, 99: 23-28.
[32] Li N, Du Y, Feng Q P, et al. A novel type of battery-supercapacitor hybrid device with highly switchable dual performances based on a carbon skeleton/Mg_2Ni free-standing hydrogen storage electrode [J]. ACS Appl Mater Interf, 2017, 9: 44828-44838.
[33] Reilly J J, Wiswall R H. Formation and properties of iron titanium hydride [J]. Inorg Chem, 1974, 13: 77-112.
[34] Okada M, Kuriiwa T, Kamegawa A, et al. Role of intermetallics in hydrogen storage materials [J]. Mater Sci Eng A, 2002, 329: 305-312.
[35] 严义刚. V-Ti-Cr BCC型和Ti-Fe AB型贮氢合金的吸放氢特性研究 [D]. 成都：四川大学，2004.
[36] 尹杰，李谦，冷海燕. TiFe系储氢合金性能改善研究进展 [J]. 材料导报，2016，30：141-147.
[37] 向玉双. TiFe系合金储氢性能的研究 [D]. 中国科学院上海冶金研究所，中国科学院上海微系统与信息技术研究所，2001.
[38] Leng H, Yu Z, Yin J, et al. Effects of Ce on the hydrogen storage properties of $TiFe_{0.9}Mn_{0.1}$ alloy [J]. Int J Hydrogen Energy, 2017, 37 (14): 23731-23736.
[39] Nagai H, Kitagaki K, Shoji K. Microstructure and hydriding characteristics of FeTi alloys containing manganese [J]. J Less Comm Met, 1987, 134: 275-286.
[40] Oguro K, Osumi Y, Suzuki H, et al. Hydrogen storage properties of $TiFe_{1-x}Ni_yM_z$ alloys [J]. J Less Comm Met, 1983, 89: 275-279.
[41] 李龙文. Re-TiFe系合金的储氢性能研究 [D]. 包头：内蒙古科技大学，2016.
[42] Ali W, Hao Z, Li Z, et al. Effects of Cu and Y substitution on hydrogen storage performance of $TiFe_{0.86}Mn_{0.1}Y_{0.1-x}Cu_x$ [J]. Int J Hydrogen Energy, 2017, 42: 16620-16631.
[43] Yin J, Qian L I, Leng H. Advances in improvement of hydrogen storage properties of TiFe-based alloys [J]. Mater Rev, 2016.
[44] Davids M W, Lototskyy M, Nechaev A, et al. Surface modification of TiFe hydrogen storage alloy by metal-organic chemical vapour deposition of palladium [J]. Int J Hydrogen Energy, 2011, 36: 9743-9750.
[45] Zhang H, Wang A, Ding B, et al. Surface modification of TiFe alloy for hydrogen sorption [J]. Mater Technol, 1999, 9413: 94131I-94131I-94138.
[46] Abrashev B, Spassov T, Bliznakov S, et al. Microstructure and electrochemical hydriding/dehydriding properties of ball-milled TiFe-based alloys [J]. Int J Hydrogen Energy, 2010, 35: 6332-6337.
[47] Jankowska E, Jurczyk M. Electrochemical behaviour of high-energy ball-milled TiFe alloy [J]. J Alloy Compds, 2002, 346: L1-L3.

[48] Jankowska E, Jurczyk M. Electrochemical properties of sealed Ni-MH batteries using nanocrystalline TiFe-type anodes [J]. J Alloy Compds, 2004, 372: L9-L12.
[49] Shang H W, Zhang Y H, Li Y Q, et al. Investigation on gaseous and electrochemical hydrogen storage performances of as-cast and milled $Ti_{1.1}Fe_{0.9}Ni_{0.1}$ and $Ti_{1.09}Mg_{0.01}Fe_{0.9}Ni_{0.1}$ alloys [J]. Int J Hydrogen Energy, 2018, 43: 1691-1701.
[50] Hosni B, Fenineche N, Elkedim O, et al. Structural and electrochemical properties of TiFe alloys synthesized by ball milling for hydrogen storage [J]. J Solid State Electrochem, 2018, 22: 17-29.
[51] Young K, Ouchi T, Huang B, et al. The structure, hydrogen storage, and electrochemical properties of Fe-doped C14-predominating AB_2 metal hydride alloys [J]. Int J Hydrogen Energy, 2011, 36: 12296-12304.
[52] Young K, Wong D F, Nei J, et al. Electrochemical properties of hypo-stoichiometric Y-doped AB_2 metal hydride alloys at ultra-low temperature [J]. J Alloy Compds, 2015, 643: 17-27.
[53] Higuchi E, Toyoda E, Peng Li Z, et al. Effects of fluorination of AB_2-type alloys and of mixing with AB5-type alloys on the charge-discharge characteristics [J]. Electrochim Acta, 2001, 46: 1191-1194.
[54] Li Z P, Higuchi E, Liu B H, et al. Effects of fluorination temperature on surface structure and electrochemical properties of AB_2 electrode alloys [J]. Electrochim Acta, 2000, 45: 1773-1779.
[55] Zhang Q A, Lei Y Q, Yang X G, et al. Annealing treatment of AB_2-type hydrogen storage alloys: I. crystal structures [J]. J Alloy Compds, 1999, 292: 236-240.
[56] 张思方. 元素替代对 Zr 基 AB_2 型贮氢合金相结构与电化学性能的影响 [D]. 长沙：中南大学，2008.
[57] Ouyang L, Huang J, Wang H, et al. Progress of hydrogen storage alloys for Ni-MH rechargeable power batteries in electric vehicles: A review [J]. Materials Chemistry and Physics, 2017, 200: 164-178.
[58] Young K, Regmi R, Lawes G, et al. Effects of aluminum substitution in C14-rich multi-component alloys for Ni-MH battery application [J]. J Alloy Compds, 2010, 490: 282-292.
[59] Lee HH, Lee K Y, Lee J Y. The hydrogenation characteristics of Ti-Zr-V-Mn-Ni C14 type Laves phase alloys for metal hydride electrodes [J]. J Alloy Compds, 1997, 253-254: 601-604.
[60] Ulmer U, Dieterich M, Pohl A, et al. Study of the structural, thermodynamic and cyclic effects of vanadium and titanium substitution in laves-phase AB_2 hydrogen storage alloys [J]. Int J Hydrogen Energy, 2017, 42: 20103-20110.
[61] Chuang H J, Huang S S, Ma C Y, et al. Effect of annealing heat treatment on an atomized AB_2 hydrogen storage alloy [J]. J Alloy Compds, 1999, 285: 284-291.
[62] Taizhong H, Zhu W, Xuebin Y, et al. Hydrogen absorption-desorption behavior of zirconium-substituting Ti-Mn based hydrogen storage alloys [J]. Intermetallics, 2004, 12: 91-96.
[63] Bartscher W, Rebizant J, Haschke J M. Equilibria and thermodynamic properties of the $ThZr_2$-H system [J]. J Less Common Met, 1988, 136: 385-394.
[64] Koultoukis E D, Makridis S S, Pavlidou E, et al. Investigation of $ZrFe_2$-type materials for metal hydride hydrogen compressor systems by substituting Fe with Cr or V [J]. Int J Hydrogen Energy, 2014, 39: 21380-21385.
[65] Song X Y, Chen Y, Zhang Z, et al. Microstructure and electrochemical properties of Ti-containing AB_2 type hydrogen storage electrode alloy [J]. Int J Hydrogen Energy, 2000, 25: 649-656.
[66] Shu K, Zhang S, Lei Y, et al. Effect of Ti on the structure and electrochemical performance of Zr-based AB_2 alloys for nickel-metal rechargeable batteries [J]. J Alloy Compds, 2003, 349: 237-241.
[67] Zhang S K, Shu K Y, Lei Y Q, et al. Effect of solidification rate on the phase structure and electrochemical properties of alloy $Zr_{0.7}Ti_{0.3}(MnVNi)_2$ [J]. J Alloy Compds, 2003, 352: 158-162.
[68] Chu H, Zhang Y, Sun L, et al. Structure and electrochemical properties of composite electrodes synthesized by mechanical milling Ni-free $TiMn_2$-based alloy with La-based alloys [J]. J Alloy Compds, 2007, 446-447: 614-619.
[69] Zhang W K, Ma C A, Yang X G, et al. Influences of annealing heat treatment on phase structure and electrochemical properties of $Zr(MnVNi)_2$ hydrogen storage alloys [J]. J Alloy Compds, 1999, 293-295: 691-697.
[70] Ramya K, Rajalakshmi N, Sridhar P, et al. Effect of surface treatment on electrochemical properties of $TiMn_{1.6}Ni_{0.4}$ alloy in alkaline electrolyte [J]. J Power Source, 2002, 111: 335-344.
[71] 韩树民. MH/Ni 电池 AB_2 型合金及其复合合金负极材料的研究 [D]. 秦皇岛：燕山大学，2003.

[72] Srivastava S, Upadhyaya R K. Investigations of AB-type hydrogen storage materials with enhanced hydrogen storage capacity [J]. Int J Hydrogen Energy, 2011, 36: 7114-7121.

[73] Cuscueta D J, Melnichuk M, Peretti H A, et al. Magnesium influence in the electrochemical properties of La-Ni base alloy for Ni-MH batteries [J]. Int J Hydrogen Energy, 2008, 33: 3566-3570.

[74] Zhao X, Ding Y, Ma L, et al. Electrochemical properties of $MmNi_{0.75}Co_{0.4}Mn_{0.2}$ hydrogen storage alloy modified with nanocrystalline nickel [J]. Int J Hydrogen Energy, 2008, 33: 6727-6733.

[75] 廖彬. La-Mg-Ni 系 AB_3 型贮氢电极合金的相结构与电化学性能 [D]. 杭州：浙江大学，2004.

[76] 袁志庆. AB_5 型储氢合金及其氢化物的 X 射线衍射微结构研究 [D]. 杭州：浙江大学，2004.

[77] 宋佩维，马玉韩. 化学计量比对 AB_5 型贮氢合金相结构及电化学性能的影响 [J]. 稀土，2006: 48-52.

[78] 吴静然. AB_5 型过化学计量比合金 $La(NiMMn)_{5+x}$（Sn, Al, Cu）及 La-Mg-Ni 系 $PuNi_3$ 型合金的贮氢性能 [D]. 兰州：兰州理工大学，2004.

[79] 胡子龙. 贮氢材料 [M]. 北京：化学工业出版社，2002.

[80] Ye H, Xia B, Wu W, et al. Effect of rare earth composition on the high-rate capability and low-temperature capacity of AB_5-type hydrogen storage alloys [J]. J Power Source, 2002, 111: 145-151.

[81] Khaldi C, Mathlouthi H, Lamloumi J, et al. Electrochemical study of cobalt-free AB_5-type hydrogen storage alloys [J]. Int J Hydrogen Energy, 2004, 29: 307-311.

[82] Zhou W, Zhu D, Tang Z, et al. Improvement in low-temperature and instantaneous high-rate output performance of Al-free AB_5-type hydrogen storage alloy for negative electrode in Ni/MH battery: Effect of thermodynamic and kinetic regulation via partial Mn substituting [J]. J Power Source, 2017, 343: 11-21.

[83] Zhou W, Ma Z, Wu C, et al. The mechanism of suppressing capacity degradation of high-Al AB_5-type hydrogen storage alloys at 60 C [J]. Int J Hydrogen Energy, 2016, 41: 1801-1810.

[84] 徐津，吉力强，朱惜林. 元素替代在 AB_5 型储氢合金中应用的研究进展 [J]. 包钢科技，2014, 40: 42-47.

[85] Dongliang C, Chenglin Z, Zhewen M, et al. Improvement in high-temperature performance of Co-free high-Fe AB_5-type hydrogen storage alloys [J]. Int J Hydrogen Energy, 2012, 37: 12375-12383.

[86] Liu X, Feng H, Tian X, et al. Effects of additions on AB_5-type hydrogen storage alloy in MH-Ni battery application [J]. Int J Hydrogen Energy, 2009, 34: 7291-7295.

[87] Zhou W, Tang Z, Zhu D, et al. Low-temperature and instantaneous high-rate output performance of AB_5-type hydrogen storage alloy with duplex surface hot-alkali treatment [J]. J Alloy Compds, 2017, 692: 364-374.

[88] Casini J C S, Silva F M, Guo Z P, et al. Effects of substituting Cu for Sn on the microstructure and hydrogen absorption properties of Co-free AB_5 alloys [J]. Int J Hydrogen Energy, 2016, 41: 17022-17028.

[89] 张芙蓉，马立群，丁毅，等. AB_5 型储氢合金的研究进展 [J]. 材料导报，2007: 309-312.

[90] 严义刚，闫康平，陈云贵. 钒基固溶体型贮氢合金的研究进展 [J]. 稀有金属，2004: 738-743.

[91] 杭州明. V 基固溶体合金结构和电化学性能研究 [D]. 秦皇岛：燕山大学，2006.

[92] Mao Y, Yang S, Wu C, et al. Preparation of $(FeV_{80})_{48}Ti_{26+x}Cr_{26}$ ($x=0\sim4$) alloys by the hydride sintering method and their hydrogen storage performance [J]. J Alloy Compds, 2017, 705: 533-538.

[93] 黄太仲，王建立，吴铸，等. 氢化 $TiCr_{1.8-x}V_x$ 合金的相组成及放氢性能研究 [J]. 稀有金属材料与工程，2009, 38: 50-53.

[94] 郑坊平，陈立新，刘剑，等. Ti-V-Fe 系储氢合金的相结构及吸放氢特性 [J]. 稀有金属材料与工程，2006: 395-398.

[95] 杜树立，王新华，陈立新，等. $Ti_{1.0}V_xMn_{2-x}$ ($x=0.6\sim1.6$) 合金的微结构和储氢性能 [J]. 稀有金属材料与工程，2006: 1285-1288.

[96] Kumar S, Singh P K, Kojima Y, et al. Cyclic hydrogen storage properties of VTiCrAl alloy [J]. Int J Hydrogen Energy, 2018, 43: 7096-7101.

[97] Yan Y, Chen Y, Liang H, et al. The effect of Si on $V_{30}Ti_{35}Cr_{25}Fe_{10}$ BCC hydrogen storage alloy [J]. J Alloy Compds, 2007, 441: 297-300.

[98] Wu C L, Yan Y G, Chen Y G, et al. Effect of rare earth (RE) elements on V-based hydrogen storage alloys [J]. Int J Hydrogen Energy, 2088, 33: 93-97.

[99] Chai Y, Zhao M. Structure and electrochemical properties of $Ti_{0.25}V_{0.35}Cr_{0.40-x}Ni_x$ ($x=0.05\sim0.40$) solid solution

alloys [J]. Int J Hydrogen Energy, 2005, 30: 279-283.

[100] Qiao Y, Zhao M, Zhu X, et al. Microstructure and some dynamic performances of $Ti_{0.17}Zr_{0.08}V_{0.34}RE_{0.01}Cr_{0.1}Ni_{0.3}$ (RE=Ce, Dy) hydrogen storage electrode alloys [J]. Int J Hydrogen Energy, 2007, 32: 3427-3434.

[101] Chu H L, Qiu S J, Tian Q F, et al. Effect of ball-milling time on the electrochemical properties of La-Mg-Ni-based hydrogen storage composite alloys [J]. Int J Hydrogen Energy, 2007, 32: 4925-4932.

[102] Lim K L, Liu Y, Zhang Q A, et al. Cycle stability of La-Mg-Ni based hydrogen storage alloys in a gas-solid reaction [J]. Int J Hydrogen Energy, 2017, 42: 23737-23745.

[103] Liu J, Han S, Li Y, et al. Phase structures and electrochemical properties of La-Mg-Ni-based hydrogen storage alloys with superlattice structure [J]. Int J Hydrogen Energy, 2016, 41: 20261-20275.

[104] Miao H, Gao M, Li D, et al. Effects of boron addition on structural and electrochemical properties of La-Mg-Ni-Co system hydrogen storage electrode alloys [J]. Rare Metal Mat Eng, 2009, 38: 193-197.

[105] Kadir K, Sakai T, Uehara I. Synthesis and structure determination of a new series of hydrogen storage alloys; RMg_2Ni_9 (R=La, Ce, Pr, Nd, Sm and Gd) built from $MgNi_2$ Laves-type layers alternating with AB_5 layers [J]. J Alloy Compds, 1997, 257: 115-121.

[106] Hayakawa H, Akiba E, Gotoh M, et al. Crystal structures of La-Mg-Ni_x (x=3~4) system hydrogen storage alloys [J]. Mater Trans, 2005, 46: 1393-1401.

[107] Xin G, Yuan H, Yang K, et al. Investigation of the capacity degradation mechanism of La-Mg-Ca-Ni AB_3-type alloy [J]. Int J Hydrogen Energy, 2016, 41: 21261-21267.

[108] Xin G B, Yuan H P, Yang K, et al. Promising hydrogen storage properties of cost-competitive La(Y)-Mg-Ca-Ni AB(3)-type alloys for stationary applications [J]. RSC Adv, 2016, 6: 21742-21748.

[109] Pan H, Liu Y, Gao M, et al. The structural and electrochemical properties of $La_{0.7}Mg_{0.3}(Ni_{0.85}Co_{0.15})_x$ (x=3.0~5.0) hydrogen storage alloys [J]. Int J Hydrogen Energy, 2003, 28: 1219-1228.

[110] Zhang X B, Sun D Z, Yin W Y, et al. Effect of La/Ce ratio on the structure and electrochemical characteristics of $La_{0.7-x}Ce_xMg_{0.3}Ni_{2.8}Co_{0.5}$ (x=0.1~0.5) hydrogen storage alloys [J]. Electrochim Acta, 2005, 50: 1957-1964.

[111] 廖彬，雷永泉，陈幼玲. La-Mg-Ni 系多元 AB_3 型贮氢电极合金研究进展 [J]. 云南大学学报（自然科学版），2005：613-620.

[112] Zhang J, Han S, Li Y, et al. Effects of $PuNi_3$- and Ce_2Ni_7-type phase abundance on electrochemical characteristics of La-Mg-Ni-based alloys [J]. J Alloy Compds, 2013, 581: 693-698.

[113] 马春萍. Ce_2Ni_7 型 La-Mg-Ni 基贮氢合金的相转变及电化学性能研究 [D]. 秦皇岛：燕山大学，2017.

[114] Yuan J, Li W, Wu Y. Hydrogen storage and low-temperature electrochemical performances of A_2B_7 type La-Mg-Ni-Co-Al-Mo alloys [J]. Prog Nat Sci, 2017, 27: 169-176.

[115] Tian X, Yun G, Wang H, et al. Preparation and electrochemical properties of La-Mg-Ni-based $La_{0.75}Mg_{0.25}Ni_{3.3}Co_{0.5}$ multiphase hydrogen storage alloy as negative material of Ni/MH battery [J]. Int J Hydrogen Energy, 2014, 39: 8474-8481.

[116] Fan Y, Zhang L, Xue C, et al. Phase structure and electrochemical hydrogen storage performance of $La_4MgNi_{18}M$ (M = Ni, Al, Cu and Co) alloys [J]. J Alloy Compds, 2017, 727: 398-409.

[117] Zhang L, Wang W, Rodríguez-Pérez I A, et al. A new AB_4-type single-phase superlattice compound for electrochemical hydrogen storage [J]. J Power Source, 2018, 401: 102-110.

[118] Li Y, Hou X, Wang C, et al. Improvement of electrochemical properties of NdMgNi-based hydrogen storage alloy electrodes by evaporation-polymerization coating of polyaniline [J]. Int J Hydrogen Energy, 2018, 43: 5104-5111.

[119] Li Y, Tao Y, Ke D, et al. Electrochemical kinetic performances of electroplating Co-Ni on La-Mg-Ni-based hydrogen storage alloys [J]. App Surf Sci, 2015, 357: 1714-1719.

第 6 章
复杂氢化物储氢

6.1 引言

复杂氢化物主要指 H 原子与第ⅢA 和ⅤA 族元素的 Al、B、N 原子以共价键结合形成带负电荷的阴离子，并与金属阳离子或正电荷基团平衡结合所形成的一类配位氢化物[1,2]。首次将复杂氢化物作为氢载体应用要追溯到第二次世界大战时期，即采用 $NaBH_4$ 水解来制造氢气，为高空气象热气球提供所需燃料。然而，作为固态储氢材料施以研究是最近 20 年才逐渐开展的[2-7]。

与金属氢化物相比，复杂氢化物具有较高的理论含氢量，是最有希望满足美国能源部对车载储氢材料的能量密度要求的一种固态储氢材料[5]。人们发现复杂氢化物放氢过程可通过水解或热解方式来实现[8]，但是其放氢产物却无法可逆重复再利用，直接导致氢的使用成本居高不下。因此，很长一段时间，无法将复杂氢化物作为储氢材料来应用。直到 20 世纪 90 年代，德国马普所的 Bogdanović等[9]发现 $NaAlH_4$ 掺杂少量含 Ti 催化剂，可在相对温和条件下实现放氢产物的逆向再吸氢，再次点燃了复杂氢化物作为储氢材料使用的希望，并极大地激发了人们的研究兴趣。

目前报道的复杂氢化物按照阴离子配体的种类可分成四类[1]：第一类是含有 $[AlH_4]^-$ 阴离子的铝氢化物，如 $LiAlH_4$、$NaAlH_4$、$Mg(AlH_4)_2$ 等；第二类是含有 $[BH_4]^-$ 阴离子的硼氢化物，如 $LiBH_4$、$NaBH_4$、KBH_4、$Mg(BH_4)_2$ 等；第三类是含有 $[NH_2]^-$ 阴离子的氮氢化物，如 $LiNH_2$、$NaNH_2$、$Mg(NH_2)_2$ 等；第四类是氨硼烷基氢化物，同样具有上述配位特性且有较高的含氢量，但其可逆储氢性能目前仍存在巨大技术挑战。因此，本章将以上述前三类复杂氢化物为阐述对象，详细探讨三大体系的合成、晶体结构、物化性质、可逆吸/放氢机制以及性能调控进展[10-16]，旨在明确存在的主要问题，并为今后的工作提供理论借鉴。

6.2 铝氢化物储氢材料

顾名思义，铝氢化物是四个 H 原子与一个 Al 原子以共价键构成 $[AlH_4]^-$ 阴离子四面体，再与金属阳离子以离子键配位形成的[3]，典型的化合物如表 6-1 所示。由于共价键与离子键的共存，属于强化学键，故铝氢化物普遍具有较高的热稳定性，如纯 $NaAlH_4$ 需加热到 220℃以上才缓慢放氢[1]。为了清晰比较，常见金属铝氢化物的理论含氢量、热稳定性和晶体结构如表 6-1 所示。

表6-1 常见金属铝氢化物及其晶体结构、热稳定性和理论含氢量[1,3,4]

金属铝氢化物种类	晶体结构	热分解温度/℃	理论含氢量（质量分数）/%
Li_3AlH_6	三方	228	11.2
$LiAlH_4$	单斜	187	10.6
$Mg(AlH_4)_2$	三方	130	9.3
$Ca(AlH_4)_2$	正交	80	7.9
$NaAlH_4$	四方	220	7.4
$CaAlH_5$	单斜	260	7.0
Na_3AlH_6	单斜	280	5.9
$KAlH_4$	正交	300	4.3

6.2.1 铝氢化物的合成与晶体结构

6.2.1.1 碱金属铝氢化物的合成

$LiAlH_4$ 和 $NaAlH_4$ 主要通过 Schlesinger 法来制备[17]，即利用 LiH 或 NaH 与 $AlBr_3$/$AlCl_3$ 在乙醚/二甲醚（Me_2O）中的反应生成，反应如式(6-1) 和式(6-2) 所示。待反应结束后滤除 LiCl/NaBr，再蒸除乙醚溶剂，得到 $LiAlH_4$ 和 $NaAlH_4$ 晶体。

$$4LiH+AlCl_3 \longrightarrow LiAlH_4+3LiCl \tag{6-1}$$

$$4NaH+AlBr_3 \longrightarrow NaAlH_4+3NaBr \tag{6-2}$$

还可以矿物油和四氢呋喃作溶剂，利用 NaH 和 $AlCl_3$ 反应制备 $NaAlH_4$[18]。但由于 NaH 不能溶于有机溶剂，故反应缓慢，且沉积在 NaH 表面的副产物 NaCl 也会阻碍反应的快速进行。国内南开大学的申泮文等[19]采用 $TiCl_4$ 为催化剂，将四氢呋喃溶剂中高分散的微细 NaH 与 $AlCl_3$ 反应生成 $NaAlH_4$，该方法的优点是可在常温下快速反应。

Ashby 等[20,21]以三乙基铝作为催化剂，在 140℃、35MPa 氢压下通过在四氢呋喃（THF）或烃类溶剂中，氢化单质 Na 和 Al 合成 $NaAlH_4$，产率可达 99%，反应如式(6-3) 所示：

$$Na+Al+2H_2 \xrightarrow{THF} NaAlH_4 \tag{6-3}$$

该方法的产率很高，但需要施加较高的氢压，安全性较差。利用干化学法也可制备 $NaAlH_4$。以 NaH 和 Al 为起始原料，在 2.5MPa 氢压下，球磨 50h 可制纯度达 95% 的 $NaAlH_4$[22]。

Li_3AlH_6 和 Na_3AlH_6 可分别通过 $LiAlH_4$ 和 $NaAlH_4$ 的热分解来制备，但产物中不可避免地产生大量副产物 Al。为此，将摩尔比为 2∶1 的 LiH（或 NaH）和 $LiAlH_4$（或 $NaAlH_4$）混合后，经高能球磨或高温高压可直接获得高纯 Li_3AlH_6 或 Na_3AlH_6[23-25]，反应如式(6-4) 所示：

$$LiAlH_4 + 2LiH \longrightarrow Li_3AlH_6 \tag{6-4}$$

Na_3AlH_6 还可以通过高温高压的纯金属元素直接加氢反应来合成[26]。如以甲苯为溶剂，在 165℃和 35MPa 氢压下合成了 Na_3AlH_6，反应如式(6-5) 所示：

$$3Na + Al + 3H_2 \longrightarrow Na_3AlH_6 \tag{6-5}$$

6.2.1.2 碱土金属铝氢化物的合成

$Mg(AlH_4)_2$ 同样是通过溶液反应或球磨法来制备。在乙醚溶液中，通过 $LiAlH_4$ 和 $MgBr_2$ 的置换反应制备出 $Mg(AlH_4)_2$[27,28]。为了降低成本，利用 $NaAlH_4$ 和 $MgCl_2$ 分别替代 $LiAlH_4$ 和 $MgBr_2$，反应如式(6-6) 所示[29]：

$$2NaAlH_4 + MgCl_2 \xrightarrow{Et_2O} Mg(AlH_4)_2Et_2O + 2NaCl \tag{6-6}$$

进一步采用球磨和有机溶液萃取相结合的方法来获得纯度较高的 $Mg(AlH_4)_2$。即通过球磨 $NaAlH_4$ 与 $MgCl_2$（摩尔比为 2：1）混合物得到 $Mg(AlH_4)_2$ 和 NaCl，通过索氏萃取法将上述溶于乙醚中的混合产物以 $Mg(AlH_4)_2$ 醚合物形式结晶析出，最后加热脱醚得到 $Mg(AlH_4)_2$[30]。但该方法很难实现完全脱醚，不适合制备高纯的 $Mg(AlH_4)_2$。

将 CaH_2 与 $AlCl_3$ 在四氢呋喃溶剂中反应制得 $Ca(AlH_4)_2 \cdot 2THF$，反应如式(6-7) 所示[24,31]。南开大学的申泮文等[32]采用 CaH_2 和 NaCl 混合物替代单一的 CaH_2 作为起始物，添加少量 $NaAlH_4$ 作为引发剂，与 $AlCl_3$ 反应生成了高纯的 $Ca(AlH_4)_2 \cdot 2THF$。

$$2THF + 4CaH_2 + 2AlCl_3 \longrightarrow Ca(AlH_4)_2 \cdot 2THF + 3CaCl_2 \tag{6-7}$$

此外，通过直接球磨一定摩尔比的 $LiAlH_4$ 和 $CaCl_2$ 混合物同样可以制备出 $Ca(AlH_4)_2$[33]。$CaAlH_5$ 则是通过在 0.3MPa 氢压下，直接球磨 AlH_3 和 CaH_2（摩尔比 1：1）混合物来制备的[34]。

6.2.1.3 常见铝氢化物的晶体结构

$LiAlH_4$ 属于单斜晶系，空间群为 $P2_1/c$，点阵常数为 $a=0.4831$nm，$b=0.7810$nm，$c=0.7892$nm，其晶体结构如图 6-1(a) 所示[35,36]，四个 Li 原子呈平行四边形构型，Al 与 H 构成四面体结构，该配位阴离子 $[AlH_4]^-$ 再与阳离子 Li^+ 结合形成稳定化合物。类似地，$NaAlH_4$ 也是由 $[AlH_4]^-$ 阴离子与 Na^+ 结合形成的，如图 6-1(b) 所示，其中 H 位于配位四面体的角上，Al 位于四面体中心，形成结构属于四方晶系[37,38]，空间群为 $I4_1/acd$，点阵常数为 $a=b=0.5020$nm，$c=1.1311$nm。

多阳离子铝氢化物的晶体结构与冰晶石（Na_3AlF_6）类似。如图 6-1（c）所示，Na_3AlH_6 是由一个 $[AlH_6]^{3-}$ 配位阴离子与三个 Na^+ 阳离子结合形成的稳定化合物，其中 $[AlH_6]^{3-}$ 基团为扭曲的八面体构型，属于单斜晶系，空间群为 $P2/m$，其点阵常数为：$a=b=0.5411$nm，$c=0.7762$nm[40]。Li_3AlH_6 的晶体结构属于三方晶系，空间群为 $R\bar{3}c$，点阵常数为 $a=b=0.807$nm，$c=0.951$nm[42]。

高价态阳离子铝氢化物多呈现复杂的晶体结构。如图 6-1(d) 所示，$Mg(AlH_4)_2$ 是由配位阴离子 $[AlH_4]^-$ 与 Mg^{2+} 结合形成的盐类化合物。$Mg(AlH_4)_2$ 属于三方晶系[41]，空间群为 $P\bar{3}m1$，点阵常数为 $a=b=0.5191$nm，$c=0.5853$nm。该结构与 CdI_2 相似，其中 Mg 原子占据 Cd 原子位置，$[AlH_4]^-$ 阴离子基团占据 I 原子位置。每个 Mg 原子与 6 个不同 $[AlH_4]^-$ 基团中的 H 原子相连，形成扭曲的 $[MgH_6]$ 八面体结构[43]。$Ca(AlH_4)_2$ 结

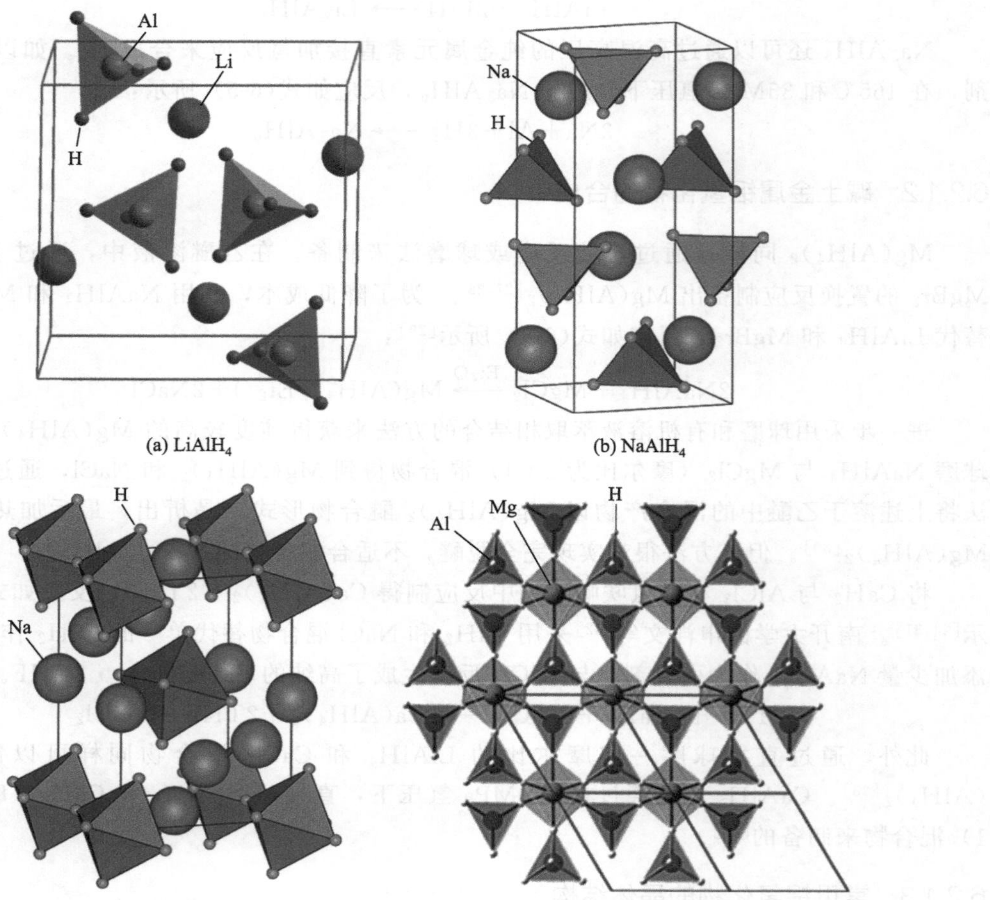

图 6-1 常见铝氢化物的晶胞示意图[35,39-41]

构属于正交晶系[1]，空间群为 *Pbca*，点阵常数为 $a=1.3451$nm，$b=0.9530$nm，$c=0.9020$nm。其晶体结构是由配位阴离子 $[AlH_4]^-$ 基团与碱土金属 Ca^{2+} 结合形成的，其中每个 Ca 原子与 8 个不同 $[AlH_4]^-$ 四面体中的 H 原子相连[44]。根据 Al—H 的键长，其 $[AlH_4]^-$ 四面体基团又分为两种：一种 Al—H 键的键长分别为 1.605Å、1.604Å、1.598Å 和 1.603Å；另一种 Al—H 键的键长分别为 1.619Å、1.621Å、1.639Å 和 1.603Å。新近报道的 $CaAlH_5$ 晶体结构是由配位阴离子 $[AlH_6]^{3-}$ 与 Ca^{2+} 金属阳离子结合形成的，其中 $[AlH_6]^{3-}$ 基团为扭曲的八面体，呈螺旋叠加构型。其属于单斜晶系，空间群为 $P2_1/c$[45]，点阵常数为 $a=0.9801$nm，$b=0.6900$nm，$c=1.2451$nm，$\beta=137.93°$。

6.2.2 铝氢化物的物化性质与吸/放氢机制

常见的铝氢化物如 $LiAlH_4$ 和 $NaAlH_4$，常温下为白色粉末，不溶于烃类、醚类，但易溶于乙醚、乙二醇二甲醚和四氢呋喃中。在室温和干燥空气中，能稳定存在，但对潮湿空气和含质子溶剂非常敏感，易发生剧烈反应并放出氢气。在真空环境下，铝氢化物会逐渐分解生成其组成单质元素。接下来我们详细介绍常见铝氢化物的吸放氢反应机制。

6.2.2.1 碱金属铝氢化物吸/放氢机制

常见的 $MAlH_4$（M＝Li，Na）是通过三步反应来实现放氢的，如 $LiAlH_4$ 的分解反应如式(6-8)～式(6-10) 所示[1,46]。第一步放氢时伴随着 $MAlH_4$(M＝Li，Na）的熔化，第二步为 M_3AlH_6 的分解放氢，而第三步 MH 的分解温度过高，实际应用的价值不大。一般情况下仅考虑前两步反应的吸/放氢性能。在真空加热条件下，$LiAlH_4$ 的三步反应的理论放氢量分别为 5.3％、2.65％和 2.65％，共计 10.6％；而 $NaAlH_4$ 的三步反应放氢量分别为 3.7％、1.85％和 1.85％，共计为 7.4％。

$$3LiAlH_4 \longrightarrow Li_3AlH_6 + 2Al + 3H_2 \tag{6-8}$$

$$Li_3AlH_6 \longrightarrow 3LiH + Al + \frac{3}{2}H_2 \tag{6-9}$$

$$LiH \longrightarrow Li + \frac{1}{2}H_2 \tag{6-10}$$

$MAlH_4$(M＝Li，Na）的吸放氢过程通常伴随着热焓的变化。如 $LiAlH_4$ 三步放氢反应分别为[46,47]：①在 187～218℃之间，生成中间相 Li_3AlH_6，焓变为－10kJ/mol H_2；②在 228～282℃之间，Li_3AlH_6 分解放氢，焓变为 25kJ/mol H_2；③在 370～483℃之间，LiH 的分解反应发生焓变为 140kJ/mol H_2。鉴于 $LiAlH_4$ 第一步反应生成 Li_3AlH_6 为放热反应，要实现其逆向反应，即 Li_3AlH_6 吸氢转化为 $LiAlH_4$，从热力学来看将异常困难。图 6-2 比较了 LiH-H_2、Li_3AlH_6-H_2 和 $LiAlH_4$-H_2 三体系与温度和氢压的平衡关系[48]。由图可得，在 25℃下通过吸氢反应实现 Li_3AlH_6 向 $LiAlH_4$ 的转变，需要施加氢压高达 100MPa 以上，这在一般情况下很难实现。实际中，Wang 等[49]也尝试了在 8MPa 和 125℃下对 $LiAlH_4$ 的分解产物再吸氢，却未能如愿。最近报道，借助铝氢化物与有机溶剂易形成络合物的策略，可显著降低逆向吸氢所需的苛刻条件。Liu 等[50,51]在四氢呋喃或甲醚溶液中，将 LiH、Al 和少量 Ti 掺杂剂搅拌形成胶体，再置于 20℃、1.3MPa 氢压下保温 15h，生成 $LiAlH_4$·THF(Me_2O) 络合物，从而实现温和条件下 $LiAlH_4$ 的可逆制备。

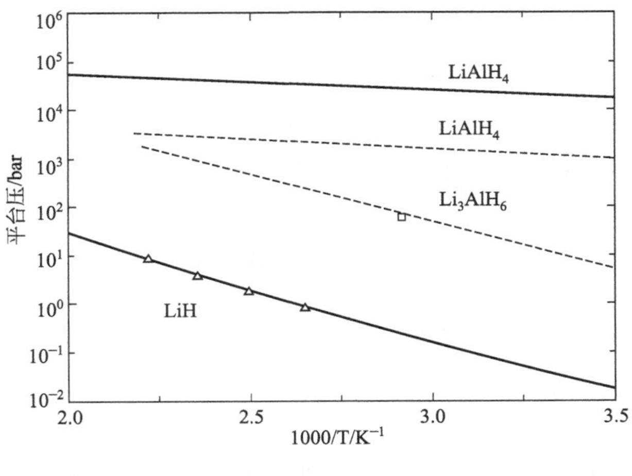

图 6-2 LiH、Li_3AlH_6 和 $LiAlH_4$ 与氢气压力、温度之间的平衡相图[48]

类似地，$NaAlH_4$ 的放氢反应分为四个吸/放热过程[52]：① $NaAlH_4$ 熔融，焓变为 23.2kJ/mol H_2；② $NaAlH_4$ 分解放氢，生成中间相 Na_3AlH_6，焓变为 12.8kJ/mol H_2；

③中间相 Na_3AlH_6 的相结构转变，相变焓为 1.8kJ/mol H_2；④Na_3AlH_6 放氢后生成 NaH，焓变为 13.8kJ/mol H_2。基于这些数据，可知由 $NaAlH_4$ 分解成 α-Na_3AlH_6 的焓变约为 36kJ/mol H_2；第二步由 α-Na_3AlH_6 分解生成 NaH 的焓变约为 46.8kJ/mol H_2。两步放氢焓变值均小于 50kJ/mol H_2。因此，$NaAlH_4$ 放氢过程的热力学条件相对温和，这也意味着其分解后产物的吸氢反应也将相对容易进行。

目前人们对于 $NaAlH_4$ 的放氢机理，尤其对第一步放氢生成 Na_3AlH_6 过程，存在较大争议。Kircher 等[53]认为 $NaAlH_4$ 的放氢反应受产物相的成核、生长等步骤的影响。进一步化学反应的过渡态理论认为[54]，反应物需要经过一个过渡态的“活化物”，由过渡态“活化物”向产物的转化才是决定整个反应的控速步骤。基于此，Dathar 等[55]进一步推测在 $NaAlH_4$ 的放氢过程中，Al_xH_y 团簇的生成与传输是关键环节。利用原位 X 射线衍射技术观测了 $NaAlH_4$ 的放氢过程，Gross 等[56,57]提出了全新的反应机理，如图 6-3 所示，首先在表面原子层中，每两个 AlH_4 单元中移出一个 AlH_3 分子，Al 原子迁移留下的空位由相邻 Na 原子填补，从而形成类似于 Na_3AlH_6 的局域结构。伴随这种由表及里的原子重构的持续发生，最终完成第一步放氢反应。Gunaydin 等[58]进一步通过理论计算，证实了 Al_xH_y 团簇在 $NaAlH_4$ 放氢过程中的作用，并指出 Al_xH_y 团簇的传输和放氢产物的成核生长共同成为 $NaAlH_4$ 放氢过程的控速步骤。

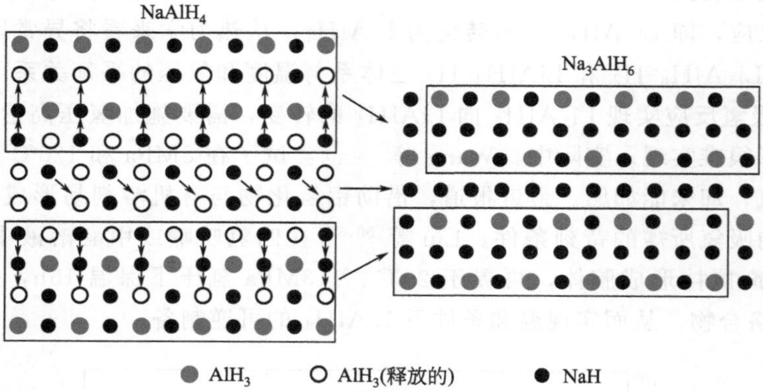

图 6-3　$NaAlH_4$ 转化生成 Na_3AlH_6 反应中 Al_xH_y 团簇的形成和传输示意图[56]

人们还利用有效碰撞理论来解释 $NaAlH_4$ 放氢中的一些动力学现象[59]，认为分子间的有效碰撞是发生反应的前提条件。通过有效碰撞获得能量，将反应物分子变成活化分子，但需要一定时间才能将能量传递到需要断键的部位从而形成这些活化分子。在分子碰撞与放氢反应发生之间有一定的时间间隔。该观点能很好地解释 $NaAlH_4$ 放氢时为什么出现孕育期现象。总体来说，$NaAlH_4$ 的放氢是一个复杂过程，涉及反应物浓度变化、产物的成核生长和物相扩散传输等因素，上述单一机理都不能完整地描述整个过程。

6.2.2.2　碱土金属铝氢化物吸/放氢机制

$Mg(AlH_4)_2$ 的放氢为两步反应[60-63]：首先在 135～163℃范围内，$Mg(AlH_4)_2$ 分解生成 MgH_2 和 Al，并释放 7.0%氢气；接着在 270～310℃范围内，MgH_2 再分解生成 Mg，并释放 2.3%的氢气。由于分解生成的 MgH_2 具有很高的活性，这里的 MgH_2 的分解温度明显低于普通 MgH_2 的分解温度（418℃）；进一步升高温度，单质 Mg 与第一步生成的单质

Al 发生固相反应，形成 Mg_2Al_3 化合物及其他 Mg-Al 固溶相[64]。

$$Mg(AlH_4)_2 \longrightarrow MgH_2 + 2Al + 3H_2 \quad (6\text{-}11)$$

$$3MgH_2 + 3Al \longrightarrow Mg_2Al_3 + Mg + 3H_2 \quad (6\text{-}12)$$

类似地，$Ca(AlH_4)_2$ 的放氢过程通过三步反应进行：首先，在 80～100℃内分解生成 $CaAlH_5$ 和 Al，并释放 2.85%氢气；其次，在 260～550℃，中间相 $CaAlH_5$ 分解生成 CaH_2 和 Al，并释放 2.85%氢气；最后，在高于 400℃时，CaH_2 与 Al 发生反应，释放 1.9%氢气。由于第三步放氢的温度过高，无实际应用价值。进一步热力学计算表明[65]，$Ca(AlH_4)_2$ 的第一步放氢反应焓变为−9kJ/mol H_2，强烈表明该步逆向吸氢反应将不易进行。与 $LiAlH_4$ 体系类似，$Ca(AlH_4)_2$ 分解后的吸氢过程也可通过形成复杂络合物的途径来实现[1]。第二步放氢反应的焓变为−31.6kJ/mol H_2，利用 van't Hoff 方程计算可得 20℃和 60℃时 $CaAlH_5$ 的平衡氢压分别为 0.84MPa 和 4MPa[66]。尽管第二步放氢反应热力学条件较为温和，逆向吸氢过程理论上是可行的，但其反应动力学能垒较高，$CaAlH_5$ 的实际吸/放氢条件同样苛刻。

6.2.3 催化掺杂铝氢化物

6.2.3.1 $LiAlH_4$ 掺杂催化体系

掺杂催化可显著改变 $LiAlH_4$ 的放氢性能。比如，与未掺杂体系相比，TiC 掺杂 $LiAlH_4$ 体系的初始放氢温度为 85℃，且在 115℃等温放氢速率提高了 7～8 倍[67]；第一步放氢的活化能从 81kJ/mol H_2 降至 59kJ/mol H_2，第二步从 108kJ/mol H_2 降至 70kJ/mol H_2。添加 $TiCl_3$ 使 $LiAlH_4$ 两步放氢反应活化能分别下降至 43kJ/mol H_2、55kJ/mol H_2，初始放氢温度从 165℃降低至 110℃[68]。Kojima 等[69]发现 $TiCl_3$ 和 $ZrCl_4$ 能够显著改善 $LiAlH_4$ 的放氢动力学，归因于 Ti 和 Zr 与 $LiAlH_4$ 形成氢化物相，削弱了 Al—H 键的结合强度。Varin 等[70]研究了高能球磨 $LiAlH_4$/nano-Ni 体系的放氢性能。该体系能在 120℃时 35min 内释放约 4.8%氢气，在 140℃时 120min 内释放约 7%氢气。Hudson 等[71]发现与纯 $LiAlH_4$ 相比，添加 8%（摩尔分数）纳米碳纤维复合体系的放氢温度从 159℃降低到 128℃，第一步放氢反应活化能从 107kJ/mol H_2 降低至 68kJ/mol H_2，充分说明非金属掺杂剂同样具有显著的催化效果。

目前关于 $LiAlH_4$ 的研究主要集中在放氢方面，并已实现了放氢温度的有效降低和放氢动力学性能的显著改善，但具体机制尚待进一步研究。在吸氢方面，通过直接加压吸氢，尚没有实现 $Li_3AlH_6 \longrightarrow LiAlH_4$ 转变。主要受到热力学势垒的限制，$LiAlH_4$ 体系放氢后的吸氢过程通常情况下只能进行至 Li_3AlH_6。借助有机溶剂与 $LiAlH_4$ 形成络合物的方法，可避免吸氢过程的热力学能垒问题。Liu 等[51]将分散在有机溶液（Me_2O）中的 $TiCl_3$ 掺杂到 LiH 和 Al 混合物中，在 10MPa 氢压下吸氢形成 $LiAlH_4 \cdot Me_2O$。

6.2.3.2 $NaAlH_4$ 掺杂催化体系

关于 $NaAlH_4$ 掺杂催化的研究工作开展得最早。按照掺杂剂种类可分为三大体系：第一是具有特殊电子结构的过渡/稀土金属及其化合物催化，主要包含 Ti、Zr、Ce 等金属及其卤化物或氧化物[72-81]；第二是具有特殊表面结构的非金属元素及化合物催化，包括 C、SiO_2 和 N 掺杂的石墨烯等[82-87]；第三是共掺杂催化，如 Zr-Ti、TiO_2/C、TiF_3/

SiO_2 等[1,88-91]。

（1）过渡/稀土金属化合物掺杂体系

这类掺杂剂主要包括两大类：一类是卤化物，如 $TiCl_3$、$ScCl_3$、$CeCl_3$ 和 $PrCl_3$ 等；另一类是稀土氧化物，如 La_2O_3、CeO_2、Sm_2O_3 和 Gd_2O_3 等。此外，还有诸如钛酸四丁酯［$Ti(O^nBu)_4$］的有机金属化合物。无论是卤化物、氧化物还是有机金属掺杂剂，催化活性主要来源于阳离子，阴离子基团仅起到辅助/促进金属活性团簇形成的作用[73]。理论计算表明，当阳离子的平均半径介于 Al^{3+} 和 Na^+ 之间，约为 0.76Å 时，催化活性最高。而 Ti^{3+} 和 Ce^{4+} 的离子半径最接近 0.76Å，这两种离子的催化效果最佳。故这里主要介绍 Ti 基和 Ce 基化合物对 $NaAlH_4$ 吸/放氢的催化改性及作用机制。

Ti 基掺杂剂经历了从含 Ti 的有机金属、卤化物/氧化物、单质 Ti 到纳米单质 Ti 的演变过程。Bogdanović等[92]首先发现钛酸四丁酯［$Ti(O^nBu)_4$］掺杂 $NaAlH_4$ 能在 160℃下放氢 3.5%～4%，同时还能在 170℃、15MPa 氢压下实现逆向吸氢。在吸/放氢过程中，$Ti(O^nBu)_4$ 会逐渐分解并释放杂质气体，降低氢气纯度。为避免这个问题，提出利用 $TiCl_3$ 和 TiF_3 等 Ti 基卤化物作为掺杂剂。实验证实，TiF_3 掺杂 $NaAlH_4$ 的初始放氢温度降低至 150℃，且无杂质气体的释放，可逆质量储氢密度达到 4.2%。该数值仍低于理论质量储氢密度 5.6%，可能归因于 TiF_3 中的 F^- 在吸/放氢过程中与 $NaAlH_4$ 中的 Na^+ 结合，形成不参与吸/放氢的 NaF。接着人们使用单质 Ti 来替代含 Ti 的卤化物，但单质 Ti 对吸/放氢性能的改善作用并不明显[93]。这两种掺杂剂行为差异的主要原因可能是单质 Ti 不能与 $NaAlH_4$ 发生化学反应，且 Ti 的塑性较好，仅依靠球磨过程无法实现其弥散分布。为此，直接采用纳米 Ti 来掺杂 $NaAlH_4$，发现纳米 Ti 掺杂 $NaAlH_4$ 体系可在 120℃开始放氢，最大放氢量接近 5.0%，且能在 35min 内完成吸氢过程，经 20 次吸/放氢循环后，储氢容量能保持在 4.2%左右[78]。

Kircher 等[94]比较了不同 Ti 基化合物掺杂 $NaAlH_4$ 的吸/放氢性能。如图 6-4 所示，掺杂后 $NaAlH_4$ 不仅放氢温度降低（150℃），而且放氢速率也明显加快。对可逆吸氢过程，Ti 基化合物也同样具有催化效果，尽管不同掺杂剂的催化能力有所差异。可以看出，经过三次吸/放氢循环后，三种 Ti 基掺杂剂对 $NaAlH_4$ 吸氢动力学性能的作用次序是 Ti 团簇＞TiZr 团簇＞$TiCl_3$。

Ti 催化剂掺杂量对 $NaAlH_4$ 吸/放氢动力学性能也有影响[95]。当掺杂量为 2%～4%（摩尔分数）时，具有较快的吸/放氢动力学，同时还能保持 80%的理论可逆质量储氢密度。当掺杂量增加至 9%（摩尔分数）时，可逆质量储氢密度仅为 45%。借助 Arrhenius 方程计算表明，掺杂量为 4%～5%（摩尔分数）时的反应活化能最低，继续增加掺杂量对降低活化能的作用不明显。类似现象在纳米 Ti 掺杂体系中也得到证实[80,81]。如掺杂 1.8%（摩尔分数）纳米 Ti 的 $NaAlH_4$ 的放氢速率比掺杂 0.9%（摩尔分数）的快 20 倍，但过量添加不仅没提高动力学性能，反而降低体系的有效质量储氢密度。

Ce 基掺杂剂在稀土基掺杂剂中催化效果最为显著，尤其在提高吸/放氢循环性能方面[96]。与掺杂 $TiCl_3$ 的体系相比，掺杂 $CeCl_3$ 的 $NaAlH_4$ 体系不仅具有较快的放氢速率，而且还有更好的吸氢动力学[79]。在 110℃和 5MPa 氢压下，掺杂 2%（摩尔分数）Ce 基化合物的体系吸收 3.4%氢气仅需 160min，而在 129℃、10MPa 氢压下可在 30min 内吸收 4.4%氢气，接近 4.8%的理论质量储氢密度。此外，与掺杂 $TiCl_3$ 相比，掺杂 $CeCl_3$ 的体系 30 次循环后依然保持良好的吸/放氢动力学性能，储氢容量无明显衰减。

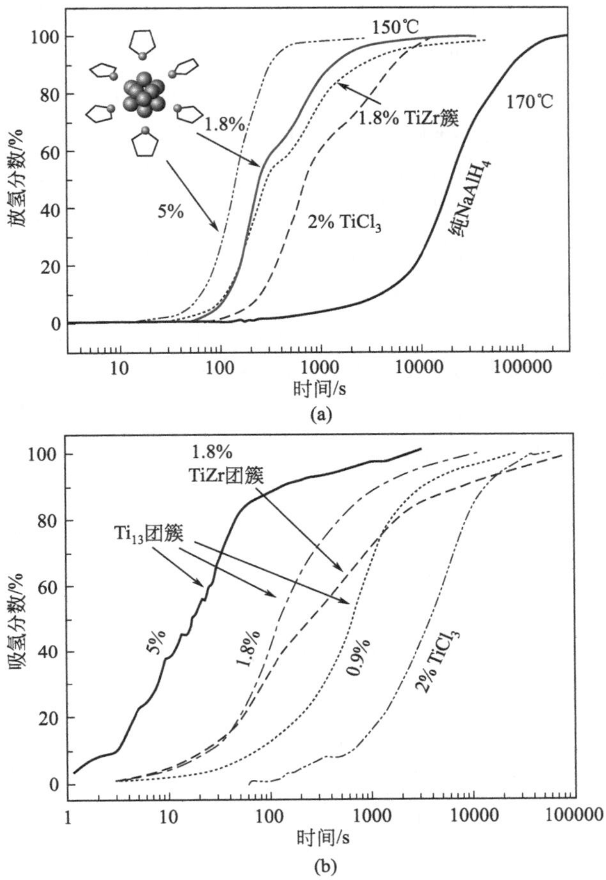

图 6-4 掺杂不同 Ti 基化合物 $NaAlH_4$ 体系的等温放氢（a）和吸氢（b）曲线[94]

（本图中，%表示摩尔分数）

对比不同 Ce 基化合物如 CeH_2、$CeCl_3$、$CeAl_2$ 和 $CeAl_4$ 的催化效果发现，四种掺杂剂均能提高 $NaAlH_4$ 体系的吸/放氢速率，可在 160℃、0.1MPa 条件下完全放氢，并在 120℃、12MPa 条件下 20min 内可实现逆向吸氢反应[61,79,96]。此外，第一步放氢反应的活化能从 118kJ/mol H_2 降低至 85～90kJ/mol H_2；第二步从 120kJ/mol H_2 降低至 95～100kJ/mol H_2。Hu 等[97]进一步对比了 Ce、CeH_2、$CeCl_3$、$CeAl_4$ 等掺杂剂对 $NaAlH_4$ 吸/放氢性能的影响。结果表明，四种 Ce 基掺杂剂均表现出优异的动力学性能和循环稳定性，尤其是 $CeCl_3$ 掺杂 $NaAlH_4$ 能够在 10min 内完成可逆吸氢反应。物相分析表明，经多次吸/放氢后产物中均存在 $CeAl_4$ 中间体。

Ce 基掺杂剂的催化机理主要存在晶格替代和氧化还原两种观点。前者是在 Ti 基掺杂体系的晶格替代模型上，结合物相和价态变化提出的；而后者认为，与 Ti 基掺杂剂的情况相似，Ce 基掺杂剂也通过电荷转移形成了高活性 Ce-Al 团簇。Wang 等[98]通过 X 射线吸收精细结构技术（XAFS）研究了球磨掺杂和吸/放氢过程中 $CeCl_4$ 的价态变化。结果发现，球磨后 Ce 是+4 价，而吸/放氢后变为+3 价。X 射线衍射分析发现，$NaAlH_4$ 在球磨、放氢前和吸氢后三个阶段的点阵常数发生显著变化，尤其是晶胞的 c 轴从 1.1340nm、1.1346nm 增加到 1.1347nm。结合 XAFS 和 X 射线衍射两方面的实验结果，可以推断掺杂 Ce 引起的晶格变化过程[99]：球磨导致 Ce^{4+} 部分替代 Na^+，而 Ce^{4+} 半径（1.01Å）大于 Na^+ 半径（0.98Å），故点阵常数 c 变大。同时，为了保持材料的电中性，Ce^{4+} 的临近位置应产生 3 个 Na^+ 空位。接着，Ce^{4+} 被还原为 Ce^{3+}，由于 Ce^{3+} 半径为 1.18Å，远大于 Ce^{4+} 半径 1.01Å，导致 c 轴尺寸进一步变大。为了维持电荷平衡，Ce^{3+} 周围需 2 个 Na^+ 空位。但这与 Bogdanović等[77]认为的金属元素在催化过程中应处于或趋于零价的观点相矛盾。基于此，Fan 等[99-101]提出了类似于 Ti-Al 相活性中心的观点。由于第一步放氢的动力学符合晶界迁移模型，故推测 Al 原子是沿着晶界迁移，并在 Ce 原子周围富集，形成 Ce-Al 团簇；而第二步放氢动力学符合一级反应模型，即反应速率与浓度相关。这表明在第一步时活性中间体 Ce-Al 团簇已经形成，而第二步反应不涉及活性中间体的生成。X 射线衍射分析证实了，经过 40 次循环后，Ce-Al 团簇转变成类似于 $CeAl_4$ 的配位构型。上述晶格替代和氧化还原两种观点的主要差异在于 Ce 的化学价。前者认为 Ce 是＋3 价，后者认为 Ce 接近零价。形成差异的原因可能是：①与循环次数有关。虽然两种观点都认为在放氢过程中 Ce 化学价逐渐降低，但第一种观点是基于第一次吸/放氢循环后得出的，第二种观点是基于多次吸/放氢循环后得出的。②掺杂量少，又多以非晶态的形式分布于材料表面，受分辨率限制，一般分析技术无法准确检测出真实活性物质及其化学状态。

（2）非金属掺杂体系

掺杂轻质碳材料可显著提高 $NaAlH_4$ 体系的低温放氢速率。在 90℃，掺杂 10% C 的 $NaAlH_4$ 体系的放氢速率为 0.12% H_2/h，与掺杂 2%（摩尔分数）Ti 的 $NaAlH_4$ 体系的放氢速率相当[80]。此外，在 8.8MPa、130℃条件下可吸收 3.0%氢气，与 Pukazhselvan 等报道的相吻合[102]。单壁碳纳米管具有更好的催化效果，这可能与其特殊微观结构有利于氢原子的扩散有关[82]。这与 Ti 基掺杂剂的化学催化机理不同，碳材料主要是起到物理催化作用，即改变了 $NaAlH_4$ 体系吸/放氢前后的表面结构，同时也阻止了颗粒团聚[83]。Wang 等[84,85]对比研究了单壁碳纳米管（SWCNT）、多壁碳纳米管（MWCNT）、活性炭（AC）、富勒烯（C_{60}）和石墨等掺杂 $NaAlH_4$ 体系的吸/放氢性能，却发现单独掺杂这些碳材料无明显催化效果，只有将碳材料与含 Ti 化合物共掺杂时才有明显的催化作用，并指出单壁碳纳米管的催化效果最佳。Berseth 等[86]认为没有催化效果可能是球磨破坏了碳材料结构。为了避免碳结构破坏，采用溶液法制备了 C_{60} 与 $NaAlH_4$ 的复合材料，其初始放氢温度从未掺杂的 180℃降至 130℃，证实了碳材料具有显著的催化作用。

非金属掺杂剂的催化作用包括“物理催化”和“化学催化”两种机制。物理催化表现在调制氢化物的形貌和尺寸大小方面，而化学催化表现在掺杂剂与配位阴离子的相互作用方面。为证实该观点，Li 等[87]通过溶液法制备了不同碳材料掺杂 $NaAlH_4$ 体系，其放氢性能如图 6-5 所示，其中介孔碳（MC）的催化效果最佳。上述导致碳材料催化行为差异的因素有：①MC 的比表面积大，分散能力强，所形成的 $NaAlH_4$ 颗粒尺寸小，放氢反应活化能低；②碳材料本身的电负性，可诱使 Na^+ 的电荷发生偏移，为确保电荷平衡，$[AlH_4]^-$ 基团中电荷分布也随之发生改变，进而导致 Al—H 键失稳，有利于 H 原子解离，降低 $NaAlH_4$ 放氢反应的活化能。

（3）共掺杂体系

Zidan 等[72]发现在 $NaAlH_4$ 两步放氢过程中，Zr 基掺杂剂的综合作用不如 Ti 基掺杂剂。但 Zr 基掺杂剂对第二步放氢反应，即对 Na_3AlH_6 的放氢动力学的改善作用要好于 Ti 基掺杂剂。因此，如果同时添加 Ti 基和 Zr 基掺杂剂，可获得协同催化作用。基于此，

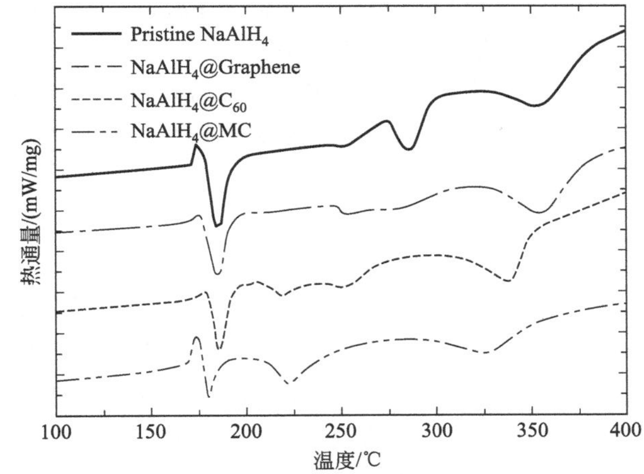

图 6-5 不同碳材料掺杂 $NaAlH_4$ 体系的 DSC 曲线[87]

Schmidt 等[88]系统研究了 Ti-Zr 共掺杂 $NaAlH_4$ 体系，发现掺杂 2.5%（摩尔分数）$TiCl_4$-2.5%（摩尔分数）Zr 的 $NaAlH_4$ 体系，能够在 125℃、1h 内释放出 4%氢气；第一步放氢速率为 6.5% H_2/h，第二步放氢速率为 1.5% H_2/h。更加明显的是单独掺杂 Ti 的 $NaAlH_4$ 体系的第一步活化能为 80kJ/mol H_2，而 Ti-Zr 共掺杂的体系可降低至 48.5kJ/mol H_2。Ti-Zr 共掺杂体系的放氢过程由晶格替代机制控制，而吸氢过程由表面催化机理控制[88]。晶格替代机制体现在 Ti-Zr 的掺杂增大了 $NaAlH_4$ 的晶胞参数，进而减小 $NaAlH_4$ 体系的分解焓，降低放氢温度；而表面催化机制则表现为分布在表面的 Ti/Zr 活性中心降低氢分子解离的活化能和氢原子结合能。

过渡/稀土金属和非金属化合物同时添加至 $NaAlH_4$ 体系，可获得“物理催化”和“化学催化”的协同效应。过渡/稀土金属的作用主要体现为“化学催化”方面，即通过过渡/稀土金属的 3d/4f 电子影响 $NaAlH_4$ 体系中电子的局域结构，降低吸/放氢反应的活化能[90,91,103]。而高比表面积的非金属单质/化合物的作用主要体现为“物理催化”方面，即通过改变 $NaAlH_4$ 体系中物相尺寸/形貌来提高反应速率[103]。S. Zheng 等[90]对比研究发现，与仅掺杂介孔 SiO_2 或 TiF_3 的体系相比，共掺杂 TiF_3 和介孔 SiO_2 的 $NaAlH_4$ 体系在降低放氢温度、增加放氢量和提高放氢动力学等方面更加有效。除“物理催化”和“化学催化”作用外，非金属和金属掺杂剂之间还存在一定的相互作用[85,91]。对于 Ti 基/石墨共掺杂体系：一方面石墨是良好的润滑剂，在共掺球磨中能够细化反应物的颗粒/晶粒尺寸；另一方面，石墨材料的 π 电子易与 Ti 的电子形成共用电子对，改变了 Al-H 局域结构的电荷分布，还有利于氢分子的解离和氢原子的结合。

6.2.3.3 $Mg(AlH_4)_2$ 和 $Ca(AlH_4)_2$ 掺杂催化体系

闫超等[104]研究了 TiB_2 掺杂 $Mg(AlH_4)_2$ 体系发现，与未掺杂体系相比，掺杂 $Mg(AlH_4)_2$ 的放氢温度降低约 8～10℃，在 90℃时可释放 1.5%的氢气，150℃时释放了 6%的氢气。类似地，掺杂过渡/稀土金属化合物可降低 $Ca(AlH_4)_2$ 的初始放氢温度，还可显著改善放氢动力学。Xiao 等[105]发现 $CeAl_4$ 掺杂的 $Ca(AlH_4)_2$ 在 77～200℃范围内放出 5.5%氢气，同时第一步放氢活化能由未掺杂体系的 62.8kJ/mol H_2 降至 43.7kJ/mol H_2，第二步的活化能从 153.4kJ/mol H_2 降至 136.1kJ/mol H_2。进一步 Li 等[106]发现掺杂 10% FeF_3

的 $Ca(AlH_4)_2$ 体系，第二步放氢反应活化能可降低至 88.3kJ/mol H_2。由于生成的 CaH_2 过于稳定，$Ca(AlH_4)_2$ 放氢后产物的可逆吸氢问题仍未得到解决。另外，球磨掺杂 TiF_3 会导致 $Ca(AlH_4)_2$ 部分分解，生成高活性 Ti 团簇和亚稳态的 $CaAlF_xH_{5-x}$。该 Ti 团簇能加快界面反应和固相扩散，而 $CaAlF_xH_{5-x}$ 晶格应变显著降低其稳定性，两者协同催化作用可显著降低 $Ca(AlH_4)_2$ 的反应活化能。

6.2.3.4 掺杂催化机理

催化掺杂铝氢化物改性的关键在于准确认识催化的活性物质及其催化机理。考虑到掺杂量通常较少，经过球磨和多次吸/放氢循环后，掺杂活性物质多以非晶态的状态存在，这也加大了活性物质的表征和检测难度。借助 X 射线光电子能谱、X 射线吸收精细结构和固体核磁共振等手段可分析掺杂催化 $NaAlH_4$ 的吸/放氢反应微观过程，但对催化活性中间体的存在形式及其机理认识，仍存在很大的争议[107]。

对于 Ti 掺杂 $NaAlH_4$ 经典体系，人们展开了大量的、深入的研究。含 Ti 的活性物质被普遍认为有 Ti-H、Ti-Al 和 Ti-Al-H 三种存在形式[98]。采用分步球磨逆向制备 Ti 掺杂 $NaAlH_4$ 体系，并对其多次吸/放氢循环产物进行相组成和价态分析，Wang 等[108,109]发现始终存在 TiH_2 相，认为 TiH_2 是活性中间体。Graetz 等[54]借助 X 射线近边吸收精细结构发现，Ti 掺杂催化 $NaAlH_4$ 体系吸/放氢过程中存在 $TiAl_3$ 相，且经过多次循环后依然存在，故推测 $TiAl_3$ 为活性中间体。无论 Ti-H 还是 Ti-Al，均是含 Ti 活性中间体，人们推测存在 Ti-Al-H 活性物质的可能性。通过第一性原理计算，Santanu 等[110]分析了这种 Ti-Al-H 团簇的形成过程。如图 6-6 所示，在 Al（001）面上形成了 $TiAl_n$ 团簇，氢分子易于吸附于 Al（001）面，同时在 Ti 的作用下，氢分子发生解离，进而形成氢原子偏向于 Ti 的 Ti-Al-H 或者 Ti-H-Al 团簇。利用 X 射线吸收技术进一步研究了 TiF_3 或 $Ti(O^nBu)_4$ 掺杂 NaH/Al 混合物在吸氢前后 Ti 的化学价态及其局域配位结构的变化[111,112]。结果发现，在

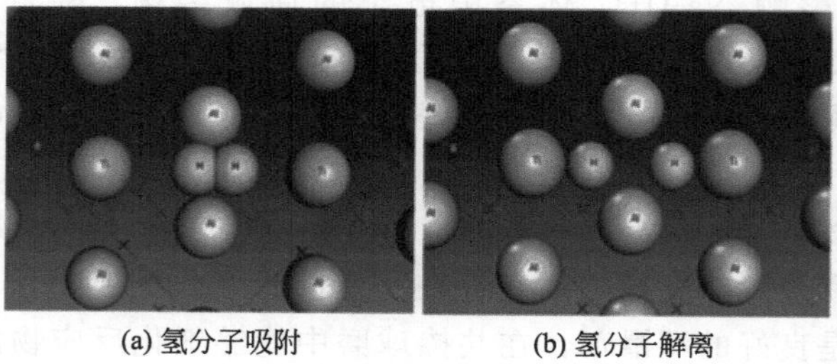

(a) 氢分子吸附 (b) 氢分子解离

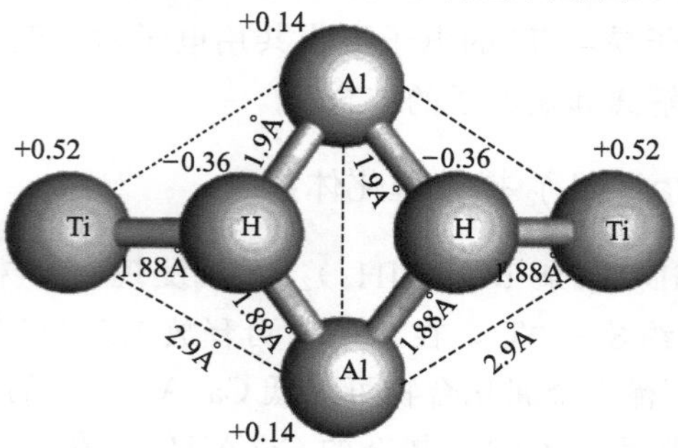

(c) 活性Ti-Al-H团簇

图 6-6 Ti-Al-H 活性中心的形成过程[110]

掺杂/吸氢过程中，Ti 周围的局域结构发生了改变，Ti^{3+} 或 Ti^{4+} 首先被还原成低价态，接着与 Al 原子结合形成 Ti-Al 配位。该配位具有类似于 $TiAl_3$ 型的低配位壳层结构，其配位数随吸氢温度上升而增加，推断 Ti 局域结构由掺杂前 TiF_3 构型向掺杂后 $TiAl_3$ 构型演变。

除了活性物质的存在形式存在争议外，对 Ti 基掺杂剂在吸/放氢过程中的作用机理方面也没有统一认识。目前主要有氧化-还原机理、晶格替代机理/费米能级调制机理、氢传输泵机理、物相传输促进机理和成核生长调制机理等五种观点[113-120]。尽管如此，人们逐渐认识到 $NaAlH_4$ 催化体系的吸/放氢反应是一个复杂的物理化学过程，单一的催化机理无法完整解释整个过程。

6.2.4 纳米铝氢化物

6.2.4.1 纳米结构调制方法

纳米结构调制是通过纳米尺度调控复杂氢化物的形貌和尺寸，以达到改善其储氢性能的方法。研究表明[121]，当尺寸小于 20nm 时，氢化物的放氢温度将会显著降低，动力学性能和可逆性能也得到明显改善。目前，实现复杂氢化物结构的纳米化主要通过三种策略：①气相沉积[122]，即通过磁控溅射/电子束蒸发等在氢气氛下沉积出纳米厚度的氢化物薄膜。用该方法已成功制备 $NaAlH_4$ 和 $Mg(AlH_4)_2$ 薄膜，但由于吸/放氢过程中存在相分离现象，容易开裂。最近，浙江大学 Y. Pang 等[123]创新性地提出机械力驱动物理气相沉积法，成功制备出直径 20～40nm 的 $Mg(AlH_4)_2$ 纳米棒，显著降低了其放氢温度，并提高了放氢可逆性。尤为重要的是，该纳米结构在多次可逆脱/加氢后依然保持良好。②球磨[124]，即利用氢化物在磨球与球磨罐之间的剪切碰撞，通过控制球磨工艺来使氢化物的颗粒/晶粒逐渐细化。该方法简便、易行，但存在尺寸分布宽、尺寸控制难、极限尺寸相对较大等问题。此外，该法制备的纳米氢化物经多次循环后容易团聚，失去其尺寸效应。③纳米限域[125]，即将复杂氢化物嵌入孔性介质的表面、纳米孔道中，通过多孔介质限域氢化物颗粒的长大，实现尺寸纳米化。该法是一种自下而上的调制策略，孔道尺寸直接决定氢化物的尺寸。同时，借助孔性材料与氢化物之间相互作用可进一步调控吸/放氢性能。

6.2.4.2 球磨调制纳米铝氢化物

铝氢化物粉体在球磨过程中经反复的冷焊、破碎，其晶体结构遭到不同程度破坏。当内部结构缺陷累积达到一定程度时，就会形成细小的纳米晶，其大都具有较高的晶界无序区，这为氢原子的迁移提供快速通道，有利于改善铝氢化物吸/放氢性能[126]。

在相同条件下，未球磨样品释放 2.3%氢气需 10h，而经 3h 球磨的 $LiAlH_4$ 可在 2h 内释放 3.3%氢气，但长时间的球磨会降低 $LiAlH_4$ 的第一步放氢量[127]。在低转速（400r/min）下球磨 10h 以上，$LiAlH_4$ 中会出现 Li_3AlH_6 相[128]。这说明在球磨过程中，局部升温会造成 $LiAlH_4$ 发生部分放氢，导致质量储氢密度损失。当 $LiAlH_4$ 颗粒尺寸在微米数量级时，延长球磨时间可使 $LiAlH_4$ 的颗粒尺寸变得更均匀[129]。但球磨超过一定时间后，颗粒尺寸反而会增大，这是由于过长时间的球磨导致局部温度过高，颗粒发生了团聚。

图 6-7 给出了 $NaAlH_4$ 第一步放氢速率常数随晶粒尺寸的变化。随着晶粒尺寸的减小，速率常数显著增加，动力学性能明显提高。这可能是由于 $LiAlH_4$ 的第一步放氢主要受物相传输的控制，颗粒变小不仅缩短物相扩散距离，而且还提高物相在晶界区域内的扩散速率。

对于第二步放氢过程：当放氢温度低于150℃时，球磨对动力学性能的改善作用不明显；而当放氢温度提高至225℃以上时，可观察到球磨对第二步放氢动力学性能的改善作用，具体原因有待研究。球磨对铝氢化物的性能改善主要起两方面作用：一是减小晶粒尺寸，缩短了物相传输/扩散距离；二是增加晶界区域，提供更多的物相快速迁移通道。

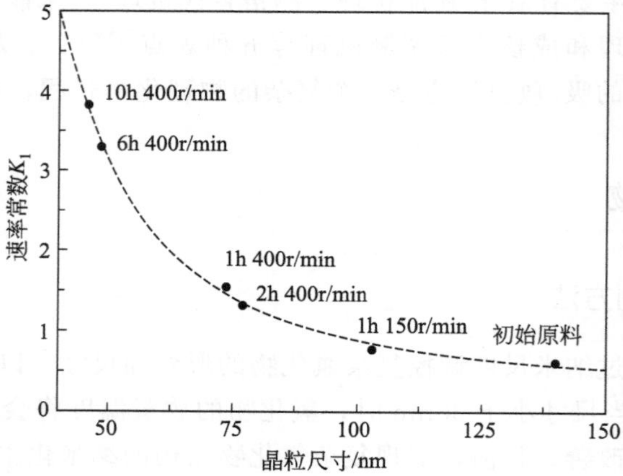

图 6-7 $NaAlH_4$ 第一步放氢速率常数与晶粒尺寸的关系[128]

球磨作用同样也能显著改善 $NaAlH_4$ 的吸氢动力学性能。如未经球磨的 $NaAlH_4$ 在160℃，15～20h内几乎不释放氢气，需长达50h才能释放2%氢气；即使将温度提高至180℃，1～2h内的放氢量仍不足0.1%[9]。这表明未经球磨的 $NaAlH_4$ 在低于其熔点温度时，放氢需要较长活化时间；而球磨15min的 $NaAlH_4$ 在160℃时20h内就可以完成第一步放氢，且无明显活化过程，180℃时能在1h内释放1.5%的氢气，第一步放氢可在4h内完成。Xiao等[22]将NaH/Al+4%（摩尔分数）TiF_3 混合物在2.5MPa氢气下直接球磨50h，制备了晶粒尺寸约为30nm的高纯 $NaAlH_4$。纳米 $NaAlH_4$ 放氢产物可在25℃、10MPa实现再吸氢；升高温度至40℃、60℃和100℃时，60min内吸氢量分别为2.0%、3.1%和4.6%；120℃时可在10min内吸氢4.8%。此外，纳米 $NaAlH_4$ 在100℃、125℃和150℃下，120min内分别释放了2.5%、3.25%和4.75% H_2。

球磨纳米调制可改善铝氢化物的储氢性能，但也有明显不足：①不引入掺杂剂，球磨对复杂氢化物储氢性能的调制改善作用有限。这主要是因为通过球磨方式制备的氢化物颗粒一般约为数百纳米，且尺寸难以控制。如目前报道通过球磨法能得到的 $NaAlH_4$ 尺寸极限约为2μm。②通过球磨获得的纳米尺寸效应，无法在吸/放氢循环中保持稳定。这是由于纳米氢化物及其放氢产物在热驱动下会发生相分离和团聚现象，进而导致尺寸效应逐渐消失。

6.2.4.3 纳米限域铝氢化物

(1) 纳米限域的改善机制

纳米限域铝氢化物的吸/放氢性能调制改善机理主要体现在纳米尺寸效应、物理约束作用和化学催化作用三方面。

① 纳米尺寸效应　纳米结构的铝氢化物具有三大特征，即比表面积增大、氢扩散距离缩短、晶界无序度增加，三者共同作用可改善铝氢化物的吸/放氢性能。P. Adelhelm，J. Gao等[130,131]发现上述特征变化，如块状 $NaAlH_4$ 在180～190℃有对应于熔融过程的吸热

峰，而限域 $NaAlH_4$ 在 150～200℃无明显吸热峰。此外，纳米限域铝氢化物的 X 射线衍射峰消失且宽化现象都反映其有序度的降低。

② 物理约束作用　孔性材料为氢化物的吸/放氢反应提供了一个特殊的局域化学环境。这利于提高原子的迁移速率，缩短氢的扩散距离，阻止物相偏析，提高逆向吸氢性能。如 H. W. Brinks 等[132]证实了介孔 SiO_2 限域的 $NaAlH_4$ 及其 Al 和 NaH 等放氢产物几乎不发生团聚长大和长程的物相迁移，这缓解了相分离，增加了反应物之间的接触，进而有利于可逆吸氢反应进行。进一步分析了介孔碳（MC）纳米限域的 $NaAlH_4$ 以及经多次吸/放氢循环后放氢产物的元素分布情况，并提出了 MC 对 $NaAlH_4$ 吸/放氢反应过程的物理约束机理[133]。在微米块体情况下，纯 $NaAlH_4$ 分解生成 NaH 和 Al，放出氢气，但多次循环后，放氢产物倾向于发生相分离和团聚，并形成微米级 Al 颗粒，这不利于逆向吸氢进行，进而导致容量逐渐衰减。与之形成鲜明对比，MC 纳米限域 $NaAlH_4$ 体系中，MC 纳米孔道充当"纳米反应器"，将 $NaAlH_4$ 及其放氢产物 NaH/Al 约束在纳米尺度空间。这不仅阻止了相分离发生，增强反应物接触，而且还有效地缩短扩散距离，易于固相传质，降低吸/放氢反应能垒，使体系在较温和条件下具有较好的可逆循环性能。

③ 化学催化作用　借助孔性材料的局域化学环境来改变铝氢化物的化学键强。Berseth 等[86]发现碳材料含有的 σ 键和 π 键具有和 $[AlH_4]^-$ 基团相当甚至更强的电负性，进而导致 $[AlH_4]^-$ 基团中 Al—H 键失稳。当碳材料电负性强于 $[AlH_4]^-$ 基团时，Na 原子将电子转移给碳材料；当碳材料电负性与基团接近时，$[AlH_4]^-$ 和碳材料共享 Na 原子所含电子；由于失去了 Na 原子中电子的平衡作用，$[AlH_4]^-$ 基团中 Al—H 键的强度都会削弱，进而造成 Al—H 键失稳。同理，Wu 等[134]探讨了 BN 纳米管对 H—H 键的影响，并认为在 BN 纳米管作用下，氢气分子解离从一个吸热反应转变成放热反应。这归因于 H—H 之间的键与 BN 纳米管中 B 和 N 原子活性密切相关。即 B 和 N 原子的活性越高，对 H—H 键影响越大，氢气的解离越容易。进一步通过减小尺寸或引入缺陷，使 BN 之间的 sp^3 轨道发生扭曲畸变，可增强 B 和 N 原子的活性，显著降低 H_2 解离能。

（2）常见制备方法

目前填充方法主要包括溶液浸渍法、熔融浸渍法和原位反应法三种[135]。三种方法的共同之处：首先通过物理/化学手段将氢化物从固态转变到液态，然后借助纳米孔道对液体的毛细管效应来实现装填，最后再将液态转变回固态。值得注意的是，要选择合适的骨架材料。已报道的骨架材料主要是具有高孔性或低维的物理吸附材料，如碳纳米管/线、介孔、沸石以及金属有机和共价有机骨架材料，一般具有重量轻、化学稳定性和热稳定性好的特点。此外，有些骨架材料如有序介孔 SiO_2 和碳材料，对铝氢化物吸/放氢反应还有一定的化学催化作用[136]。

C. P. Baldé 等[137]采用溶液浸渍法将 $NaAlH_4$ 沉积到纳米碳纤维上，通过控制溶液浓度和溶剂蒸发速率可制备不同尺寸 $NaAlH_4$ 纳米颗粒。结果表明，当 $NaAlH_4$ 负载量为 9%左右时，常温下干燥可获得 1～10μm 氢化物颗粒；当负载量为 2%时，−40℃下干燥可得 2～10nm 的氢化物颗粒。Joseph 等[138]采用四氢呋喃为溶剂，将 $LiAlH_4$ 装填入 C_{60} 框架中。Sun 等[125]采用同样方法将 $NaAlH_4$ 装填在 10nm 的有序介孔 SiO_2（OMS）孔道中，形成 $NaAlH_4$/OMS 纳米限域体系。首先将 $NaAlH_4$ 溶解在四氢呋喃中，再将混合溶液滴入 OMS 材料中，在毛细管作用下 $NaAlH_4$ 溶液填充到 OMS 孔道内，最后通过热蒸发除掉四氢呋喃溶剂，$NaAlH_4$ 则留在孔道中。与初始孔道的 TEM 衬度相比，负载 $NaAlH_4$ 后的孔道变暗，说明 $NaAlH_4$ 已嵌入 OMS 孔道中。经 270℃放氢后，$NaAlH_4$/OMS 的孔道仍较暗，表明 $NaAlH_4$ 放氢产物也被限域在 OMS 纳米孔道中。该方法可在较温和条件下实现氢化物装载，不足在于实验操作烦琐，氢化物在有机溶液中的溶解度有限，需经过多次装填才能达到一定负载量，且残留有机溶剂会降低氢气纯度。

熔融浸渍法即将氢化物加热至熔化，利用孔道对液态氢化物的毛细管作用，将氢化物材料填充入纳米孔道[135]。采用熔融浸渍法时，需要注意：金属及其氢化物在熔融状态下异常活泼，故骨架材料的化学惰性和热稳定性要高。如金属有机骨架材料在高温下不稳定，只能用于溶液浸渍法，而不宜用于熔融浸渍法。通常氢化物的熔点低于其初始放氢温度。由于多数氢化物只有在熔融状态下才发生放氢反应，可施加一定的附加氢压来抑制氢化物的放氢。如 Li 等[133]在 4MPa 氢压下，采用熔融浸渍法成功将 $NaAlH_4$ 填充到 4nm 孔径有序介孔碳（MC）中。

原位反应法是先将氢化物液态前驱体填充入孔性介质中，然后通过原位化学反应生成氢化物。该方法多适合单相的氢化物体系。如 T. K. Nielsen 等[139]将二丁基镁/庚烷溶液填入炭凝胶中，再蒸发去除庚烷，二丁基镁便结晶并沉积在炭凝胶孔道中；在 200℃下，通入 3.5MPa 氢气，二丁基镁和氢气反应生成 MgH_2 和气态丁烷，从而实现将 MgH_2 填充在炭凝胶孔道中。

（3）纳米限域热力学性能

纳米限域可显著降低铝氢化物的热力学稳定性。Baldé 等[140]研究发现，与碳纤维/$NaAlH_4$ 物理混合物相比，$NaAlH_4/CNF_{ox}$ 初始放氢温度由 150℃降至 40℃。10nm 介孔 SiO_2（OMS）纳米限域 $NaAlH_4$ 的熔点，由纯 $NaAlH_4$ 的 183℃降至 175℃，且 $NaAlH_4$/OMS 限域体系在 150℃时开始放氢，220℃时完成主要的放氢过程，而纯 $NaAlH_4$ 只有到 220℃才缓慢放氢[125]。具有 1.5nm 左右孔道的 $NaAlH_4$/MOFs 限域体系初始放氢温度仅为 70℃[141]。此外，将 $NaAlH_4$ 填入镶嵌 $TiCl_3$ 纳米炭气凝胶中（$NaAlH_4$@$TiCl_3$@C），并考察纳米限域协同 Ti 催化对 $NaAlH_4$ 吸/放氢过程的作用[142]。结果表明，与无 $TiCl_3$ 掺杂的纳米限域 $NaAlH_4$ 及球磨 $NaAlH_4$@$TiCl_3$ 混合物相比，$NaAlH_4$@$TiCl_3$@C 放氢温度降至 33℃，在 125℃时放氢速率最快。

受纳米孔道的纳米限域作用，$NaAlH_4$ 的熔点、分解路径和放氢产物等也会发生变化。当 $NaAlH_4$ 的尺度减至一定程度时，两步放氢反应变成一步放氢，即不生成中间相 Na_3AlH_6，直接生成 NaH 和 Al 相。Fichtner 等[143]研究了 4nm 活性炭（ACF）限域下 $NaAlH_4$ 的压力-含氢量-温度曲线。如图 6-8 所示，与 4%（摩尔分数）$CeCl_3$ 掺杂的 $NaAlH_4$ 相比，ACF 纳米限域 $NaAlH_4$ 的平台压力发生显著变化。4%（摩尔分数）$CeCl_3$ 掺杂 $NaAlH_4$ 有两个压力平台（0.6MPa 和 5MPa），分别对应于 $Na_3AlH_6 \longrightarrow 3NaH+Al+3/2H_2$ 和 $3NaAlH_4 \longrightarrow Na_3AlH_6+2Al+3H_2$；而 ACF 纳米限域的 $NaAlH_4$ 则无明显的平台特征，仅为连续的变化曲线，可能与纳米中间产物 Na_3AlH_6 的热稳定性降低相关。

Verkuijlen 等[144]证实了与块体 $NaAlH_4$ 的两步放氢过程不同，纳米限域的 $NaAlH_4$ 只有一个放氢过程。^{27}Al 核磁共振结果表明，$NaAlH_4$ 直接分解生成了 NaH 和 Al，而未经过生成 Na_3AlH_6。这表明在 2～3nm 孔道纳米限域下，Na_3AlH_6 的稳定性显著降低。图 6-9 给出了纳米限域 $NaAlH_4$ 和块体 $NaAlH_4$ 的相图。与块体 $NaAlH_4$ 相比，纳米限域 $NaAlH_4$ 的稳定区域扩大，而 Na_3AlH_6 的稳定区域消失。最近有人利用第一性原理计算进一步证实了纳米尺度的 Na_3AlH_6 的不稳定性。由于 Jahn-Teller 畸变和界面能作用，纳米团簇内含单

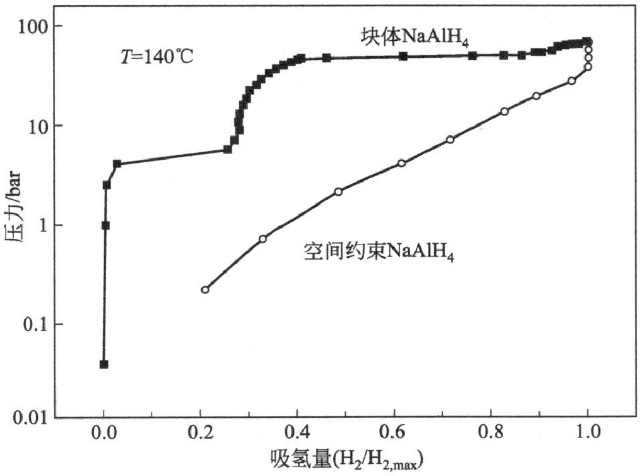

图 6-8 块体和纳米限域 $NaAlH_4$ 在 140℃时的平台压力-吸氢曲线[143]

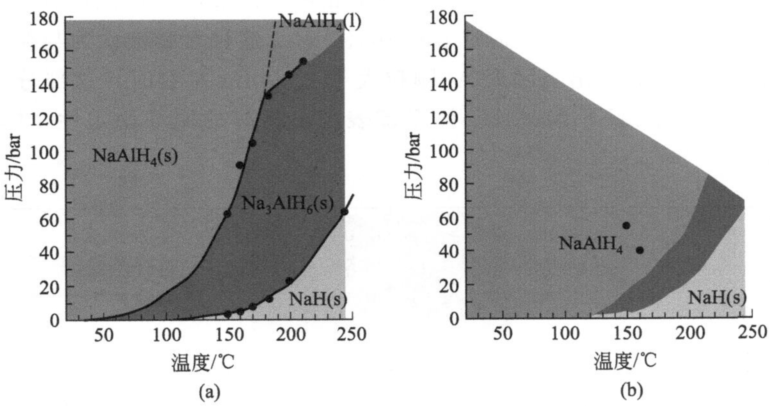

图 6-9 块体 $NaAlH_4$（a）和纳米限域 $NaAlH_4$（b）的相图[144]

胞数少于 8 个，即相当于颗粒尺寸约 1.5～2nm 时，Na_3AlH_6 就会处于亚稳态[145]。关于晶粒尺寸减小导致中间相失稳主要存在两种观点：①反应生成了中间相 Na_3AlH_6，但由于 Jahn-Teller 畸变极其不稳定，生成后立即分解；②能量调制观点认为，在尺寸一定的情况下，Na_3AlH_6 形成所需能量高于形成 NaH 的能量，即 Na_3AlH_6 表面能随尺寸减小的变化趋势远大于同尺寸 NaH，可能与 Na_3AlH_6 的晶胞尺寸大于 NaH 有关。

（4）纳米限域动力学性能

纳米限域 $NaAlH_4$ 的动力学性能得到显著增强。与碳纤维和 $NaAlH_4$ 的物理混合物相比，$NaAlH_4/CNF_{ox}$在 160℃时的放氢量由 0.15%提高到 2.9%，且分解产物在 115℃和 9MPa 氢压下实现逆向吸氢[140]。纳米孔道约束 $NaAlH_4$ 放氢动力学也有明显改善。$NaAlH_4$/OMS 体系在 150℃和 180℃时 60min 内的放氢量就分别达到 1.4%和 3.0%；而纯 $NaAlH_4$ 在 150℃时 60min 内的放氢量几乎为零，即使温度升高到 180℃，放氢量也仅为 0.2%[125]。将 $NaAlH_4$/OMS 放氢产物在 150℃和 5.5MPa 氢压下吸氢 3h 后再放氢，可得吸氢后 $NaAlH_4$/OMS 体系 60min 内的放氢量分别达到 1.0%（150℃）和 2.0%（180℃），而相同条件下，纯 $NaAlH_4$ 样品吸氢后的放氢量均小于 0.2%。介孔碳限域 $NaAlH_4$ 体系在

150℃、170℃、180℃和190℃下100min内的放氢量分别为2.5%、4.6%、5.0%和5.1%，且放氢没有明显的诱导期。与之相比，纯 $NaAlH_4$ 在180℃放氢需经过20min诱导期，在100min内放氢量仅为0.5%[133]。Baldé 等[140]通过计算对比了粒径为1～10μm、19～30nm和2～10nm的碳纳米管限域 $NaAlH_4$ 的第一步放氢活化能，分别为116kJ/mol H_2、80kJ/mol H_2 和58kJ/mol H_2。其中，1～10μm $NaAlH_4$ 的放氢活化能与块体 $NaAlH_4$ 的第一步放氢反应的活化能相近；当尺寸降至2～10nm时，放氢活化能显著降低。

纳米限域提高 $NaAlH_4$ 的吸/放氢动力学主要归因于[146-148]：①比表面积和表面活性点增加，促进表面活性原子发生有效碰撞，促进吸氢过程中氢原子在活性点的吸附，有利于形成活化物 Al_xH_y 团簇，并降低了成核能垒；②在纳米颗粒的制备过程中产生晶体缺陷和晶界无序区域，这些缺陷和无序区域为 Al_xH_y 团簇的扩散提供了快速通道；③增强反应物、生成物、骨架材料之间电子相互作用，弱化在吸/放氢中Al—H和H—H键强；④缩短活性基团的扩散距离，这样既缩短了放氢诱导时间，又减少了吸/放氢反应时间。

（5）纳米限域可逆循环性能

在吸/放氢循环过程中，$NaAlH_4$ 的质量储氢密度逐渐衰减。即使在有含Ti掺杂剂的情况下，25次循环后的容量衰减至初始容量的10%[149]。这种衰减被认为与循环过程中Al颗粒的不断团聚有关[10]，并指出当团聚Al颗粒大于2～3μm左右时，这部分Al就不再参加可逆反应。然而，纳米限域下 $NaAlH_4$ 体系却表现出良好的循环稳定性，体现在储氢密度和动力学两方面[134,150]。

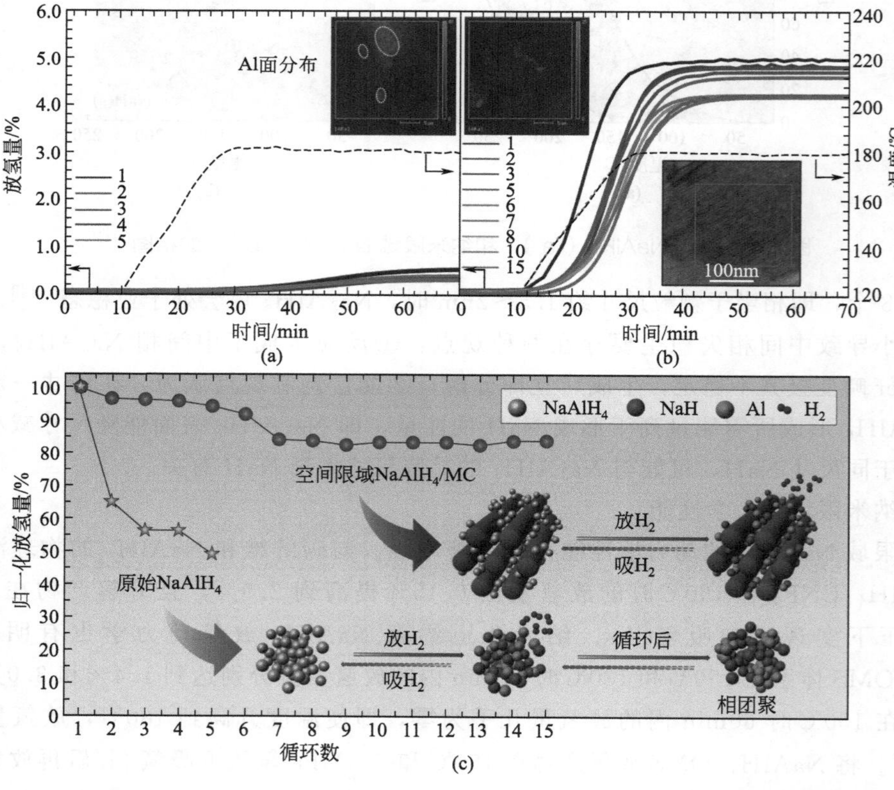

图6-10 纯 $NaAlH_4$ 前5次放氢曲线（a），纳米限域 $NaAlH_4$/MC前15次放氢曲线（b）和循环放氢量对比（c）[133]

Li 等[133]考察了介孔碳（MC）纳米限域 $NaAlH_4$ 的循环稳定性，发现了在无掺杂剂的条件下，$NaAlH_4$/MC 体系在 125～150℃、3.5MPa 压力下实现放氢后的再氢化。当氢压提高至 5MPa 左右时，放氢后再加氢容量可稳定地维持在 85%。从图 6-10 中可以看出，纳米限域体系前 6 次的循环容量有微量衰减，但在随后的循环过程中基本保持不变。前 6 次循环出现容量衰减的原因可能是 MC 表面存在少量微米 $NaAlH_4$。当表面 $NaAlH_4$ 颗粒因发生团聚无法再吸氢后，便不再参加后续吸/放氢反应，而 MC 限域 $NaAlH_4$ 可持续地进行吸/放氢循环，并保持恒定容量。此外，纳米限域材料维持在纳米尺度，能始终保持良好的动力学性能。前 6 次放氢约在 30～45min 内完成，之后放氢均在 45min 内完成。最近 Stavila 等[151]发现，进一步利用 Ti 修饰金属-有机骨架材料［MOF-74(Mg)］纳米限域 $NaAlH_4$，可获得优异的可逆储氢性能。对比无掺杂和 Ti 掺杂的 $NaAlH_4$@MOF-74(Mg) 纳米限域体系，初始放氢温度和动力学性能无明显差别，但是 Ti 掺杂纳米限域体系能在 160℃、10.5MPa 氢压下完全地逆向吸氢，这要归因于高有序度、单分散孔道结构纳米限域和 Ti 化学催化的协同增强作用。

6.3 硼氢化物储氢材料

20 世纪 50 年代，人们发现 H 与 B 发生作用可形成多种构型的分子化合物（B_nH_m），并被广泛用于火箭推进燃料。但是，金属硼氢化物作为储氢材料被研究是 21 世纪初期才发生的。B 与 H 先形成［BH_4］$^-$ 基团，再与金属阳离子配位形成金属硼氢化物，如 $LiBH_4$、$Mg(BH_4)_2$ 和 $Ca(BH_4)_2$ 等，普遍具有较高含氢量（>5%，见表 6-2），远高于已被实际应用的材料的储氢密度。然而，这类金属硼氢化物具有较高的热稳定性，其分解放氢大都按照反应式(6-13) 进行[2,152]，而且放氢后生成了高惰性的单质硼，其逆向的再吸氢反应异常困难。因此，金属硼氢化合物成为目前固态储氢材料的研究焦点之一[153,154]。

$$MBH_4 \rightleftharpoons MH + B + \frac{3}{2}H_2 \tag{6-13}$$

表6-2 常见硼氢化物及其晶体结构、热稳定性和理论含氢量等参数[2,153,154]

阳离子	多晶型结构	晶体结构	空间群	热稳定温度/K	理论含氢量/%
Li^+	o-$LiBH_4$	正交	*Pnma*	RT(室温，下同)	18.5
	h-$LiBH_4$	六方	$P6_3mc$	>380	
Be^{2+}	$Be(BH_4)_2$	四方	$I4_1/cd$	RT	20.8
Na^+	α-$NaBH_4$	立方	$Fm\bar{3}m$	RT	10.7
	lt-$NaBH_4$	四方	$P4_2/nmc$	<190	
Mg^{2+}	α-$Mg(BH_4)_2$	六方	$P6_122$	RT	14.9
	β-$Mg(BH_4)_2$	正交	*Fddd*	RT，亚稳	
	γ-$Mg(BH_4)_2$	立方	*Ia3d*	RT，亚稳	
	δ-$Mg(BH_4)_2$	四方	$P4_2nm$	RT	
	ς-$Mg(BH_4)_2$	六方	$P3_112$	约 500	

续表

阳离子	多晶型结构	晶体结构	空间群	热稳定温度/K	理论含氢量/%
Al^{3+}	α-$Al(BH_4)_3$	单斜	$C2/c$	150	16.9
	β-$Al(BH_4)_3$	正交	$Pna2_1$	195	
K^+	α-KBH_4	立方	$Fm\overline{3}m$	RT	7.5
	β-KBH_4	四方	$P4_2/nmc$	＜70 or RT,3.8～6.8GPa	
	γ-KBH_4	正交	$Pnma$	RT,＞6.8GPa	
Ca^{2+}	α-$Ca(BH_4)_2$	正交	$F2dd$	RT	11.6
	α'-$Ca(BH_4)_2$	四方	$I\overline{4}2d$	＞495	
	β-$Ca(BH_4)_2$	四方	$P4_2/m$	RT，亚稳	
	γ-$Ca(BH_4)_2$	正交	$Pbca$	RT，亚稳	
Mn^{2+}	α-$Mn(BH_4)_2$	六方	$P3_112$	RT	9.5
	γ-$Mn(BH_4)_2$	立方	$Ia3d$	RT，亚稳	
	δ-$Mn(BH_4)_2$	四方	$I4_1/acd$	RT,1～8GPa	
	δ'-$Mn(BH_4)_2$	正交	$Fddd$	RT,＞8GPa	
Rb^+	rt-$RbBH_4$	立方	$Ia\overline{3}d$	RT，亚稳	4.0
	hp1-$RbBH_4$	四方	$P4/nmm$	RT,3～12GPa	
	hp2-$RbBH_4$	正交	$C222$	RT,12～20GPa	
	hp3-$RbBH_4$	四方	$I\overline{4}22m$	RT,＞20GPa	
Sr^{2+}	o-$Sr(BH_4)_2$	正交	$Pbcn$	RT	6.9
	t-$Sr(BH_4)_2$	四方	$P4_12_12$	＞723	
Y^{3+}	α-$Y(BH_4)_3$	立方	$Pa\overline{3}$	RT	9.1
	β-$Y(BH_4)_3$	立方	$Fm\overline{3}c$	RT	
Zr^{4+}	$Zr(BH_4)_4$	立方	$P\overline{4}3m$	＜243	10.7
Cd^{2+}	α-$Cd(BH_4)_2$	四方	$P4_2nm$	RT	5.7
	β-$Cd(BH_4)_2$	立方	$Pn\overline{3}m$	＞328	
Ba^+	o1-$Ba(BH_4)_2$	正交	$Pnnm$	RT	4.8
	o2-$Ba(BH_4)_2$	正交	$Pbcn$	＞668	
	t-$Ba(BH_4)_2$	四方	$P4_12_12$	＞718	
La^{3+}	$La(BH_4)_3$	三方	$R\overline{3}c$	RT	6.6

6.3.1　硼氢化物的合成与晶体结构

与铝氢化物类似，硼氢化物的合成主要包含湿化学、机械球磨和气-固反应三种方法。

目前工业上广泛采用湿化学法来制备高纯的硼氢化物；机械球磨法的操作简单，得到的产物活性高，主要适合制备过渡金属或双金属硼氢化物；而气-固反应法主要用于以单质元素为原料来制备轻金属硼氢化物，但往往需要高温、高压反应条件，故较少采用。

6.3.1.1 碱/碱土金属硼氢化物合成

碱金属硼氢化物可通过乙硼烷与碱金属氢化物在乙醚中反应来合成[155]，反应通式如式(6-14)所示。该方法仅适用于制备可稳定存在的轻金属硼氢化物[156]。

$$B_2H_6 + 2MH \longrightarrow 2MBH_4 \quad (M=Li,Na,K,Mg) \tag{6-14}$$

碱土金属硼氢化物制备主要采用烷基乙硼烷代替有毒、易燃的 B_2H_6，如式(6-15)所示[157,158]：

$$MH_2 + 3B_2H_2Pr_4 \longrightarrow M(BH_4)_2 + 4BPr_3 \quad (M=Mg,Ca,Sr,Ba) \tag{6-15}$$

目前，工业上广泛采用的方法是直接利用碱金属硼氢化物（如 $LiBH_4$ 和 $NaBH_4$）与碱土金属卤化物置换，来制备碱土金属硼氢化物[159,160]，反应式如式（6-16）所示：

$$nM'BH_4 + MX_n \longrightarrow M(BH_4)_n + nM'X \quad (X=Cl,Br,I) \tag{6-16}$$

其反应介质主要以醚类和胺类为主，需要经过溶剂反萃以获得高纯碱土金属硼氢化物[161]。

6.3.1.2 过渡金属硼氢化物合成

过渡金属硼氢化物大多采用球磨法来合成，即在机械力的驱动下，金属卤化物与碱或碱土金属硼氢化物发生置换反应来制备[162,163]。如球磨 $ZnCl_2$ 与碱金属硼氢化物发生置换反应，可得到 $Zn(BH_4)_2$[164]，反应式如下所示：

$$ZnCl_2 + 2MBH_4 \longrightarrow Zn(BH_4)_2 + 2MCl \quad (M=Li,Na) \tag{6-17}$$

6.3.1.3 常见金属硼氢化物的晶体结构

$LiBH_4$ 在常温下具有正交结构[165]，空间群为 $Pnma$。进一步通过同步辐射 X 射线衍射发现，具有 sp^3 杂化的 B 原子与近邻四个 H 原子形成共价键 $[BH_4]^-$ 四面体结构，如图 6-11(a) 所示[166]。同样地，Li^+ 也被四个 $[BH_4]^-$ 四面体包围，以离子键结合形成 $LiBH_4$。在 118℃时，$LiBH_4$ 发生结构转变，由正交晶系变成六方晶系，空间群为 $P6_3mc$，结构如图 6-11(b) 所示[167-171]。

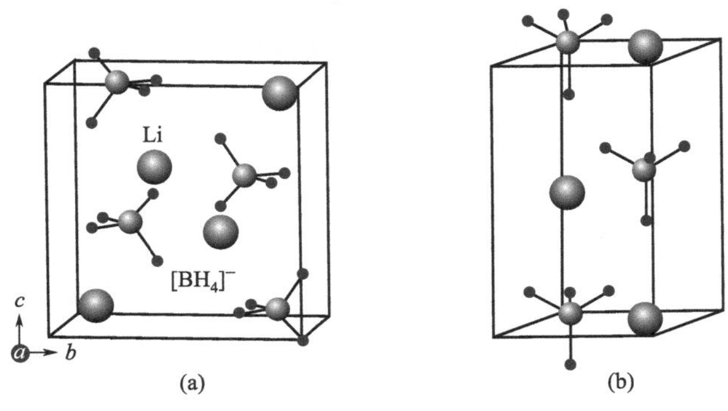

图 6-11 低温(a) 和高温(b) 相 $LiBH_4$ 的晶体结构示意图

$Mg(BH_4)_2$ 可能存在三方、单斜两种结构，其中三方结构（空间群为 $P\bar{3}m1$）最稳定[172]。最近 Dai 等[173]借助理论计算指出，$Mg(BH_4)_2$ 稳定结构的空间群为 $P6_122$，该几何构型的两个 BH_2—Mg—BH_2 平面的夹角近似 90°。而 Filinchuk 等[174]指出，$P6_122$ 空间群实际上是 $P6_1$ 对称结构的子群。目前 $Mg(BH_4)_2$ 被实验证实有两种晶体结构：低于 180℃时为六方晶系，属空间群 $P6_1$，即 α-$Mg(BH_4)_2$ 相；高于 180℃时呈现正交晶系，属空间群 $Fddd$，即 β-$Mg(BH_4)_2$ 相[175]。值得注意的是，α-$Mg(BH_4)_2$ 结构中含有少量空位，约占整个晶胞体积的 6.4%，适于吸附填充一些小分子，而 β-$Mg(BH_4)_2$ 相结构中则没有空位存在，故致密度较高。最近，有人制备出 γ-$Mg(BH_4)_2$，其晶体结构如图 6-12 所示[176]。该结构含有大量孔道，约占晶胞体积的 33%，适合氢分子的存储。

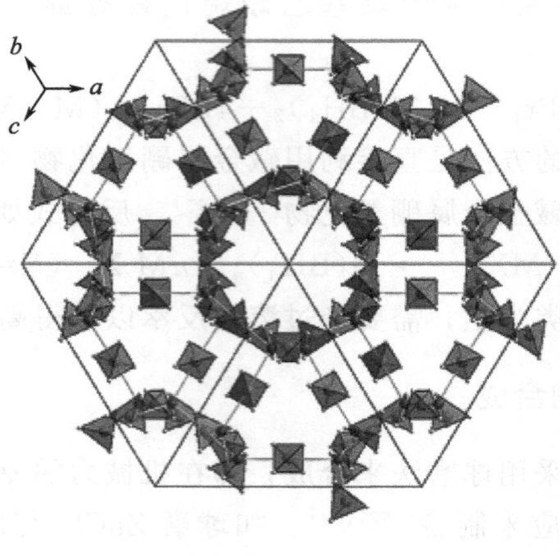

图 6-12 γ-$Mg(BH_4)_2$ 的晶体结构示意图[176]

离子型化合物 $Ca(BH_4)_2$ 的晶体结构与温度密切相关。室温下，其晶体结构为正交晶系，空间群为 $Fddd$，被定义为 α 相[177,178]。该结构对称性较低，存在两种非中心对称的子群。当升高温度时，α 相保持正交晶系的结构和对称性，其点阵常数 a 和 c 发生变化。当达到 222℃时，$Ca(BH_4)_2$ 由正交晶系转变成四方晶系，空间群为 $I\bar{4}2d$，即 α′相[179]。α′相属于 α 相的子群，如图 6-13(a) 和 (b) 所示，$[BH_4]^-$ 基团在 $F2dd$ 和 $I\bar{4}2d$ 两种结构中完全有序。当继续升高温度时，α 和 α′相都将转变成 β-$Ca(BH_4)_2$ 相。如图 6-13(c) 所示，β 相同样可能存在空间群分别为 $P4_2/m$ 和 $P\bar{4}$ 的两种结构，其包含的 $[BH_4]^-$ 基团是无序排列的，但具有 $P4_2/m$ 的对称性，故冷却到室温时可以稳定存在。此外，还存在一种具有正交结构的 γ-$Ca(BH_4)_2$，如图 6-13(d)[180]，但它不能稳定存在，317℃时会自发转变成 β 相，且该过程不可逆。

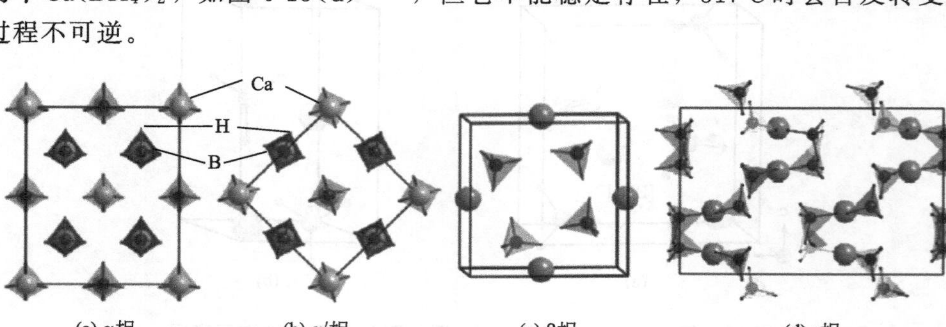

(a) α相　(b) α′相　(c) β相　(d) γ相

图 6-13 $Ca(BH_4)_2$ 的多晶型结构示意图[179]

6.3.2 硼氢化物的物化性质和吸/放氢机制

6.3.2.1 物化性质

碱金属/碱土金属硼氢化物在通常情况下多为白色粉末，密度在 0.6～1.2g/cm^3 之间，大都不溶于烃类、苯，但溶于四氢呋喃、乙醚、液氨、脂肪胺类等[1,2]。在干燥的空气中能稳定存在，对潮湿空气、含质子溶剂非常敏感。这些硼氢化物一般具有较强的还原性，对如醛、酮和酯等有机基团的还原效果尤其明显。通常情况下，具有较高的热稳定性，在干燥的空气中发生分解的温度大都在 300℃以上，而在氢气中需要加热到更高温度才开始分解[181]。

过渡金属硼氢化物一般在常温下很不稳定，不能直接暴露在空气中，不宜长期存储放置。其颜色与金属阳离子密切相关，存在形态也不同，有液态、气态、固态。如 $Sc(BH_4)_3$ 为无定形态的白色固体，在惰性气体中常温下较稳定，但在潮湿空气中迅速分解。$Ti(BH_4)_3$ 是一种挥发性的白色固体，室温下极不稳定，20℃时会分解生成 TiB_2、H_2 和 B_2H_6[182]。$Al(BH_4)_3$ 在常温下为易挥发性的无色液态，熔点为－64℃，沸点为 44.5℃，极不稳定。

6.3.2.2 吸/放氢反应机制

$LiBH_4$ 具有较高的热稳定性，其标准放氢反应焓变为－69kJ/mol H_2，故纯 $LiBH_4$ 在常压下的分解温度位于 370～470℃之间[183]。在加热过程中，$LiBH_4$ 经过三个分解阶段，释放出 13.8%氢气，最终生成 LiH 及 B，总反应如式(6-18) 所示[184]：

$$LiBH_4 \longrightarrow LiH + B + \frac{3}{2}H_2 \tag{6-18}$$

实际上，$LiBH_4$ 的热分解过程较为复杂，目前仍不十分清楚，主要归因于其中间产物多为非晶态物相，且与实际的反应条件密切相关。初步认为，$LiBH_4$ 热解首先在 118℃时相变，由正交晶系转变为六方晶系，约在 280℃左右熔融，伴随缓慢的氢释放，在 400℃以上生成 LiH 和 B[185]。图 6-14 给出了 $LiBH_4$ 及其热解产物的标准生成焓变[186]。以低温相 $LiBH_4$ 为基态，在 118℃时，吸收热量 4.18kJ/mol H_2 转变为高温相 $LiBH_4$；升温至 280℃时，吸收热量 7.56kJ/mol H_2 开始熔化；接着吸收热量 91.68kJ/mol H_2 生成 LiH 和 B。

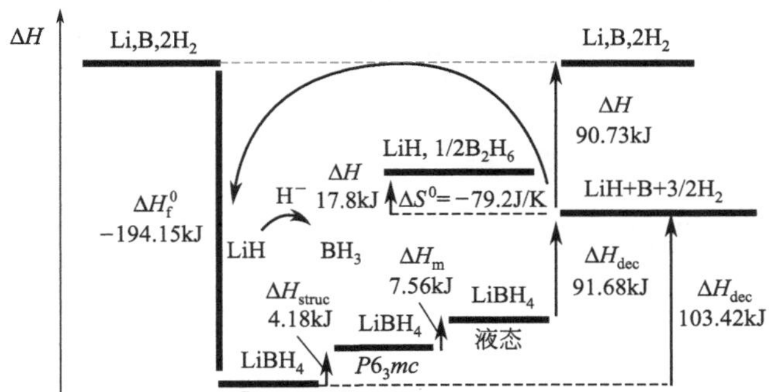

图 6-14 $LiBH_4$ 及其热解产物的标准生成焓变[186]

Orimo 等[187,188]通过实验和理论计算认为，$LiBH_4$ 在分解过程中首先生成单斜结构的

中间相 $Li_2B_{12}H_{12}$，同时在放氢过程中还观察到其他杂质气体，如乙硼烷（B_2H_6）的释放[189]。而乙硼烷的形成可能有两种路径：① $[BH_4]^-$ 络合阴离子中的 H 原子转移给带正电荷的 Li^+，形成 LiH 和中性 BH_3 基团，两个 BH_3 基团结合生成乙硼烷分子；② $[BH_4]^-$ 络合阴离子分解出中性 H 原子，保留带负电的 $[BH_3]^-$ 基团，H 原子结合形成 H_2 分子，而两个 $[BH_3]^-$ 结合生成乙硼烷。

$Mg(BH_4)_2$ 分解并非简单的两步放氢过程，而是十分复杂的过程，并涉及多种未知的中间产物，其中多数报道发现中间相 $MgB_{12}H_{12}$ 的存在[190,191,192]。最近，Soloveichik 等[193]借助多种分析手段研究了 $Mg(BH_4)_2$ 的热分解过程，认为其分解可以分成以下阶段：①184℃时，发生低温相-高温相转变；②290℃开始分解，放氢无定形中间产物化学成分接近 $MgB_2H_{5.5}$；③350℃以上，形成 MgH_2 和 $MgB_{12}H_{12}$；④395℃，MgH_2 分解；⑤450℃以上 $MgB_{12}H_{12}$分解，最终生成 MgB_2。关于 $Mg(BH_4)_2$ 放氢产物的可逆再吸氢反应，在实验中只能观察到产物 Mg 的吸氢[194]。这可能归因于 $MgB_{12}H_{12}$中间产物的存在，造成高的动力学能垒，导致逆向反应困难。最近，Severa 等[195]将 $Mg(BH_4)_2$ 的分解产物在 95MPaH_2 和 400℃条件下实现了 MgB_2 吸氢生成 $Mg(BH_4)_2$，证实了 $Mg(BH_4)_2$ 的可逆吸/放氢反应是可行的。

与轻金属硼氢化物相比，过渡金属硼氢化物 $M(BH_4)_n$（M＝Zn、Sc、Zr）的起始热解放氢温度普遍较低，大都低于 150℃，如图 6-15 所示。除了 $Zn(BH_4)_2$，其他硼氢化物均是多步放氢，首先分解生成金属氢化物和单质硼，然后再反应生成过渡金属硼化物，伴随着氢气释放。如 $Y(BH_4)_3$ 的最终放氢产物为 YB_4 和 H_2[196]，该产物在 260℃、3.5MPa 氢压下可实现部分吸氢。

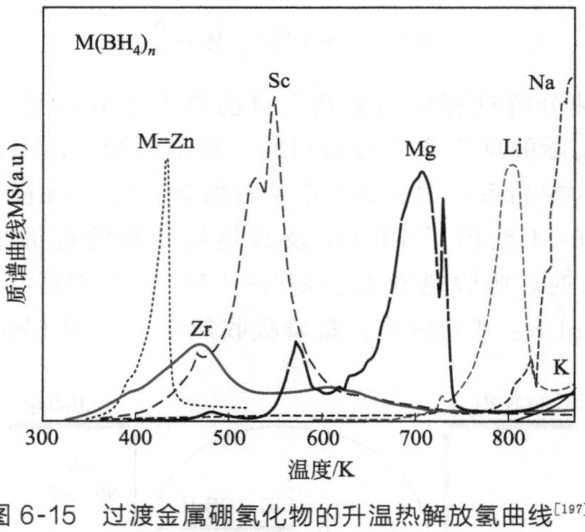

图 6-15 过渡金属硼氢化物的升温热解放氢曲线[197]

6.3.3 离子替代硼氢化物

6.3.3.1 阳离子替代

众所周知，金属硼氢化物的稳定性与金属原子的电负性有密切的关系[197]。金属阳离子的电负性越低，氢化物的稳定性就越高。基于该规律，人们提出在 $LiBH_4$ 中加入高电负性元素，以减少 Li^+电荷向 $[BH_4]^-$ 的转移程度，削弱 Li^+ 和 $[BH_4]^-$间的离子键强度，达

到 $LiBH_4$ 去稳定性的作用[185,198]。$LiK(BH_4)_2$ 作为典型的含双金属阳离子硼氢化物[199]，主要通过机械球磨 $LiBH_4$ 与 KBH_4 混合物制备，其晶体结构如图 6-16(a) 所示。Li^+ 被 $[BH_4]^-$ 四面体基团包围，K^+ 的配位数从 KBH_4 中的 6 个增至 $LiK(BH_4)_2$ 的 7 个，K—B 键长从 3.36Å 被拉长至 3.40～3.48Å。两个独立的 $[BH_4]^-$ 阴离子基团沿着四面体边界配位，其中一个呈现典型八面体配位（Li_2K_4），另一个则是以 Li_2K_2 为基面，形成 K^+ 位于顶点的四方-锥体配位。

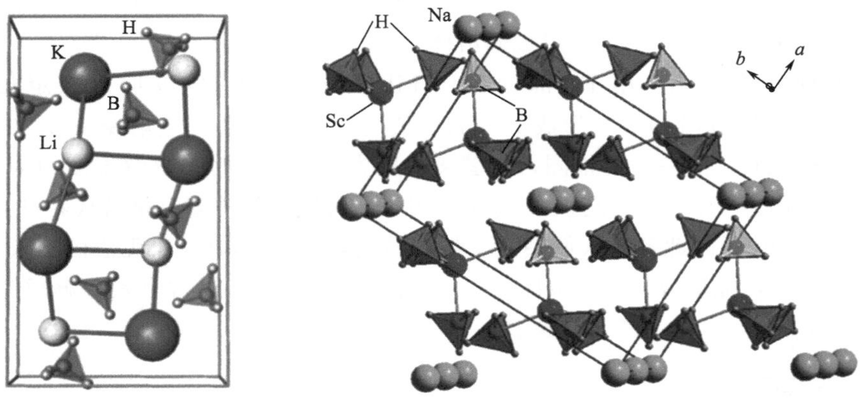

图 6-16 $LiK(BH_4)_2$(a) 和 $NaSc(BH_4)_4$(b) 的晶体结构示意图[199,200]

接着，人们陆续报道了 Sc 离子和 Zn 离子替代的双阳离子金属硼氢化物。类似于其他阳离子硼氢化物如 $(Ph_4P)_2[Mg(BH_4)_4]$[201,202] 的结构特征，$LiSc(BH_4)_4$ 所包含的 $[Sc(BH_4)_4]^-$ 基团中，Sc^{3+} 以斜四面体配位 $[BH_4]^-$ 亚基团，配位数 8，Sc—B 键长为 2.28Å。而 $NaSc(BH_4)_4$ 的结构如图 6-16(b) 所示，Sc^{3+} 与 $[BH_4]^-$ 阴离子形成四面体，与近邻 12 个 H 原子配位；此外，6 个 $[BH_4]^-$ 四面体包围 1 个 Na^+ 形成规则八面体，使 $NaSc(BH_4)_4$ 呈现变形六方晶系 NiAs 型结构[200]。

对于 $MZn_2(BH_4)_5$（M＝Li，Na 和 K）的结构，类似于 $Be(BH_4)_2$[203,204]，两个独立 Zn^{2+} 与三个 $[BH_4]^-$ 基团形成近乎平面三配位的三角晶系。对于 M 为 Li^+ 或 Na^+ 的结构中，存在从未报道过的类马鞍型配位。类似于 $Mg(BH_4)_2$ 结构，$LiZn_2(BH_4)_5$ 中通过两种相反的四面体间隙来配位 $[BH_4]^-$ 基团，桥接两个 Zn^{2+} 或一个 Zn^{2+} 和一个 Li^+ 或 Na^+。其中 Zn—B 键非常短，在 2.11～2.31Å 之间，$[BH_4]^-$ 基团的 B—H 键长为 1.12Å。而对于 $NaZn(BH_4)_3$ 结构[205]，不同的是 Zn^{2+} 配位数从 3 增加到 4，导致 Zn—B 键长从 2.43Å 增至 3.16Å。$NaZn(BH_4)_3$ 中 Zn—B 平均键长为 2.74Å，大于 $Mg(BH_4)_2$ 中 Mg—B 的平均键长 2.42Å。

6.3.3.2 阴离子替代

部分替代配位阴离子同样可以有效降低硼氢化物的热力学稳定性[206]。最常见的阴离子替代为卤化物阴离子，其尺寸与 $[BH_4]^-$ 基团接近，大小关系为 $I^- > [BH_4]^- > Br^- > Cl^-$。此外，与氢离子的尺寸比较接近的 F^- 也可以进行相互替代[207-209]。Mosegaard 等[207]采用原位 X 射线衍射法研究了 $LiBH_4$-LiCl 混合物升温过程的相结构演变。结果发现，当温度达到 120℃时，LiCl 衍射峰强度开始逐渐降低，而 $LiBH_4$ 衍射峰明显增强。这意味着部分 LiCl 固溶入 $LiBH_4$ 晶体结构中，可能发生 Cl^- 替代 $[BH_4]^-$ 并形成 $Li(BH_4)_{1-x}Cl_x$，其最大固溶度为 42%。研究还进一步揭示了 $Li(BH_4)_{1-x}Cl_x$ 晶胞体积随温度的变化规律。研究还发现，受热膨胀影响，低温时正交晶系 $LiBH_4$ 的晶胞体积随温度升高而逐渐增大，但转变成六方晶系的 $LiBH_4$ 后，其晶胞体积随温度升高反而减小，这要归因于 LiCl 固溶生成了 $Li(BH_4)_{1-x}Cl_x$。Lee 等[210]研究了 $CaCl_2$ 掺杂对 $Ca(BH_4)_2$ 结构和放氢性能的影响。与纯 $Ca(BH_4)_2$ 相比，部分 Cl^- 替代形成的 $Ca(BH_4)_{2-x}Cl_x$ 的晶胞体积明显减小，但两者具有类似的分解路径，$Ca(BH_4)_{2-x}Cl_x$ 放氢后生成 CaHCl 和 $CaH_{1.71}Cl_{0.29}$。同样地，I^- 可固溶到 $Ca(BH_4)_2$ 中，并形成固溶体[211]。

第一性原理计算表明，用 F^- 部分替代 $LiBH_4$ 中的 H^- 可以形成稳定相 $LiBH_{4-x}F_x$[212]。当 F^- 替代度达到 7%，形成 $LiBH_{3.75}F_{0.25}$ 时，其分解反应焓变从 60.9kJ/mol H_2 降至 36.5kJ/mol H_2；进一步可推测，在氢离解压为 0.1MPa 时其分解温度约为 100℃。该体系理论含氢量仍达 11.3%，而且在分解过程中 F^- 可能仍保持着晶格替代特征，并生成部分替代的 $LiH_{1-x}F_x$，因此备受人们关注。与之形成鲜明对比，CaF_2 无法固溶入 $Ca(BH_4)_2$ 结构，主要归因于可能形成的 $Ca(BH_{4-x}F_x)_2$ 的稳定性较差，通常自发分解成 $Ca(BH_4)_2$、CaF_2 和 B[213]。

6.3.3.3 阴/阳离子共替代

Torben 等[214-216]最近报道了一系列阴离子和阳离子同时替代的金属硼氢化物，即 $LiRE(BH_4)_3Cl$，RE＝La，Ce，Pr，Nd，Sm 或 Gd，其结构空间群为 $I\bar{4}3m$。进一步中子衍射(SR-PXD) 结合 DFT 理论计算分析可得，该结构中 $[RE_4Cl_4(BH_4)_{12}]_4^-$ 阴离子团簇与离散的 Li^+ 平衡配位，而 $[RE_4Cl_4(BH_4)_{12}]_4^-$ 四环簇中包含无序的 RE_4Cl_4 立方核，每个 RE 原子与周围 3 个 Cl 原子和 3 个 B 原子形成八面体配位结构，$[BH_4]^-$ 四面体与稀土原子共面配位，为 Li^+ 传输提供快速通道。

众所周知，混合金属硼氢化物的放氢温度和金属阳离子的电负性之间存在线性关系，如图 6-17 所示[217]。双金属硼氢化物 $LiK(BH_4)_2$ 的放氢温度接近 $LiBH_4$ 和 KBH_4 放氢温度的平均值[199]。与之相似，包含 $[Sc(BH_4)_4]^-$ 和 $[Zn_2(BH_4)_5]^-$ 络合阴离子的双金属硼氢

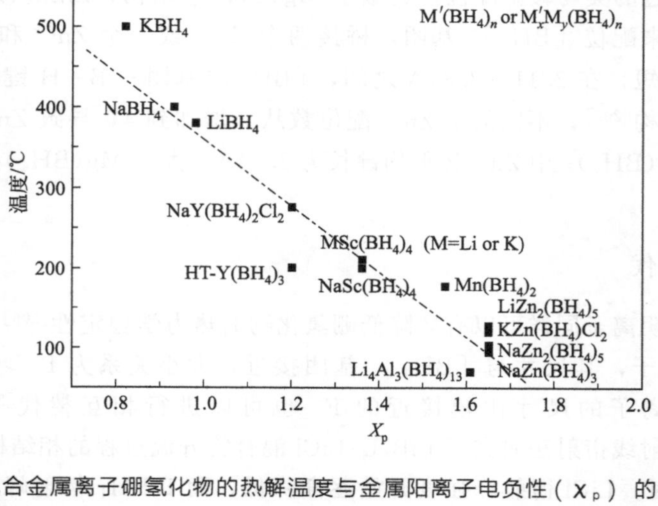

图 6-17 混合金属离子硼氢化物的热解温度与金属阳离子电负性（χ_p）的线性关系[217]

化物也具有类似的特征[218,219]。阴阳离子共替代的 $NaY(BH_4)Cl_2$ 的放氢温度同样是接近 $NaBH_4$ 和 $Y(BH_4)_3$ 的平均值[217]。

6.3.4 硼氢化物反应失稳体系

从调变反应路径角度，同样可以显著降低硼氢化物的热力学稳定性，即通过添加适当的反应物来构建反应失稳体系，形成稳定的放氢产物，间接降低分解反应焓变[220,221]。具体路径为：氢化物 AH_2 直接放氢生成产物 A 和 H_2，该过程的反应焓变较大，放氢温度也较高。但当氢化物 AH_2 中添加反应失稳剂 B 时，两者发生化学反应生成 AB_x，并释放氢气，这个过程放氢反应焓变相对较小，氢化物分解温度也随之降低。此外，放氢反应焓降低也利于可逆吸氢的进行。

金属氢化物最先被用作硼氢化物反应失稳剂。Vajo 等[222]首先发现 MgH_2 可以作为失稳剂，改变 $LiBH_4$ 的分解反应路径。图 6-18(a) 给出了 $LiBH_4/MgH_2$ 反应失稳体系放氢过程的物相变化[223,224]。从图中可得，首先 MgH_2 放氢生成单质 Mg；然后 Mg 参与 $LiBH_4$ 分解过程，并与 B 反应生成 MgB_2。该过程反应焓为 46kJ/mol H_2，这意味着 0.1MPa 时复合体系分解温度仅 240℃。尤其值得注意的是，MgB_2 生成可以促进逆向吸氢反应，如图 6-18(b) 所示，放氢产物 LiH 和 MgB_2 在 265℃、15MPa 氢压下实现了 $LiBH_4$ 再生[225]。经过多次吸/放氢循环后，$LiBH_4/MgH_2$ 体系的可逆性仍较好，可逆质量储氢密度可达 8%。综上所述，$LiBH_4/MgH_2$ 反应失稳体系的吸/放氢反应式为：

$$2LiBH_4 + MgH_2 \rightleftharpoons 2LiH + MgB_2 + 4H_2 \quad (6\text{-}19)$$

采用氢同位素示踪法研究 $MgH_2/LiBH_4$ 体系的反应失稳机理[226]。结果发现，$MgD_2/2LiBH_4$ 体系的放氢伴随有 HD 气体的释放，这充分表明 MgD_2 和 $LiBH_4$ 之间优先发生H-D 原子交换。进一步可推断，$LiBH_4$ 和 MgH_2 氢化物之间的氢原子交换是弱化 $LiBH_4$ 的离子键和形成 MgB_2 的关键因素。进一步发现，含 Mg 化合物对 $LiBH_4$ 同样具有反应失稳作用[220]。如 $LiBH_4/MgX$(X＝H，F，Se，S) 复合体系的放氢产物均为 MgB_2，放氢温度和反应焓均呈现不同程度的降低，且放氢产物均能在 10MPa 氢压和 300～350℃下再吸氢，吸氢量大于理论含氢量的 75%。CaH_2 和 ScH_2 也具有与 MgH_2 相近的失稳效果[227-229]，但后者的实际改善效果远低于理论预测。同样地，Al 在放氢过程中也可与硼氢化物作用生成 AlB_2，并表现出一定的吸/放氢可逆性能[230-234]，如 Zhang 等[230]证实 $2LiH + AlB_2$ 复合体系的可逆吸/放氢性能明显好于纯 $LiBH_4$ 体系。

Yang 等[235]比较了纯金属和金属氢化物对 $LiBH_4$ 放氢性能的改善作用。结果发现，与纯 $LiBH_4$ 相比，所有掺杂体系的放氢温度均降低 20℃，主放氢峰分别是 405℃（Ti 掺杂）、410℃（TiH_2 掺杂）、415℃（Cr 和 CaH_2 掺杂）、420℃（Sc 掺杂）和 430℃（Mg 和 V 掺杂）。其中，$2LiBH_4$-MgH_2 复合体系呈现两步放氢特征，主放氢温度位于 350℃和 430℃，分别对应于 MgH_2 和 $LiBH_4$ 的分解。Fang 等[236]将 $LiBH_4$ 与 $Mg(BH_4)_2$ 球磨得到混合硼氢化物。与初始的单一硼氢化物相比，该混合硼氢化物的热稳定性明显降低。Yu 等[237]研究了 $Mg(BH_4)_2$ 和 $LiNH_2$ 混合体系的放氢行为，发现摩尔比 1∶1 混合体系的初始放氢温度降至 160℃，呈现两步放氢特征，对应的体系在 160～300℃区间的失重为 7.2%，在 300～500℃区间失重约为 4.2%，其放氢反应活化能分别为 121kJ/mol H_2 和 236kJ/mol H_2。上述热解放氢性能的改善主要归因于 $[NH_2]^-$ 和 $[BH_4]^-$ 基团 H^+ 与 H^- 之间的强相互作用。在此基础上，Yang 等[238,239]进一步研究了 $LiBH_4$-$2LiNH_2$-MgH_2 的三相复合体系，发现相比于两相复合体系，该三元复合体系的放氢动力学更快，且无杂质气体释放。这主要归因于放氢过程生成低熔点中间相 $Li_4BN_3H_{10}$，从而利于产物相的成核和传质。

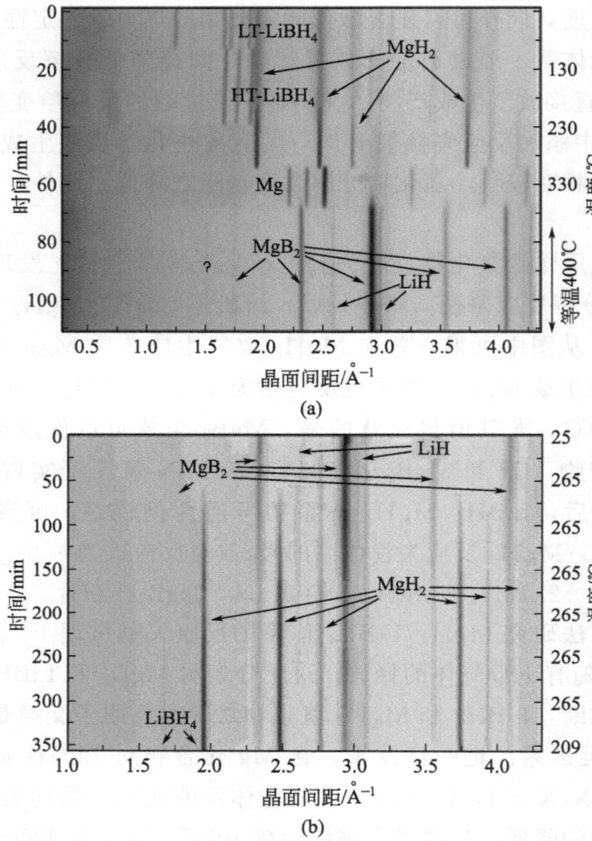

图 6-18　$LiBH_4/MgH_2$ 反应失稳体系放氢（a）和再吸氢过程（b）的原位 X 射线衍射图[224]

6.3.5　纳米硼氢化物

纳米硼氢化物主要包含纳米限域硼氢化物和硼氢化物纳米粒子。纳米限域是以多孔材料作为载体，利用其纳米孔道、缺陷和间隙等的分散或限域作用，实现材料的纳米化[240]。该方法已广泛用于改善硼氢化物体系的储氢性能。载体材料有无机多孔材料和金属-有机骨架材料（MOF）等。纳米粒子主要是利用气相沉积、球磨、自组装、再结晶等直接制备的纳米材料。

6.3.5.1　纳米限域硼氢化物

Gross 等[241]率先采用熔融浸渍法将 $LiBH_4$ 填入孔径约 25nm 的炭气凝胶中，所得纳米 $LiBH_4$ 的放氢温度约降低了 75℃，在 300℃时的等温放氢速率提高近 50 倍，放氢反应活化能从 146kJ/mol H_2 降至 103kJ/mol H_2，可逆循环容量也得到显著提高。Fang 等[242]采用

类似方法将 $LiBH_4$ 填入孔径约为 2nm 的活性炭中，发现相比于块体 $LiBH_4$，$LiBH_4$/活性炭纳米复合体系的放氢温度降低约 150℃；而 350℃时的离解氢压约为 3.03MPa，较块体 $LiBH_4$ 的 0.3MPa 提高一个数量级，放氢速率也提高了一个量级。此外，可逆吸氢也得到有效改善。块体 $LiBH_4$ 放氢产物需在 600℃、15.5～35MPa 氢压的苛刻条件下才实现部分吸氢，而对于活性炭限域的 $LiBH_4$ 纳米颗粒的放氢产物可在 300℃、5MPa 氢压条件下实现可逆吸氢。Liu 等[243]进一步考察了尺寸效应对 $LiBH_4$ 的相变、吸/放氢及 B_2H_6 杂质气体释放的影响。与纯 $LiBH_4$ 相比，介孔碳限域 $LiBH_4$ 的相变温度和熔点均朝低温方向移动。当孔径小于 4nm 时，上述两个热过程均消失。而且纳米限域 $LiBH_4$ 的放氢温度随着孔径减小而降低，同时 B_2H_6 释放也得到明显抑制，如图 6-19 所示，其中 CA 是炭气凝胶，NPC 是纳米多孔碳。上述结果表明纳米限域 $LiBH_4$ 的放氢反应路径随其纳米孔径的变化发生了改变。

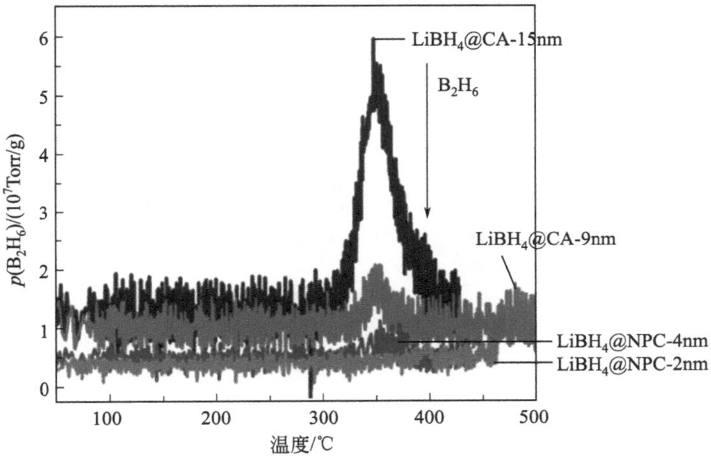

图 6-19 不同孔径碳材料限域的 $LiBH_4$ 的热解脱 B_2H_6 曲线[243]

(1Torr＝133.322Pa)

Nielsen 等[244]通过熔融浸渍和原位反应相结合的方法，在炭凝胶孔道中构建纳米限域 $LiBH_4/MgH_2$ 反应失稳体系。与未经处理的 $LiBH_4/MgH_2$ 相比，该限域体系的主放氢过程降低了 110℃，且具有较高的循环稳定性。纳米调制和氢化物“反应失稳”二者协同作用，显著降低硼氢化物的热稳定性，并改善其逆向吸氢性能。在此基础上，Nielsen 等[245]进一步制备了 Ni 掺杂的 $LiBH_4/MgH_2$ 纳米限域体系，发现 Ni 掺杂 $LiBH_4/MgH_2$ 体系在 107℃、288℃、360℃和 426℃有四个吸热峰，分别对应于相转变、熔融、MgH_2 和 $LiBH_4$ 的分解等四个过程。而对于 $LiBH_4/MgH_2$ 限域体系，相转变峰降至 99℃，熔融峰的位置没有发生明显的变化。但在 $LiBH_4/MgH_2$ 和 Ni 掺杂的限域 $LiBH_4/MgH_2$ 两体系中，MgH_2 和 $LiBH_4$ 的分解过程合并为一个吸热峰。质谱分析表明，Ni 掺杂的 $LiBH_4/MgH_2$ 限域体系、$LiBH_4/MgH_2$ 限域和 Ni 掺杂 $LiBH_4/MgH_2$ 体系的初始放氢温度分别为 260℃、277℃和 309℃；BM-Ni-Mg 在 358℃和 427℃有两个主放氢峰，而 Ni 掺杂的 $LiBH_4/MgH_2$ 限域体系只有一个主放氢峰，位于 336℃。由此看来，Ni 的化学催化和纳米限域的协同效应可以进一步改善 $LiBH_4$ 热解放氢性能。

S. Li 等[246]利用“吸氨潮解”法成功地将 $LiBH_4 \cdot NH_3$ 装载入介孔氧化硅的孔道中形成 $LiBH_4 \cdot NH_3@SiO_2$，并考察了纳米限域和氨化协同改性 $LiBH_4$ 的吸放氢反应。结果表明，与 $LiBH_4 \cdot NH_3$ 相比，$LiBH_4 \cdot NH_3$@SiO_2 不仅显著抑制 NH_3 释放，而且还将初始放氢温度降至 60℃，有效地促进 NH_3 向 H_2 的转换。在 60～300℃范围内，$LiBH_4 \cdot NH_3$@SiO_2 释放的气体中含有 85% H_2，而纯 $LiBH_4 \cdot NH_3$ 释放的气体中含有 26%氢气。

6.3.5.2 硼氢化物纳米粒子

与纳米限域相比，无载体或无模板直接合成法有利于储氢效率的提高。Li 等[247]采用挥发诱导自组装法制备了球形、中空、多面体等不同形状的硼氢化物纳米粒子，并实现纳米粒子的尺寸调控，使 $LiBH_4$ 纳米粒子在 100℃以下放氢。接着，Aguey-Zinsou 等[248]采用反溶剂沉淀法制备尺寸小于 30nm 的 $NaBH_4$ 粒子，并发现其在 400℃左右即开始放氢，主放氢温度约为 535℃。进一步在 $NaBH_4$ 表面包覆 Ni 层形成核-壳结构的 $NaBH_4$@Ni，如图 6-20所示。该复合体系的主放氢温度降低至 418℃，且在 350℃前两次可逆循环的容量可达 5%，能够在 60min 内释放 80%的氢气。这可能归因于核-壳结构抑制放氢产物的团聚、缩短扩散路径、改变反应路径。本方法不仅实现了纳米限域，而且获得了化学催化作用，为复杂氢化物性能改善提供了新思路。

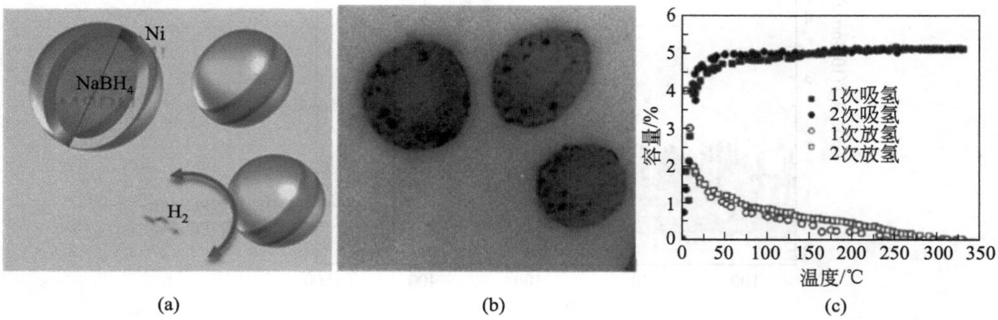

图 6-20 $NaBH_4$@Ni 核-壳结构示意图（a）、TEM 图片（b）及其前两次吸/放氢曲线（c）[248]

Li 等[247]以工业石墨为碳载体来源，借助金属硼氢化物与石墨材料之间的内在相互作用，通过原位形成的硼氢化物细小颗粒的插入和吸附，同步实现了硼氢化物诱发石墨固态剥离以及石墨片指引硼氢化物颗粒形貌重构，并成功获得石墨纳米片（GNs）负载的超细金属硼氢化物纳米点（nano-$NaBH_4$@GNs）。如图 6-21 所示，石墨呈现超薄的片层结构。在该片层结构上，所附着的 $NaBH_4$ 纳米粒子具有球形外观，平均颗粒尺寸为（6.2±0.8）nm。由图中还可得：①热力学性能得到显著改善。如 490℃时放氢平台压力由micro-$NaBH_4$的 0.025MPa 升高到 0.18MPa，对应的分解焓变由 micro-$NaBH_4$ 的（102.9±3.6）kJ/mol H_2 降至（56.5±0.5）kJ/mol H_2。②放氢动力学明显提升。在 500℃时，nano-$NaBH_4$@GNs 在 120min 内释放约 6.8%氢气，而 micro-$NaBH_4$ 在 300min 内仅释放约 1%。即使在更低温度下，nano-$NaBH_4$@GNs 依然具有较好性能，如在 450℃和 400℃时 300min 内分别释放约 5.2%和 4.1% H_2，而相同条件下，micro-$NaBH_4$ 样品 400℃几乎不放氢。动力学定量计算表明，nano-$NaBH_4$@GNs 的表观激活能为（41.3±4.7）kJ/mol，相对于所报道氟化物掺杂的 micro-$NaBH_4$ 约降低了 80%，是目前报道所能达到的最低表观激活能。

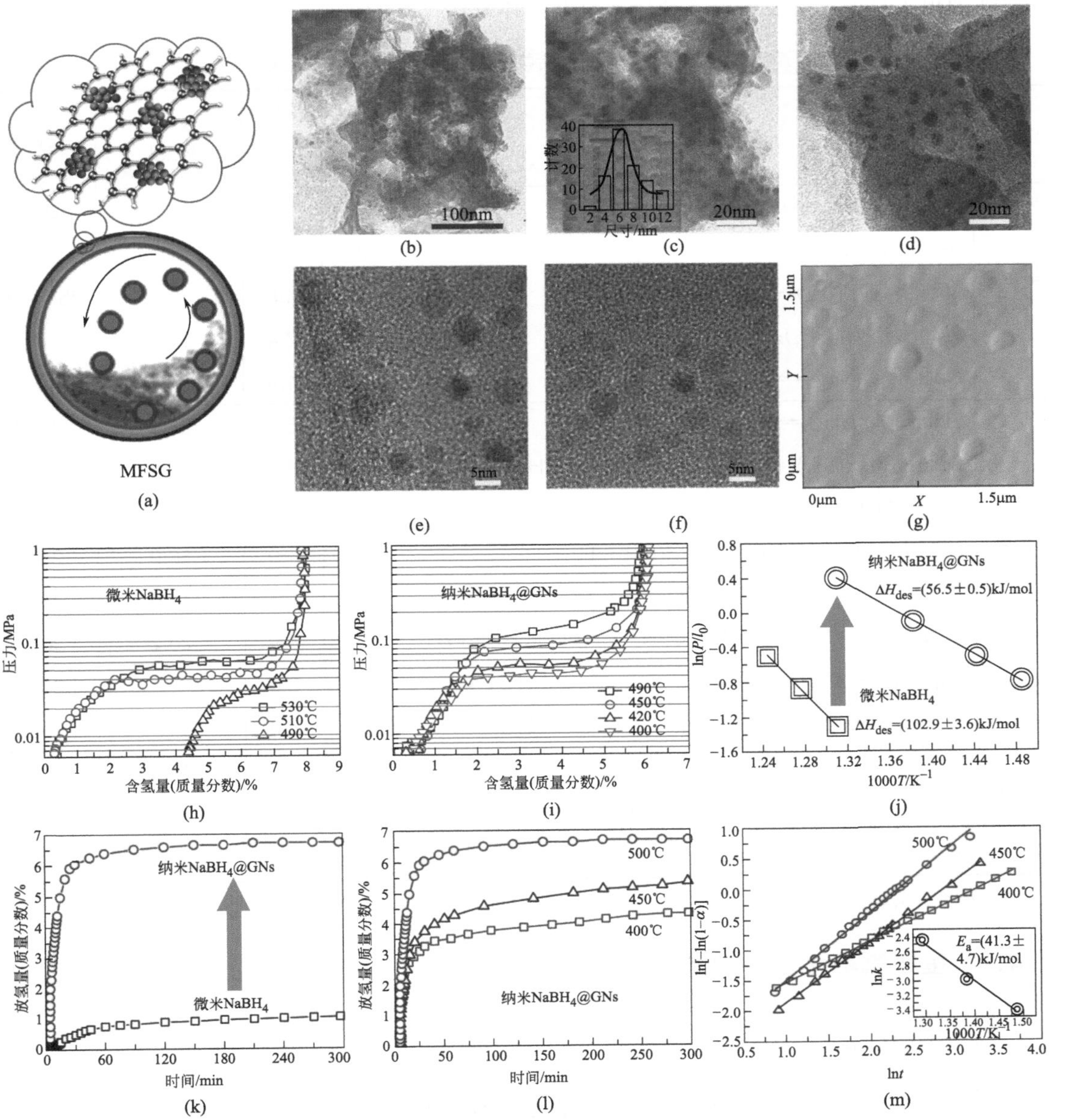

图 6-21 NaBH₄@GNs 的机械力诱导制备示意图(a)，微观形貌(b)～(g)，PCT(h)和(i)，等温放氢曲线(k)和(l)，以及其范特霍夫(j)和阿伦尼乌斯(m)拟合曲线[247]

6.4 金属氨基化合物储氢材料

20 世纪初，金属氨基化合物主要用在有机反应中作为还原剂[249]。2002 年，Chen 等[250]发现 Li_3N 具有高达 10.3%的可逆储氢容量，并首次提出金属氮化物、亚氨基和氨基化合物可作为储氢材料的设想，其吸放氢反应如式(6-20)所示：

$$Li_3N + 2H_2 \rightleftharpoons Li_2NH + LiH + H_2 \rightleftharpoons LiNH_2 + 2LiH \tag{6-20}$$

这一发现拓展了固态储氢材料的研究范围，掀起金属氮基化合物作为储氢材料的研究热潮，

表 6-3 列出了目前已开发研究的金属氮氢储氢体系。

表6-3 部分金属氨基化合物-金属氢化物储氢体系汇总[251]

反应体系	反应方程式	理论储氢量/%	实际储氢量/%	ΔH_{des}/(kJ/mol H_2)	文献
单金属体系	$2LiH+LiNH_2 \rightleftharpoons LiH+Li_2NH+H_2$	6.5	6.3	66.1	[250]
	$\rightleftharpoons Li_3N+2H_2$	10.3	11.5	161①	
	$MgH_2+Mg(NH_2)_2 \longrightarrow 2MgNH+2H_2$	4.9	4.8	—	[252,253]
	$2MgH_2+Mg(NH_2)_2 \longrightarrow Mg_3N_2+4H_2$	7.4	7.4	3.5①	
	$CaH_2+CaNH \rightleftharpoons Ca_2NH+H_2$	2.1	1.9	88.7	[254,255]
双金属体系	$2LiH+Mg(NH_2)_2 \rightleftharpoons Li_2Mg(NH)_2+2H_2$	5.6	5.2	38.9	[256]
	$8LiH+3Mg(NH_2)_2 \rightleftharpoons 4Li_2NH+Mg_3N_2+8H_2$	6.9	6.9	—	[257]
	$4LiH+Mg(NH_2)_2 \rightleftharpoons Li_3N+LiMgN+4H_2$	9.1	9.1	—	[258]
	$KH+Mg(NH_2)_2 \longrightarrow KMg(NH_2)(NH)+H_2$	2.1	1.9	56.0	[259]
	$2LiH+LiNH_2+AlN \rightleftharpoons Li_3AlN_2+2H_2$	5	5.1	50.5①	[260]
	$4CaH_2+2Mg(NH_2)_2 \longrightarrow Mg_2CaN_2+Ca_2NH+CaNH+7H_2$	5	4.9	26.2	[261]
多金属体系	$Mg(NH_2)_2+4LiH+Ca(NH_2)_2 \longrightarrow Li_4MgCaN_4H_4+4H_2$	5	3.0	—	[262]
	$2LiNH_2+NaMgH_3 \longrightarrow Li_2Mg(NH)_2+NaH+2H_2$	4.2	4.0	—	[263]
其他体系	$2LiBH_4+MgH_2 \rightleftharpoons 2LiH+MgB_2+4H_2$	11.5	8.3	45.8	[264]
	$2LiNH_2+LiBH_4 \longrightarrow Li_3BN_2H_8 \longrightarrow Li_3BN_2+4H_2$	11.8	10.2	—	[265]
	$2Li_4BN_3H_{10}+2MgH_2 \longrightarrow 2Li_3BN_2+2MgN+2LiH+11H_2$	9.2	8.2	—	[266]

① 理论计算值。

6.4.1 金属氨基化合物的制备

6.4.1.1 金属氨基化合物制备

第一种方法是利用金属与氨气或液氨直接反应生成金属氨基化合物。熔融的 Li 和 Na 与氨气在 400℃和 300℃下反应分别生成相应的 $LiNH_2$ 和 $NaNH_2$，而 K 金属则可直接与液氨反应，在室温下形成 KNH_2。碱土金属 Mg 粉在 6～8bar 氨压下保温至 300℃也可直接获得 $Mg(NH_2)_2$[267,268]。第二种方法则是利用氮化物与氨气的反应制备氨基化合物。Mg_3N_2 在 10bar 氨压下加热至 350℃即可得到 $Mg(NH_2)_2$。第三种方法是将氢化物置于氨气氛围下加热或球磨得到氨基化合物。如 LiH、NaH 和 CaH_2 在氨气氛围下球磨即可生成相应的 $LiNH_2$、$NaNH_2$ 和 $Ca(NH_2)_2$[268]。升高温度或加入 Fe、Pt 等催化剂可加速反应进行，但部分金属与氨气反应是可逆的，因此需要选择合适的氨压和反应温度。

6.4.1.2 金属亚氨基化合物制备

金属亚氨基化合物可分为单一金属亚氨基化合物和双金属亚氨基化合物。单一金属亚氨基化合物（Li_2NH、MgNH、CaNH 等）可由其氨基化合物直接加热分解制备，如式(6-21) 所示；但金属氨基化合物在加热过程中有两步放氨反应，放氨后产物分别为金属亚氨基化合物和金属氮化物，若使用此方法制备亚氨基化合物，需严格控制分解进度。利用此方法，可成功制备 Li_2NH、MgNH 和 CaNH 等单一金属亚氨基化合物[269-271]。此外，亚氨基化合物也可利用金属氢化物与其氨基化合物的放氢反应来制备［反应(6-22)］[250]。加热金属氨基化合物与金属氮化物也可很容易地制备出金属亚氨基化合物［反应(6-23)］，例如 Hu 等加热手工研磨的 Li_3N 和 $LiNH_2$ 的混合物，在 210℃下 10min 即获得 Li_2NH[261]。

$$6M(NH_2)_x \longrightarrow 3M_2(NH)_x + 3xNH_3 \longrightarrow 2M_3N_x + 4xNH_3 \tag{6-21}$$

$$MH_x + M(NH_2)_x \longrightarrow M_2(NH)_x + xH_2 \tag{6-22}$$

$$M_3N_x + M(NH_2)_x \longrightarrow 2M_2(NH)_x \tag{6-23}$$

利用氨基化合物和氢化物的放氢反应，即可制备双金属亚氨基化合物，例如利用 $Mg(NH)_2$-2LiH 或 $LiNH_2$-$2MgH_2$ 和 $Ca(NH)_2$-2LiH 体系的放氢反应制备出 $Li_2Mg(NH)_2$ 和 $Li_2Ca(NH)_2$ 等[256]。此外，加热混合不同金属的亚氨基化合物也可获得双金属亚氨基化合物，如 Wu 等将 Li_2NH-CaNH 混合物加热到 300℃即获得 $Li_2Ca(NH)_2$[272]。

6.4.1.3 金属氮化物制备

金属氮化物可通过式(6-21) 所示的金属氨基化合物或金属亚氨基化合物加热放氨得到，也可通过金属与氮气直接反应制得，如式(6-24) 所示。金属氨基化合物和金属氢化物的放氢反应也是制备金属氮化物的一种有效途径［式(6-25)］，用此法已成功制备 Li_3N、Mg_3N_2 和 Ca_3N_2[250,252,255]。

$$6M + xN_2 \longrightarrow 2M_3N_x \tag{6-24}$$

$$2MH_x + M(NH_2)_x \longrightarrow M_3N_x + 2xH_2 \tag{6-25}$$

6.4.2 金属氨基化合物的典型晶体结构

6.4.2.1 金属氨基化合物的晶体结构

高分辨率 XRD 测试结果表明，$LiNH_2$ 具有四方晶体结构，空间群为 $I\bar{4}$，其晶胞参数 $a=5.03442$Å，$c=10.25558$Å，图 6-22 是其结构示意图。其中 Li 原子与 4 个 NH_2 基团构成一个四面体，H 原子占据 $8g$ 位置，两个 N—H 键长分别为 0.986Å 和 0.942Å，H—N—H 键角约为 99.97°[273]。第一性原理计算结果表明，$LiNH_2$ 是一种离子型化合物，Li 离子的平均价态为+0.86，Li 原子与 $[NH_2]^-$ 基团以离子键的方式结合，而 $[NH_2]^-$ 基团中的 N 原子和两个 H 原子则以共价键的形式结合，同时 $[NH_2]^-$ 基团中的两个 N—H 键的作用并不完全相同，这导致了 $LiNH_2$ 可能有两种热解途径，即 $Li^+[NH_2]^-$ 和 $[LiNH]^-H^+$[274-276]。$LiNH_2$ 同时具有红外活性和拉曼活性，其由 N—H 键的伸缩振动与 H—N—H 的弯曲振动所引起的特征红外吸收峰分别位于 $3313cm^{-1}/3258cm^{-1}$ 与 $1561cm^{-1}/1539cm^{-1}$，N—H 键伸缩振动的特征拉曼位移在 $3318cm^{-1}/3258cm^{-1}$[277,278]。

与 $LiNH_2$ 类似，$Mg(NH_2)_2$ 也是四方晶体结构，其空间群为 $I4_1/acd$，晶胞参数为 $a=10.3758$Å，$c=20.2621$Å，几乎是 $LiNH_2$ 的 2 倍。其中 Mg^{2+} 与 4 个 $[NH_2]^-$ 四面体

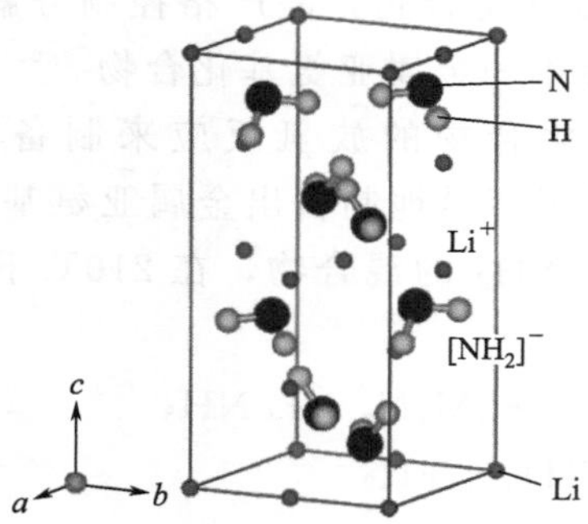

图 6-22　$LiNH_2$ 的晶体结构[276]

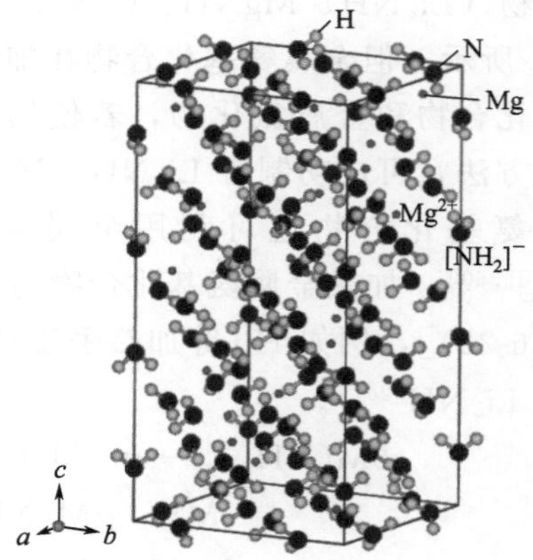

图 6-23　$Mg(NH_2)_2$ 的晶体结构示意图[276]

配位，如图 6-23 所示[276,279,280]。$Mg(NH_2)_2$ 的 N—H 键长为 0.95～1.07Å，H—N—H 之间的键角约在 101°～107°之间。$3326cm^{-1}/3277cm^{-1}$ 和 $1577cm^{-1}$ 处分别是 $Mg(NH_2)_2$ 的 N—H 键的伸缩振动和弯曲振动[281]。表 6-4 汇总了当前研究涉及的主要金属氨基化合物的晶体结构参数及其 N—H 键红外伸缩振动特征峰。

表6-4　常用的碱（土）金属氨基化合物的晶体结构性质

化合物	晶体结构	空间群	晶体参数/Å	N—H 拉伸的红外吸收带/cm^{-1}
$LiNH_2$	四方	$I\bar{4}$	a= 5.03442 c= 10.25558	3313/3258
$NaNH_2$	斜方	*Fddd*	a= 8.964 b= 10.456 c= 8.073	3267/3218
KNH_2	立方	$Fm\bar{3}m$	a= 6.12283	3256/3210
	四方	P4/nmm	a= 4.28507 c= 6.1830	
	单斜晶系	P21/m		
$Mg(NH_2)_2$	四方	$I4_1/acd$	a= 10.3758 c= 20.2621	3326/3277
$Ca(NH_2)_2$	四方	$I4_1/amd$	a= 5.147 c= 10.294	3318/3295/3257/3328

6.4.2.2　金属亚氨基化合物

作为唯一的碱金属二元亚氨基化合物，Li_2NH 的晶体结构至今仍存在许多争议，这可能与 H 的占位不固定有关。早在 1951 年，Juza 等就提出 Li_2NH 为反萤石结构，空间群为 $Fm\bar{3}m$，N 以面心立方形式堆积，Li 占据四面体位，但 H 的位置未能确定[282]。Ohoyama 等结合中子衍射数据，提出了两种可能的 Li_2NH 模型（$a=5.0769$Å）：一种空间群为

$F\bar{4}3m$，H原子占据48h位；另一种空间群为$Fm\bar{3}m$，H原子占据16e位[283]。Noritake等用同步辐射X射线衍射方法（SR-XRD）对Li_2NH的晶体结构及电荷密度进行了研究，认为Li_2NH的晶体空间群是$Fm\bar{3}m$，晶胞参数$a=5.074$Å，H占据N原子48h的任意位置[284]。Balogh等结合XRD和中子衍射技术系统地研究了Li_2ND的结构及其随温度的变化关系。实验发现，Li_2ND在85℃会发生一个从有序到无序的相变过程。高温Li_2ND相被认为是无序立方反萤石结构$Fm\bar{3}m$，D原子随机占据192l位置；而低温Li_2ND相可以被描述为八面体位被D(Li)部分占据的具有$Fm\bar{3}m$对称性的有序立方晶系或八面体位被D(Li)全占据的正交结构（$Ima2$或$Imm2$）。该实验首次确定了Li_2ND中D原子的位置，并发现低温结构中八面体位Li的存在[285]。图6-24为Li_2NH的高温相和低温相的结构示意图[286]。

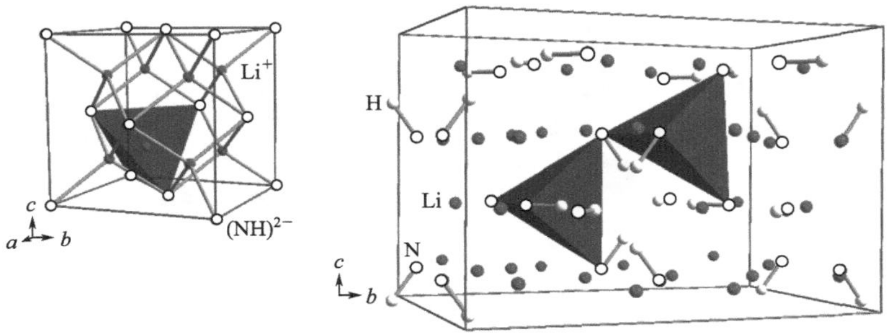

(a) 高温相，取向无序　　(b) 低温相，取向有序

图6-24　Li_2NH的晶体结构[286]

Li_2NH的晶体结构同样引起了不少理论计算研究人员的兴趣，他们采用各种不同的理论计算方法试图构建能量最优的Li_2NH的晶体结构，提出了$Pnma$、$Fdd2$、$Pbca$等对称性的晶体结构[287-293]。其中$Pnma$、$Fdd2$的模拟衍射图与实验数据吻合较好，但无法解释室温下Li_2NH的Li^+优异的传导特性。Chen等以$Fm\bar{3}m$对称性的无序立方晶系为出发点，构建了新的Li_2NH低温结构模型，首次在该结构中引入两种八面体位Li，从而阐明了八面体位占据数随温度的变化以及室温Li_2NH的离子电导性质[294]。由于制备条件的不同，所得的Li_2NH中的N—H键的特征红外吸收峰也存在着一定的差异，已报道的红外吸收峰有$3160cm^{-1}$、$3150cm^{-1}$、$3180cm^{-1}$和$3250cm^{-1}$[269,277]。

不同于Li_2NH，MgNH具有六方晶体结构。Jacobs等认为其空间群为$P6_322$，晶胞参数$a=11.574$Å，$c=3.681$Å[295]。但通过中子衍射结果，Dolci等认为MgNH是空间群为$P6/m$的六方结构，其晶胞参数为$a=b=11.567$Å，$c=3.681$Å[296]。Mg原子位于N原子组成的四面体的中心，Mg—N键长为2.07～2.14Å，N—Mg—N的键角为94.47°～125.39°，而其所对应N—H键的特征红外吸收峰位于$3190cm^{-1}$附近[259]。

双金属亚氨基化合物$Li_2Mg(NH)_2$是一种具有多晶型的化合物。Rijssenbeek等利用SR-XRD和中子衍射的方法对其晶体结构进行了研究，发现$Li_2Mg(NH)_2$在室温下具有正交结构的α相[如图6-25(a)所示]，其空间群为$Iab2$，晶胞参数为$a=9.7871$Å，$b=4.9927$Å，$c=20.15$Å[297]。在温度加热至350℃时，阳离子和阳离子空位会发生无序化转变，从正交结构的α相首先转变成立方结构的β相[$P\bar{4}3m$，图6-25(b)]，其晶胞参数为$a=5.027$Å。当温度继续升高至500℃以上时，Li原子、Mg原子和阳离子空位以2∶1∶1

的比例随机分布于四面体的间隙位置，立方结构的β相转变为面心立方结构的γ相[$Fm\bar{3}m$，图 6-25(c)]，晶胞参数 a=5Å。理论计算结果表明，正交相$Li_2Mg(NH)_2$为基态稳定结构，阳离子空位的局域有序排列有利于结构的稳定[298]。正交相的α-$Li_2Mg(NH)_2$特征红外吸收峰位于 3180cm^{-1}和 3163cm^{-1}附近，而立方相的β-$Li_2Mg(NH)_2$的吸收峰则为一个中心位于 3174cm^{-1}的宽吸收峰[299,300]。

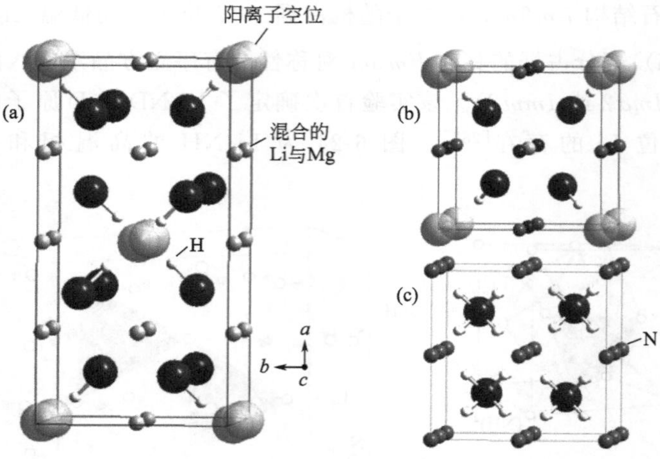

图 6-25 $Li_2Mg(NH)_2$的三种晶体结构示意图：(a) 正交结构，*Iba*2；(b) 简单立方，$P\bar{4}3m$；(c) 面心立方，$Fm\bar{3}m$[297]

$Li_2Mg_2(NH)_3$是另外一种 Li-Mg 双金属阳离子的亚氨基化合物，具有四方晶体结构，其晶胞参数为 a=5.15Å，c=9.67Å，特征红外吸收峰为 3195cm^{-1}和 3164cm^{-1}[299,301]。$Li_2Ca(NH)_2$为反三角-Li_2O_3结构（$P\bar{3}m1$），与Li_2NH很不相同，晶胞参数为 a=3.5664Å，c=5.954Å，Ca、Li、N 原子分别占据 1b（0，0，1/2）、2d（1/3，2/3，0.8841）、2d（1/3，2/3，0.2565）[302]。利用核磁共振（NMR）和 X 射线精细结构（XAFS）分析手段表明，Li 和 Ca 周围 N 的配位数分别为 4 和 6。Wu 等随后采用粉末中子衍射（PND）也对$Li_2Ca(ND)_2$分析确认此结果，并发现$Li_2Ca(ND)_2$中存在 3%～14%的 Li 离子空位，但与$Li_2Mg(NH)_2$中的阳离子空位明显不同，$Li_2Ca(NH)_2$可看作是 CaNH 与Li_2NH的交互层状结构[272]。

6.4.2.3 金属氮化物

理论计算表明，碱金属、碱土金属的氨基化合物、亚氨基化合物、氮化物均呈现出典型的离子型化合物特征。Li_3N有三种存在形式，即α-Li_3N、β-Li_3N和γ-Li_3N。研究较多的是具有六方结构的α-Li_3N，如图 6-26 所示。α-Li_3N在垂直于 c 轴方向呈现 $[Li_2N]^-$和$[Li]^+$交互的层状结构，并且在$[Li_2N]^-$层中存在 1%～2%的阳离子空位[303]。^7Li固体核磁证实，少量的H^+可进入$[Li_2N]^-$层中的阳离子空位中，同时增强锂离子和氢离子运动能力，因此，α-Li_3N被认为是一种良好的锂离子传导体[304]。Mg_3N_2具有立方晶体结构，空间群为 $Ia3$，晶胞参数为 a=9.968Å，Mg 原子占据晶胞的 48e 位置，N 原子占据 8b 与 24d 位置。

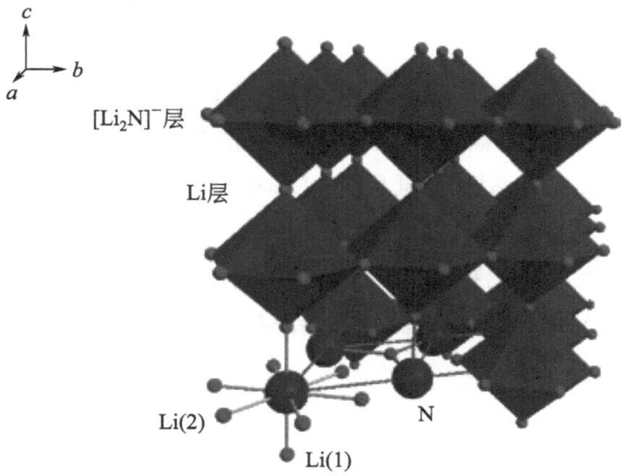

图 6-26　α-Li_3N 的晶体结构示意图[303]

6.4.3 复合反应机理

6.4.3.1 固-固反应机理

自 2002 年金属氨基化合物-金属氢化物储氢体系发现以来，其放氢机理就存在广泛的争议，主要有两种不同的观点：固-固反应机理和氨气中间体反应机理。Chen 等提出了固-固反应机理，该机理认为金属氢化物中带负电荷的氢与金属氨基化合物中带正电的氢可直接相互作用生成 H_2[250,268]。固-固反应机理的动力学阻力主要来源于反应前期的界面接触和反应后期的质子传递，其反应模型如图 6-27 所示[269]。

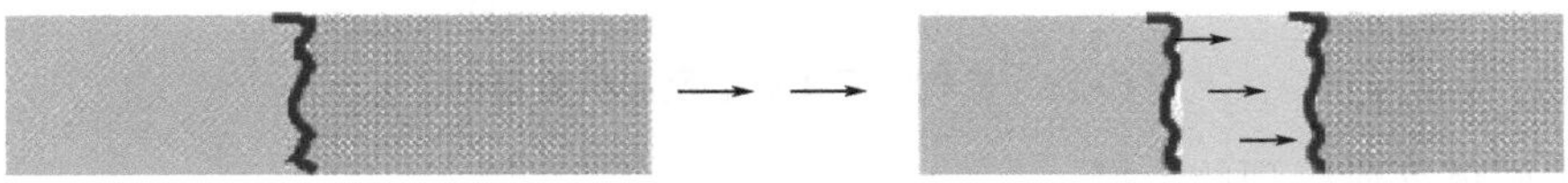

图 6-27　固-固放氢反应机理模型[269]

固-固反应机理的证据主要基于：

① 金属氢化物和金属氨基化合物一般均需较高温度才能分解释放氢气和氨气。当它们均匀混合后，在较低温度下即可放氢，如 $Mg(NH_2)_2$ 的分解温度在 200～500℃之间，LiH 的分解温度高于 450℃，而 $Mg(NH_2)_2$-2LiH 体系的放氢温度范围为 140～250℃，并且绝大部分氢气可在低于 200℃的条件下释放出来[305]。这表明金属氢化物与金属氨基化合物之间存在某种相互作用力。带负电的 H 与带正电的 H 之间存在强的相互作用力，H^- 和 H^+ 结合生成 H_2 [如反应式(6-26)]，释放大量的能量，可能是固-固反应的化学驱动力[269,305,306]。

$$H^+ + H^- \longrightarrow H_2 \qquad \Delta H = 17.37\text{eV} \tag{6-26}$$

② 室温球磨 LiD 与 $Mg(NH_2)_2$ 或 LiD 与 $Li_2Mg(NH)_2$ 即可发生 H-D 交换，这表明在金属氨基化合物-金属氢化物、金属亚氨基化合物-金属氢化物的界面上存在中间过渡态或相互作用力[305]。

③ 等温/非等温动力学测试结果表明，$Mg(NH_2)_2$ 分解放氨的表观活化能（130kJ/

mol）明显大于 $Mg(NH_2)_2$-2LiH 反应放氢的表观活化能（88kJ/mol），故 $Mg(NH_2)_2$ 分解放氨不可能是速控步骤[305]。

④ Isobe 等[307]通过 TEM 原位观察 $LiNH_2$-LiH 的吸放氢反应过程，发现在放氢过程中 $LiNH_2$ 颗粒大小保持不变，LiH 颗粒逐渐缩小直到消失，加氢后 LiH 又在 $LiNH_2$ 的表面得以再生。这说明 $LiNH_2$-LiH 体系吸放氢反应过程中 N 原子占位未发生变化，似乎不符合氨气中间体反应机理。

⑤ 金属氨基化合物-金属氢化物储氢材料的放氢产物，即金属亚氨基化合物，多具有特别结构，如 Li_2NH 和 $Li_2Mg(NH)_2$ 为反萤石结构，$Li_2Ca(NH)_2$ 具有层状结构，均包含大量阳离子缺陷[272,308]。

6.4.3.2 氨气中间体反应机理

Hu 和 Ichikawa 等[309-311]提出了氨气中间体反应机理，认为金属氨基化合物-金属氢化物放氢经过两步基元反应，首先金属氨基化合物受热分解出 NH_3，而后 NH_3 与金属氢化物反应生成 H_2。氨气中间体反应机理最直接的证据就是 NH_3 与金属氢化物的反应是个超快的放热反应，一般在毫秒级别内即可完成[309,311]，其反应模型如图 6-28 所示[309]。

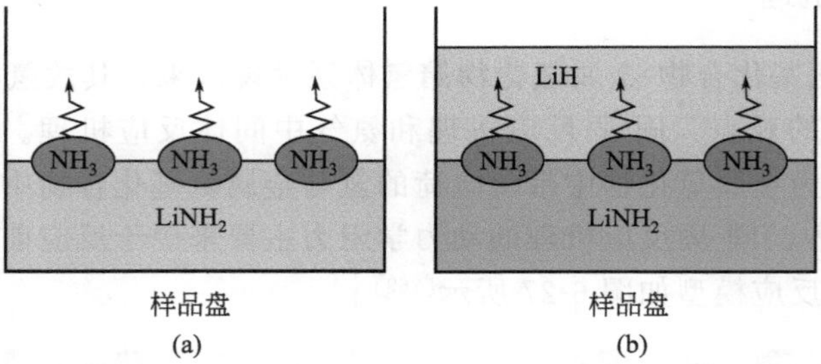

图 6-28 氨气中间体放氢反应机理模型[309]

氨气中间体反应机理的依据：

① $LiNH_2$ 受热分解产生 NH_3 和 Li_2NH，新生成的 NH_3 可在 25ms 内与 LiH 反应生成 $LiNH_2$ 和 H_2，因此通过 NH_3 中间体，$LiNH_2$-LiH 体系的放氢反应过程可用反应式(6-27)和式(6-28) 两步基元反应进行定性描述[309,311]：

$$2LiNH_2 \longrightarrow Li_2NH + NH_3 \tag{6-27}$$

$$LiH + NH_3 \longrightarrow LiNH_2 + H_2 \tag{6-28}$$

② 因为 $LiNH_2$ 晶体中—NH_2 基团上的两个 N—H 键键长不相同，导致 $LiNH_2$ 有两种过渡解离步骤，即 Li^+/NH_2^- 和 $LiNH^-/H^+$，按照弗伦克尔缺陷对机理[312]，这一特点有利于 NH_3 的生成［式(6-29)］。

$$\begin{aligned} LiNH_2 &\longrightarrow Li^+ + NH_2^- \\ LiNH_2 &\longrightarrow LiNH^- + H^+ \\ H^+ + NH_2^- &\longrightarrow NH_3 \\ Li^+ + LiNH^- &\longrightarrow Li_2NH \end{aligned} \tag{6-29}$$

③ 大部分金属氨基化合物-金属氢化物体系放氢时伴随少量 NH_3 的释放[120]。

④ 原位 ^1H NMR 谱表明活化后的 $LiNH_2$ 在 30℃即可释放出氨气，NH_3 与 LiH 在 150℃左右快速反应放出 H_2，而 NH_3 消失[313]。

⑤ 根据上述式(6-27) 和式(6-28) 两基元反应，可定量表达金属氨基化合物-金属氢化物储氢体系的放氢过程，如 $LiNH_2$-LiH 体系的放氢过程 [反应(6-30)][309]。

$$
\begin{aligned}
LiH+LiNH_2 &\longrightarrow \frac{1}{2}LiH+\left(\frac{1}{2}LiH+\frac{1}{2}NH_3\right)+\frac{1}{2}Li_2NH \\
&\longrightarrow \frac{1}{2}LiH+\frac{1}{2}LiNH_2+\frac{1}{2}Li_2NH+\frac{1}{2}H_2 \\
&\longrightarrow \frac{1}{4}LiH+\frac{1}{4}LiNH_2+\left(\frac{1}{2}+\frac{1}{4}\right)Li_2NH+\left(\frac{1}{2}+\frac{1}{4}\right)H_2 \\
&\longrightarrow \cdots \\
&\longrightarrow \frac{1}{2^n}LiH+\frac{1}{2^n}LiNH_2+\sum_{i=1}^{n}\frac{1}{2^i}Li_2NH+\sum_{i=1}^{n}\frac{1}{2^i}H_2 \\
&\longrightarrow Li_2NH+H_2
\end{aligned}
\tag{6-30}
$$

6.4.4 复合储氢性能

6.4.4.1 氨基锂-氢化锂复合储氢体系

Li_3N 在 200℃即可快速吸收约 6%的氢气，Li_3N 转变为 Li_2NH 和 LiH，如图 6-29 所示；当温度升高至 255℃时，其实际总吸氢量高达 9.3%，样品彻底转变为 $LiNH_2$ 和 LiH[250]。然而由于第一步吸氢反应（Li_3N 转化成为 Li_2NH）的过程中释放出大量热量（−116kJ/mol H_2），容易引起反应物、产物烧结，导致材料的吸放氢动力学性能下降。另外，从热力学上判断，其逆反应——放氢反应需要在高温（400℃）下才能进行，因此大量研究集中于可逆储氢量可达 6.5%的第二步吸氢反应过程 [如式(6-31)]。

$$Li_2NH+H_2 \rightleftharpoons LiNH_2+LiH \tag{6-31}$$

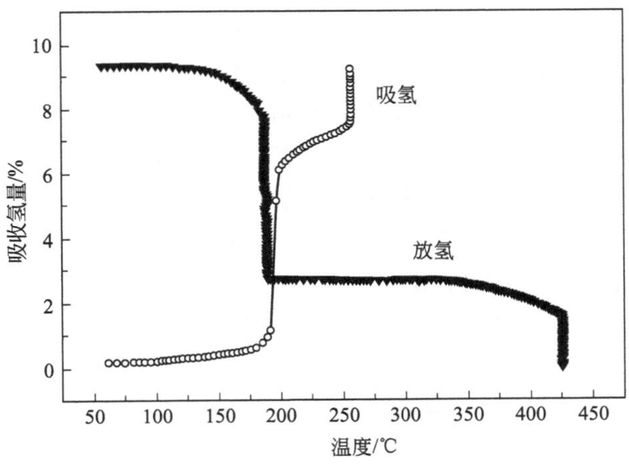

图 6-29 Li_3N 样品吸放氢过程中的质量变化曲线[250]

根据 Li_2NH 不同温度下的 PCI 曲线以及 van't Hoff 方程，如图 6-30 所示，计算得到反应的吸放氢焓值是 45.0kJ/mol H_2[250]。但 Kojima 等计算出反应的焓值是 66.6kJ/mol H_2[277]。之后，Isobe 等用 TG（热重分析仪）-DSC（差示扫描量热法）联用的方法确认了反应的焓值是 67.0kJ/molH_2[314]。结合氢气生成熵 [约 120J/（mol · K H_2）]，从热力学上可推算出温度保持在约 280℃时体系将产生 0.1MPa 平衡氢压。

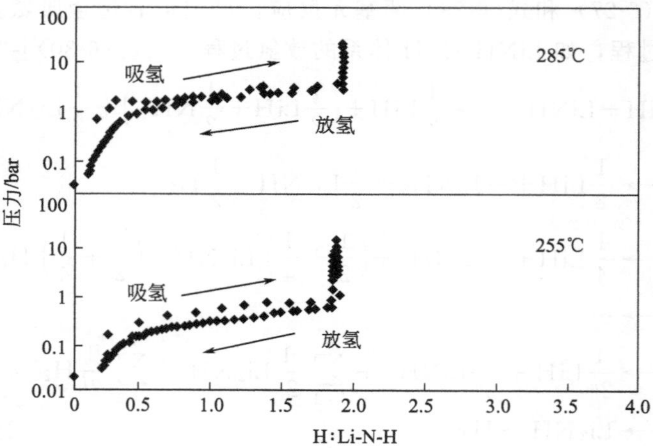

图 6-30 Li_2NH 样品在 255℃和 285℃的 PCT 曲线[250]

根据材料的结构解析和化学键稳定性，发现 $LiNH_2$ 中的两个 N—H 键存在着明显差异，故 $LiNH_2$ 可分解为 Li^+ $[NH_2]^-$ 和 $[LiNH]^-$ H^+。Gupta 等通过第一性原理计算了 Li_2NH 和 $LiNH_2$ 的电子结构发现，降低颗粒尺寸、增强表面活性和添加催化剂是改善体系放氢动力学的有效方法[315]。

Shaw 等发现高能球磨可有效提高 $LiNH_2$-LiH 体系的吸/放氢动力学性能，究其原因，他们发现高能球磨显著降低了反应物的颗粒尺寸，产生了纳米结构，增加了反应物的混合均匀程度[316]。Osborn 等研究了纳米化对 $LiNH_2$-LiH 体系的吸/放氢循环稳定性的影响，发现 60 个吸/放氢循环后，动力学性能的下降造成放氢容量的下降幅度为 10%。在开始的 10 个吸/放氢循环后，虽然比表面积降低 75%，晶粒尺寸仍比较稳定，接近 20nm[317]。

Ichikawa 等发现在 $LiNH_2$-LiH 体系中若添加少量的过渡金属或其相应的化合物，如 V、Fe、VCl_3 和 $TiCl_3$ 等，可显著增强该体系的放氢反应动力学性能，其中添加 $TiCl_3$ 的效果最好：掺杂 1%（摩尔分数）的 $TiCl_3$，放氢峰变得尖锐和对称起来，在 150～250℃的温度范围内即可放出 5.5%的氢气，放氢峰值温度降低了近 30℃，并且整个放氢过程中几乎检测不到氨气，如图 6-31 所示[318,319]。此外还发现纳米 Ti 和 TiO_2 也具有类似的效果，不过微米 Ti 和 TiO_2 却不产生任何作用。循环测试还显示该样品在 3 个循环内仍能保持 5% H_2 储存容量。他们由此认为，均匀分散的 Ti 颗粒对体系的吸放氢动力学有着重要的催化作用[319]。Matsumoto 等持有不同的看法，他们使用 Kissinger 和 Arrhenius 两种方法测试了掺杂和不掺杂 $TiCl_3$ 的 $LiNH_2$-LiH 体系的放氢反应活化能，结果均表明改性的体系的活化能显著大于原始体系，同时还发现球磨过程中 $TiCl_3$ 可有效降低体系中的晶粒尺寸，因此他们认为 $TiCl_3$ 并不是 $LiNH_2$-LiH 体系的催化剂，而是减小了晶粒尺寸，从而引起了体系吸放氢性能的提高[320]。Zhang 等研究发现 $TiCl_3$ 添加的 Li-N-H 体系中真正起催化作用的是吸放氢过程中形成的 $LiTi_2O_4$[321]。Ma 等研究发现 Co-Fe 合金可协同增强 Li-N-H 体系的离子迁移，提高其放氢速率，但吸氢过程中 Co-Fe 合金从体系中分离出来，使其改性作用失效[322]。

除了添加过渡金属外，Aguey-Zinsou 等报道了 BN 的加入可有效地提高 $LiNH_2$-LiH 体系的锂离子和氢离子的扩散，从而使体系在 200℃下 7h 内可以实现完全放氢，而原始样品在相同温度下 20h 的放氢量达不到一半[323]。Leng 等发现添加 $MgCl_2$ 同样可以有效改善

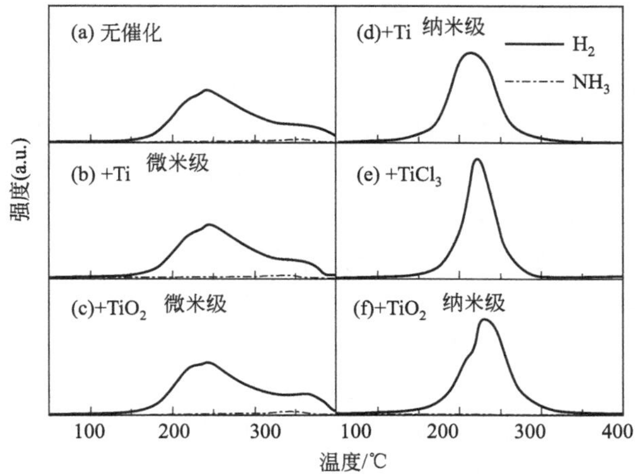

图 6-31 各种含 Ti 掺杂的 $LiNH_2$-LiH 样品的 TPD 曲线（升温速率为 5℃/min）

$LiNH_2$-LiH 体系的储氢性能[324]。最近，Xia 等[325]采用静电纺丝技术制备了碳包覆的多孔纳米纤维状的 Li_3N。该纤维显示出明显优于颗粒状材料的吸放氢性能，其在 250℃条件下经过 10 次吸放氢循环后仍可保持 8.4%的可逆储氢量；而在相同条件下颗粒状的 Li_3N 在 5 次循环后其储氢量就减至 1.7%。

6.4.4.2 氨基碱土金属复合体系

类似于 Li-N-H 体系，以 1∶1 和 1∶2 的摩尔比均匀混合 $Mg(NH_2)_2$ 和 MgH_2 材料形成 Mg-N-H 体系。Hu、Nakamori 和 Leng 等分别研究了 Mg-N-H 体系，实验结果显示其起始放氢温度相比 Li-N-H 体系降低很多[253,270,326]。整个反应过程可用式(6-32) 描述，其氢容量高达 7.3%。通过热力学分析表明 Mg-N-H 体系放氢反应焓为 3.5kJ/mol H_2，因此 Mg-N-H 体系可逆吸氢能力差[255]。

$$Mg(NH_2)_2 + 2MgH_2 \longrightarrow Mg_3N_2 + 4H_2 \tag{6-32}$$

另外，球磨时间对 Mg-N-H 体系放氢行为有较大影响。例如，高能球磨 5h 的 $Mg(NH_2)_2$-MgH_2 体系的起始放氢温度高达 200℃；而球磨 11h 的体系，其起始放氢温度仅为 65℃；高能球磨 20h，可以释放体系 75%的氢；当球磨时间延长到 72h，则体系可释放全部氢气[326]。

其他的二元氮氢化合物体系，如 Ca-N-H 体系，与 Li-N-H 和 Mg-N-H 体系相比，反应更为复杂。Hino 等曾研究了 $Ca(NH_2)_2$ 与不同比例的 CaH_2 的放氢反应［$Ca(NH_2)_2$∶CaH_2=1∶1 和 1∶3］以及 CaNH 与 CaH_2 的放氢反应。其结果显示 $Ca(NH_2)_2$∶CaH_2=1∶3 是一个两步放氢反应过程，如式(6-33) 和式(6-34) 所示[327]。但该体系在 500℃以上的高温才产生 1bar 的氢气分压，难以实用化[250]。

$$Ca(NH_2)_2 + CaH_2 \longrightarrow 2CaNH + 2H_2 \tag{6-33}$$

$$2CaNH + 2CaH_2 \rightleftharpoons 2Ca_2NH + 2H_2 \tag{6-34}$$

6.4.4.3 氨基镁-氢化锂（Li-Mg-N-H）复合储氢体系

Li-N-H 体系虽具有较高的储氢容量，但较差的吸放氢热力学以及缓慢的动力学性能阻碍了其实用化进程。Orimo 等通过理论计算发现，用电负性较大的元素如 Mg、Ca 等元素部分替代 Li 元素，能有效降低 $LiNH_2$ 的稳定性，从而改善体系的吸放氢热力学性能[328]。该理论计算结果也在实验上得到了验证。当用 Mg 部分取代 $LiNH_2$-LiH 体系中的锂离子后，有效地降低了体系的放氢反应温度。第一性原理计算表明，使用电负性较大的 Mg 原子或 Ca 原子部分取代 Li 原子可弱化 N—H 键，因而有利于体系储氢性能的改善。随后，Xiong 等与 Luo 等同时报道了以 $Mg(NH_2)_2$ 和 MgH_2 分别取代 $LiNH_2$-LiH 体系中的 $LiNH_2$ 和 LiH，得到了 Li-Mg-N-H 储氢体系[256,329]。研究发现，该体系吸放氢的操作温度（180℃）比 Li-N-H 体系（250℃）降低很多，有效地改善了体系的储氢性能。

与 $LiNH_2$-LiH 体系相比，Mg（NH_2）$_2$-2LiH 或 $2LiNH_2$-MgH_2 体系的理论储氢容量有所降低（约 5.6%），但是该体系在低于 200℃下即可快速吸放 5%以上的氢气。此外，该体系在 180℃即可获得大于 20bar 的平衡氢压，表明其热力学性质已获得显著改善。另外，$Mg(NH_2)_2$-2LiH 和 $2LiNH_2$-MgH_2 放氢产物均为 $Li_2Mg(NH)_2$，但 $Li_2Mg(NH)_2$ 吸氢后只能转变成 Mg（NH_2）$_2$-2LiH，其储氢反应路径可用式(6-35) 表示[256,329,330]：

$$2LiNH_2+MgH_2 \longrightarrow Mg(NH_2)_2+2LiH \rightleftharpoons Li_2Mg(NH)_2+2H_2 \quad (6\text{-}35)$$

Li-Mg-N-H 体系的 PCT 曲线如图 6-32 所示。利用 van't Hoff 方程计算可知 Mg (NH)$_2$-2LiH 体系的放氢焓变在－44～－39kJ/molH_2 之间，放氢反应熵值介于 112～116J/(K・mol H_2) 之间。因此，理论计算可知该储氢体系在 90℃左右即可产生 1bar 的平衡氢压，符合燃料电池的工作温度要求，具有很好的车载应用前景[330]。

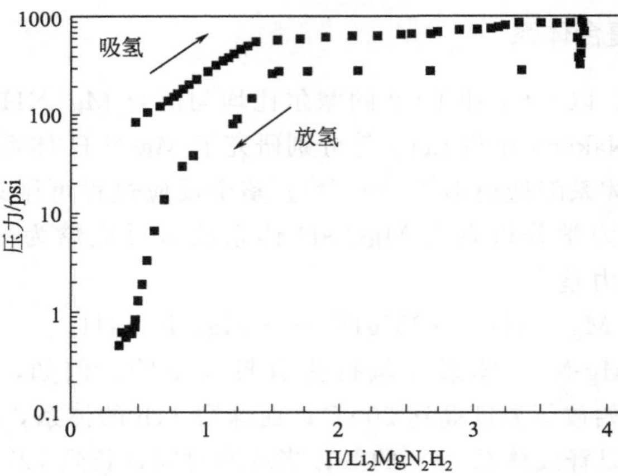

图 6-32 Mg(NH)$_2$-2LiH 体系 180℃时的 PCT 曲线[256]

$Mg(NH)_2$-2LiH 体系吸放氢 PCT 曲线包含一平台区和一斜线区，表明其吸放氢反应包含两个过程。Luo 等发现 $Mg(NH)_2$-2LiH 体系在吸放氢过程中存在一种中间产物 $Li_2MgN_2H_{3.2}$，其红外光谱显示与 $LiNH_2$ 具有相同的特征吸收峰，因此他们认为在平台区发生单个固-气反应，而在斜线区发生多个固-气反应[331]。Hu 等通过 XRD 和 FTIR（傅里叶变换红外光谱仪）等检测手段，发现 $Mg(NH)_2$-2LiH 体系在吸放氢过程中会生成 $Li_2Mg_2(NH)_3$ 和 $LiNH_2$ 中间相，由此提出了 PCI 曲线的平台区和斜线区的反应分别如式(6-36) 和式(6-37) 所示[299]：

$$\text{平台区：}2Mg(NH_2)_2+3LiH \rightleftharpoons Li_2Mg_2(NH)_3+LiNH_2+3H_2 \quad (6\text{-}36)$$

$$\text{斜线区：}Li_2Mg_2(NH)_3+LiNH_2+LiH \rightleftharpoons 2Li_2Mg(NH)_2+H_2 \quad (6\text{-}37)$$

而若将 $Mg(NH_2)_2$ 和 LiH 按不同的摩尔比混合，则可以得到不同的 Li-Mg-N-H 体系，其储氢容量和反应途径并不完全相同。如 $3Mg(NH_2)_2$-8LiH 体系和 $Mg(NH_2)_2$-4LiH 体系相对 $Mg(NH_2)_2$-2LiH 的样品，其理论放氢量分别由约 5.6%增加到 6.9%和 9.1%，但它们的放氢结束温度则较 $Mg(NH_2)_2$-2LiH 体系升高[332]。

储氢材料产生氢气的纯度对其实用化影响也很大。因此 Luo 等从这个角度出发，系统研究了 $Mg(NH)_2$-2LiH 体系在吸放氢过程中副产物氨气的浓度以及循环稳定性[333]。结果表明，体系产生的氨气浓度与放氢操作温度密切相关，当放氢温度由 180℃上升至 240℃时，氨气浓度由 180×10^{-6}上升至 720×10^{-6}；经过 270 个吸放氢循环后，该材料的储氢容量降低了大约 25%，7%的损失来源于副产物氨气的产生，而另外的衰减原因尚不明确[334]。Liu 等也发现 $Mg(NH)_2$-2LiH 体系在放氢过程中氨气浓度与反应温度有直接联系，放氢反应温度越高，氨气平衡分压越高[335]。

虽然热力学计算表明 $Mg(NH_2)_2$-2LiH 体系在 90℃左右即可产生 1bar 的平衡氢压，但是实验观测到其起始放氢温度仍高于 140℃，而要获得可观的放氢速率，通常温度要达到 200℃[330,336]。利用 Kissinger 和 Arrhenius 公式计算可知该体系表观活化能达到 100～120kJ/mol，说明该体系的放氢过程存在较大的动力学能垒，因此要材料实用化必须进行动力学改性[330,337]。

降低体系的颗粒尺寸可有效增加材料的比表面积，缩短离子扩散距离，从而改善体系的动力学和热力学性能。Liu 等发现颗粒尺寸为 100～200nm 的 $Li_2Mg(NH)_2$ 的起始氢化温度比尺寸为 800nm 的颗粒降低了约 100℃，其吸放氢温度随着颗粒尺寸的减小而逐渐向低温方向偏移，但随着吸放氢循环的进行，这些颗粒逐渐团聚长大，从而使改性作用消失[338]。Wang 等研究发现在 $Mg(NH_2)_2$-2LiH 体系中添加磷酸三苯酯（TPP），能有效阻止吸放氢循环中颗粒的团聚以及晶粒的长大，使体系实现在 150℃的条件下可逆吸放氢循环[339]。近期 Xia 等[340]采用水热制备技术制备了空心碳球包覆的纳米状的 Li-Mg-N-H 材料。该样品显示出明显优于颗粒状材料的吸放氢性能，其在 105℃条件下即可释放出约 5%的氢含量，并且经过 10 次吸放氢后仍可保持约 5%的可逆储氢量，而在相同条件下颗粒状 Li-Mg-N-H 在 5 次循环后储氢量就减至 0.43%。

研究发现，在 Li-Mg-N-H 体系中添加碱金属氢化物及化合物可以显著改善其动力学和可逆加氢性能[341]。Wang 等[342]在 Li-Mg-N-H 体系中引入 KH 使整个体系的放氢温度降低至 80℃，并且在 107℃条件下实现可逆吸氢 5%。这主要归因于 K 团簇弱化 N—H 和 Li—N 键，进而引起动力学显著增强。Paik 等[343,344]引入 LiH 构建 $Mg(NH_2)_2$-4LiH-$LiNH_2$ 三元体系，在 150℃下实现了 7%的可逆容量，且无氨气释放。在上述基础上，Liu 等[345-347]尝试了一系列含钾化合物对 Li-Mg-N-H 体系的改性增强作用。如 KOH 掺杂的 $Mg(NH_2)_2$-2LiH 体系具有较低的放氢温度和可逆性能。掺杂 0.07%（摩尔分数）的 KOH 样品的初始放氢温度可降低至约 75℃，而且其 30 次可逆吸放氢容量衰减只有 0.002%。此外还发现，掺杂 0.08%（摩尔分数）的 KF 可使复合体系的放氢温度降低至 80℃左右，比纯 LiMgNH 体系低了 50℃。但这种改善效应只能在低温下保持，当温度高于 200℃时，这种改善效应会消失。

6.4.4.4 $Ca(NH_2)_2$-LiH 储氢体系

将 CaH_2 替代 Li-N-H 体系中的 LiH，或者用 $Ca(NH_2)_2$ 替代 $LiNH_2$，即可得到 Li-Ca-N-H 体系[256]。$2LiNH_2$-CaH_2 体系的起始放氢温度为 100℃，放氢峰温为 140℃，放氢量为

4.5%，放氢后在180℃和30bar的氢压下吸氢可生成$Ca(NH_2)_2$和LiH，其吸放氢反应如下式所示[302]：

$$2LiNH_2+CaH_2 \longrightarrow Li_2Ca(NH)_2+2H_2 \rightleftharpoons Ca(NH_2)_2+2LiH \quad (6\text{-}38)$$

其放氢反应焓变为78kJ/molH_2，放氢表观活化能为120kJ/mol[348]。但此体系二次放氢量仅为2.5%，表明放氢产物未实现完全氢化。Chu等[349]研究发现不同摩尔比的$LiNH_2$-CaH_2的储氢性能：$2LiNH_2$-CaH_2体系在350℃下放氢量为4.0%，$4LiNH_2$-CaH_2体系的放氢量则为3.0%。

6.4.4.5 $LiNH_2$-$LiBH_4$体系

2004年，H. J. Lin等将$LiBH_4$与$LiNH_2$以1∶2的摩尔比进行球磨复合制备出新型储氢材料，该体系在350℃即可释放出高达10%的理论储氢容量，从而引起了人们的普遍关注[344]。进一步研究发现，将这两种氢化物通过机械球磨或者加热的手段按照不同的比例混合可以得到两种既不同于金属硼氢化合物又不同于金属氨基化合物的物质：Li_2BNH_6和$Li_4BN_3H_{10}$［如式(6-39)和式(6-40)所示］。结构分析可知，球磨后的$LiBH_4$-$2LiNH_2$体系主要是由$Li_4BN_3H_{10}$和少量的Li_2BNH_6组成的[350-355]。$LiBH_4$-$2LiNH_2$体系放氢反应经历了以下几个过程：在90℃左右，Li_2BNH_6发生熔化，而后在约190℃ $Li_4BN_3H_{10}$开始熔化，然后在250～350℃之间开始分解释放出10%的H_2，并伴有2%～3%（摩尔分数）的氨气，最后产物是Li_3BN_2。但因其放氢是一个微放热反应（即反应不可逆），而且放氢温度偏高，故而限制了它的应用范围[356]。为了改善此体系的热力学和动力学储氢性能，国内外学者进行了大量的研究。

$$LiNH_2+LiBH_4 \longrightarrow Li_2BNH_6 \longrightarrow \frac{1}{3}Li_4BN_3H_{10}+\frac{2}{3}LiBH_4 \quad (6\text{-}39)$$

$$3LiNH_2+LiBH_4 \longrightarrow Li_4BN_3H_{10} \quad (6\text{-}40)$$

Chater等通过同步辐射X射线衍射和中子粉末衍射对复合氢化物Li_2BNH_6的结构进行分析发现，其是由六个$[NH_2]^-$基团构成的八面体团簇离散地分布在$LiBH_4$的晶格列阵中，形成六方晶相结构，如图6-33所示。空间群为$R\bar{3}$，其晶胞参数为$a=14.48037$Å，$c=9.24483$Å。同时他们发现Li_2BNH_6的六方晶相属于亚稳态结构，虽然在室温下可以长时间保持，但是其在90℃下即可转变为$Li_4BN_3H_{10}$和$LiBH_4$[357]。而$Li_4BN_3H_{10}$的结构则要比Li_2BNH_6的结构稳定一些，具有体心立方（BCC）结构，空间群为$I2_13$，晶胞参数$a=10.672$～10.679Å，由中心Li离子及周围$[BH_4]^-$和$[NH_2]^-$配位体以不同的四面体结构组成[354]。$[BH_4]^-$和$[NH_2]^-$配位体的化学环境虽然与$LiBH_4$和$LiNH_2$中类似，但其N—H键强度却由于B—H的存在而有所减弱；两类基团中氢原子之间的最短距离只有2.4Å，由此可见，在$[BH_4]^-$和$[NH_2]^-$之间存在着氢键。随后Wu等进一步比较了Li_2BNH_6和$Li_4BN_3H_{10}$的晶体结构发现，在Li_2BNH_6晶体结构中，Li^+包含两种不同的配位环境，分别形成$Li[NH_2^-]_3[BH_4^-]_1$和$Li[NH_2^-]_1[BH_4^-]_3$四面体结构；而$Li_4BN_3H_{10}$中Li^+则包含三种不同的配位环境，分别是$Li[NH_2^-]_2[BH_4^-]_2$、$Li[NH_2^-]_3[BH_4^-]_1$和$Li[NH_2^-]_4$三种四面体结构[358]。

Pinkerton等人发现$LiBH_4$-$2LiNH_2$体系在250～350℃之间可进行一步反应的放氢行为［式(6-41)］，释放出10%的氢气，并且放氢过程中伴随有少量氨气的生成[268,350]。而

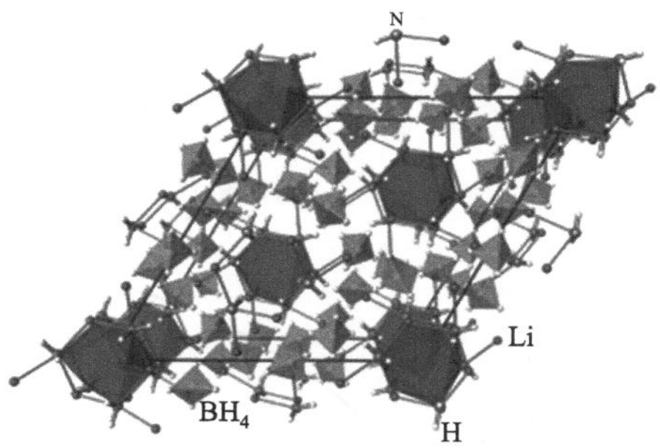

图 6-33 Li_2BNH_6 的晶体结构示意图[357]

Li_2BNH_6 在高于 250℃下可分解释放出 8.2%的氢量，同时也有少量氨气的释放［如式(6-42) 所示］；$Li_4BN_3H_{10}$则可在 350℃以上按照式(6-43) 反应，释放出 8.0%的氢气，但是伴有大量氨气的释放[359]。第一性原理计算表明，式(6-41) 的放氢反应焓变为－23kJ/mol H_2[360]。

$$2LiNH_2 + LiBH_4 \longrightarrow Li_3BN_2 + 4H_2 \tag{6-41}$$

$$Li_2BNH_6 \longrightarrow \frac{1}{2}Li_3BN_2 + \frac{1}{2}LiH + \frac{1}{2}B + \frac{11}{4}H_2 \tag{6-42}$$

$$Li_4BN_3H_{10} \longrightarrow Li_3BN_2 + \frac{1}{2}Li_2NH + \frac{1}{2}NH_3 + 4H_2 \tag{6-43}$$

Meisner 等考察了一系列复合材料 $(LiNH_2)_x(LiBH_4)_{1-x}$，(x=0.33，0.50，0.556，0.60，0.636，0.667，0.692，0.75 和 0.80) 的结构组成、放氢和脱氨情况。当 x=0.667 时，球磨即可生成 α 相 ($Li_4BN_3H_{10}$)，其在 150～190℃间熔化，在升温至 250℃时，同时释放出氢气和氨气，释放量分别为 8.0%和 1.6%；而当 x=0.50 时，球磨可生成 β 相 (Li_2BNH_6)，并且其在 75～90℃即可熔化，而主要的放氢反应也发生在 250℃以上，释放出的氢气和氨气量分别为 8.2%和 2.0%；当 x>0.667 或者 0.5<x<0.667 时，样品中还出现了 γ 相和 δ 相[359]。但是值得注意的是 α 相和 β 相均具有独立的 XRD 衍射峰，而 γ 相和 δ 相除了 Meisner 的报道外还没有其他人提及，因此这两种相的形成很有可能是由于机械球磨不均匀而产生的混相或者亚稳态结构。之后在 2012 年，Borgschulte 等人详细研究了 $LiNH_2$ 与 $LiBH_4$ 的表面反应与本体反应机理，结果表明不管是表面反应还是本体反应均发生了 $[NH_2]^-$ 与 $[BH_4]^-$ 基团的氢交换，而且表面反应的氢交换在低于放氢反应进行的温度时即可进行，说明 $LiNH_2$ 与 $LiBH_4$ 本体放氢反应的动力学速控步骤是氢在本体内的扩散。另外，他们还进一步修正了 $LiNH_2$ 与 $LiBH_4$ 的非平衡相图，如图 6-34 所示[361]。

作为潜在的储氢材料，$LiNH_2$-$LiBH_4$ 体系存在着动力学能垒过大导致的放氢温度过高(250～330℃)，极差的可逆吸放氢性能以及放氢过程中产生副产物氨气等问题。针对这些问题，国内外学者进行了大量的研究。Pinkerton 等人发现 Pd、$PdCl_2$、Pt 和 $NiCl_2$ 的添加均可降低 $LiBH_4$-2$LiNH_2$ 体系的放氢温度，其中以 $NiCl_2$ 的效果尤为明显，使 Li-B-N-H 体系的放氢温度降低了 112℃[361,362]。Tang 等随后发现与 $NiCl_2$ 相比，$CoCl_2$ 具有更好的催化效果：添加 5%的 $CoCl_2$ 的 $LiBH_4$-2$LiNH_2$ 体系的放氢温度比添加等量的 $NiCl_2$ 的体系还低了 8℃[357]。Liu 等研究发现不止 $CoCl_2$ 具有催化效果，金属 Co 同样具有和 $CoCl_2$ 相似的催化效果，并且金属 Co 添加的 $LiBH_4$-2$LiNH_2$ 体系其放氢表观活化能降低了 33.2kJ/mol，这或许是其放氢动力学改善的根本原因[363]。Zheng 等发现，同时添加 LiH 和 Co 基催化剂到

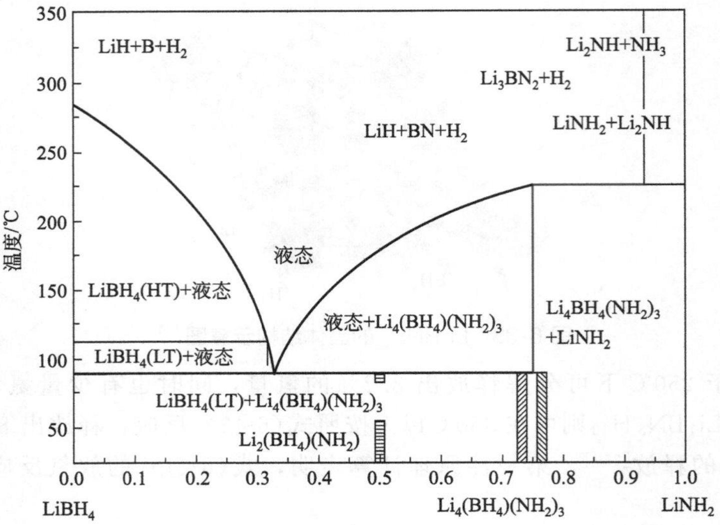

图 6-34 伪二元 ($LiNH_2$)$_x$ ($LiBH_4$)$_{1-x}$体系的相图[361]

$LiBH_4$-3$LiNH_2$ 体系中不仅降低体系的放氢温度，还能有效抑制副产物氨气的生成[364]。Zhang 等通过 XAFS 对 CoO 和 Co_3O_4 添加降低 $LiBH_4$-2$LiNH_2$ 体系放氢温度的作用机理进行了分析，结果表明 CoO 和 Co_3O_4 在放氢过程中会转变成 Co 单质，Co 单质是该体系真正的催化活性物质，且原位生成的 Co 比金属 Co 的催化作用更好[365,366]。总而言之，制约 $LiBH_4$-2$LiNH_2$ 储氢体系实际应用的是其较差的可逆吸氢性能。

6.5 小结与展望

复杂氢化物主要包括铝氢化物、硼氢化物和氮氢化物，具有较高的含氢量，是目前储氢材料的研究热点。但从实用的角度来看，仍存在许多不足之处：①氢化物热力学稳定性高，吸氢/放氢反应需要苛刻的温度或压力条件，一般大于 200℃。②吸放氢反应分为多步进行，且各步反应所需的温度和压力条件区别明显；反应物和生成物有相分离和团聚的现象发生，导致吸/放氢反应较难或不能完全进行，且实际质量储氢密度低于理论值。③除氢气外，在金属铝氢化物、硼氢化物和氮氢化物的吸/放氢反应中会有自燃现象、副产物生成或杂质气体放出。④材料的制备和合成成本较高。针对上述存在的问题，为满足储氢材料的实际应用要求，今后复杂氢化物的研究工作应主要集中在以下几方面：①铝氢化物主要集中在高效催化剂的优化筛选、催化机理的研究探索、尺寸效应对材料吸放氢动力学性能的影响以及新型金属配位铝氢化物的合成；②硼氢化物集中在去热力学稳定性、空间纳米限域约束及新型混合离子硼氢化物的合成；③氮氢化物集中在成分调变、材料纳米化及储氢机理分析；④优化现有的制备技术和探索新的合成方法，关注材料规模化制备的工程问题，简化工艺，降低成本。

参 考 文 献

[1] Orimo S, Nakamori Y, Eliseo J R, et al. Complex hydrides for hydrogen storage [J]. Chem Rev, 2007, 107: 4111-4132.

[2] Paskevicius M, Jepsen L H, Schouwink P, et al. Metal borohydrides and derivatives-synthesis, structure and properties [J]. Chem Soc Rev, 2017, 46: 1565-1634.

[3] 朱敏. 先进储氢材料导论 [M]. 北京: 科学出版社, 2015.

[4] 李星国. 氢与氢能 [M]. 北京: 机械工业出版社, 2002.

[5] 陈军, 朱敏. 高容量储氢材料的研究进展 [J]. 中国材料进展, 2009, 5: 2-10.

[6] Yu X, Tang Z, Sun D, Ouyang L, Zhu M. Recent advances and remaining challenges of nanostructured materials for hydrogen storage applications [J]. Prog In Mater Sci, 2017, 88: 1-48.

[7] Sasaki K, Li H W, Hayashi A, et al. Hydrogen energy engineering [M]. Japan: Springer, 2016.

[8] Stockmayer W H, Rice D W, Stephenson C C. Thermodynamic properties of sodium borohydride and aqueous borohydride ion [J]. J Am Chem Soc, 1955, 77: 1980-1982.

[9] Bogdanović B, Schwickardi M. Ti-doped alkali metal aluminium hydrides as potential novel reversible hydrogen storage materials [J]. J Alloys Compd, 1997, 254-254: 1-9.

[10] 方方. 氢与储氢材料的相互作用 [D]. 上海: 复旦大学, 2009.

[11] 郑时有. 轻质储氢材料的研究 [D]. 上海: 复旦大学, 2009.

[12] 李永涛. 复杂氢化物储氢特性研究: 从纳米约束、催化到化学改性 [D]. 上海: 复旦大学, 2011.

[13] 廖骞, 张静, 丁德军, 等. 新型轻质储氢材料——金属铝氢化物的研究进展 [J]. 稀有金属, 2012, 36 (3): 484-490.

[14] 方占召, 康向东, 王平. 硼氢化锂储氢材料研究 [J]. 化学进展, 2009, 10: 2212-2218.

[15] 孙泰. 用复合和催化方法改善金属复杂氢化物的储氢性能 [D]. 广州: 华南理工大学, 2010.

[16] 陈君儿, 熊智涛, 陈萍, 等. 复杂氢化物储氢材料 $Mg(BH_4)_2$ 的研究进展 [J]. 材料科学与工程学报, 2011, 29 (4): 639-646.

[17] Finholt A E, Bond A C, Schlesinger H I. Lithium aluminum hydride, aluminum hydride and lithium gallium hydride, and some of their applications in organic and inorganic chemistry [J]. J Am Chem Soc, 1947, 69: 1199-1203.

[18] Finholt A E, Barbaras G C, Barbaras G K, et al. The preparation of sodium and calcium aluminium hydrides [J]. J Inorg Nucl Chem, 1955, 1 (4-5): 317-325.

[19] 申泮文, 张允什, 王达, 等. 氢化铝钠合成方法的研究 [J]. 化学世界, 1988, 1 (1): 4-4.

[20] Ashby E C, Brendel G J, Redman H E. Direct synthesis of complex metal hydrides [J]. Inorg Chem, 1963, 2: 499-504.

[21] Clasen H. Preparation of alkali-metal aluminohydrides and gallohydrides [J]. Angew Chem Int Ed, 1961, 73: 322-324.

[22] Xiao X Z, Chen L X, Fan X L, et al. Direct synthesis of nanocrystalline $NaAlH_4$ complex hydride for hydrogen storage [J]. Appl Phys Lett, 2009, 94: 041907.

[23] Ehrlich R, Young I I A R, Rice G, et al. The chemistry of alane. XI. A new complex lithium aluminum hydride, Li_3AlH_6 [J]. J Am Chem Soc, 1966, 88 (4): 858-860.

[24] Løvvik O M, Opalka S M, Brinks H W, Hauback B C. Crystal structure and thermodynamic stability of the lithium alanates $LiAlH_4$ and Li_3AlH_6 [J]. Phys Rev B, 2004, 69: 134117.

[25] Zakharkin L I, Gavrilenko V V. A simple method for the preparation of sodium and potassium aluminium hydrides [J]. Bulletin of the Academy of Sciences of the Ussr Division of Chemical Science, 1961, 10 (12): 2105-2106.

[26] Ashby EC, Kobetz P. The direct synthesis of Na_3AlH_6 [J]. Inorg Chem, 1966, 5: 1615-1617.

[27] Fichtner M, Fuhr O, Kircher O. Magnesium alanate: a material for reversible hydrogen storage? [J] J Alloys Compds, 2003, 356-357: 418-422.

[28] Wiberg E, Bauer R Z. Notizen: Zur kenntnis eines magnesium-bor-wasserstoffs $Mg(BH_4)_2$ [J]. Zeitschrift Für Naturforschung B, 1950, 5 (7): 397.

[29] Fichtner M, Fuhr O. Synthesis and structures of magnesium alanate and two solvent adducts [J]. J Alloys Compd, 2002, 345: 286-296.

[30] Mamatha M, Weidenthaler C, Pommerin A, et al. Comparative studies of the decomposition of alanates followed by in situ XRD and DSC methods [J]. J Alloys Comp, 2006, 416: 304-314.

[31] Li C, Xiao X, Ge P, et al. Investigation on synthesis, structure and catalytic modification of Ca (AlH_4)$_2$ complex hydride [J]. International journal of hydrogen energy, 2012, 37 (1): 936-941.

[32] 申泮文，张允什，陈声昌，等. 氢化铝钙合成方法研究 [J]. 化学通报，1986，9：31-34.

[33] Kabbour H, Channing C A, Hwang S J, et al. Direct synthesis and NMR characterization of calcium alanate [J]. J Alloys Compd, 2007, 446-447: 264-266.

[34] Sato T, Ikeda K, Li H W, Yukawa H, Morinaga M, Orimo S. Direct dry syntheses and thermal analyses of a series of aluminum complex hydrides [J]. Mater Trans, 2009, 50: 182-186.

[35] Sklar N, Post B. Crystal structure of lithium aluminum hydride [J]. Inorg Chem, 1967, 6: 671-699.

[36] Hauback B C, Brinks H W, Fjellvåg H. Accurate structure of $LiAlD_4$ studied by combined powder neutron and X-ray diffraction [J]. J Alloys Compd, 2002, 346: 184-189.

[37] Belskii V K, Bulychev B M, Golubeva A V. A repeated determination of the $NaAlH_4$ structure [J]. Russ J Inorg Chem, 1983, 28: 2694-2696.

[38] Hauback B C, Brinks H W, Jensen C M, et al. Neutron diffraction structure determination of $NaAlD_4$ [J]. J Alloys Compd, 2003, 358: 142-145.

[39] Belskii V K, Bulychev B M, Golubeva A V. A repeated determination of the $NaAlH_4$ structure [J]. Russ J Inorg Chem, 1983, 28: 2694-2696.

[40] Ronnebro E, Noréus D, Kadir K, et al. Investigation of the perovskite related structures of $NaMgH_3$, $NaMgF_3$ and Na_3AlH_6 [J]. J Alloys Compd, 2000, 299: 101-106.

[41] Fossdal A, Brinks H W, Fichtner M, et al. Determination of the crystal structure of $Mg(AlH_4)_2$ by combined X-ray and neutron diffraction [J]. J Alloys Compd, 2005, 387: 47-51.

[42] Brinks H W, Hauback B C. The structure of Li_3AlD_6 [J]. J Alloys Compd, 2003, 354: 144-147.

[43] Fichtner M, Engel J, Fuhr O, et al. The structure of magnesium alanate [J]. Inorg Chem, 2003, 42: 7060-7066.

[44] Fichtner M, Frommen C, Fuhr O. Synthesis and properties of calcium alanate and two solvent adducts [J]. Inorg Chem, 2005, 44: 3479-3484.

[45] Maltseva N N, Golovanova A I, Dymova T N, et al. Solid-phase formation of calcium hydridoaluminates Ca (AlH_4)$_2$ and $CaAlH_5$ upon mechanochemical activation or heating of mixtures of calcium hydride with aluminum chloride [J]. Russ J Inorg Chem, 2001, 46: 1794-1797.

[46] Block J, Gray A P. The thermal decomposition of lithium aluminum hydride [J]. Inorg Chem, 1965, 4: 304-305.

[47] Chase M, Davies C, Downey J, et al. JANAF Thermochem Tab (Third Ed.) [J]. J Phys Chem Ref Dat Suppl, 1. 1985, 14: 1.

[48] Walker G. Solid-state hydrogen storage, Materials and chemistry [J]. Woodhead Publishing Series in Electronic and Optical Materials No. 14, Enagland, 2008.

[49] Wang J, Ebner A D, Ritter J A. Physiochemical pathway for cyclic dehydrogenation and rehydrogenation of $LiAlH_4$ [J]. J Am Chem Soc, 2006, 128: 5949-5954.

[50] Graetz J, Wegrzyn J, Reilly J. Regeneration of lithium aluminum hydride [J]. J Am Chem Soc, 2008, 130: 17790-17794.

[51] Liu X, Henrietta W, et al. Ti-doped $LiAlH_4$ for hydrogen storage: synthesis, catalyst loading and cycling performance [J]. J Am Chem Soc, 2011, 133 (39): 15594-15597.

[52] Li L, Qiu F, Wang Y, et al. TiN catalyst for the reversible hydrogen storage performance of sodium alanate system [J]. J Mater Chem, 2012, 22: 13782-13787.

[53] Kircher O, Fichtner M. Hydrogen exchange kinetics in $NaAlH_4$ catalyzed in different decomposition states [J]. J Appl Phys, 2004, 95: 7748-7753.

[54] Chaudhuri S, Graetz J, Ignatov A, et al. Understanding the role of Ti in reversible hydrogen storage as sodium alanate: A combined experimental and density functional theoretical approach [J]. J Am Chem Soc, 2006, 128: 11404-11415.

[55] Dathar G K P, Mainardi D S. Kinetics of hydrogen desorption in $NaAlH_4$ and Ti-containing $NaAlH_4$ [J]. J Phys Chem C, 2010, 114: 8026-8031.

[56] Gross K J, Guthrie S, Takara S, et al. In-situ X-ray diffraction study of the decomposition of $NaAlH_4$ [J]. J Alloys Compd, 2000, 297: 270-281.

[57] Gross K J, Sandrock G, Thomas G J. Dynamic in situ X-ray diffraction of catalyzed alanates [J]. J Alloys Compd, 2002, 330: 691-695.

[58] Gunaydin H, Houk K N, Ozolinš V. Vacancy-mediated dehydrogenation of sodium alanate [J]. Proc Natl Acad Sci, 2008, 105: 3674-3677.

[59] Zhang B, Wu W Y, Yin S H, et al. Process optimization of electroless copper plating and its influence on electrochemical properties of AB_5-type hydrogen storage alloy [J]. J Rare Earth, 2010, 28: 922-926.

[60] Kim Y, Lee E K, Shim J H, et al. Mechanochemical synthesis and thermal decomposition of $Mg(AlH_4)_2$ [J]. J Alloys Compd, 2006, 422: 284-287.

[61] Jeong H, Kim T H, Cho K Y. Hydrogen evolution performance of magnesium alanate prepared by a mechanochemical metathesis reaction method [J]. Korean J Chem Eng, 2008, 25: 268-272.

[62] Ashby E C, Schwarts R D, James B D. Preparation of magnesium aluminum hydride. Reactions of lithium and sodium aluminum hydrides with magnesium halides in ether solvents [J]. J Inorg Chem, 1970, 9: 325-332.

[63] Claudy P, Bonnetot B, Letoffe J M. Preparation and physicochemical properties of magnesium alanate [J]. J Therm Anal, 1979, 15: 119-128.

[64] Fossdal A, Brinks H W, Fichtner M. Thermal decomposition of $Mg(AlH_4)_2$ studied by in situ synchrotron X-ray diffraction [J]. J Alloys Comp, 2005, 404-406: 752-756.

[65] Komiya K, Morisaku N, Shinzato Y, et al. Synthesis and dehydrogenation of $M(AlH_4)_2$ (M = Mg, Ca) [J]. J Alloys Comp, 2007, 446-447: 237-241.

[66] Mamatha M, Bogdanović B, Felderhoff M, et al. Mechanochemical preparation and investigation of properties of magnesium, calcium and lithium-magnesium alanates [J]. J Alloys Compd, 2006, 407: 78-86.

[67] Rafi-ud-din, Zhang L, Li P, et al. Catalytic effects of nano-sized TiC additions on the hydrogen storage properties of $LiAlH_4$ [J]. J Alloys Compd, 2010, 508 (1): 119-128.

[68] Chen J, Kuriyama N, Xu Q, et al. Reversible hydrogen storage via titanium-catalyzed $LiAlH_4$ and Li_3AlH_6 [J]. J Phys Chem B, 2001, 105 (45): 11214-11220.

[69] Kojima Y, Kawai Y, Haga T, et al. Direct formation of $LiAlH_4$ by a mechanochemical reaction [J]. J Alloys Compd, 2007, 441: 189-191.

[70] Varin R A, Zbroniec L, Czujko T, et al. The effects of nano-nickel additive on the decomposition of complex metal hydride LiAlH4 (lithium alanate) [J]. Int J Hydrogen Energy, 2011, 36: 1167-1176.

[71] Hudson M, Sterlin L, Raghubanshi H, et al. Effects of helical GNF on improving the dehydrogenation behavior of $LiMg(AlH_4)_3$ and $LiAlH_4$ [J]. Int J Hydrogen Energy, 2010, 35: 2084-2090.

[72] Zidan R A, Takara S, Hee A G, et al. Hydrogen cycling behavior of zirconium and titanium- zirconium-doped sodium aluminum hydride [J]. J Alloys Compd, 1999, 285: 119-122.

[73] Anton D L. Hydrogen desorption kinetics in transition metal modified $NaAlH_4$ [J]. J Alloys Compd, 2003, 356: 400-404.

[74] Majzoub E H, Gross K J. Titanium-halide catalyst-precursors in sodium aluminum hydrides [J]. J Alloys Compd, 2003, 356: 364-367.

[75] Srinivasan S S, Brinks H W, Hauback B C, et al. Long term cycling behavior of titanium doped $NaAlH_4$ prepared through solvent mediated milling of NaH and Al with titanium dopant precursors [J]. J Alloys Compd, 2004, 377: 284-289.

[76] Wang P, Jensen C M. Preparation of Ti-doped sodium aluminum hydride from mechanical milling of NaH/Al with off-the-shelf Ti powder [J]. J Phys Chem B, 2004, 108: 15827-15829.

[77] Bogdanović B, Felderhoff M, Kaskel S, et al. Improved hydrogen storage properties of Ti-doped sodium alanate using titanium nanoparticles as doping agents [J]. Adv Mater, 2003, 15: 1012-1015.

[78] Fichtner M, Fuhr O, Kircher O, et al. Small Ti clusters for catalysis of hydrogen exchange in $NaAlH_4$ [J]. Nanotechnology, 2003, 14: 778-785.

[79] Bogdanović B, Felderhoff M, Pommerin A, et al. Advanced hydrogen-storage materials based on Sc-, Ce- and Pr-doped $NaAlH_4$ [J]. Adv Mater, 2006, 18: 1198-1201.

[80] Zaluska A, Zaluski L, Ström-Olsen J O. Sodium alanates for reversible hydrogen storage [J]. J Alloys Compd, 2000, 298: 125-134.

[81] Thomas G J, Gross K J, Yang N Y, et al. Microstructural characterization of catalyzed $NaAlH_4$ [J]. J Alloys Compd, 2002, 330-332: 702-707.

[82] Dehouche Z, Lafi L, Grimard N, et al. The catalytic effect of single-wall carbon nanotubes on the hydrogen sorption properties of sodium alanates [J]. Nanotechnology, 2005, 16: 402.

[83] Cento C, Gilson P, Bilgili M, et al. How carbon affects hydrogen desorption in $NaAlH_4$ and Ti-doped $NaAlH_4$ [J]. J Alloys Compd, 2007, 437: 360-366.

[84] Wang J, Ebner A D, Prozorov T, et al. Effect of graphite as a co-dopant on the dehydrogenation and hydrogenation kinetics of Ti-doped sodium aluminum hydride [J]. J Alloys Compd, 2005, 395: 252-262.

[85] Wang J, Ebner A D, Ritter J A. Kinetic behavior of Ti-doped $NaAlH_4$ when cocatalyzed with carbon nanostructures [J]. J Phys Chem A, 2006, 110: 17354-17358.

[86] Berseth P A, Harter A G, Zidan R, et al. Carbon nanomaterials as catalysts for hydrogen uptake and release in $NaAlH_4$ [J]. Nano Lett, 2009, 9 (4): 1501-1505.

[87] Li Y, Fang F, Fu H, et al. Carbon nanomaterial-assisted morphological tuning for thermodynamic and kinetic destabilization in sodium alanates [J]. J Mater Chem A, 2013, 1: 5238-5246.

[88] Schmidt T, Röntzsch L. Reversible hydrogen storage in Ti-Zr-codoped $NaAlH_4$ under realistic operation conditions [J]. J Alloys Compd, 2010, 496: L38-40.

[89] 肖学章，陈立新，范修林，等. Ti-Zr 催化剂对 NaH/Al 复合物可逆储氢特性的影响 [J]. 物理化学学报. 2008, 24 (3): 424-427.

[90] Zheng S, Li Y, Fang F, et al. Improved dehydrogenation of TiF_3-doped $NaAlH_4$ using ordered mesoporous SiO_2 as a codopant [J]. J Mater Res, 2010, 25 (10): 2047-2053.

[91] Wang J, Ebner A D, Zidan R, et al. A. Synergistic effects of co-dopants on the dehydrogenation kinetics of sodium aluminum hydride [J]. J Alloys Compd, 2005, 391: 245-255.

[92] Bogdanović B, Schwickardi M. Ti-doped alkali metal aluminium hydrides as potential novel reversible hydrogen storage materials [J]. J Alloys Compd, 1997, 254-254: 1-9.

[93] Kang X D, Wang P, Cheng H M. Electron microscopy study of Ti-doped sodium aluminum hydride prepared by mechanical milling NaH/Al with Ti powder [J]. J Appl Phys, 2006, 100 (3): 034914.

[94] Kircher O, Fichtner M. Kinetic studies of the decomposition of $NaAlH_4$ doped with a Ti-based catalyst [J]. J Alloys Compd, 2005, 404-406: 339-342.

[95] Sandrock G, Gross K, Thomas G. Effect of Ti-catalyst content on the reversible hydrogen storage properties of the sodium alanates [J]. J Alloys Compd, 2002, 339: 299-308.

[96] Bogdanović B, Felderhoff M, Pommerin A, et al. Cycling properties of Sc- and Ce-doped $NaAlH_4$ hydrogen storage materials prepared by the one-step direct synthesis method [J]. J Alloys Compd, 2009, 471: 384-386.

[97] Hu J, Ren S, Witter R, et al. Catalytic influence of various cerium precursors on the hydrogensorption properties of $NaAlH_4$ [J]. Adv Energy Mater, 2012, 2: 560-568.

[98] Wang Q, Chen Y G, Wu CL, et al. Catalytic effect and reaction mechanism of Ti doped in $NaAlH_4$: A review [J]. Chin Sci Bull, 2008, 53: 1784-1788.

[99] Fan X, Xiao X, Chen L, et al. Active species of $CeAl_4$ in the $CeCl_4$-doped sodium aluminium hydride and its enhancement on reversible hydrogen storage performance [J]. Chem Commun, 2009: 6857-6859.

[100] Fan X, Xiao X, Chen L, et al. Significantly improved hydrogen storage properties of $NaAlH_4$ catalyzed by Ce-based nanoparticles [J]. J Mater Chem A, 2013, 1: 9752-9759.

[101] Fan X, Xiao X, Chen L, et al. Enhanced hydriding－dehydriding performance of $CeAl_2$-doped $NaAlH_4$ and the evolvement of Ce-containing species in the cycling [J]. J Phys Chem C, 2011, 115 (5): 2537-2543.

[102] Pukazhselvan D, Kumar G B, Anchal S, et al. Investigations on hydrogen storage behavior of CNT doped $NaAlH_4$

[J]. J Alloys Compd, 2005, 403: 312-317.

[103] Xiao X, Chen L, Wang X, et al. The hydrogen storage properties and microstructure of Ti-doped sodium aluminum hydride prepared by ball-milling [J]. Int J Hydrogen Energy, 2007, 32: 2475-2479.

[104] 闫超，李丽，王一菁，等. $NaAlH_4$ 与 TiB_2 对 $Mg(AlH_4)_2$ 放氢温度的影响 [J]. 南开大学学报（自然科学版），2011，44：94-98.

[105] Xiao X Z, Li C X, Chen L X, et al. Synthesis and dehydrogenation of $CeAl_4$-doped calcium alanate [J]. J Alloys Compd, 2011, 5095: 744-746.

[106] Li C X, Xiao X, Chen L X, et al. Synthesis of calcium alanate and its dehydriding performance enhanced by FeF_3 doping [J]. J Alloys Compd, 2011, 509: 590-595.

[107] Frankcombe T J. Proposed mechanisms for the catalytic activity of Ti in $NaAlH_4$ [J]. Chem Rev, 2012, 112 (4): 2164-2178.

[108] Wang P, Jensen C M. Method for preparing Ti-doped $NaAlH_4$ using Ti powder: observation of an unusual reversible dehydrogenation behavior [J]. J Alloys Compd, 2004, 379: 99-102.

[109] Wang P, Kang X D, Cheng H M. Exploration of the nature of active Ti species in metallic Ti-doped $NaAlH_4$ [J]. J Phys Chem B, 2005, 109: 20131-20136.

[110] Santanu C, James T M. First-principles study of ti-catalyzed hydrogen chemisorption on an Al surface: a critical first step for reversi-ble hydrogen storage in $NaAlH_4$ [J]. J Phys Chem B, 2005, 109: 6952-6957.

[111] Fang F, Zheng S, Chen G, et al. Formation of Na_3AlH_6 from a NaH/Al mixture and Ti-containing catalyst [J]. Acta Mater, 2008, 57 (6): 1959-1965.

[112] Fang F, Zhang J, Zhu J, et al. Nature and role of Ti species in the hydrogenation of a NaH/Al mixture [J]. J Phys Chem C, 2007, 111: 3476.

[113] Bogdanović B, Felderhoff M, Germann M, et al. Investigation of hydrogen discharging and recharging processes of Ti-doped $NaAlH_4$ by X-ray diffraction analysis (XRD) and solid-state NMR spectroscopy [J]. J Alloys Compd, 2003, 350: 246-255.

[114] Bai K, Wu P. Role of Ti in the reversible dehydrogenation of Ti-doped sodium alanate [J]. Appl Phys Lett, 2006, 89: 201904.

[115] Peles A, van de Walle C G. Role of charged defects and impurities in kinetics of hydrogen storage materials: A first-principles study [J]. Phys Rev B, 2007, 76: 214101.

[116] Bellosta von Colbe J M, Schmidt W, Felderhoff M, et al. Hydrogen-isotope scrambling on doped sodium alanate [J]. Angew Chem Int Ed, 2006, 45: 3664-3665.

[117] Ivancic T M, Hwang S J, Bowman R C, Jr, et al. Discovery of a new Al species in hydrogen reactions of $NaAlH_4$ [J]. J Phys Chem Lett, 2010, 1: 2412-2416.

[118] Fu Q J, Ramirez-Cuesta A J, Tsang S C. Molecular aluminum hydrides identified by inelastic neutron scattering during H_2 regeneration of catalyst-doped $NaAlH_4$ [J]. J Phys Chem B, 2006, 110: 711-715.

[119] Singh S, Eijt S W H, Huot J, et al. The $TiCl_3$ catalyst in $NaAlH_4$ for hydrogen storage induces grain refinement and impacts on hydrogen vacancy formation [J]. Acta Mater, 2007, 55: 5549-5557.

[120] Léon A, Schild D, Fichtner M. Chemical state of Ti in sodium alanate doped with $TiCl_3$ using X-ray photoelectron spectroscopy [J]. J Alloys Compd, 2005, 404-406: 766-770.

[121] Chen P, Zhu M. Recent progress in hydrogen storage [J]. Mater Today, 2008, 11: 36-43.

[122] Filippi M, Rector J H, Gremaud R, et al. Light weight sodium alanate thin films grown by reactive sputtering [J]. Appl Phys Lett, 2009, 95: 121904.

[123] Pang Y, Liu Y, Pan H, et al. A mechanical-force-driven physical vapour deposition approach to fabricating complex hydride nanostructures [J]. Nature commun, 2014, 5: 3519-3527.

[124] Benjamin J S. Mechanical alloying [J]. Sci Am, 1976, 234: 40-48.

[125] Zheng S, Fang F, Sun D, et al, Hydrogen storage properties of space-confined $NaAlH_4$ nanoparticles in ordered mesoporous silica [J]. Chem Mater, 2008, 20 (12): 3954-3958.

[126] Fichtner M, Engel J, Fuhr O, et al. Nanocrystalline aluminium hydrides for hydrogen storage [J]. Mater Sci Eng

B, 2004, 108: 42-47.

[127] Sun T, Huang C K, Wang H, et al. The effect of doping $NiCl_2$ on the dehydrogenation properties of $LiAlH_4$ [J]. Int J Hydrogen Energy, 2008, 33 (21): 6216-6220.

[128] Andreasen A, Vegge T, Pedersen A S. Dehydrogenation kinetics of as-received and ball-milled $LiAlH_4$ [J]. J Solid State Chem, 2005, 178: 3672-3678.

[129] Zheng X P, Li P, Islam S H, et al. Effect of catalyst $LaCl_3$ on hydrogen storage properties of lithium alanate ($LiAlH_4$) [J]. Int J Hydrogen Energy, 2007, 32: 4957-4960.

[130] Adelhelm P, Gao J, Verkuijlen M, et al. Comprehensive study of melt infiltration for the synthesis of $NaAlH_4$/C nanocomposites [J]. Chem Mater, 2010, 22 (7): 2234-2238.

[131] Gao J, Adelhelm P, Verkuijlen M H W, et al. Confinement of $NaAlH_4$ in nanoporous carbon: impact on H_2 release, reversibility and thermodynamics [J]. J Phys Chem C, 2010, 114: 4675-4682.

[132] Brinks H W, Fossdal A, Hauback B C. Adjustment of the stability of complex hydrides by anion substitution [J]. J Phys Chem C, 2008, 112: 5658-5661.

[133] Li Y, Zhou G, Fang F, et al. De-/re-hydrogenation features of $NaAlH_4$ confined exclusively in nanopores [J]. Acta Mater, 2011, 59 (4): 1829-1838.

[134] Wu X, Yang J, Zeng X. Adsorption of hydrogen molecules on the platinum-doped boron nitride nanotubes [J]. J Chem Phys, 2006, 125: 44704.

[135] 李永涛, 方方, 孙大林, 等. 孔性介质负载下的络合氢化物及其储氢特性 [J]. 化学进展, 2010, 22: 241-247.

[136] 邹勇进, 向翠丽, 孙立贤, 等. 纳米限域的储氢材料 [J]. 化学进展, 2013, 25: 115-121.

[137] Baldé C P, Hereijgers B, Bitter J, et al. Facilitated hydrogen storage in $NaAlH_4$ supported on carbon nanofibers [J]. Angew Chem Int Ed, 2006, 45: 3501-3503.

[138] Joseph A T, Knight D, Wellons M S, et al. Catalytic effect of fullerene and formation of nanocomposites with complex hydrides: $NaAlH_4$ and $LiAlH_4$ [J]. J Alloys Compd, 2011, 509 (2): 562- 566.

[139] Nielsen T K, Manickam K, Hirscher M, et al. Confinement of MgH_2 nanoclusters within nanoporous aerogel scaffold materials [J]. ACS Nano, 2009, 3 (11): 3521-3528.

[140] Baldé C P, Hereijgers P C, Johannes H B, et al. Sodium alanate nanoparticles-linking size to hydrogen storage properties [J]. J Am Chem Soc, 2008, 130: 6761-6765.

[141] Bhakta R K, Herberg J L, Jacobs B, et al. Metal-organic frameworks as templates for nanoscale $NaAlH_4$ [J]. J Am Chem Soc, 2009, 131 (37): 13198-13199.

[142] Nielsen T, Polanski M, Zasada D, et al. Improved hydrogen storage kinetics of nanoconfined $NaAlH_4$ catalyzed with $TiCl_3$ nanoparticles [J]. ACS Nano, 2011, 5 (5): 4056-4064.

[143] Lohstroh W, Roth A, Fichtner M, et al. Thermodynamic effects in nanoscale $NaAlH_4$ [J]. Chem Phys Chem, 2010, 11: 789-792.

[144] Verkuijlen M H W, Gao J, Adelhelm P, et al. Solid-state NMR studies of the local Structure of $NaAlH_4$/C nanocomposites at different stages of hydrogen desorption and rehydrogenation [J]. J Phys Chem C, 2010, 114: 4684-4692.

[145] Mueller T, Ceder G. Effect of particle size on hydrogen release from sodium alanate nanoparticles [J]. ACS Nano, 2010, 4: 5647-5656.

[146] Pitt M P, Vullum P E, Sorby M H, et al. Structural properties of the nanoscopic $Al_{85}Ti_{15}$ solid solution observed in the hydrogen-cycled $NaAlH_4$+0.1$TiCl_3$ system [J]. Acta Mater, 2008, 56: 4691- 4701.

[147] Resan M, Hampton M D, Lomness J K, et al. Effect of Ti_xAl_y catalysts on hydrogen storage properties of $LiAlH_4$ and $NaAlH_4$ [J]. Int J Hydrogen Energy, 2005, 30: 1417-1421.

[148] de Jongh P E, Adelhelm P. Nanosizing and nanoconfinement: new strategies towards meeting hydrogen storage goals [J]. Chem Sus Chem, 2010, 3: 1332-1348.

[149] Bogdanović B, Brand R A, Marjanovic A, et al. Metal-doped sodium aluminium hydrides as potential new hydrogen storage materials [J]. J Alloys Compd, 2000, 302: 36-58.

[150] Stephens R D, Gross A F, Atta S, et al. The kinetic enhancement of hydrogen cycling in $NaAlH_4$ by melt infusion

into nanoporous carbon aerogel [J]. Nanotechnology, 2009, 20: 204018.

[151] Stavila V, Bhakta R K, Alam T M, et al. Reversible hydrogen storage by $NaAlH_4$ confined within a titanium-functionalized MOF-74 (Mg) nanoreactor [J]. ACS Nano, 2012, 6 (11): 9807-9817.

[152] Soloveichik G. Metal borohydrides as hydrogen storage materials [J]. Mater Matter, 2007, 22: 11-14.

[153] Rude L, Nielsen T, Ravnsbæk D, et al. Tailoring properties of borohydridesfor hydrogen storage: A review [J]. Phys Status Solidi A, 2011, 208: 1754-1773.

[154] Li H W, Yan Y, Orimo S, et al. Recent progress in metal borohydrides for hydrogen storage [J]. Energies, 2011, 4: 185-214.

[155] Schlesinger H J, Brown H C. Metal borohydrides. III. lithium borohydride [J]. J Am Chem Soc, 1940, 62: 3425-3429.

[156] Schlesinger H J, Brown H C, Hoekstra H R, et al. Reactions of diborane with alkali metal hydrides and their addition compounds, new syntheses of borohydrides, sodium and potassium borohydrides [J]. J Am Chem Soc, 1953, 75: 199-202.

[157] Brown H C, Choi Y M, Narasimhan S. Addition compounds of alkali metal hydrides. 22. Convenient procedures for the preparation of lithium borohydride from sodium borohydride and borane-dimethyl sulfide in simple ether solvents [J]. Inorg Chem, 1982, 21: 3657-3661.

[158] Zanella P, Crociani L, Masciocchi N, et al. Facile high-yield synthesis of pure, crystalline $Mg(BH_4)_2$ [J]. Inorg Chem, 2007, 46: 9039-9041.

[159] Li H W, Kikuchi K, Nakamori Y, et al. Effects of ball milling and additives on dehydriding behaviors of well-crystallized $Mg(BH_4)_2$ [J]. Scripta Mater, 57 (8): 679-682.

[160] Černý R, Filinchuk Y, Hagemann H, et al. Magnesium borohydride: synthesis and crystal structure [J]. Angew Chem Int Ed, 2007, 46: 5765-5767.

[161] Schlesinger H I, Brown H C, Hyde E K. The preparation of other borohydrides by metathetical reactions utilizing the alkali metal borohydrides [J]. J Am Chem Soc, 1953, 75: 209-213.

[162] Nakamori Y, Li H W, Miwa K, et al. Syntheses and hydrogen desorption properties of metal- borohydrides $M(BH_4)_n$ (M=Mg, Sc, Zr, Ti, Zn; $n=2\sim4$) as advanced hydrogen storage materials [J]. Mater Trans, 2006, 47: 1898-1901.

[163] Marks T J, Kolb J R. Covalent transition metal, lanthanide and actinide tetrahydroborate complexes [J]. Chem Rev, 1977, 77: 264-274.

[164] Jeon E, ChoY W. Mechanochemical synthesis and thermal decomposition of zinc borohydride [J]. J Alloys Compd, 2006, 422: 274-276.

[165] Harris P M, Meibohm E P. The crystal structure of lithium borohydride $LiBH_4$ [J]. J Am Chem Soc, 1947, 69: 1231-1233.

[166] Soulie J P, Renaudin G, Cerny R, et al. Lithium borohydride $LiBH_4$ I. Crystal structure [J]. J Alloys Compd, 2002, 346: 200-203.

[167] Dmitriev V, Filinchuk Y, Chernyshov D, et al. Pressure-temperature phase diagram of $LiBH_4$: synchrotron X-ray diffraction experiments and theoretical analysis [J]. Phys Rev B, 2008, 77: 174112.

[168] Filinchuk Y, Chernyshov D. Looking at hydrogen atoms with X-rays: comprehensive synchrotron diffraction study of $LiBH_4$ [J]. Acta Cryst A, 2007, 63: 240.

[169] Filinchuk Y, Chernyshov D, Černý R. The lightest borohydride probed by synchrotron diffraction: experiment calls for a new theoretical revision [J]. J Phys Chem C, 2008, 112: 10579-10584.

[170] Filinchuk Y, Chernyshov D, Nevidomskyy A, et al. High-pressure polymorphism as a step towards destabilization of $LiBH_4$ [J]. Angew Chem Int Ed, 2008, 47: 529-532.

[171] Talyzin A V, Andersson O, Sundqvist B, et al. High-pressure phase transition in $LiBH_4$ [J]. J Solid State Chem, 2007, 180: 510-517.

[172] Nakamori Y, Miwa K, Ninomiya A, et al. Correlation between thermodynamical stabilities of metal borohydrides and cation electronegativites: First-principles calculations and experiments [J]. Phys Rev B, 2006, 74: 045126.

[173] Dai B, Sholl D S, Johnson J K. First-principles study of experimental and hypothetical $Mg(BH_4)_2$ crystal structures [J]. J Phys Chem C, 2008, 112: 4391-4395.
[174] Filinchuk Y, Černý R, Hagemann H. Insight into Mg $(BH_4)_2$ with synchrotron X-ray diffraction: structure revision, crystal chemistry, and anomalous thermal expansion [J]. Chem Mater, 2009, 21: 925-933.
[175] VanSetten M J, deWijs G A, Fichtner M, et al. A density functional study of alpha-$Mg(BH_4)_2$ [J]. Chem Mater, 2008, 20 (15): 4952-4956.
[176] Filinchuk Y, Richter B, Jensen T, et al. Porous and dense magnesium borohydride frameworks: synthesis, stability, and reversible absorption of guest species [J]. Angew Chem Int Ed, 2011, 50 (47): 11162-11166.
[177] Fichtner M, Chłopek K, Longhini M, et al. Vibrational spectra of $Ca(BH_4)_2$ [J]. J Phys Chem C, 2008, 112: 11575-11579.
[178] Riktor M, Sørby M, Chłopek K, et al. In situ synchrotron diffraction studies of phase transitions and thermal decomposition of $Mg(BH_4)_2$ and $Ca(BH_4)_2$ [J]. J Mater Chem, 2007, 17: 4939-4942.
[179] Filinchuk Y, Rönnebro E, Chandra D. Crystal structures and phase transformations in $Ca(BH_4)_2$ [J]. Acta Mater, 2009, 57: 732-738.
[180] Buchter F, Łodziana Z, Remhof A, et al. Structure of the orthorhombic γ-phase and phase transitions of $Ca(BD_4)_2$ [J]. J Phys Chem C, 2009, 113: 17224-17230.
[181] Martelli P, Caputo R, Remhof A, et al. Stability and decomposition of $NaBH_4$ [J]. J Phys Chem C, 2010, 114: 7174-7177.
[182] 郑学家. 硼氢化合物 [M]. 北京：化学工业出版社，2011.
[183] Orimo S, Nakamori Y, Kitahara G, et al. Dehydriding and rehydriding reactions of $LiBH_4$ [J]. J Alloys Compd, 2005, 404-406: 427-430.
[184] Orimo S, Nakamori Y, Züttel A. Material properties of MBH_4 (M=Li, Na, and K) [J]. Mater Sci Eng B, 2004, 108: 51-54.
[185] Pistorius C W F. Melting and polymorphism of $LiBH_4$ to 45 kbar [J]. Z Phys Chem, 1974, 88: 254-263.
[186] Frankcombe T J, Kroes G J, Züttel A. Theoretical calculation of the energy of formation of $LiBH_4$ [J]. Chem Phys Lett, 2005, 405: 73.
[187] Ohba N, Miwa K, Aoki M, et al. First-principles study on the stability of intermediate compounds of $LiBH_4$ [J]. Phys Rev B, 2006, 74: 075110.
[188] Orimo S, Nakamori Y, Ohba N, et al. Experimental studies on intermediate compound of $LiBH_4$ [J]. Appl Phys Lett, 2006, 89: 21920.
[189] Friedrichs O, Remhof A, Hwang S, et al. Role of $Li_2B_{12}H_{12}$ for the formation and decomposition of $LiBH_4$ [J]. Chem Mater, 2010, 22: 3265-3268.
[190] Li H W, Kikuchi K, Nakamori Y, et al. Dehydriding and rehydriding processes of well-crystallized $Mg(BH_4)_2$ accompanying with formation of intermediate compounds [J]. Acta Mater, 2008, 56: 1342- 1347.
[191] Li H W, Miwa K, Ohba N, et al. Formation of an intermediate compound with a $B_{12}H_{12}$ cluster: experimental and theoretical studies on magnesium borohydride $Mg(BH_4)_2$ [J]. Nanotechnology, 2009, 20: 204013.
[192] Yan Y, Li H W, Maekawa H, et al. Formation of intermediate compound $Li_2B_{12}H_{12}$ during the dehydrogenation process of the $LiBH_4$-MgH_2 system [J]. J Phys Chem C, 115 (39): 19419-19423.
[193] Soloveichik G L, Gao Y, Rijssenbeek J, et al. Magnesium borohydride as a hydrogen storage material: properties and dehydrogenation pathway of unsolvated $Mg(BH_4)_2$ [J]. Int J Hydrogen Energy, 2009, 34: 916-928.
[194] Matsunaga T, Buchter F, Mauron P, et al. Hydrogen storage properties of $Mg(BH_4)_2$ [J]. J Alloys Compd, 2008, 459: 584-588.
[195] Severa G, Ronnebro E, Jensen C M. Direct hydrogenation of magnesium boride to magnesium borohydride: demonstration of >11 weight percent reversible hydrogen storage [J]. Chem Commun, 2010, 46: 421-423.
[196] Yan Y, Li H W, Sato T, et al. Dehydriding and rehydriding properties of yttrium borohydride $Y(BH_4)_3$ prepared by liquid-phase synthesis [J]. Int J Hydrogen Energy, 2009, 34: 5732-5736.
[197] Nakamori Y, Li H W, Kikuchi K, et al. Thermodynamical stabilities of metal-borohydrides [J]. J Alloys Compd,

2007, 446-447: 296-300.

[198] Li H W, Orimo S, Nakamori Y, et al. Materials designing of metal borohydrides: Viewpoints from thermodynamical stabilities [J]. J Alloys Compd, 2007, 446-447: 315-318.

[199] Nickels E A, Jones M O, David W I F, et al. Tuning the decomposition temperature in complex hydrides: synthesis of a mixed alkali metal borohydride [J]. Angew Chem Int Ed, 2008, 47: 2817-2819.

[200] Černý R, Severa G, Ravnsbæk D, et al. $NaSc(BH_4)_4$: A novel scandium-based borohydride [J]. J Phys Chem C, 2010, 114: 1357-1364.

[201] Hagemann H, Longhini M, Kaminski J W, et al. $LiSc(BH_4)_4$, a new complex salt with discrete $Sc(BH_4)_4^-$ ions [J]. J Phys Chem A, 2008, 112: 7551-7555.

[202] Kim C, Hwang S, Bowman R C, et al. LiSc $(BH_4)_4$ as a hydrogen storage material: multinuclear high resolution solid state NMR and first-principles density functional theory studies [J]. J Phys Chem C, 2009, 113: 9956-9968.

[203] Ravnsbak D, Filinchuk Y, Cerenius Y, et al. A series of mixed borohydrides [J]. Angew Chem Int Ed, 2009, 48: 6659-6663.

[204] Ravnsbk D B, Sørensen L H, Filinchuk Y, et al. Mixed-anion and mixed-cation borohydride $KZn(BH_4)$ Cl_2: synthesis, structure and thermal decomposition [J]. Eur J Inorg Chem, 2010, 11: 1608- 1612.

[205] Ravnsbæk D B, Filinchuk Y, Cerenius Y, et al. A series of mixed-metal borohydrides [J]. Angew Chem Int Ed, 2009, 48: 6659-6663.

[206] Corno M, Pinatel E, Ugliengo P, et al. A computational study on the effect of fluorine substitution in $LiBH_4$ [J]. J Alloys Compd, 2011, 509: 679-683.

[207] Mosegaard L, Ravnsbæk D, Vang R, et al. Structure and dynamics for $LiBH_4$-LiCl solid solutions [J]. Chem Mater, 2009, 21: 5772-5782.

[208] Rude L H, Zavorotynska O, Arnbjerg L M, et al. Bromide substitution in lithium borohydride, $LiBH_4$-LiBr [J]. Int J Hydrogen Energy, 2011, 36: 15664-15672.

[209] Rude L H, Groppo E, Arnbjerg L M, et al. Iodide substitution in lithium borohydride, $LiBH_4$-LiI [J]. J Alloys Compd, 2011, 509: 8299-8305.

[210] Lee J, Lee Y, Suh J, et al. Metal halide doped metal borohydrides for hydrogen storage: The case of $Ca(BH_4)_2$-CaX_2(X=F, Cl) mixture [J]. J Alloys Compd, 2010, 506: 721-727.

[211] Rude L H, Filinchuk Y, Sørby M H, et al. Anion substitution in $Ca(BH_4)_2$-CaI_2: synthesis, structure and stability of three new compounds [J]. J Phys Chem C, 2011, 115: 7768-7777.

[212] Yin L C, Wang P, Fang Z, et al. Thermodynamically tuning $LiBH_4$ by fluorine anion doping for hydrogen storage: A density functional study [J]. Chem Phys Lett, 2008, 450: 318-321.

[213] Alcantara K, Ramallo-Lopez J M, Boesenberg U, et al. $3CaH_2+4MgB_2+CaF_2$ reactive hydride composite as a potential hydrogen storage material: hydrogenation and dehydrogenation pathway [J]. J Phys Chem C, 2012, 116 (12): 7207-7212.

[214] Ley M B, Dorthe B Ravnsbæk , Filinchuk Y, et al. $LiCe(BH_4)_3Cl$, a new Lithiurn-ion conductor and hydrogen storage material with isolated tetranuclear anionic clusters [J]. chemistry of Materials, 2012, 24: 1654-1663.

[215] Ley M B, Boulineau S, Janot R, et al. New Li ion conductors and solid state hydrogen storage materials: LiM $(BH_4)_3Cl$, M=La, Gd [J]. The Journal of Physical Chemistry C, 2012, 116: 21267-21276.

[216] Olsen J E, Frommen C, Jensen T R, et al. Structure and thermal properties of composites with RE-borohydrides (RE = La, Ce, Pr, Nd, Sm, Eu, Gd, Tb, Er, Yb or Lu) and $LiBH_4$ [J]. RSC Advances, 2014, 4: 1570-1582.

[217] Ravnsbæk D, Ley M B, Lee Y S, et al. A mixed-cation mixed-anion borohydride $NaY(BH_4)_2Cl_2$ [J]. Int J Hydrogen Energy, 2012, 37: 8428-8438.

[218] Černý R, Ravnsbæk D B, Severa G, et al. Structure and characterization of $KSc(BH_4)_4$ [J]. J Phys Chem C, 2010, 114: 19540-19549.

[219] Černý R, Kim K C, Penin N, et al. $AZn_2(BH_4)_5$(A=Li, Na) and $NaZn(BH_4)_3$: structural studies [J]. J Phys Chem C, 2010, 114: 19127-19133.

[220] Vajo J J, Olson G L. Hydrogen storage in destabilized chemical systems [J]. Script Mater, 2007, 56: 829-834.

[221] Soloveichik G, Her J H, Stephens P W, et al. Ammine magnesium borohydride complex as a new material for hydrogen storage: structure and properties of $Mg(BH_4)_2 \cdot 2NH_3$ [J]. Inorg Chem, 2008, 47: 4290-4298.

[222] Vajo J J, Skeith S, Mertens F. Reversible storage of hydrogen in destabilized $LiBH_4$ [J]. J Phys Chem B, 2005, 109 (9): 3719-3722.

[223] Bösenberg U, Ravnsbæk D B, Hagemann H, et al. Pressure and temperature influence on the desorption pathway of the $LiBH_4$-MgH_2 composite system [J]. J Phys Chem C, 2010, 114: 15212-15217.

[224] Price T, Grant D, Telepeni I, et al. The decomposition pathway for $LiBD_4$- MgD_2 multicomponent systems investigated by in situ neutron diffraction [J]. J Alloys Compd, 2009, 472: 559-564.

[225] Barkhordarian G, Klassen T, Dornheim M, et al. Unexpected kinetic effect of MgB_2 in reactive hydride composites containing complex borohydrides [J]. J Alloys Compd, 2007, 440: 18-21.

[226] Zeng L, Miyaoka H, Ichikawa T, et al. Superior hydrogen exchange effect in the MgH_2- $LiBH_4$ system [J]. J Phys Chem C, 2010, 114: 13132-13135.

[227] Lim J H, Shim J H, Lee Y S, et al. Rehydrogenation and cycle studies of $LiBH_4$-CaH_2 composite [J]. Int J Hydrogen Energy, 2010, 35: 6578-6582.

[228] Purewal J, Hwang S J, Bowman J, et al. Hydrogen sorption behavior of the ScH_2-$LiBH_4$ system: experimental assesment of chemical destabilization effects [J]. J Phys Chem C, 2008, 112: 8481-8485.

[229] Jin S A, Lee Y S, Shim J H, et al. Reversible hydrogen storage in $LiBH_4$-MH_2 (M=Ce, Ca) composites [J]. J Phys Chem C, 2008, 112: 9520-9524.

[230] Zhang Y, Tian Q, Chu H, et al. Hydrogen de/resorption properties of the $LiBH_4$-MgH_2-Al system [J]. J Phys Chem C, 2009, 113: 21964-21969.

[231] Zhang Y, Tian Q, Zhang J, et al. The dehydrogenation reactions and kinetics of $2LiBH_4$-Al composite [J]. J Phys Chem C, 2009, 113: 18424-18430.

[232] Remhof A, Friedrichs O, Buchter F, et al. Hydrogen cycling behavior of $LiBD_4$/Al studied by in situ neutron diffraction [J]. J Alloys Compd, 2009, 484: 654-659.

[233] Kim J W, Friedrichs O, Ahn J P, et al. Microstructural change of $2LiBH_4$/Al with hydrogen sorption cycling: Separation of Al and B [J]. Scripta Mater, 2009, 60: 1089-1092.

[234] Friedrichs O, Kim J W, Remhof A, et al. The effect of Al on the hydrogen sorption mechanism of $LiBH_4$ [J]. Phys Chem Chem Phys, 2009, 11: 1515-1520.

[235] Yang J, Sudik A, Wolverton C. Destabilizing $LiBH_4$ with a metal (M=Mg, Al, Ti, V, Cr, or Sc) or metal hydride (MH_2=MgH_2, TiH_2 or CaH_2) [J]. J Phys Chem C, 2007, 111: 19134-19140.

[236] Fang Z, Kang X, Wang P, et al. Unexpected dehydrogenation behavior of $LiBH_4$/$Mg(BH_4)_2$ mixture associated with the in situ formation of dual-cation borohydride [J]. J Alloys Compds, 2010, 18: L1-L4.

[237] Yu X, Guo Y, Sun D, et al. A combined hydrogen storage system of Mg $(BH_4)_2$-$LiNH_2$ with favorable dehydrogenation [J]. J Phys Chem C, 2010, 114: 4734-4737.

[238] Meisner G P, Scullin M L, Balogh M P, et al. Hydrogen release from mixtures of lithium borohydride and lithium amide: a phase diagram study [J]. J Phys Chem B, 2006, 110: 4186-4192.

[239] Yang J, Sudik A, Siegel G, et al. A self-catalyzing hydrogen-storage material [J]. Angew Chem Int Ed, 2008, 47: 882 -887

[240] 方占召，康向东，王平. 硼氢化锂储氢材料研究 [J]. 化学进展，2009，10：2212-2218.

[241] Gross A F, Vajo J J, Van Atta S L, et al. Enhanced hydrogen storage kinetics of $LiBH_4$ in nanoporous carbon scaffolds [J]. J Phys Chem C, 2008, 112: 5651-5657.

[242] Fang Z Z, Wang P, Rufford T E, et al. Kinetic- and thermodynamic-based improvements of lithium borohydride incorporated into activated carbon [J]. Acta Mater, 2008, 56: 6257-6263.

[243] Liu X, Peaslee D, Jost C Z, et al. Systematic pore-size effects of nanoconfinement of $LiBH_4$: elimination of diborane release and tunable behavior for hydrogen storage applications [J]. Chem Mater, 2011, 23 (5): 1331-1336.

[244] Nielsen T K, Bösenberg U, Gosalawit R, et al. A reversible nanoconfined chemical reaction [J]. ACS Nano, 2010,

4 (7): 3904-3908.

[245] Nielsen T K, Bösenberg U, Gosalawit R, et al. Improved hydrogen storage kinetics of nanoconfined $LiBH_4$-MgH_2 reactive hydride composites catalyzed with nickel nanoparticles [J]. MRS Proc, 2012, 1441: 6-12.

[246] Li S, Sun W, Tang Z, et al. Nanoconfinement of $LiBH_4 \cdot NH_3$ towards enhanced hydrogen generation [J]. Int J Hydrogen Energy, 2012, 37 (4): 3328-3337.

[247] Li Y, Ding X, Zhang Q. Self-Printing on Graphitic Nanosheets with Metal Borohydride Nanodots for Hydrogen Storage [J]. Scientific Reports, 2016, 6: 31114.

[248] Christian M L, Aguey-Zinsou K. Core-shell strategy leading to high reversible hydrogen storage capacity for $NaBH_4$ [J]. ACS Nano, 2012, 6 (9): 7739-7751.

[249] Dafert F, Miklauz R. New compounds of nitrogen and hydrogen with lithium. Monatsh [J]. Chem, 1910, 31: 981-996.

[250] Chen P, Xiong Z, Luo J, et al. Interaction of hydrogen with metal nitrides and imides [J]. Nature, 2002, 420: 302-304.

[251] Cao H, Zhang Y, Wang J, et al. Materials design and modification on amide-based composites for hydrogen storage [J]. Progress in Natural Science: Materials International, 2012.

[252] Hu J, Wu G, Liu Y, et al. Hydrogen release from $Mg(NH_2)_2$-MgH_2 through mechanochemical reaction [J]. J Phys Chem B, 2006: 14688-14692.

[253] Hu J, Xiong Z, Wu G, et al. Effects of ball-milling conditions on dehydrogenation of $Mg(NH_2)_2$-MgH_2 [J]. Journal of Power Sources. 2006, 159: 120-125.

[254] Xiong Z T, Chen P, Wu G T, et al. Investigations into the interaction between hydrogen and calcium nitride [J]. Journal Of Materials Chemistry, 2003, 13: 1676-1680.

[255] Kojima Y, Kawai Y. Hydrogen storage of metal nitride by a mechanochemical reaction [J]. Chemical Communications, 2004, 10. 1039/b406392a: 2210-2211.

[256] Xiong Z, Wu G, Hu J, et al. Ternary imides for hydrogen storage [J]. Advanced Materials, 2004, 16: 1522-1525.

[257] Leng H Y, Ichikawa T, Hino S, et al. New metal-NH system composed of $Mg(NH_2)_2$ and LiH for hydrogen storage [J]. The Journal of Physical Chemistry B, 2004, 108: 8763-8765.

[258] Nakamori Y, Kitahara G, Miwa K, et al. Reversible hydrogen-storage functions for mixtures of Li_3N and Mg_3N_2 [J]. Applied Physics a-Materials Science & Processing, 2005, 80: 1-3.

[259] Wang J, Wu G, Chua YS, et al. Hydrogen sorption from the $Mg(NH_2)_2$-KH system and synthesis of an amide-imide complex of $KMg(NH)(NH_2)$ [J]. ChemSusChem, 2011, 4: 1622-1628.

[260] Xiong Z, Wu G, Hu J, et al. Reversible hydrogen storage by a Li-Al-N-H complex [J]. Advanced Functional Materials, 2007, 17: 1137-1142.

[261] Hu Y H, Ruckenstein E. Ultrafast reaction between Li_3N and $LiNH_2$ to prepare the effective hydrogen storage material Li_2NH [J]. Industrial & Engineering Chemistry Research, 2006, 45: 4993-4998.

[262] Liu Y, Xiong Z, Hu J, et al. Hydrogen absorption / desorption behaviors over a quaternary Mg-Ca-Li-N-H system [J]. Journal of Power Sources, 2006, 159: 135-138.

[263] Li Y T, Fang F, Song Y, et al. Hydrogen storage of a novel combined system of $LiNH_2$-$NaMgH_3$: synergistic effects of in situ formed alkali and alkaline-earth metal hydrides [J]. Dalton Transactions, 2013, 42: 1810-1819.

[264] Vajo J J, Skeith S L, Mertens F. Reversible Storage of Hydrogen in Destabilized $LiBH_4$ [J]. The Journal of Physical Chemistry B, 2005, 109: 3719-3722.

[265] Pinkerton F E, Meisner G P, Meyer M S, et al. Hydrogen desorption exceeding ten weight percent from the new quaternary hydride $Li_3BN_2H_8$ [J]. Journal Of Physical Chemistry B, 2005, 109: 6-8.

[266] Yang J, Sudik A, Siegel D J, et al. A self-catalyzing hydrogen-storage material [J]. Angewandte Chemie, 2008, 47: 882-887.

[267] Juza R. Amides of the alkali and the alkaline earth metals [J]. Angewandte Chemie International Edition in English, 1964, 3: 471-481.

[268] Leng H, Ichikawa T, Hino S, et al. Synthesis and decomposition reactions of metal amides in metal-N-H hydrogen

storage system [J]. Journal of power sources, 2006, 156: 166-170.

[269] Chen P, Xiong Z, Luo J, et al. Interaction between Lithium Amide and Lithium Hydride [J]. The Journal of Physical Chemistry B, 2003, 107: 10967-10970.

[270] Nakamori Y, Kitahara G, Orimo S. Synthesis and dehydriding studies of Mg-N-H systems [J]. Journal of power sources, 2004, 138: 309-312.

[271] Xiong Z, Wu G, Hu J, et al. Ca-Na-N-H system for reversible hydrogen storage [J]. Journal of Alloys and Compounds, 2007, 441: 152-156.

[272] Wu H. Structure of ternary imide $Li_2Ca(NH)_2$ and hydrogen storage mechanisms in amide-hydride system [J]. Journal of the American Chemical Society, 2008, 130: 6515-6522.

[273] Yang J B, Zhou X D, Cai Q, et al. Crystal and electronic structures of $LiNH_2$ [J]. Applied Physics Letters, 2006, 88.

[274] Miwa K, Ohba N, Towata S, et al. First-principles study on lithium amide for hydrogen storage [J]. Physical Review B, 2005, 71: 195109.

[275] Song Y, Guo. Z X. Electronic structure, stability and bonding of the Li-N-H hydrogen storage system [J]. Physical Review B, 2006, 74.

[276] Orimo S, Nakamori Y, Eliseo J R, et al. Complex hydrides for hydrogen storage [J]. Chem Rev, 2007, 107: 4111-4132.

[277] Kojima Y, Kawai Y. IR characterizations of lithium imide and amide [J]. Journal of alloys and compounds, 2005, 395: 236-239.

[278] Bohger J P O, Essmann R R, Jacobs H. Infrared and Raman studies on the internal-modes of lithium amide [J]. Journal of Molecular Structure, 1995, 348: 325-328.

[279] Rand D A J, Dell R. Hydrogen energy: challenges and prospects [M]. Royal Society of Chemistry, 2008, 1.

[280] Van Vucht J H N, Kuijpers F A, Bruning M A. Reversible room-temperature absorption of large quantities of hydrogen by intermetallic compounds [J]. Philips Research Report, 1970, 25: 133-140. 1970: Medium: X.

[281] Ichikawa T, Isobe S. The structural properties of amides and imides as hydrogen storage materials [J]. Zeitschrift Fur Kristallographie, 2008, 223: 660-665.

[282] Juza R, Opp K. Metallamide und metallnitride. 25. Zur Kenntnis Des lithiumimides [J]. Zeitschrift Fur Anorganische Und Allgemeine Chemie, 1951, 266: 325-330.

[283] Ohoyama K, Nakamori Y, Orimo S, et al. Revised crystal structure model of Li_2NH by neutron powder diffraction [J]. Journal of the Physical Society of Japan, 2005, 74: 483-487.

[284] Noritake T, Nozaki H, Aoki M, et al. Crystal structure and charge density analysis of Li_2NH by synchrotron X-ray diffraction [J]. Journal of Alloys and Compounds, 2005, 393: 264-268.

[285] Balogh M P, Jones C Y, Herbst J F, et al. Crystal structures and phase transformation of deuterated lithium imide, Li_2ND [J]. Journal of Alloys and Compounds, 2006, 420: 326-336.

[286] Gregory D H. Lithium nitrides, imides and amides as lightweight, reversible hydrogen stores [J]. Journal Of Materials Chemistry, 2008, 18: 2321-2330.

[287] Magyari-Köpe B, Ozoliçš C V, Wolverton. Theoretical prediction of low-energy crystal structures and hydrogen storage energetics in Li_2NH [J]. Physical Review B, 2006, 73.

[288] Mueller T, Ceder G. Effective interactions between the N-H bond orientations in lithium imide and a proposed ground-state structure [J]. Physical Review B, 2006, 74.

[289] Velikokhatnyi O I, Kumta P N. Energetics of the lithium-magnesium imide-magnesium amide and lithium hydride reaction for hydrogen storage: An ab initio study [J]. Materials Science and Engineering: B, 2007, 140: 114-122.

[290] Ceriotti M, Miceli G A, Pietropaolo, et al. Nuclear quantum effects in ab initio dynamics: Theory and experiments for lithium imide [J]. Physical Review B, 2010, 82.

[291] Mueller T, Ceder G. Ab initio study of the low-temperature phases of lithium imide [J]. Physical Review B, 2010, 82.

[292] Bonnet M-L, Iannuzzi M, Sebastiani D, et al. Local disorder in lithium imide from density functional simulation and

NMR spectroscopy [J]. The Journal of Physical Chemistry C, 2012, 116: 18577-18583.

[293] Pietropaolo A, Colognesi D, Catti M, et al. Proton vibrational dynamics in lithium imide investigated through incoherent inelastic and Compton neutron scattering [J]. The Journal of chemical physics, 2012, 137: 204309.

[294] Chen Y H, Lu X X, Du R, et al. First principles study of H_2 molecule adsorption on Li_2NH(110) surfaces [J]. Rare Metal Materials And Engineering, 2013, 42: 1638-1642.

[295] Jacobs H, Juza R. Darstellung und Eigenschaften von Magnesiumamid und -imid [J]. Zeitschrift für anorganische und allgemeine Chemie, 1969, 370: 254-261.

[296] Dolci F, Napolitano E, Weidner E, et al. Magnesium imide: Synthesis and structure determination of an unconventional alkaline earth imide from decomposition of magnesium amide [J]. Inorganic Chemistry, 2011, 50: 1116-1122.

[297] Rijssenbeek J, Gao Y, Hanson J, et al. Crystal structure determination and reaction pathway of amide-hydride mixtures [J]. Journal of Alloys and Compounds, 2008, 454: 233-244.

[298] Michel K J, Akbarzadeh A R, Ozolins V. First-principles study of the Li-Mg-N-H system: Compound structures and hydrogen-storage properties [J]. The Journal of Physical Chemistry C, 2009, 113: 14551-14558.

[299] Hu J, Liu Y, Wu G, et al. Structural and compositional changes during hydrogenation/dehydrogenation of the Li-Mg-N-H system [J]. J Phys Chem C, 2007: 18439-18443.

[300] Markmaitree T, Shaw L L. Synthesis and hydriding properties of $Li_2Mg(NH)_2$ [J]. Journal Of Power Sources, 2010, 195: 1984-1991.

[301] Xiong Z, Wu G, Hu J, et al. Investigations on hydrogen storage over Li-Mg-N-H complex——the effect of compositional changes [J]. Journal of alloys and compounds, 2006, 417: 190-194.

[302] Tokoyoda K, Hino S, Ichikawa T, et al. Hydrogen desorption/absorption properties of Li-Ca-N-H system [J]. Journal Of Alloys And Compounds, 2007, 439: 337-341.

[303] Wu S, Dong Z, Boey F, et al. Electronic structure and vacancy formation of Li_3N [J]. Applied Physics Letters, 2009, 94.

[304] Differt K, Messer R. NMR spectra of Li and N in single crystals of Li_3N-discussion of ionic nature [J]. Journal Of Physics C-Solid State Physics, 1980, 13: 717-724.

[305] Chen P, Xiong Z, Yang L, et al. Mechanistic Investigations on the Heterogeneous Solid-State Reaction of Magnesium Amides and Lithium Hydrides [J]. Journal of Physical Chemistry B, 2006: 14221-14225.

[306] Grochala W, Edwards P P. Thermal decomposition of the non-interstitial hydrides for the storage and production of hydrogen [J]. Chemical Reviews, 2004, 104: 1283-1316.

[307] Zhang T, Isobe S, Wang Y, et al. A solid-solid reaction enhanced by an inhomogeneous catalyst in the (de) hydrogenation of a lithium-hydrogen-nitrogen system [J]. RSC Advances, 2013, 3: 6311-6314.

[308] Wu G, Xiong Z, Liu T, et al. Synthesis and characterization of a new ternary imide $Li_2Ca(NH)_2$ [J]. Inorganic Chemistry, 2006, 46: 517-521.

[309] Ichikawa T, Hanada N, Isobe S, et al. Mechanism of novel reaction from $LiNH_2$ and LiH to Li_2NH and H_2 as a promising hydrogen storage system [J]. The Journal of Physical Chemistry B, 2004, 108: 7887-7892.

[310] Leng H, Ichikawa T, Hino S, et al. Mechanism of hydrogenation reaction in the Li-Mg-N-H system [J]. Journal of Physical Chemistry B, 2005, 109: 10744-10748.

[311] Hu Y H, Ruckenstein E. Ultrafast reaction between LiH and NH_3 during H_2 storage in Li_3N [J]. The Journal of Physical Chemistry A, 2003, 107: 9737-9739.

[312] David W I F, Jones M O, Gregory D H, et al. A mechanism for non-stoichiometry in the lithium amide/lithium imide hydrogen storage reaction [J]. Journal of the American Chemical Society, 2007, 129: 1594-1601.

[313] Hu J Z, Kwak J H, Yang Z, et al. Probing the reaction pathway of dehydrogenation of the $LiNH_2$+LiH mixture using in situ 1H NMR spectroscopy [J]. Journal of Power Sources, 2008, 181: 116-119.

[314] Isobe S, Ichikawa T, Tokoyoda K, et al. Evaluation of enthalpy change due to hydrogen desorption for lithium amide/imide system by differential scanning calorimetry [J]. Thermochimica Acta, 2008, 468: 35-38.

[315] Gupta M, Gupta R P. First principles study of the destabilization of Li amide-imide reaction for hydrogen storage

[J]. Journal Of Alloys And Compounds, 2007, 446: 319-322.

[316] Shaw L L, Ren R, Markmaitree T, et al. Effects of mechanical activation on dehydrogenation of the lithium amide and lithium hydride system [J]. Journal Of Alloys And Compounds, 2008, 448: 263-271.

[317] Osborn W, Markmaitree T, Shaw L L. The long-term hydriding and dehydriding stability of the nanoscale $LiNH_2$ +LiH hydrogen storage system [J]. Nanotechnology, 2009, 20.

[318] Ichikawa T, Hanada N, Isobe S, et al. Hydrogen storage properties in Ti catalyzed Li-N-H system [J]. Journal of alloys and compounds, 2005, 404: 435-438.

[319] Isobe S, Ichikawa T, Hanada N, et al. Effect of Ti catalyst with different chemical form on Li-N-H hydrogen storage properties [J]. Journal of alloys and compounds, 2005, 404: 439-442.

[320] Matsumoto M, Haga T, Kawai Y, et al. Hydrogen desorption reactions of Li-N-H hydrogen storage system: Estimation of activation free energy [J]. Journal Of Alloys And Compounds, 2007, 439: 358-362.

[321] Zhang T, Isobe S, Wang Y, et al. A homogeneous metal oxide catalyst enhanced solid-solid reaction in the hydrogen desorption of a lithium-hydrogen-nitrogen system [J]. Chem Cat Chem, 2014, 6: 724-727.

[322] Ma L-P, Wang P, Dai H-B, et al. Enhanced H-storage property in Li-Co-N-H system by promoting ion migration [J]. Journal Of Alloys And Compounds, 2008, 466: L1-L4.

[323] Aguey-Zinsou K-F, Yao J, Guo Z X. Reaction paths between $LiNH_2$ and LiH with effects of nitrides [J]. Journal Of Physical Chemistry B, 2007, 111: 12531-12536.

[324] Leng H, Wu Z, Duan W, et al. Effect of $MgCl_2$ additives on the H-desorption properties of Li-N-H system [J]. International Journal of Hydrogen Energy, 2012, 37: 903-907.

[325] Xia G, Li D, Chen X, et al. Carbon-coated Li_3N nanofibers for advanced hydrogen storage [J]. Advanced Materials, 2013, 25: 6238-6244.

[326] Leng H, Ichikawa T, Isobe S, et al. Desorption behaviours from metal-N-H systems synthesized by ball milling [J]. Journal of alloys and compounds, 2005, 404: 443-447.

[327] Hino S, Ichikawa T, Leng H, et al. Hydrogen desorption properties of the Ca-N-H system [J]. Journal of Alloys and Compounds, 2005, 398: 62-66.

[328] Orimo S, Nakamori Y, Kitahara G, et al. Destabilization and enhanced dehydriding reaction of $LiNH_2$: an electronic structure viewpoint [J]. Appl Phys A-Mater Sci Process, 2004, 79: 1765-1767.

[329] Luo W. ($LiNH_2$-MgH_2): a viable hydrogen storage system [J]. Journal of Alloys and Compounds, 2004, 381: 284-287.

[330] Xiong Z T, Hu J J, Wu G T. et al. Thermodynamic and kinetic investigations of the hydrogen storage in the Li-Mg-N-H system [J]. Journal of Alloys and Compounds, 2005, 398: 235-239.

[331] Luo W F, Sickafoose S. Thermodynamic and structural characterization of the Mg-Li-N-H hydrogen storage system [J]. Journal Of Alloys And Compounds, 2006, 407: 274-281.

[332] Leng H, Ichikawa T, Fujii H. Hydrogen Storage Properties of Li-Mg-N-H Systems with Different Ratios of LiH/$Mg(NH_2)_2$ [J]. The Journal of Physical Chemistry B, 2006, 110: 12964-12968.

[333] Luo W, Stewart K. Characterization of NH_3 formation in desorption of Li-Mg-N-H storage system [J]. Journal of Alloys and Compounds, 2007, 440: 357-361.

[334] Luo W, Wang J, Stewart K, et al. Li-Mg-N-H: Recent investigations and development [J]. Journal of Alloys and Compounds, 2007, 446: 336-341.

[335] Liu Y, Hu J, Wu G, et al. Formation and equilibrium of ammonia in the $Mg(NH_2)_2$-2LiH hydrogen storage system [J]. Journal Of Physical Chemistry C, 2008, 112: 1293-1298.

[336] Liu Y, Hu J, Xiong Z, et al. Improvement of the hydrogen-storage performances of Li-Mg-N-H system [J]. Journal of materials research, 2007, 22: 1339-1345.

[337] Yang J, Sudik A, Wolverton C. Activation of hydrogen storage materials in the Li-Mg-N-H system: Effect on storage properties [J]. Journal of Alloys And Compounds, 2007, 430: 334-338.

[338] Liu Y, Zhong K, Luo K, et al. Size-dependent kinetic enhancement in hydrogen absorption and desorption of the Li-Mg-N-H system [J]. Journal Of the American Chemical Society, 2009, 131: 1862-1870.

[339] Wang J, Hu J, Liu Y, et al. Effects of triphenyl phosphate on the hydrogen storage performance of the $Mg(NH_2)_2$-2LiH system [J]. Journal Of Materials Chemistry, 2009, 19: 2141-2146.

[340] Xia G L, Chen X W, Zhou C F, et al. Nano-confined multi-synthesis of a Li-Mg-N-H nanocomposite towards low-temperature hydrogen storage with stable reversibility [J]. Journal Of Materials Chemistry A, 2015, 3: 12646-12652.

[341] Wang J, Li H W, Chen P. Amides and borohydrides for high-capacity solid-state hydrogen storage——materials design and kinetic improvements [J]. MRS Bulletin, 2013, 38 (6): 480-487.

[342] Wang J, Liu T, Wu G, et al. Potassium-modified $Mg(NH_2)_2$/2LiH System for Hydrogen Storage [J]. Angew Chem Int Ed, 2009, 48: 5828-5832.

[343] Paik B, Li H W, Wang J, et al. A Li-Mg-N-H composite as H_2 storage material: a case study with $Mg(NH_2)_2$-4LiH-$LiNH_2$ [J]. Chemical Commun, 2015, 51 (49): 10018-10021.

[344] Lin H J, Li H W, Paik B, et al. Improvement of hydrogen storage property of three-component $Mg(NH_2)_2$-$LiNH_2$-LiH composites by additives [J]. Dalton Trans, 2016, 45 (39): 15374-15381.

[345] Liang C, Liu Y, Gao M, et al. Understanding the role of K in the significantly improved hydrogen storage properties of a KOH-doped Li-Mg-N-H system [J]. J Mater Chem A, 2013, 1: 5031-5036.

[346] Dong B, Ge J, Y Teng Y, et al. Improved dehydrogenation properties of the $LiNH_2$-LiH system by doping with alkali metal hydroxide [J]. J Mater Chem A, 2015, 3: 905-911.

[347] Li C, Liu Y, Yang Y, Gao M, Pan H. High-temperature failure behaviour and mechanism of K-based additives in Li-Mg-N-H hydrogen storage systems [J]. J Mater Chem A, 2014, 2: 7345-7353.

[348] Dolotko O, Zhang H Q, Li S, et al. Mechanochemically driven nonequilibrium processes in MNH_2-CaH_2 systems (M=Li or Na) [J]. Journal Of Alloys And Compounds, 2010, 506: 224-230.

[349] Chu H, Xiong Z, Wu G, et al. Hydrogen storage properties of Li-Ca-N-H system with different molar ratios of $LiNH_2/CaH_2$ [J]. International Journal Of Hydrogen Energy, 2010, 35: 8317-8321.

[350] Pinkerton F E, Meisner G P, Meyer M S, et al. Hydrogen desorption exceeding ten weight percent from the new quaternary hydride $Li_3BN_2H_8$ [J]. The Journal of Physical Chemistry B, 2004, 109: 6-8.

[351] Noritake T, Aoki M, Towata S, et al. Crystal structure analysis of novel complex hydrides formed by the combination of $LiBH_4$ and $LiNH_2$ [J]. Applied Physics a-Materials Science & Processing, 2006, 83: 277-279.

[352] Chater P A, David P A, Anderson. Synthesis and structure of the new complex hydride $Li_2BH_4NH_2$ [J]. Chemical Communications, 2007, 10. 1039/b711111h: 4770-4772.

[353] Yang J B, Wang X J, Cai Q, et al. Crystal and electronic structures of the complex hydride $Li_4BN_3H_{10}$ [J]. Journal of Applied Physics, 2007, 102.

[354] Chater P A, David W I F, Johnson S R, et al. Synthesis and crystal structure of $Li_4BH_4(NH_2)_3$ [J]. Chemical Communications, 2006, 10. 1039/b518243c: 2439-2441.

[355] Filinchuk Y E, Yvon K, Meisner G P, et al. On the composition and crystal structure of the new quaternary hydride phase $Li_4BN_3H_{10}$ [J]. Inorganic Chemistry, 2006, 45: 1433-1435.

[356] Siegel D J, Wolverton C, Ozoliņš V. Reaction energetics and crystal structure of $Li_4BN_3H_{10}$ from first principles [J]. Physical Review B, 2007, 75: 14101-14112.

[357] Tang W S, Wu G, Liu T, et al. Cobalt-catalyzed hydrogen desorption from the $LiNH_2$-$LiBH_4$ system [J]. Dalton Transactions, 2008, 10. 1039/b719420j: 2395-2399.

[358] Wu H, Zhou W, Udovic T J. et al. Structures and crystal chemistry of Li_2BNH_6 and $Li_4BN_3H_{10}$ [J]. Chemistry of Materials, 2008, 20: 1245-1247.

[359] Meisner G P, Scullin M L, Balogh M P. et al. Hydrogen release from mixtures of lithium borohydride and lithium amide: A phase diagram study [J]. Journal Of Physical Chemistry B, 2006, 110: 4186-4192.

[360] Aoki M, Miwa K, Noritake T, et al. Destabilization of $LiBH_4$ by mixing with $LiNH_2$ [J]. Applied Physics a Materials Science & Processing, 2005, 80: 1409-1412.

[361] Borgschulte A, Jones M O, Callini E, et al. Surface and bulk reactions in borohydrides and amides [J]. Energy & Environmental Science, 2012, 5: 6823-6832.

[362] Pinkerton F E, Meyer M S. Hydrogen desorption behavior of nickel-chloride-catalyzed stoichiometric $Li_4BN_3H_{10}$ [J]. The Journal of Physical Chemistry C, 2009, 113: 11172-11176.

[363] Liu Y, Luo K, Zhou Y, et al. Diffusion controlled hydrogen desorption reaction for the $LiBH_4/2LiNH_2$ system [J]. Journal Of Alloys And Compounds, 2009, 481: 473-479.

[364] Zheng X, Xiong Z, Lim Y, et al. Improving effects of LiH and Co-catalyst on the dehydrogenation of $Li_4BN_3H_{10}$ [J]. The Journal of Physical Chemistry C, 2011, 115: 8840-8844.

[365] Zhang Y, Liu Y, Liu T, et al. Remarkable decrease in dehydrogenation temperature of Li-B-N-H hydrogen storage system with CoO additive [J]. International Journal Of Hydrogen Energy, 2013, 38: 13318-13327.

[366] Zhang Y, Liu Y, Pang Y, et al. Role of Co_3O_4 in improving the hydrogen storage properties of a $LiBH_4$-$2LiNH_2$ composite [J]. Journal Of Materials Chemistry A, 2014, 2: 11155-11161.

第7章 储氢与产氢一体化

第1章已比较了六种典型的可逆储氢方式，包括气态、液态和固态储氢。固态储氢是以储氢材料为储氢介质的储氢方式，按照材料-氢间交互作用方式不同，将储氢材料分为物理吸附类和化学吸附类，详见第4～第6章。前者以分子方式储氢，因氢分子与材料间以极弱的范德华力交互作用，在极低温度下方可有效工作；后者以原子或离子方式储氢，因氢原子或离子与材料其他组分元素间多以共价键或离子键结合，导致材料吸/放氢反应存在热力学与动力学问题。在过去的几十年里，研究人员虽然通过采用各种手段，包括调整材料成分或调制材料微观结构等，可在一定程度上改变材料的热力学性质和吸/放氢动力学性能，但综合考察储氢密度（包括体积储氢密度与质量储氢密度）和工作温度这两项关键性能指标，目前已发现的金属氢化物、复杂氢化物、物理吸附剂等可逆储氢材料均难以满足车载氢源的应用需求[1-4]。面对如此困境，各国学者自21世纪初就另辟蹊径，开始了制氢剂可控放氢及其高效再生技术的研究。经过近20年的研究与开发后，目前化学储氢已被确立为储氢材料研发的新方向，并行开展可逆储氢与化学储氢研究已经成为当前储氢材料领域的格局特征[5,6]。

化学储氢是指一类通过在线不可逆放氢的材料来储氢的方式。化学储氢体系按照材料特性的不同而采取多样化的放氢方式，如水解、热解、醇解、醚解等[5-8]。与可逆储氢相比，其典型特征为材料（体系）的放氢产物无法通过材料-氢气反应，而必须借助下线集中式化工过程完成材料的再生。本章仅以水解制氢为例介绍化学储氢。

金属或者氢化物与水反应，可控而快速地产生大量的氢气，这一体系被视为一种储氢与产氢一体化技术。该方法把制氢、储氢和运输环节合为一体，可实现即时、在线供氢，大大简化了氢能利用的技术环节。

一些金属如Li、Na等，氢化物如LiH、NaH、$LiAlH_4$等高活性物质与水反应剧烈，虽可大量产氢，但可控性差，一般不被应用于储氢与产氢一体化设计[1]。

备受研究者关注的金属如镁、钙和铝，氢化物如MgH_2、CaH_2和$NaBH_4$等，这些物质与水直接反应可以较理想地实现储氢和产氢一体化。这些材料通常在室温空气条件下可长时间稳定储存，引入催化剂或促进剂则可快速触发水解/分解反应，从而实现可控制氢[2]。

7.1 $NaBH_4$体系水解制氢

在储氢与产氢一体化的众多材料体系中，硼氢化钠（$NaBH_4$）水解制氢体系具有优异的综合性能，从而成为近年来研究的热点之一[5,6,9]。同时它也是产业界关注度极高的一种储氢材料，其大规模工业化生产技术已较为成熟。

20 世纪 40 年代，美国芝加哥大学的 Schlesinger 和 Brown 第一次合成了 $NaBH_4$[10,11]。固态 $NaBH_4$ 是面心立方结构的离子晶体，其粉体呈白色或灰白色，分子量为 37.83，密度为 1.074g/cm^3，熔点为 400℃，易吸潮，能溶于水、液氨、甲醇、有机胺和多元醚等溶剂。$NaBH_4$ 可通过热解放氢，在干燥空气中 300℃开始分解，在真空环境中 400℃开始分解，在氮气气氛中 503℃开始分解，在氢气气氛中 512℃才开始分解[12]。与较为苛刻的热解放氢条件相比，$NaBH_4$ 与水更容易在温和条件下反应释放氢气，其理论水解放氢量高达 10.8%，这一特征也使硼氢化钠在储氢与产氢一体化技术中表现出明显的优势。

$NaBH_4$ 水解放氢反应具有很高的热力学驱动力，但因其动力学限制因素，在室温中性水溶液条件下的反应速率极低[13]。经研究发现：催化剂可显著提高 $NaBH_4$ 水解反应速率，而适量加入碱则可有效地抑制 $NaBH_4$ 水溶液的自发水解反应。因此，在 $NaBH_4$ 水溶液中配合使用碱稳定剂和催化剂，可获得兼具良好的储存性能和反应动力学特性的可控制氢体系[14,15]。

$NaBH_4$ 的碱性水溶液水解制氢具有很多优点[2,16]：①储氢容量高；②产氢纯度高，仅含少量水蒸气，可直接供给质子交换膜燃料电池（PEMFC）使用；③与大多金属氢化物储氢系统相比，放氢条件温和，可在近室温、近常压条件下工作；④比固态氢化物热解制氢系统更安全、可控性更高，因为溶液起到了热缓冲作用，吸收反应放出的热量可防止热散失；⑤反应产物安全、无污染，对环境友好；⑥催化剂可循环使用，反应产物可下线再生产。

$NaBH_4$ 水解制氢系统最早被尝试应用于氢源领域是在第二次世界大战期间被成功地用于军用气象气球的充气装置[17]。其后数十年，人们对该制氢系统的研究进入休眠期。直至 21 世纪初，学者们对各种体系的储氢材料进行了几近全方位的研究和应用开发，$NaBH_4$ 水解制氢技术再次进入研究者的视线，并迅速成为研发热点[18]。各国学者在高效 $NaBH_4$ 水解催化剂和反应动力学等方面展开了大量基础性研究，多家专业公司和科研机构相继推出了多款 $NaBH_4$ 基可控制氢系统，并在不同领域验证了其实用性。为了大幅度降低 $NaBH_4$ 的再生成本，增强其实用性，研究者提出了多种解决方案，并已取得了长足的进步。基于多方面的研发进展，$NaBH_4$ 水解制氢体系已成为当前最具代表性，同时也是最具近期实用性的化学储氢体系。遗憾的是，由于该体系有效储氢密度偏低和缺乏氢化物高效再生技术，目前 $NaBH_4$ 水解制氢技术的潜在应用领域并不是可规模化应用的车载氢源，而主要是具有高端技术需求的移动/便携式氢源[16,19]。

7.1.1 $NaBH_4$ 体系水解制氢原理

从热力学上讲，$NaBH_4$ 与 H_2O 反应具有足够大的驱动力。然而在近室温附近中性条件下，该反应的动力学性能极差，因此有效地提高反应动力学性能是各国学者多年致力的重要方向。添加催化剂、调整溶液浓度和 pH 值、升高温度等都是改善反应动力学的有效措施。本节分别从热力学和动力学角度，针对不同的动力学改进方法阐述其反应机理。

7.1.1.1 纯 $NaBH_4$-H_2O 反应机理

$NaBH_4$ 本身的活性较高，易与水发生反应放出氢气。理论上，纯 $NaBH_4$ 的水解反应式如下[15,16]：

$$NaBH_4 + 2H_2O \longrightarrow NaBO_2 + 4H_2 \qquad \Delta H = -217kJ/mol\ H_2 \tag{7-1}$$

按照式(7-1) 的反应路径，$NaBH_4$ 的理论水解放氢量应为 10.8%。但是上述反应几乎不会发生，这是由于产物 $NaBO_2$ 在水溶液中以水合物形式存在，即发生式(7-2) 的反应：

$$NaBH_4 + (2+x)H_2O \longrightarrow NaBO_2 \cdot xH_2O + 4H_2 + \text{热量} \tag{7-2}$$

如当 $x=2$ 时，其水解放氢量骤降为 7.3%；当 $x=4$ 时，则其放氢量会进一步降低至 5.5%。

正是由于 $NaBH_4$-H_2O 反应产物中会结合不同量的水，大大降低了体系的储氢密度，也限制了该体系在大规模车载氢源中的应用。

7.1.1.2 $NaBH_4$ 催化水解反应机理

在室温附近，式(7-1) 或式(7-2) 中的初始反应很快，但反应速率迅速降低，最后仅少量氢能被释放出来。添加催化剂是促进 $NaBH_4$-H_2O 反应速率大幅度提高的有效方法，也是各国学者研究的热点方向。

$NaBH_4$ 催化水解反应体系已经历了近 70 年的研究发展，但其反应机理迄今尚未有定论。早在 1971 年，英国赫尔大学的 Holbrook 和 Twist 第一次完整地提出了描述 $NaBH_4$ 水解反应的催化过程机理模型[20]，如式(7-3)～式(7-7) 所示，金属催化剂（M）催化 $NaBH_4$ 水解反应过程如下：①BH_4^- 可逆吸附在催化剂表面，所形成的 M-BH_4^- 中间体随即发生 B—H 键断裂，产生 M-BH_3^- 和 M-H 中间体；②M-BH_3^- 与 OH^- 或 H_2O 反应生成 $BH_3(OH)^-$ 和 M-H，其间可能生成过渡态物种 BH_3；③$BH_3(OH)^-$ 和 OH^- 或 H_2O 继续反应，逐步完成 B—OH^- 键取代 B—H 键的过程，最终产生 $B(OH)_4^-$，与此同时，M-H 间反应生成 H_2，同时完成金属催化剂（M）的活性位再生。该机理模型在相当长的时间内被各国学者普遍接受。

$$2M + BH_4^- \rightleftharpoons \mathrm{H{-}\overset{\overset{\large H}{|}}{\underset{\underset{\large M}{|}}{B^-}}{-}H} + \text{H-M} \tag{7-3}$$

$$\mathrm{H{-}\overset{\overset{\large H}{|}}{\underset{\underset{\large M}{|}}{B^-}}{-}H} \rightleftharpoons BH_3 + M + e_M \tag{7-4}$$

$$BH_3 + OD^- \longrightarrow BH_3OD^- \tag{7-5}$$

$$M + e_M + D_2O \longrightarrow M{-}D + OD^- \tag{7-6}$$

$$\text{M-H} + \text{M-D} \rightleftharpoons 2M + HD \tag{7-7}$$

直到最近，意大利特兰托大学的 Peña-Alonso 等[21]针对 $NaBH_4$ 催化水解反应的中间路径提出了新的观点。他们认为 $NaBH_4$ 水解过程中生成的 M-H 中间体与 H_2O 直接反应生成了 H_2，没有中间态 BH_3 及 $BH_3(OH)^-$ 的形成。M-BH_3^- 中间体的主要作用是向再生的 M 活性位转移电荷和 H 原子，直至最终生成产物 $B(OH)_4^-$，见图 7-1(a) 所示。

此外，意大利特兰托大学的 Guella 等[22]通过 ^{11}B NMR 实验研究发现，$NaBH_4$ 催化水解反应的控制步骤并非此前认为的 BH_4^- 失去第一个 H 原子，而是 H_2O 分子的 H—O 键断

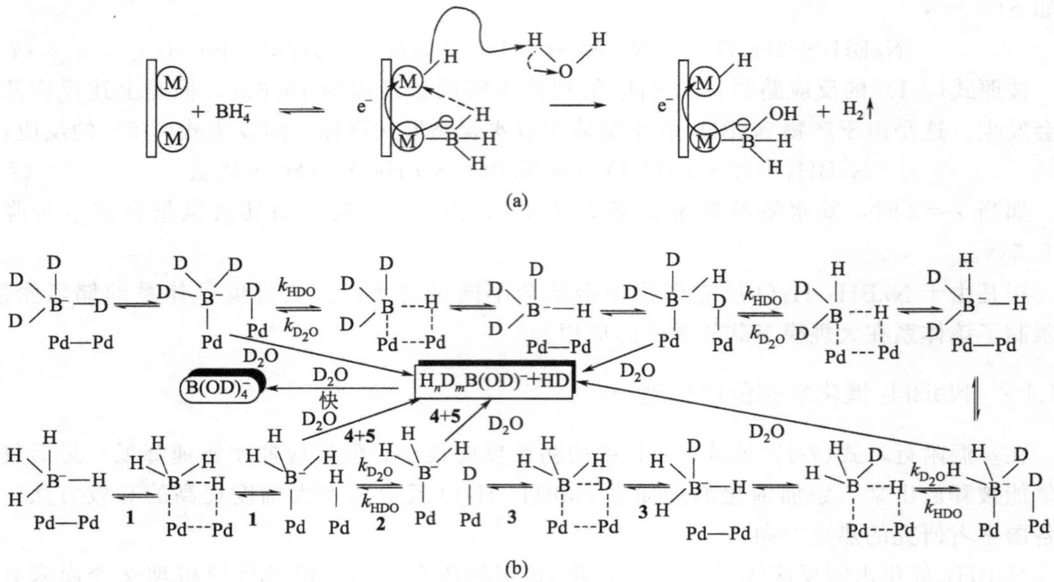

图 7-1 Peña-Alonso 等提出的 $NaBH_4$ 催化水解反应机理示意图（a）[21]
和 Guella 等提出的金属 Pd 催化 BH_4^- 在 D_2O 中的水解反应机理模型（b）[22]

裂，见图 7-1(b)。

上述三种机理模型在 $NaBH_4$ 催化水解反应路径和控制步骤方面存在明显的分歧，但在化学吸附生成 M-BH_3^- 和 M-H 中间体及其与 H_2O 反应生成 H_2 方面达成共识。中国科学院金属研究所 Dai 等[23]在此基础上做了进一步补充，认为在金属催化剂晶格间隙处存在一定浓度的固溶 H 原子，反应生成的 H 原子首先向催化剂体相内扩散，直至体相内 H 原子达到饱和，过剩 H 原子才在催化剂表面结合为 H_2 分子释放，如图 7-2 所示。

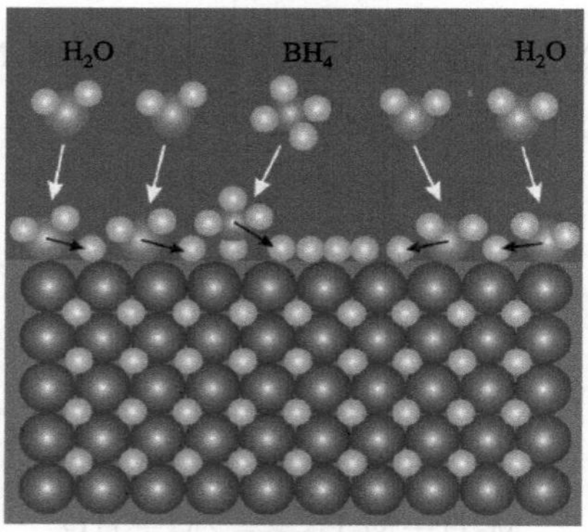

图 7-2 H 原子在金属催化剂表面吸附与体相固溶示意图[23]

$NaBH_4$ 催化水解反应涉及复杂的固-液界面交互作用和多种中间体的生成与进一步转化过程，运用现有的实验检测技术和理论计算工具仅能揭示其催化反应机理的冰山一角。目前，学者们提出的各种机理模型都是对实验现象的推测和解析，通过实验现象探知反应机理这一手段仍然非常重要。例如，研究者通过实验发现，在非贵金属催化剂研究中，引入 B 元素可提高 Co 基或 Ni 基催化剂的催化活性已达成共识。但目前对此现象的理解局限于 B

元素与 Co、Ni 元素间发生合金化，并通过转移电子使催化活性元素呈富电子状态，从而提高催化活性。至于 B 元素对催化剂的电子结构、显微结构及表面状态的调制作用与机理则亟待深入解析。

7.1.1.3 $NaBH_4$ 的酸化水解反应机理

Schlesinger 等[11]证实了有两种方法可以使 $NaBH_4$ 在稳定的溶液中放氢，包括添加强酸以降低溶液的 pH 值和添加催化促进剂——一种不降低 pH 值的多相催化剂。前一小节已经讨论了催化剂对 $NaBH_4$ 水解反应的作用机制，下面仅简单介绍酸化水解反应机制。

与催化剂可反复使用不同，酸通常作为一次性催化剂添加使用。酸加速 $NaBH_4$ 水解制氢的方法早在 20 世纪 50 年代就被首次尝试，其后近 20 种酸的催化效果被评估，包括 HCl、H_2SO_4、HNO_3、H_3PO_4、草酸和 CH_3COOH 等。Robert 等[24]提出了酸催化 $NaBH_4$ 水解制氢的作用机理，如图 7-3 所示。

$$H_3O^+ + BH_4^- \xrightleftharpoons{\text{慢}} \begin{bmatrix} H^+BH_4^- \\ H_2O \end{bmatrix} \longrightarrow H_2 + (BH_3)_{aq.} + H_2O$$

$$(BH_3)_{aq.} \xrightarrow[3H_2O]{\text{快}} H_3BO_3 + 3H_2$$

图 7-3 酸催化 SB 水解机理[24]

（图中符号“⇌”表示几种化学官能团/粒子的集合）

通常使用的酸催化方式是往 $NaBH_4$ 溶液或固态 $NaBH_4$ 粉末中添加酸溶液，这对水解系统的安全性、反应容器的耐蚀性提出了更高的要求。除此之外，反应后剩余溶液的回收、排放、对周围环境的影响等问题都需要考察和解决。

7.1.1.4 $NaBH_4$ 的水解反应级数[2]

通过确定水解反应级数可解析水解反应速率与 $NaBH_4$ 浓度的定量关系，这是水解反应动力学研究中的重要内容。实验测定水解反应级数的方法有两种：一种是测量单一体系放氢量与时间的关系曲线；另一种是测量含有不同 $NaBH_4$ 浓度体系的制氢速率。各国学者关于 $NaBH_4$ 水解反应级数的认定存在较大的争议，Guella 等[22]和 Zahmakiran 等[25]认为 $NaBH_4$ 催化水解反应呈现零级动力学，即反应速率与 $NaBH_4$ 浓度无关；而 Peña-Alonso 等[21]和 Shang 等[26]在实验中观测到体系放氢速率随 $NaBH_4$ 浓度增加而增大，从而提出该体系催化水解反应呈一级动力学行为的观点。此外，也有学者提出 $NaBH_4$ 催化水解反应级数为分数[17,27]或负数[28,29]的结论。可见，关于 $NaBH_4$ 催化水解反应级数的认识还存在不小的分歧，一个可能的原因是水解反应过程中燃料液温度和 pH 值总在动态变化中，导致反应物 $NaBH_4$ 浓度和副产物 $NaBO_2$ 溶解度的波动，这些因素都对体系反应速率造成影响，导致 $NaBH_4$ 催化水解反应的本征动力学性能难以采用目前的手段精确适时测定。另外，学者们对 $NaBH_4$ 浓度研究范围过窄也是造成动力学规律认识片面的一个可能的原因。针对后者，中国科学院金属研究所 Dai 等[30]采用 Michaelis-Menten 模型（简称 M-M 模型），在较宽的 $NaBH_4$ 浓度范围内模拟研究了 $NaBH_4$ 催化水解反应动力学（图 7-4）。

M-M 模型的核心假设为：总催化反应由两个基元反应构成，即反应物首先与催化剂交互作用生成中间产物；中间产物随后分解生成反应产物，同时完成催化剂再生[31]。该假设与 Holbrook 和 Twist[20] 提出的 $NaBH_4$ 水解反应的催化过程机理模型相吻合，表明该模型应用的合理性。根据 M-M 模型提出的 $NaBH_4$ 催化水解反应动力学模型如图 7-5 所示。

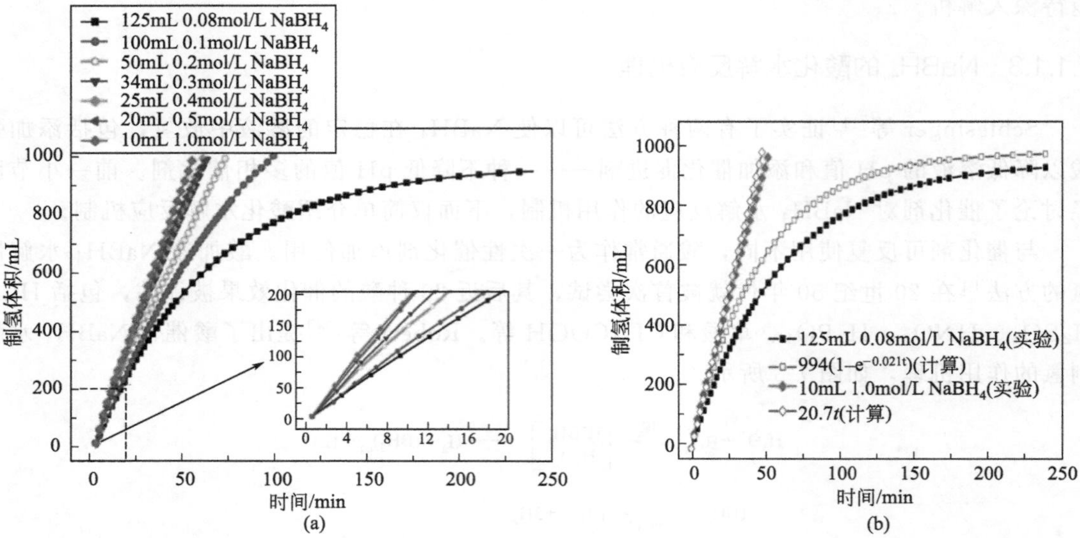

图 7-4 采用不同 $NaBH_4$ 浓度水解反应体系的制氢动力学曲线（反应温度为 30℃时，NaOH 浓度为 0.5mol/L，Co-B 粉体催化剂用量为 5mg）（a）和采用 M-M 模型预测的水解反应动力学曲线与实验测试结果对比（b）[30]

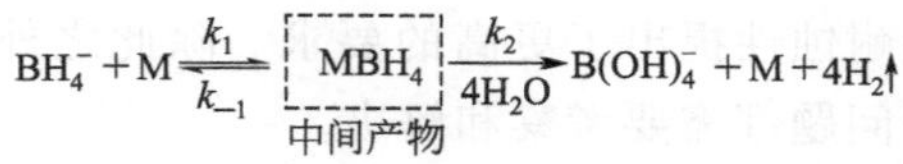

图 7-5 $NaBH_4$ 催化水解反应动力学模型示意图（k_1 和 k_{-1} 分别为中间产物 MBH_4 生成和其可逆分解反应的速率常数，k_2 为中间产物 MBH_4 水解反应速率常数）[30]

根据稳态假设，即当水解反应达到稳态时，中间产物 $[MBH_4]$（M 代表催化剂）的浓度保持恒定，可得式(7-8) 和式(7-9)：

$$\frac{d[MBH_4]}{dt}=k_1[BH_4^-][M]-k_{-1}[MBH_4]-k_2[MBH_4]=0 \tag{7-8}$$

$$r_{H_2}=\frac{dV_{H_2}}{dt}=\frac{k_2'[M_0][NaBH_4]}{k_M+[NaBH_4]}=\frac{r_m(H_2)[NaBH_4]}{k_M+[NaBH_4]} \tag{7-9}$$

式中，k_M 为米氏常数；$r_m(H_2)$ 为水解反应最高制氢速率（mL/min），$r_m(H_2)=k_2'[M_0]=4RTV_{sol}k_2[M_0]/p$，其中，$[M_0]$ 为催化剂用量，R 为摩尔气体常数，T 为反应温度（K），p 为氢气压力，V_{sol} 为燃料液体积。

式(7-9) 推导结果表明，$NaBH_4$ 催化水解反应速率与催化剂用量成正比关系，改变催化剂用量并不影响反应速率与 $NaBH_4$ 浓度间的关系。

当 $NaBH_4$ 浓度较高时，即 $[NaBH_4]\gg k_M$，式(7-9) 可简化为式(7-10)，表明呈零级反应动力学。

$$r_{H_2}=\frac{dV_{H_2}}{dt}\approx k_2'[M_0]=r_2(H_2) \tag{7-10}$$

当 $NaBH_4$ 浓度较低时，即 $[NaBH_4] \ll k_M$，式(7-9) 可简化为式(7-11)，表明呈一级反应动力学。

$$r_{H_2}=\frac{dV_{H_2}}{dt}\approx\frac{k_2'[M_0]}{k_M}[NaBH_4] \tag{7-11}$$

上述模型所预测的水解反应动力学曲线与图 7-4(b) 中所示的实验测试结果吻合良好。由此可以确定，$NaBH_4$ 催化水解反应速率对 $NaBH_4$ 浓度呈零级或一级反应动力学，具体反应级数取决于 $NaBH_4$ 的初始浓度。

7.1.1.5 $NaBH_4$ 体系的水解反应活化能

活化能是指分子或离子从常态转变为容易发生化学反应的活性状态所需要的能量。活化能的大小表征了初始反应的难易程度。下面以 $4NaBH_4$-NH_3BH_3 水解反应体系为例[32]，说明活化能的计算方法。

$4NaBH_4$-NH_3BH_3 水解反应体系的动力学曲线拟合过程及参数如图 7-6 和表 7-1 所示。图 7-6(a) 中纵坐标 F 代表产氢率，横坐标为反应时间。通过拟合发现，该复合物的水解放氢曲线与晶体动力学中表述形核长大机制的阿弗拉米（Avrami）方程拟合度很高，其方程式如下：

$$F=1-\exp(-kt^m) \tag{7-12}$$

式中，F 为转化率（即产氢率）；k 为反应速率常数，与温度有关；m 为 Avrami 指数，与形核机理和生长维数有关；t 为时间。其中 k 和 m 可通过数据拟合得到，详见表 7-1。

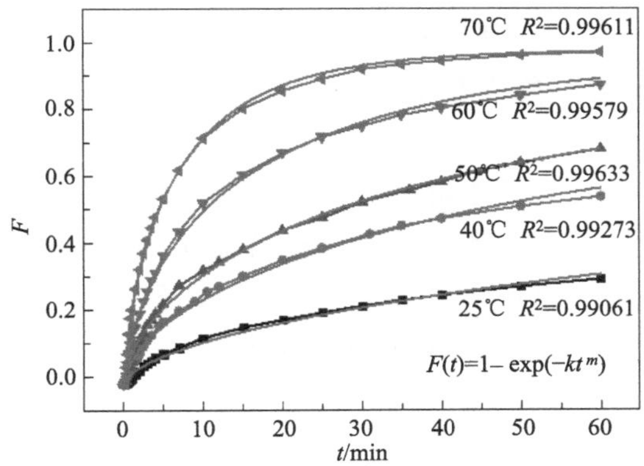

(a)

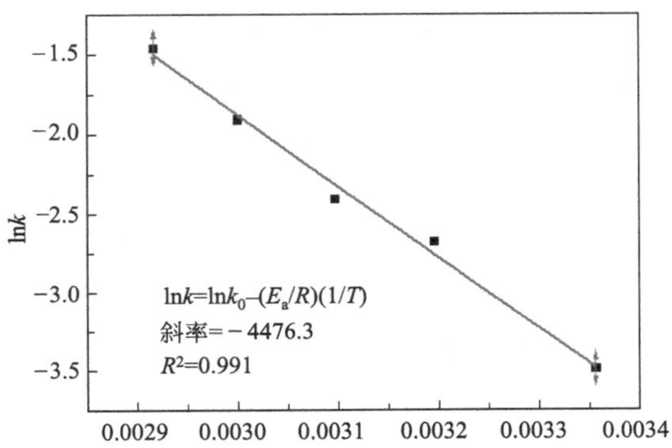

(b)

图 7-6 $4NaBH_4$-NH_3BH_3 水解动力学拟合曲线[32]

$4NaBH_4$-NH_3BH_3 复合物各温度下水解放氢曲线的拟合系数 R^2 均达到 0.99，拟合度高。

表7-1 $4NaBH_4$-NH_3BH_3 复合物水解放氢动力学参数拟合结果[32]

温度	拟合参数		拟合参数误差		R^2
	k	m	k	m	
25℃	0.03162	0.61449	0.00211	0.01915	0.99061
40℃	0.07049	0.61476	0.00344	0.01515	0.99273
50℃	0.09274	0.62791	0.00352	0.01181	0.99633
60℃	0.15227	0.67566	0.00598	0.01461	0.99579
70℃	0.23743	0.746	0.00862	0.01972	0.99611

根据阿伦尼乌斯（Arrhenius）的研究结果，反应常数 k 与温度成指数关系：

$$k=A\exp[-E_a/(RT)] \tag{7-13}$$

式中，A 为指前因子；E_a 为反应活化能；R 为摩尔气体常数；T 为热力学温度。对式(7-13) 中等号两边取对数，得到式(7-14)：

$$\ln k=\ln A-(E_a/R)(1/T) \tag{7-14}$$

以 $1/T$ 为横坐标，$\ln k$ 为纵坐标，得到 $\ln k$ 与 $1/T$ 的关系图，如图 7-6(b) 所示。通过五个温度点拟合所得直线的线性拟合系数 R^2 达到 0.99，斜率为 −4476.3，代入 R 值即可获得反应活化能 E_a 的数值为 37.23kJ/mol。

7.1.2 $NaBH_4$ 体系水解制氢关键技术

从热力学角度讲，$NaBH_4$ 体系水解制氢反应是自发进行的，其制氢性能的优劣取决于动力学性能。动力学特性的影响因素很多，包括催化剂的种类、数量和状态，反应物 $NaBH_4$ 溶液的浓度，稳定剂 NaOH 的浓度，溶液的 pH 值，反应温度等。对于不同的材料体系和使用工况环境的差异，应做适宜的优化和调整。

7.1.2.1 $NaBH_4$ 水解反应的催化剂

添加催化剂可以使 $NaBH_4$ 水解产氢按需进行，具有高可控性，同时溶液可以保持长期稳定，利于保存，因此成为各国研究者和企业界高度关注的对象。Schlesinger 等[10,11]的早期研究工作中已涉及了 $NaBH_4$ 水解反应催化剂的前驱体，即第Ⅷ族过渡金属盐，其与 $NaBH_4$ 间发生的氧化还原反应导致了金属或金属基含硼催化剂的原位生成，可以视为现代金属催化剂的原型。近 20 年来，学者们在 $NaBH_4$ 水解催化剂方面做了大量的具有开拓性的研究工作，提出了一系列催化剂制备的新方法和新技术，并由此成功地制备出多种高效金属催化剂。按照化学组成不同，金属催化剂可分为贵金属催化剂和非贵金属催化剂；按照负载方式不同，亦可分为非负载型催化剂和负载型催化剂。表 7-2 中列出了其中的部分例子。

早在 20 世纪 60 年代，Brown 等[54]系统研究了各金属元素对 $NaBH_4$ 的催化作用，发现其催化效果按从大到小的顺序为：Ru,Rh＞Pt＞Co＞Ni＞Os＞Ir＞Fe≫Pd。后来的众多学者也证实了 Ru、Rh、Pt 等贵金属元素在 $NaBH_4$ 水解反应中表现出高的催化活性，同时这些元素具有良好的化学稳定性，因此被许多研究者选作 $NaBH_4$ 水解反应的高效催化剂。

表7-2 $NaBH_4$ 水解反应催化剂及其催化性能比较

催化剂		制备工艺	反应条件			制氢速率 /[L/(min·g催化剂)]	活化能 /(kJ/mol)	文献
			T/℃	$NaBH_4$/%	NaOH/%			
非负载型	CoxB	化学还原	25	20	5	0.88	65	[33]
	Co-Mo-Pd-B	化学还原	25	0.6	5	6.0	36.4	[34]
	Co-Mo-B(EG)	化学还原	30	5	5	19	33.3	[35]
	$Ni-Ni_3B$	—	30	0.8	—	3.4	55.810	[36]
	$Co-Co_2B$	—	30	0.8	—	4.3	35.245	[36]
	Co-W-P	电沉积	30	10	10	5	22.8	[37]
	$NiCo_2O_4$ 空心球	水热法	25	1	—	1	52.211	[38]
	水杨醛亚胺-Ni 基复合物	官能团配位	30	2	7	2.24	18.16	[39]
	Co-Ni 混合物	物理混合	30	2.5	5	0.33	—	[40]
负载型	Co-B/泡沫 Ni	浸镀	20	25	3	7.2	45	[41]
	Co-W-B/泡沫 Ni	化学镀	30	20	5	15	29	[42]
	Fe-Co-B/泡沫 Ni	化学镀	30	15	5	22	27	[43]
	Co-P/Cu	电镀	30	10	1	0.95	—	[44]
	$Pt/LiCoO_2$	超临界	22	20	10	1.39	—	[45]
	$Pt-Ru/LiCoO_2$	浸渍	25	5	5	12.4	—	[46]
	Pt 或 $Ru/LiCoO_2$	多元醇	25	10	5	3	68.5	[47]
	Pt-Pd/CNT	化学沉积	29	0.1	0.04	9	19	[21]
	Pd/C	激光沉积	25	1	5	23	28	[48]
	Pt/C	浸渍	—	10	5	29.6	—	[49]
	$Ru_{75}Co_{25}/C$	浸渍	25	10	4	23.1	46.6	[50]
	$Ru_{60}Co_{20}Fe_{20}/C$	浸渍	25	10	4	41.7	44.0	[50]
	Au/Ni	化学还原	30	10	7	2.597	30.3	[51]
	$Co-Ni-P/\gamma-Al_2O_3$	化学镀	55	2	4	6.5996	52.05	[52]
	Co/炭气凝胶	水热法	25	1	10	11.22	38.4	[53]

近年，$NaBH_4$ 水解制氢技术再次成为研究热点，各种贵金属的催化效果表现优异，也从单金属组分发展到了双金属组分。2000 年，美国千年电池公司（Millennium Cell Inc.）的 Amendola 等[14,15]报道了在 $NaBH_4$ 水解制氢系统中采用 Ru/IRA-400 作催化剂获得了良好的效果后，各国学者先后研发出多种负载型贵金属催化剂，如 $Pt/LiCoO_2$[45]、Pt/C[49]、$Ru/ZrO_2-SO_4^{2-}$[55]、Rh/TiO_2[56]等，并验证了其对 $NaBH_4$ 水解反应的高效催化特性。以 Kojima[45]等研发的 $Pt/LiCoO_2$ 催化剂为例，其催化效果是 2000 年美国千年电池公司 Amendola 等研发的 Ru 催化剂的 10 倍，如图 7-7 所示。近年来，研究者在单贵金属元素组分基础上进一步研发出双贵金属催化剂体系。如美国特拉华大学 Krishnan 等[46]和法国里昂

大学 Demirci 等[57]发现：与单组分贵金属催化剂相比，Pt-Ru/$LiCoO_2$、Pt-Ru/TiO_2 等催化剂的催化活性几乎成倍提高，如图 7-8 所示，其改性机理可能是 Pt-Ru 合金化后导致催化剂表面吸附反应物的能力成倍增加。虽然贵金属催化剂对 $NaBH_4$ 水解制氢体系具有优异的催化特性，然而其商业化应用不得不面临材料成本过高这一困境。

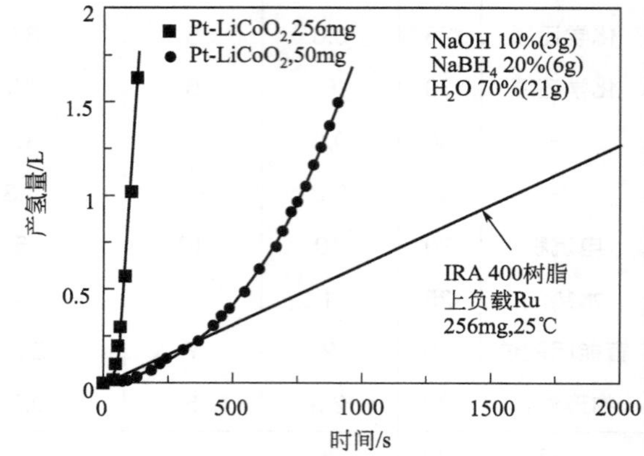

图 7-7　20% $NaBH_4$，10% NaOH 水溶液在不同催化剂、22℃下的产氢体积-时间曲线[45]

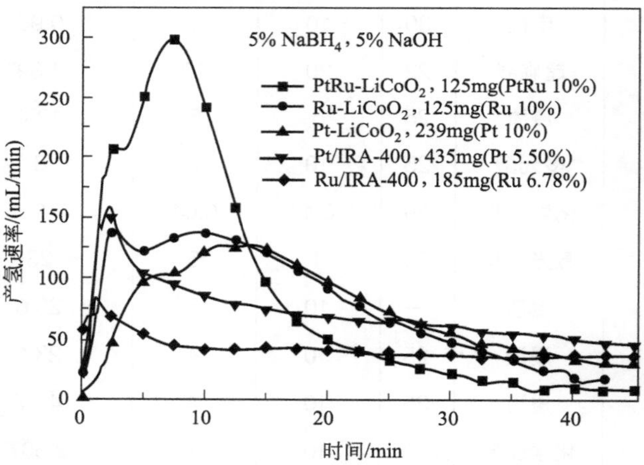

图 7-8　不同催化剂作用下 5% $NaBH_4$，5% NaOH 溶液的产氢曲线[46]

为了降低催化剂成本，使整体制氢体系更具市场竞争性，发展非贵金属催化剂成为必然的发展趋势。在各种非贵金属催化剂中，Co 对于 $NaBH_4$ 水解制氢体系的催化能力最强[54,58]。近年来，研究人员采用化学还原法制备了一系列廉价的非负载型 Co-B 基高效催化剂[59]。据报道[60]，Co 基催化剂具有独特的纳米晶/非晶混合结构，即细小的金属 Co 或 Co 基合金纳米晶以随机取向分布于由 B 相和金属氧化物相构成的非晶基体中。

在 Co 基催化剂中添加合金化元素可以提高催化活性，研究人员尝试的合金化元素有 Mo、W、Ni、Fe、Cu、Cr 等。合金化元素改善 Co 基催化剂催化性能的原因可以归结为以下三点：①增加金属 Co 活性位的电子浓度，如 Ni、Fe；②可防止 Co 的团聚，因此增大了催化剂活性表面积，如 Fe、Cu、Cr、Mo、W；③添加元素起到路易斯酸性位的作用，促进 OH^- 的化学吸附作用，OH^- 随后与化学吸附的 BH_3 反应生成 $BH_3(OH)^-$，如 Cr、Mo、

W[16]。以中国科学院金属研究所 Dai 等[42]研发的 Co-W-B/泡沫 Ni 催化剂为例，其催化效果接近文献已报道的贵金属催化剂水平，如图 7-9 所示。

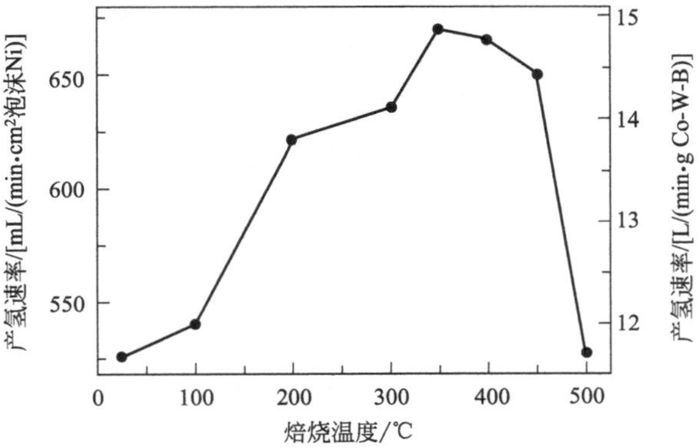

图 7-9 催化剂焙烧温度对 $NaBH_4$ 溶液（含 20% $NaBH_4$ 和 5% NaOH）在 30℃时的产氢速率的影响（催化剂为 Co-W-B/泡沫 Ni）[42]

合金化是非贵金属催化剂改性的一个主要策略，此外，改变催化剂制备的化学还原反应条件也被证明是提高催化剂活性的有效方法。例如，中国科学院金属研究所 Zhuang 等[35]以乙二醇（EG）替代常用的水溶剂制备的 Co-Mo-B 催化剂的催化活性较水相（AQ）条件下制得的催化剂提高近 5 倍，见图 7-10 所示，可能的原因归结为在催化剂制备过程中使用有机溶剂所带来的催化剂表面氧化和颗粒团聚程度均降低。

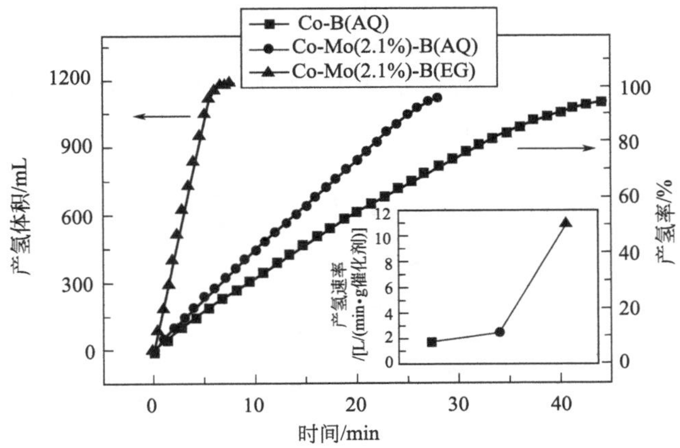

图 7-10 在 30℃、20mg 不同种类催化剂作用下，5% $NaBH_4$/5% NaOH 溶液的产氢动力学曲线对比（右下插图为采用不同催化剂时的产氢速率曲线）

实用型的水解反应催化剂不仅要求具有高的催化活性，还要考虑使用时催化剂与燃料液或反应副产物浆液间的有效分离问题，后者对于实现 $NaBH_4$ 制氢系统的可控制氢、催化剂的循环利用和副产物分离再生过程的便捷化等具有切实的意义。故此，负载型催化剂成为研究人员研发的一个重点方向。负载型催化剂由活性金属组分和载体材料组成。化学性质稳定、比表面积高的轻质材料都可以作为催化剂载体。常见的具有实用性前景的载体材料包括：各种金属氧化物（如 $LiCoO_2$、沸石、TiO_2、γ-Al_2O_3 等）[45,61,62]、阴阳离子交换树脂[14,15]、泡沫或纤维金属（泡沫镍等）[41-43,63]、碳材料（活性炭、石墨等）和多孔天然材料或人造陶瓷[21,49,53,64,65]等。研究人员尝试的各种负载型催化剂的制备方法包括化学镀法、电镀法、置换镀法、浸镀法、浸渍法、离子交换法、超临界法、脉冲激光沉积和多元醇法等，其中化学镀法和浸渍法操作简单、高效、装备要求低，被广泛应用。

具备实用性的负载型催化剂应当具有高催化活性、长使用寿命和低材料成本等基本要求。与贵金属相比，非贵金属具有显著的价格优势，然而其本征催化活性低于前者，引入合金化元素以调整催化活性中心的电子结构是其改性的主要途径。此外，优化载体/催化剂镀层的结构，获得高的催化剂比表面积也是提升催化活性的有效途径。关于负载型催化剂的使用寿命问题，目前的文献报道中乐观的数据并不多见[16]。如 Rakap 等[66]2009 年报道的 Co 纳米团簇/沸石催化剂使用 5 次后仅余初始活性的 59%，100h 连续工作后则完全失效。延长催化剂的循环使用寿命是一个系统问题，涉及催化剂热处理条件、强碱使用环境的适应性、氢气快速析出时产生的机械冲击对活性组分与载体材料间结合力的影响等，研究人员正在探索新的材料组分和结构以期解决上述问题。

7.1.2.2 $NaBH_4$ 浓度对水解反应的影响

在催化剂种类和用量已经确定的条件下，燃料 $NaBH_4$ 的浓度成为影响水解制氢体系产氢性能的决定性因素。但因受到 $NaBO_2$ 副产物溶解度的影响，体系产氢性能与 $NaBH_4$ 浓度间呈现出复杂的相关性。图 7-11 所示为 Amendola 等[14]报道的使用 Ru/IRA-400 催化剂、$NaBH_4$ 浓度为 1%～25%的体系在初始反应阶段的产氢速率对比。在一定范围内，$NaBH_4$ 浓度增高可提升体系的产氢速率，但超过极值浓度后，增高 $NaBH_4$ 浓度反而导致产氢速率降低，主要原因是高浓度 $NaBH_4$ 燃料液中的副产物 $NaBO_2$ 过饱和析出，覆盖在催化剂表面从而阻碍了反应物的传输。燃料液中低的 $NaBH_4$ 浓度意味着高的水过量，这会导致反应体系的有效产氢量大大降低。根据 Kojima 等[67]的实验结果，常压下 $NaBO_2$ 副产物在水中的溶解度 S 可用经验公式(7-15) 表达：

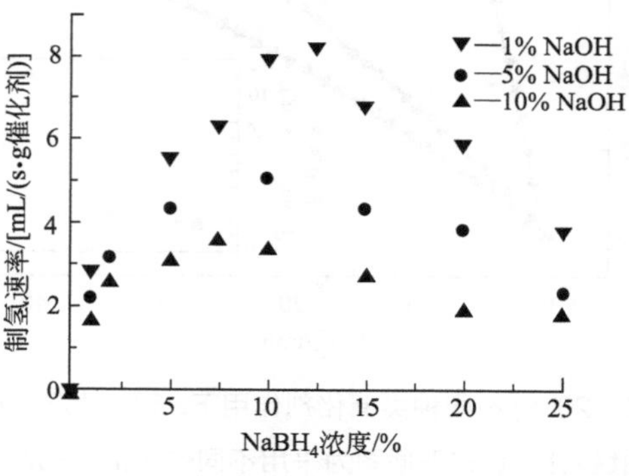

图 7-11 $NaBH_4$ 溶液浓度和 NaOH 浓度对产氢速率的影响

（反应温度为 25℃， 催化剂为 5% Ru/IRA-400 阴离子交换树脂）[14]

$$S=-245+0.915T \tag{7-15}$$

式中，S 的单位为 g/100g H_2O；T 为温度，K。

结合式(7-15) 和水解反应方程式(7-1)，可推导出燃料液中 $NaBH_4$ 的极限浓度与温度的关系式(7-16)。

$$W_{NaBH_4}(\%)=\frac{0.525T-140.5}{1.03T-175.2+m_{NaOH}}\times 100 \tag{7-16}$$

式中，m_{NaOH}表示 NaOH 的质量分数。

根据式(7-16) 推算，在 298K、NaOH 浓度为 5%的条件下，燃料液中不析出 $NaBO_2$ 固体副产物的极限 $NaBH_4$ 浓度约为 11.7%，与 Amendola 等[14]报道的实验结果（10%～12%）吻合度高，见图 7-11。

解决 $NaBO_2$ 副产物的溶解度低导致的 $NaBH_4$ 浓度限制问题是有效提高 $NaBH_4$ 水解制氢体系产氢量的核心技术之一。由式(7-1) 和式(7-2) 可知，$NaBH_4$ 水解反应放热量大，会导致温升，同时 $NaBO_2$ 溶解度随温度升高而增大，因此高效催化剂的应用有可能兼具改善水解反应动力学特性和提高体系的有效 $NaBH_4$ 浓度的功能。以中国科学院金属研究所 Zhuang 等[35]研发的催化剂为例，即使当 $NaBH_4$ 浓度高达 30%（约为室温下其在水中的溶解度上限）时，采用高活性的 Co-Mo-B（EG）催化剂都可使 $NaBH_4$ 水解制氢系统实现 100%的产氢率，见图 7-12，体系的质量储氢密度达到 6.3%。

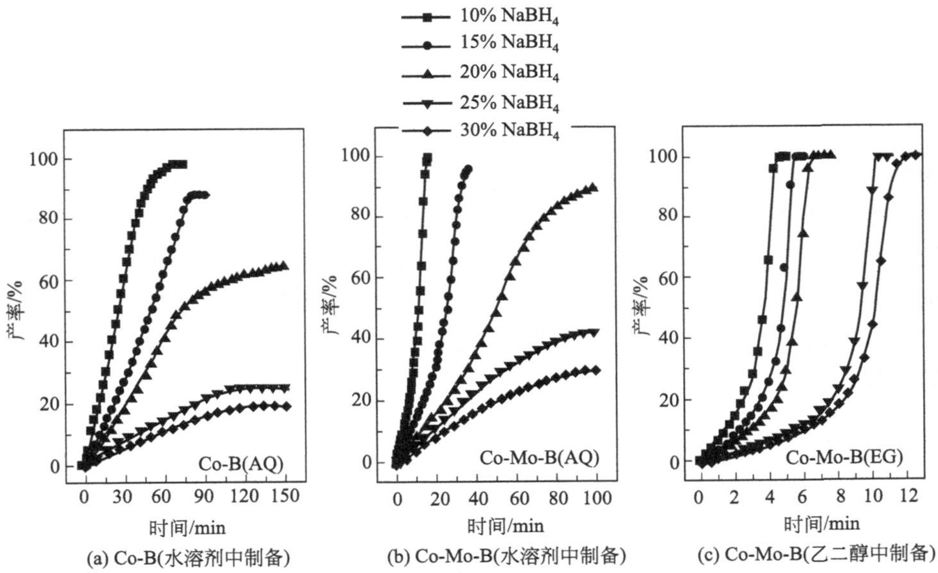

图 7-12 高浓度 $NaBH_4$ 燃料液在不同催化剂作用下的水解放氢性能

（燃料液组成：10g 10%～30% $NaBH_4$+5% NaOH，起始反应温度 30℃）[35]

针对水过量导致的体系有效产氢量降低的难题，研究人员还提出了采用 $NaBH_4$ 固体燃料的方法。该方法的特点是：将催化剂前驱体（如金属卤化物）[68]或反应促进剂（如酸）[69]预先溶于水，或将粉体催化剂与 $NaBH_4$ 粉体预先混合制成固体燃料[70-73]，通过向固体燃料中控制加入水溶液以实现可控制氢；固-液反应体系的水加入量通常接近于水解反应化学计量比［如式(7-1)］，因此有效产氢量远高于水溶液反应体系。一个典型的案例是日本丰田汽车公司 Kojima 等[73]采用特殊设计的压力容器作反应器开展的［$NaBH_4$(s)＋Pt-$LiCoO_2$］/H_2O 体系的产氢性能研究。其结果表明，在 $H_2O/NaBH_4$＝2（摩尔比），Pt-$LiCoO_2/NaBH_4$＝0.2（质量比），反应压力为 2～5MPa 时，体系燃料转化率可达 92%，质量储氢密度高达 9%（见图 7-13），是迄今报道的 $NaBH_4$ 水解制氢体系质量储氢密度的最高值。

7.1.2.3 碱稳定剂浓度对 $NaBH_4$ 水解反应的影响

向 $NaBH_4$ 燃料液中加入适量的碱（通常选择 NaOH），可实现室温条件下长时间稳定

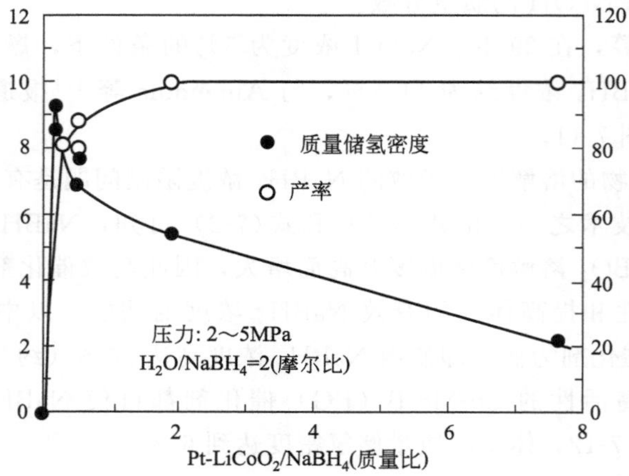

图 7-13 Pt-$LiCoO_2$/$NaBH_4$ 质量比对固体 $NaBH_4$ 水解制氢体系的质量储氢密度和产氢率的影响[73]

储存[13,74]。但是同时需要注意的是，加入的固态稳定剂会导致 $NaBH_4$ 制氢剂和 $NaBO_2$ 副产物在溶液中的溶解度降低［见图 7-14 和式(7-16)］，最终降低了体系的有效储氢密度。

此外，据文献报道，碱稳定剂会直接影响水解反应动力学，且其影响效果因催化剂类型不同而异。在使用贵金属催化剂时，加入碱稳定剂会对反应速率造成抑制作用[14,15]；而在使用非贵金属催化剂时，适当浓度的碱稳定剂可对水解反应起到促进作用[33,75]，显然这有利于非贵金属催化剂-$NaBH_4$ 水解体系的工程化应用。目前，学者尚无法对这一复杂现象做出合理的解释。

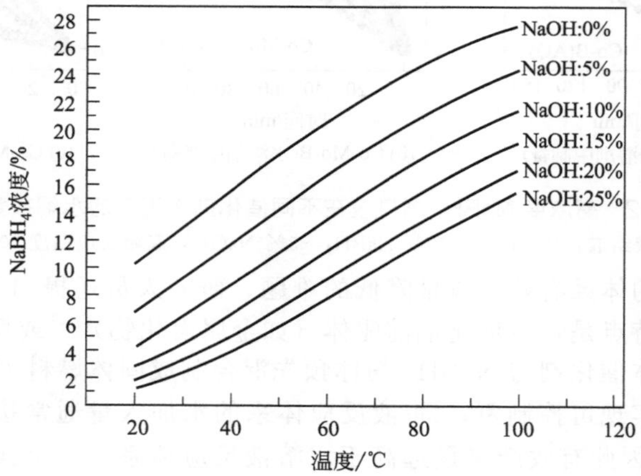

图 7-14 热力学预测在不同反应温度和 NaOH 浓度条件下的 $NaBH_4$ 浓度极限值[14]

7.1.2.4 pH 值及温度对 $NaBH_4$ 水解反应的影响

$NaBH_4$ 水溶液的稳定性可以由溶液 pH 值及溶液温度来进行调节。Schlesinger 等[11]研究发现：溶液的 pH 值是制约 $NaBH_4$ 水解反应的因素之一，溶液的 pH 值越大，$NaBH_4$ 水解越困难。其原因主要归结为生成的强碱性 BO_2^- 促使溶液的 pH 值升高，$NaBH_4$ 水解反应动力学性能变差，从而抑制了其室温下的水解反应。Kreevoy 等[13]进一步系统地研究了

$NaBH_4$ 水解反应速率与溶液 pH 值及温度的关系，并提出了以下经验公式：

$$\lg t_{1/2} = pH - (0.034T - 1.92) \tag{7-17}$$

式中，$t_{1/2}$为 $NaBH_4$ 水解反应完成一半所需的时间，min；T 为热力学温度，K。

Xu 等[76]考虑到氨硼烷（NH_3BH_3，简写为 AB）的弱碱性和 $NaBH_4$（简写为 SB）的强碱性特征，以及两者均为高储氢容量的介质，研究了无催化剂的 $x NaBH_4$-$y NH_3BH_3$ 复合材料的水解产氢性能。结果发现：随温度从室温升高到 70℃，$NaBH_4$ 溶液的 pH 值从 10.4 上升到 11.2，其放氢量从 2.17%上升到 8.86%；随 $x:y$ 值从 1∶1 升至 8∶1，燃料液 pH 值从 10.4 上升至 10.7，见图 7-15 所示。当 $x:y=4:1$ 时材料表现出了最优的水解制氢性能，见图 7-16 所示，这得益于两种材料间的协同促进效应，同时与燃料液较低的 pH 值有关。

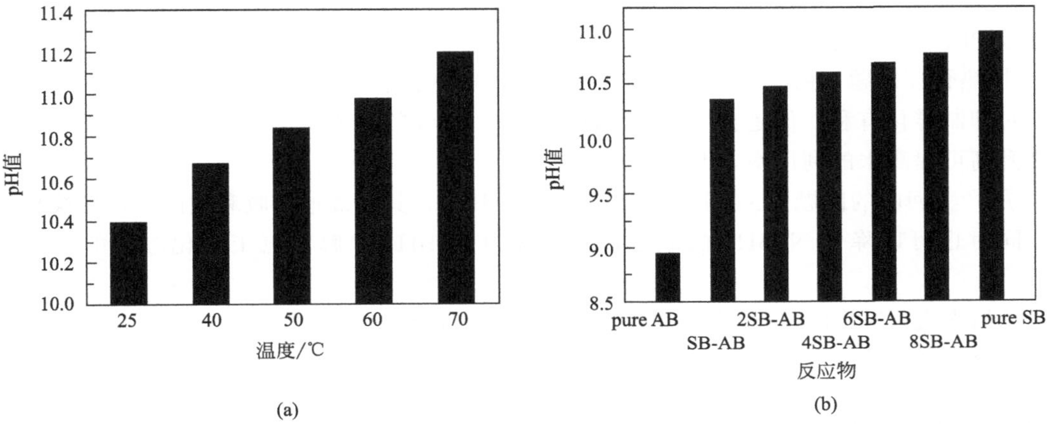

图 7-15 水解反应结束后溶液的 pH 值：（a）不同温度下水解反应后的 $NaBH_4$ 溶液 pH 值；（b）不同材料体系在 60℃下水解反应后的溶液 pH 值[76]

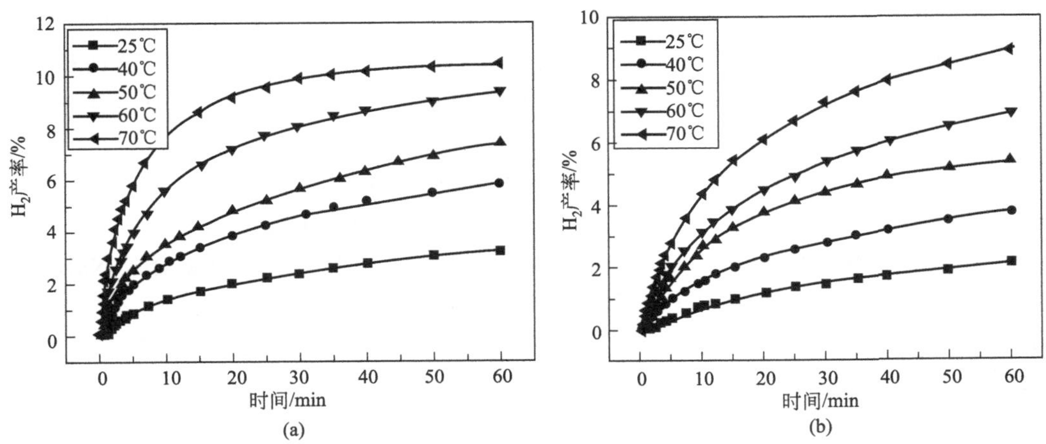

图 7-16 $4NaBH_4$-NH_3BH_3 复合材料（a）和 $NaBH_4$（b）在不同温度下的水解制氢曲线[76]

7.1.2.5 $NaBH_4$ 水解制氢系统的主要技术和经济问题

虽然 $NaBH_4$ 催化水解具有高储氢容量、安全、可控等诸多优势，但仍存在一些技术和经济问题需解决，具体如下：

① 成本的问题　$NaBH_4$ 本身价格高，如采用贵金属作为催化剂，会导致制氢成本过高；如采用非贵金属催化剂，其制备过程通常比较复杂。

② 催化剂的使用问题　如采用非均相催化剂，其循环使用寿命有待提高；如采用均相催化剂，其水解制氢过程的可控性会变得困难。

③ 水过量的问题　前已述及，$NaBH_4$ 和 NaOH 在水中均有一定的溶解度，需要 $NaBH_4$-H_2O 水解体系中有过量的水，但是这会导致系统产氢量的下降。

④ 产物的问题　$NaBH_4$ 水解产物偏硼酸盐结晶后附着在催化剂表面，将阻止其催化作用，且偏硼酸盐通常会形成水合物晶体，需要消耗更多的水，使系统产氢量进一步降低，这一问题对高浓度 $NaBH_4$ 溶液水解体系而言尤其突出。

⑤ 雾化的问题　$NaBH_4$ 水解过程有雾化现象，水雾中含 $NaBO_2$、$NaBH_4$ 和 NaOH，会导致 PEMFC 电池性能衰减。

⑥ 热管理问题　由于雾化和偏硼酸盐结晶均受反应温度影响，因此热管理非常重要。低温对抑制雾化有利，但是会导致 $NaB(OH)_4 \cdot 2H_2O$ 的生成，从而降低水的利用率。反应温度升高可提高水的利用率，但是加剧了雾化。

⑦ 产物回收的问题　$NaBH_4$ 水解产物为 $NaBO_2$，其高效地回收利用既可以解决环保问题，同时也可以降低 $NaBH_4$ 的成本，因此成为 $NaBH_4$ 水解制氢工程化应用的一个重要环节。

总的来说，$NaBH_4$ 催化水解制氢系统要实现商业化应用，需综合考虑以上技术和经济问题，获得尽可能高的系统储氢密度、长的催化剂使用寿命以及高可控的制氢能力等特性。

7.1.2.6 $NaBH_4$ 的制备及水解产物再生

$NaBH_4$ 属于不可逆的储氢材料，其水解制氢系统要实现商品化应用，则必须降低生产成本，采用廉价的原材料大规模、高效地制备 $NaBH_4$。

传统工业生产 $NaBH_4$ 的方法主要有硼砂-金属氢化物还原法［Bayer 法[77]，见式(7-18)］和硼酸三甲酯-氢化钠法［Schlesinger 法[78]，见式(7-19)］。但是，这两种方法都需要消耗大量的金属钠，且 $NaBH_4$ 的纯化过程相当复杂，致使其生产成本居高不下，目前在汽车领域的应用尚不可行。

Bayer 法：
$$Na_2B_4O_7 + 16Na + 8H_2 + 7SiO_2 \longrightarrow 4NaBH_4 + 7Na_2SiO_3 \tag{7-18}$$

Schlesinger 法：
$$4NaH + B(OCH_3)_3 \longrightarrow NaBH_4 + 3NaOCH_3 \tag{7-19}$$

鉴于 $NaBO_2$ 本身为 $NaBH_4$ 水解的副产物，如果能将其作为原料重新合成 $NaBH_4$，实现下线循环再生利用，无疑会大大降低 $NaBH_4$ 水解制氢的成本。基于此，学者提出了一些新方法，如机械-化学还原法［见式(7-20)］、动态氢化-脱氢法［见式(7-21)和式(7-22)］等。

机械-化学还原法：
$$NaBO_2 + 2MgH_2 \longrightarrow NaBH_4 + 2MgO \tag{7-20}$$

动态氢化-脱氢法：
$$NaBO_2 + 2Mg + 2H_2 \longrightarrow NaBH_4 + 2MgO \tag{7-21}$$
$$NaBO_2 + Mg_2Si + 2H_2 \longrightarrow NaBH_4 + 2MgO + Si \tag{7-22}$$

如 Kojima 等[79]将 $NaBO_2$ 与 MgH_2(Mg) 或 Mg_2Si 在 550℃ 和 7MPa 氢压下还原反应数小时，实现了 97% 的 $NaBH_4$ 产率。该团队还尝试了在室温条件下，通过机械球磨 MgH_2 和 $Na_2B_4O_7$ 的方法合成 $NaBH_4$，并添加 Na_2CO_3 等含钠化合物来补充钠的不足。

L. Z. Ouyang 等[80]利用 MgH_2 和 $NaBO_2$ 在球磨过程中直接反应生成 $NaBH_4$，$NaBH_4$ 水解和再生的能量效率可达 49.91%。为了进一步降低成本，利用氢化的 Mg_3La 合金与 $NaBO_2$ 反应（Mg_3La 在室温下就可以氢化，而 Mg 的氢化相对困难）重新生成 $NaBH_4$，所需能量更少，成本更低。

从能量与工程学的角度考虑，用电化学方法直接还原硼酸盐制备 $NaBH_4$ 比金属还原法更有优势。美国 DOE 年度报告的研究结果[81]验证了在水溶液或非水溶液系统中采用一步法电化学还原 B-O 化合物成为 B-H 化合物的可行性。

总而言之，利用 $NaBH_4$ 的水解副产物 $NaBO_2$ 回收制备 $NaBH_4$ 是降低其制氢成本的有效方式，提高其循环回收的能量效率和产率是目前急需解决的关键问题。

7.2 Mg/MgH_2 水解制氢

多种金属和特殊元素粉末与水反应可以制氢，如 Al、Mg、Si、B、Ti、Mn、Zn、Cr 等。Yavor 等[82]对比了各种工业级（微米尺度）金属粉末在 80～200℃时的水解制氢性能，发现 Al 和 Mg 在各个温度下都显示出更高的质量储氢密度，因此成为水解制氢领域备受关注的两个热点。

镁或者氢化镁水解反应体系具有如下特点：①镁在地球上储量丰富，在地壳中含量为 2.4%，海水中含量为 0.13%；②镁价格低廉，约 1.5 万～2 万元/t；③体系操作安全，水解副产物 $Mg(OH)_2$ 对环境友好，可在工业上应用；④水解副产物回收工艺相对成熟，可实现规模化工业生产。因此，Mg/MgH_2 被认为是制备低成本、高性价比水解原料的理想选择。

7.2.1 Mg/MgH_2 水解制氢原理

金属镁与水可按照如下反应式进行化学反应：

$$Mg + 2H_2O \longrightarrow Mg(OH)_2 + H_2 \qquad \Delta H = -354kJ/mol \tag{7-23}$$

由上式可以计算出，Mg 完全水解的放氢量为 3.3%（含参与反应的水）。如果考虑到循环使用燃料电池产生的水，则理论放氢量可提高至 8.2%。

为了提高镁基材料的制氢能力，将镁在高温高压下进行氢化处理得到 MgH_2，其水解制氢的产氢密度可提高至 6.4%，如不算水则高达 15.2%，是极具应用潜力的水解制氢剂。氢化镁与水的化学反应式如下：

$$MgH_2 + 2H_2O \longrightarrow Mg(OH)_2 + 2H_2 \qquad \Delta H = -276kJ/mol \tag{7-24}$$

但是，未经处理的纯 Mg 和 MgH_2 进行水解时，放氢速率缓慢并会迅速终止。这是因为反应生成的微溶副产物 $Mg(OH)_2$ 覆盖在了未反应物的表面，阻碍了水与 Mg 或 MgH_2 进一步接触，从而使水解动力学性能下降，放氢速率降低，乃至反应停止。

7.2.2 Mg/MgH_2 水解制氢关键技术

Mg/MgH_2 水解制氢的关键技术主要集中在解决副产物 $Mg(OH)_2$ 阻止反应继续进行和有效提高反应的动力学性能两方面。研究者主要采用控制其颗粒/晶粒粒度、调节反应溶液特性、添加催化剂/促进剂、合金化/复合化等方法来提高 Mg/MgH_2 的水解制氢性能。为了达到更好的效果，上述方法常被组合使用。此外，燃料的长期存储、过量水、水解产物的循环利用等问题也需要综合考虑。

7.2.2.1 颗粒/晶粒细化法

球磨可以有效地减小 Mg/MgH_2 的颗粒尺寸，增大比表面积，提高 Mg/MgH_2 的水解放氢性能[83-86]。M. H. Grosjean 等[83]研究了球磨时间、MgH_2 颗粒尺寸与水解转化率间的关系，见图 7-17 所示。球磨 30min 时，MgH_2 颗粒的比表面积达到最高值 $12.2m^2/g$，在纯水中转化率也最高（26%），而未球磨时仅为 9%。但球磨时间过长会导致团聚越来越严重，反而不利于水解制氢反应。

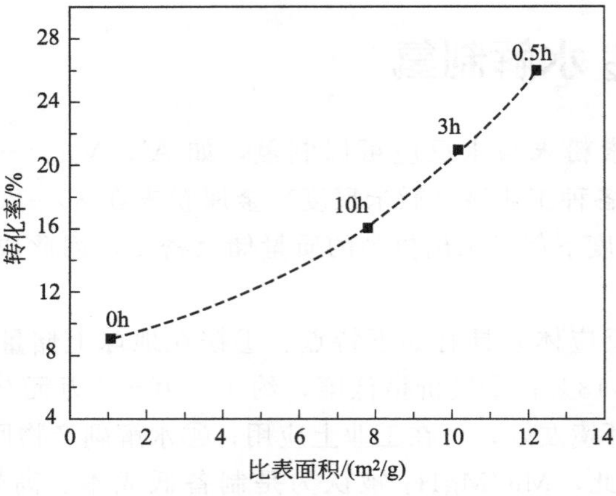

图 7-17 MgH_2 粉末在纯水中水解 1h 后的转化率与比表面积间的关系[83]

J. Huot 等发现：MgH_2 未球磨时为多晶体，20h 水解转化率仅 54%，且反应速率缓慢；而经过 20h 球磨后，形成 MgH_2 纳米晶［(11.9±0.1)nm，比表面积 $9.9m^2/g$］，20h 水解后转化率提高至 74%，且反应速率明显提高[85]。

M. S. Zou[87]等采用高能球磨 1h 的工艺制备了一种嵌入式、层片状 Mg 颗粒，相较于未球磨 Mg 在海水中几乎不反应，球磨过程中大量晶界、位错等缺陷的引入使镁在海水中的活性大大改善，10min 产氢达到 906mL/g，转化率达到 97.1%。

一些添加剂有助于球磨细化粉末的效果。Lukashev 等[88]从机械活化的角度研究了球磨对 MgH_2 基材料反应活性的影响，结果显示，经 20kJ/g 的变形功活化的 MgH_2-石墨复合材料具有最高的反应活性，其 40min 的水解放氢量可达 970～1280mL/g。其中，石墨不仅能在球磨过程中阻止颗粒之间发生团聚，而且它还具有疏水性，能够阻止表面 $Mg(OH)_2$ 的生成。因此，在对 MgH_2 进行球磨处理的过程中，可以考虑添加具有疏水性、能够防止团聚、易溶于水或与水反应剧烈的第二相以进一步提高其反应活性。

球磨是一种常规的细化颗粒的方法，除此之外，学者还尝试了一些其他的方法。如 Mao 等[89]采用电弧等离子法制备了纳米级 Mg-MF_x（M=V,Ni,La,Ce）复合材料，结果显示，氟化物与镁发生反应生成了 MgF_2 和过渡金属，覆盖在超细的镁颗粒表面形成了核-壳结构。部分 F 离子进入镁颗粒，而过渡金属被氧化。核-壳结构的 MgF_2 和过渡金属氧化物，以及团聚趋势的削弱是水解性能提高的原因。该类复合材料显示出比纯镁更优异的水解性能，其中 VF_3 效果最好，使 MgH_2 在 15min 内放氢量达到 1000mL/g，60min 达到 1478.26mL/g。

7.2.2.2 溶液特性调节法

调整反应溶液的特性是一种提高 Mg 或 MgH_2 水解制氢速率便捷、有效的方法[90-93]。酸或者盐是两种主要的添加剂。

(1) 酸性环境调节法

降低水溶液的 pH 值可以有效地提高 MgH_2 的放氢性能。然而普通强酸对制氢装置有腐蚀性，不利于工程应用。因此，学者们尝试了一些布朗斯特酸，包括柠檬酸、乙二胺四乙酸（EDTA）、酒石酸、磷酸、甲酸、邻苯二甲酸、乙酸、草酸、苯甲酸等，以使 $Mg(OH)_2$ 钝化层去稳定化或溶解。

Hiraki 等[94]对各种弱酸进行了化学平衡常数的分析，经过计算发现：溶液的 pH 值与镁离子浓度和 $Mg(OH)_2$ 的溶解度之间关系密切，见图 7-18。当反应后的镁离子浓度 $[Mg^{2+}]_a$ 高时，溶液的 pH 值也高；当 $[Mg^{2+}]_a$ 达到 $7mmol/dm^3$ 时，镁离子浓度 $[Mg^{2+}]$ 曲线与 $Mg(OH)_2$ 的溶解度曲线相交。这意味着当 $[Mg^{2+}]$ 超过 $7mmol/dm^3$ 时，MgH_2 表面覆盖的 $Mg(OH)_2$ 层将阻止其进一步溶解。Hiraki 等还用实验验证了在 MgH_2 燃料液中添加少量的柠檬酸和 EDTA 可以有效地减缓溶液的 pH 值随反应进行而升高的速度，从而加速 MgH_2 的水解反应。值得关注的是，添加柠檬酸的 MgH_2 制氢剂在室温下无需催化或者球磨即可有效地促进其水解。

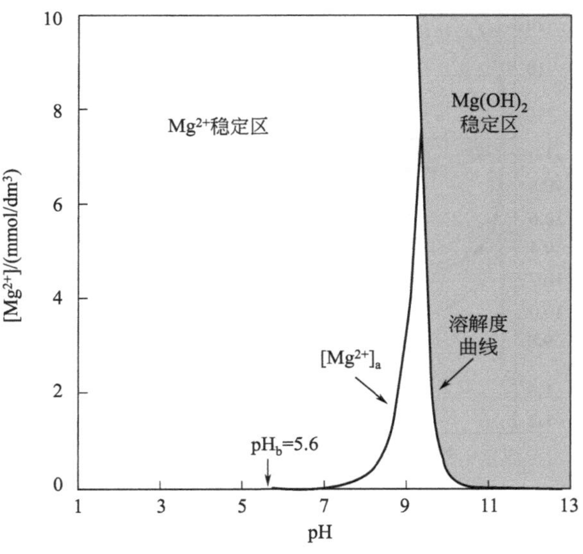

图 7-18 MgH_2-H_2O 在 25℃反应后溶液中镁离子浓度与 pH 值之间的关系以及 $Mg(OH)_2$ 的溶解度曲线（下标 a 和 b 分别代表水解反应后和反应前）[94]

工业上低品质的大量镁渣、镁屑很难回炉，用于直接水解制氢是一个经济、环保的选择[95]。Yu 等[96]研究了低品镁片在海水中的水解反应，发现柠檬酸有助于镁片的水解，且溶液中 H^+ 的活性和浓度影响了总产氢量，低浓度的柠檬酸效果更好。海水中添加 15% 的醋酸与相同浓度的柠檬酸相比效果更好，前者能使镁片放出 1.6 倍于后者的氢，尽管两种溶液中 H^+ 浓度接近。

（2）盐溶液调节法

多种金属盐被尝试用作 Mg/MgH_2 水解制氢促进剂。Tegel 等[97]系统研究了添加少量金属卤化物对 MgH_2 水解特性的影响，发现溴化物有助于提高 MgH_2 水解反应的速率，见图 7-19 所示，而氯化物和溴化物添加剂对产氢量的影响区别不大。值得关注的是，除了一价的 NaCl 和 NaBr 以外，二价溴化物的添加虽仅导致 pH 值略升高，但是其促进反应动力学的效果远高于氯化物的作用。其中，$ZrBr_2$ 获得了最佳的水解促进效果。究其原因，主要来自三方面：①金属卤化物的添加促进了不溶性氢氧化物的形成，从而降低了体系的 pH 值；②晶体形核/长大速率的变化导致稳定的 $Mg(OH)_2$ 优先形成；③固态的镁氧化物和金属卤化物的形成。

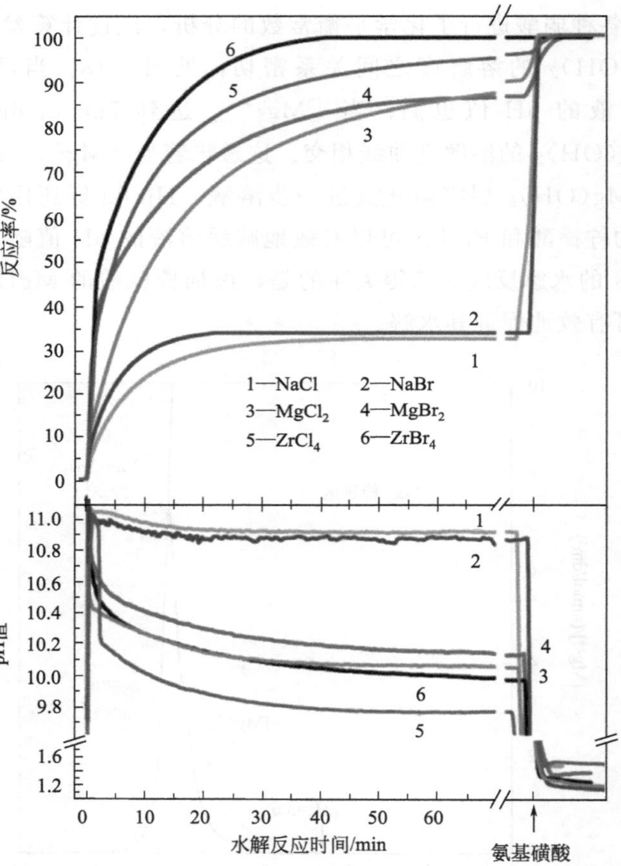

图 7-19 MgH_2 与不同阴离子添加剂（0.024 当量）混合后的水解反应曲线[97]

M. H. Grosjean 等[98]研究了球磨时间、盐添加量以及盐的种类对 Mg 和 MgH_2 水解放氢性能的影响，结果发现，球磨 0.5h 的 MgH_2-3%（摩尔分数）$MgCl_2$ 具有最优的水解放氢性能，其放氢量达到 8.6%（不算参与反应的水）。

J. Chen 等[99]研究发现，尺寸为 800nm 的 MgH_2 颗粒在 1mol/L $MgCl_2$ 溶液中水解制氢 20min 后，可获得 1820mL/g 的接近理论值的产氢量。溶液中的 Mg^{2+} 和 OH^- 与 MgH_2 表面间相互竞争，使副产物 $Mg(OH)_2$ 分散悬浮于溶液中，因此 $MgCl_2$ 未被消耗[100]。而 MgH_2 颗粒表面没有形成 $Mg(OH)_2$ 钝化层，因此反应可完全进行，见图 7-20 所示。理想情况下，通过简单的过滤，过量水和 $MgCl_2$ 可与副产物 $Mg(OH)_2$ 分离后循环使用，使系统产氢量达到理论值 6.45%。

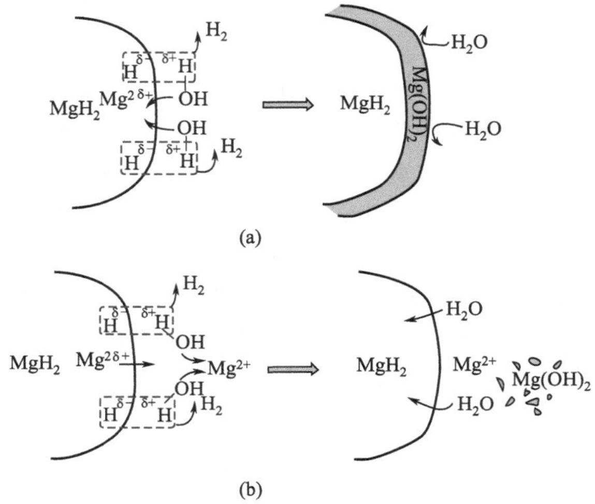

图 7-20 MgH_2 在去离子水（a）和 $MgCl_2$ 溶液（b）中水解反应的机理示意图[99]

制金厂有大量废弃的镁（主要成分为 W/Mg_{15}），研究者通过长时间球磨（15h，颗粒尺寸为 11.94μm），并添加氯化物（1mol/L $NiCl_2$，$CoCl_2$，$CuCl_2$，$FeCl_3$，$MnCl_2$）的方法改善其水解制氢性能，发现 1mol/L $NiCl_2$ 溶液可使废弃的 W/Mg_{15} 材料达到 100%水解制氢[101]。

Sun 等[102]尝试了在镁中混合 $CoCl_2$ 球磨 1h 获得高活性的 $Mg/CoCl_2$ 复合制氢剂，当 $CoCl_2$ 添加量不小于 6%时，30℃反应可获得接近 90%的产氢率。

此外，添加酸性盐［如 NH_4Cl、$(NH_4)_2SO_4$、$(NH_4)HSO_4$ 等］也能起到类似的效果[103]。然而，添加铵盐时，所需铵盐量较大，降低了整个体系的质量产氢密度。

7.2.2.3 催化法

催化水解制氢是研究者们常采用的方法，也被尝试应用于 Mg/MgH_2 水解制氢系统中。Uan 等[104]以低品质镁屑（LGMS）为原料，以 NaCl 溶液为反应溶液，在钛网上涂覆了一层约 2.5μm 厚的贵金属 Pt 作为催化剂，研究了其对镁屑的水解催化作用，获得了良好的水解制氢性能。需关注的是，当催化网压在镁屑上并研磨、旋转时可以获得比静态接触镁屑高 7.5 倍的总产氢量，产氢速率可达到 432.4mL/(min・g 催化剂)，持续时间 8100s。这种动态催化的有益效果归结为催化网对镁表面的惰性产物层 $Mg(OH)_2$ 的有效去除。显然，这一工艺更适合于规模处理镁屑。

该课题组还尝试了把 LGMS 在 580℃半熔融后，涂覆于 Pt-Ti 网或 304 不锈钢网上，形成以 LGMS 为正极、催化剂为负极的原电池，在 3.5%的 NaCl 溶液中进行催化水解反应，获得了平均 1g LGMS 产氢 1L 的效果[105]。Pt-Ti 网或 304 不锈钢网均可循环催化，但随着循环次数增加性能会逐渐下降。

Kojima 等[106]采用 Pt-$LiCoO_2$ 作催化剂，也使 MgH_2 在醋酸溶液中获得了理想的转化率。不加催化剂时，MgH_2 在醋酸溶液中 60min 后转化率为 75%，加入催化剂后提高到 97%。

Grosjean 等[83,107]研究了 Ni 的添加对 Mg 水解性能的影响，结果显示，球磨 30min 的

Mg-10%（原子分数）Ni 在 1mol/L KCl 溶液中的水解性能最好，放氢率可达到 100%。其主要原因可归结于两方面：①Ni 在溶液中可与 Mg 形成原电池，促进水解反应的进行；②盐溶液提供了原电池的电解质，且其中的 Cl^- 可以破坏产物氢氧化镁层的致密性，提高了 H_2O 在钝化层中的渗透速度。

M. S. Zou 等[87]在层片状 Mg 粉中分别添加了 Co 和 Ni，发现其在海水中展示出优良的水解性能，Mg/Co 复合物前 1min 即产氢 575mL/g，其原因也是因为 Co 或 Ni 与 Mg 间形成微小的原电池，在电解质溶液（海水）的作用下促进了水解产氢反应的进行。

Huang 等[108]报道了一种尺寸为 600～800nm 的花状 MoS_2 催化剂，该催化剂与镁球磨混合后，表现出比纯镁/块状 MoS_2 复合物更好的催化特性。经 1h 球磨的 Mg-10% MoS_2 复合材料在 3.5%的 NaCl 溶液中，在室温下 1min 内即释放出 90.4%的氢，活化能仅 12.9kJ/mol。该催化剂的作用归结为以下三个方面：①水热法制备的三维花状 MoS_2 由许多纳米片组成，提高了镁颗粒的分散性，从而增加了材料的反应活性；②$Mg(OH)_2$ 在镁表面附着受阻；③增强了镁的电化学腐蚀。

该课题组还报道了金属氧化物对镁粉的水解催化作用[109]，发现各氧化物对镁水解的促进作用按照 $MoO_3 > Fe_2O_3 > Fe_3O_4 > TiO_2 > Nb_2O_5 > CaO$ 排序，见图 7-21 所示，且氧化物中金属离子价态越高，越有利于镁的水解反应。其中，Mg-5% MoO_3 的水解性能最佳，室温下 10min 即可产氢 95.2%。

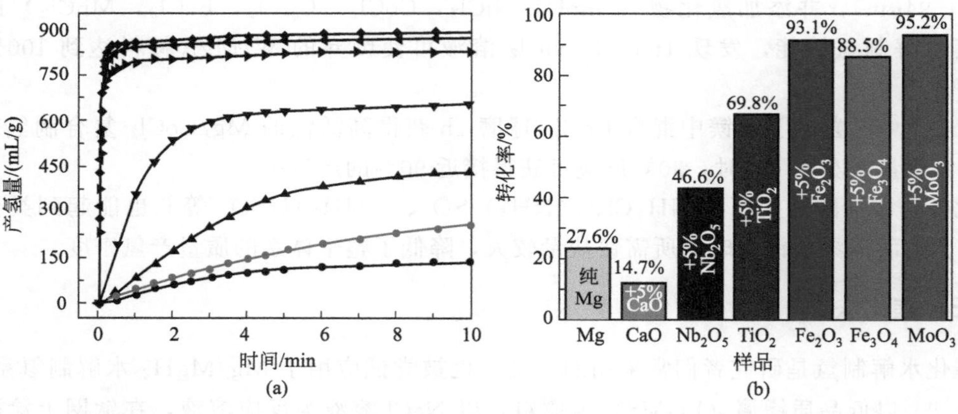

图 7-21 Mg-5%氧化物（Fe_3O_4，Fe_2O_3，CaO，Nb_2O_5，TiO_2 和 MoO_3）球磨 1h 后的产氢曲线（a）和转化率（b）[109]

7.2.2.4 与金属/氢化物复合化和合金化法

镁颗粒细化有利于水解产氢速率的提升，然而过细的镁粉暴露在空气或者潮湿环境中有引爆的危险，因此学者们提出了镁与其他金属/氢化物复合，或者合金化这一更加温和的方法。

(1) 与 Ca/CaH_2 复合化/合金化

添加高活性的第二相进行复合球磨所制得的 MgH_2-X 复合物（X=Ca，CaH_2 等）表现出比纯 MgH_2 更佳的水解性能。据报道，球磨 10h 的 MgH_2-20.3%（摩尔分数）CaH_2 复合物在水解反应 30min 后就能放出理论放氢量的 80%[110]。长时球磨获得的纳米复合物 MgH_2-Ca 20%（原子分数）也具有优异的动力学性能，在 4h 内完全水解[85]。其原因在于

Ca 或 CaH_2 具有比 MgH_2 更高的反应活性，遇水能迅速反应，瞬间释放的氢气具有较大的冲击力，会撕裂表层的 $Mg(OH)_2$ 钝化层，为 H_2O 进入 MgH_2 颗粒内部提供通道，同时，Ca 或 CaH_2 水解的副产物 $Ca(OH)_2$ 比 $Mg(OH)_2$ 具有更大的溶解度，使 $Mg(OH)_2$ 钝化层致密度降低，有助于复合物的继续水解。

把 MgCa 合金氢化生成 MgH_2 和镁钙氢化物的复合物（简写为 MCH）是另一条提高燃料水解制氢特性的思路。四川大学 P. P. Liu 等[111]研究得出，x% Ca-Mg（x＝10，20，30）合金经球磨后氢化，得到的 MgH_2 与 $Ca_4Mg_3H_{14}$复合物在去离子水中显示出比纯 MgH_2 优异的水解制氢性能。这一方面得益于 $Ca_4Mg_3H_{14}$ 相具有高反应活性，可在 25～70℃完全水解，反应式见式(7-25)，且 $Ca(OH)_2$ 比 $Mg(OH)_2$ 具有更大的溶解度；另一方面，含 Ca 量越高，合金的脆性越大，球磨后复合物的比表面积越大，因此越利于水解。30% Ca-Mg 合金氢化物在 70℃放氢 1h 的产氢量达到 1419.8mL/g（即 12.8%），产氢率 95%，室温下 1h 也可放氢 6.8%。

$$Ca_4Mg_3H_{14}+14H_2O \longrightarrow 4Ca(OH)_2+3Mg(OH)_2+14H_2 \qquad (7\text{-}25)$$

有趣的是，与 $MgCl_2$ 溶液促进 MgH_2 水解反应[99,100]不同，镁钙氢化物在含 Mg^{2+} 的溶液中显示出明显的同离子效应，导致有效放氢量比镁钙氢化物还低。J. F. Li 等[112]研究了 MCH-$MgCl_2$ 复合物在 $MgCl_2$ 溶液中的水解反应行为，结果发现复合物中的 $MgCl_2$ 首先溶解于水中，增加了溶液中的 Mg^{2+} 浓度。而溶液中的 Mg^{2+} 极易置换产物 $Ca(OH)_2$ 表面的 Ca^{2+}，沉积在燃料颗粒表面形成致密的 $Mg(OH)_2$ 钝化层，阻碍水解反应的进一步进行，其反应过程见式(7-26) 和式(7-27) 所示。

由于溶液中的 $MgCl_2$ 和 $Mg(OH)_2$ 中均含有相同的离子 Mg^{2+}，同离子效应的存在阻止了制氢剂 MCH 颗粒表面钝化层 $Mg(OH)_{2su}$（su—表面）的溶解，见图 7-22 所示，即阻止了第一步反应，见式(7-26)，因此钝化层逐渐增厚。

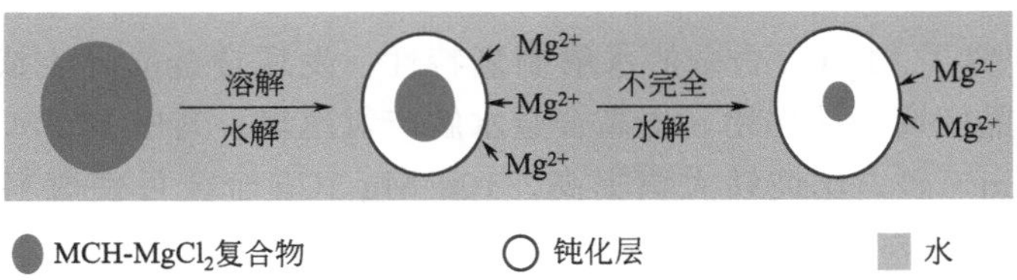

图 7-22 Mg^{2+} 在镁钙氢化物（MCH）水解过程中的同离子效应示意图[112]

$$Ca(OH)_{2su}\downarrow +Mg^{2+} \longrightarrow Mg(OH)_{2su}\downarrow +Ca^{2+} \qquad (7\text{-}26)$$

$$Mg(OH)_{2su}\downarrow \longrightarrow Mg^{2+}+2OH^- \longrightarrow Mg(OH)_{2aq}\downarrow \qquad (7\text{-}27)$$

式中，$Ca(OH)_{2su}$和 $Mg(OH)_{2su}$分别代表颗粒表面的沉积物，而 $Mg(OH)_{2aq}$代表溶液中的沉积物。

MCH-$CaCl_2$ 复合物虽然也存在同离子，但由于 $CaCl_2$ 从复合物中溶出，增加了燃料颗粒的新鲜表面，且在水中放热，反而有助于破坏产物的钝化层，提高了 MCH 的水解放氢性能。

M. L. Ma 等[113,114]研究了氢化合金（H-$CaMg_2$）和（H-$CaMg_{1.9}Ni_{0.1}$）在纯水中的水解制氢特性，发现无需添加任何催化剂，H-$CaMg_2$ 在 1min 内即可产氢 800mL/g，而 Ni 的添加降低了合金氢化的活化能，促进了合金在室温下的吸氢，并在 12min 内持续放氢 1053mL/g，达到理论产氢量的 94.6%。

(2) 与稀土元素合金化

Mg_3RE 氢化物是 MgH_2 合金化的另一典型示例。华南理工大学欧阳柳章课题组率先提出把 Mg_3RE (RE=Mm, La, Ce, Pr, Nd) 合金在室温下原位氢化，获得 MgH_2/REH_3 混合物作为水解制氢燃料的思路，发现 MgH_2 和 REH_3 两者间具有协同促进水解放氢的特征[115,116]。

其中，H-Mg_3Mm (Mm 为混合稀土) 显示出最高的水解反应速率，5min 内产氢 695mL/g，15min 内产氢 828mL/g，总产氢量达到 9.79%。这是因为稀土氢化物具有比 MgH_2 更高的水解反应活性，在水解过程中可以促进 MgH_2 的水解。而混合稀土中各稀土元素形成的氢化物 LaH_3、CeH_3、PrH_3 和 Nd_2H_5 间也具有相互催化作用。此外，控制镁-稀土氢化物中的稀土量和氢化程度可以有效地控制其放氢性能。进一步的研究发现，在 H-Mg_3RE 中添加少量的 Ni 作为催化剂 ($Mg_3RENi_{0.1}$) 更有助于提高其水解反应性能[117]。

这种直接把镁和稀土合金化后原位氢化的方法可以获得分布均匀的物相组织，且氢化在室温下完成，有利于工业化生产。但稀土元素通常价格较高，需综合考虑成本问题，且稀土的密度大，会导致体系有效放氢量的损失。

(3) 与其他元素合金化

Oh 等[118]研究了 Mg-Ni 合金在海水中的制氢性能，发现晶界上形成的 Mg_2Ni 相与镁基体间发生了电化学腐蚀和晶间腐蚀，从而显著提高了产氢速率。其中，Mg-2.7Ni 合金产氢速率最高，达到 23.8mL/(min·g)，是纯镁的 1300 倍，且使燃料电池输出 1.212kW·h/$kg_{(Mg\text{-}2.7Ni)}$ 的电量。其电化学腐蚀原理为：Mg_2Ni 相在海水中的腐蚀电位为 $-1.10V_{SCE}$，比纯镁 ($-1.94V_{SCE}$) 高 0.84V，形成以前者为正极、后者为负极的原电池。而对于产氢速率的提高，20%是电化学腐蚀的贡献，80%则源于晶间腐蚀和点蚀。在此基础上添加 Sn，发现 Mg-2.7Ni-1Sn 合金获得了更高的制氢速率，归因于点蚀、原电池腐蚀和晶间腐蚀的协同作用[119]。

Oh 等[120]还研究了 Mg-Cu 合金的水解制氢特性，发现合金晶界生成的 Mg_2Cu 新相可起到电化学腐蚀和晶间腐蚀的作用，提高合金水解产氢速率。其中 Mg-3Cu 合金的产氢速率达到 5.23mL/(min·g)，比纯镁大幅提高。10g Mg-3Cu 合金可使燃料电池产电 7.25W，持续时间 37min。

镁与少量硅 (5.3%) 的合金化也被证实可以使 Mg-Mg_2Si 复合物的水解获得快速反应的效果。该复合物在 2.0mol/L $MgCl_2$ 溶液中活化能降至 (3.7 ± 0.2)kJ/mol，约为纯镁 (63.9kJ/mol) 的 6%[121]。

7.2.2.5 提高反应动力学的其他方法

借助外力作用也是提高 Mg/MgH_2 水解放氢性能的有效方法。如日本 S. Hiroi 等[122]研究发现：超声波可以显著提高 MgH_2 纳米纤维的放氢率，其中当超声波频率为 28kHz 时，MgH_2 纳米纤维的放氢量达到最大值 14.4%。这是因为超声波不仅可以为水解反应提供能量，而且还可以促进气泡的破裂，从而破坏 $Mg(OH)_2$ 钝化层，为持续反应提供通道。

7.2.2.6 反应液过量的问题

与 $NaBH_4$ 水解制氢遇到的水过量问题类似，Mg/MgH_2 水解制氢也存在反应液过量导致反应体系产氢密度降低的问题。以镁钙合金氢化物（MCH)-水体系为例[123]，其理论放氢量为 1495mL/g（13.45%，不算水）。当水和燃料的比例为 50（体积，mL）：1(质量，g)时，体系的质量储氢密度仅为 0.13%；当比例降低至 10：1 时，质量储氢密度升高到 0.55%，见图 7-23。需要关注的是，水量的减少同时也导致了产氢量和转化率的降低，因此必须综合考虑用户端的要求。

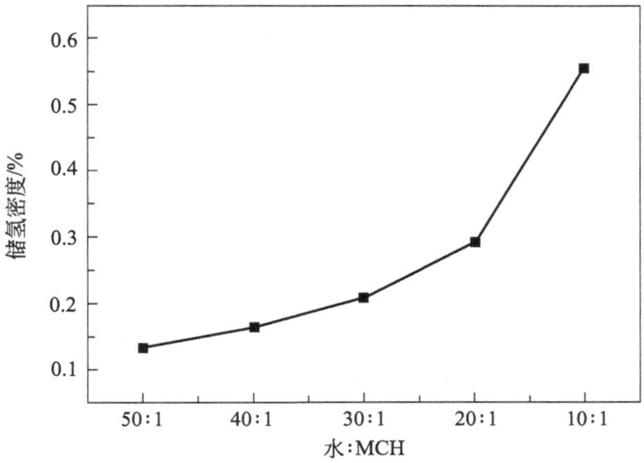

图 7-23 25℃下 MCH 与不同量水反应的质量储氢密度（算水）[123]

进一步的研究表明，15MCH/1NH_4Cl 复合物在 NH_4Cl 溶液中表现出更优异的水解性能[123]。图 7-24 给出了 25℃下该复合物与不同量 NH_4Cl 溶液反应的水解曲线，对应的水解性能数据见表 7-3。分析发现，当溶液：燃料从 50：1 降到 5：1 时，水解放氢量减少的幅度较大；而当两者的比例≤5：1 时，水解放氢量变化不大；该体系的质量储氢密度随着溶液过量的降低而线性增大，当溶液：燃料为 2：1 时，体系的质量储氢密度是 50：1 时的 15 倍。从应用的角度看，控制溶液过量对提高 MCH-NH_4Cl 水解体系的质量储氢密度具有重要的工程意义。

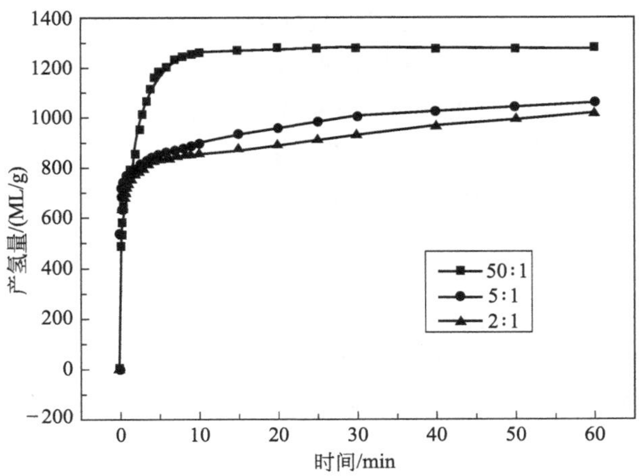

图 7-24 25℃下 MCH-NH_4Cl 复合物与不同量 NH_4Cl 水溶液反应的水解曲线[123]

如果参加反应的水或溶液可以循环使用，那么水解体系的质量储氢密度可以得到进一步提高。如 J. Zheng 等[100]对超细化的镁在氯化盐中的水解行为研究发现，由于 $MgCl_2$ 在整个水解过程中不消耗，可以将盐溶液回收循环使用。这样既降低了使用成本，也减少了用户携带水或溶液的重量，提高了整个体系的储氢效率。

表7-3 25℃下 MCH-NH_4Cl 复合物与不同量 NH_4Cl 水溶液反应的水解性能对比[123]

NH_4Cl 水溶液(mL)：MCH-NH_4Cl(g)	50：1	5：1	2：1
10min 放氢量（mL/g 复合物）	1262	899	857
60min 放氢量（mL/g 复合物）	1281	1062	1020
转化率/%	91.4	75.8	72.8
储氢密度（%，不算溶液）	11.5	9.5	9.2
储氢密度（%，算溶液）	0.2	1.6	3.0

7.2.2.7 水解产物的循环利用

MgH_2 水解制氢后的产物为 $Mg(OH)_2$，工业上常采用热还原法或者熔盐电解法制镁以实现回收利用。图 7-25 描述了一条 MgH_2 水解与循环利用的技术路线[124]。

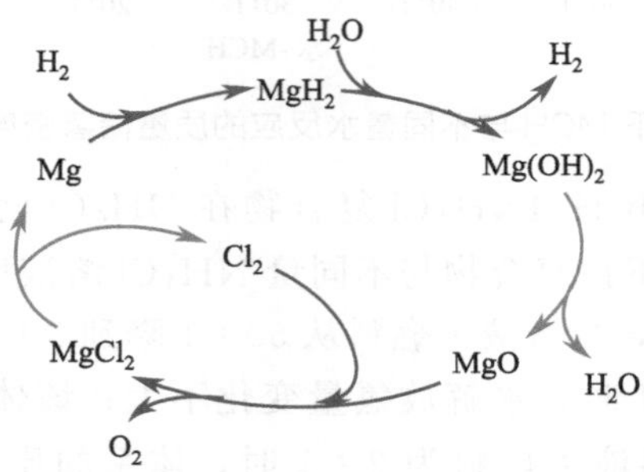

图 7-25 MgH_2 的水解与回收利用路线图[124]

该闭循环中含 5 个步骤，包括电化学步骤、热化学步骤和机械化学步骤等。步骤一为 MgH_2 的水解反应，见式(7-24)；步骤二为 $Mg(OH)_2$ 的脱水反应，见式(7-28)；步骤三为 MgO 的氯化反应，见式(7-29)；步骤四为熔融 $MgCl_2$ 的电解过程，这也是工业上常用的一种制镁工艺，见式(7-30)，反应产生的 Cl_2 气可重复用于氯化过程；步骤五为 Mg 的吸氢反应，见式(7-31)。生成的 MgH_2 经过水解重新产氢，形成一个闭循环。

$$Mg(OH)_2 \longrightarrow MgO + H_2O(750℃) \tag{7-28}$$

$$MgO + Cl_2 \longrightarrow \frac{1}{2}O_2 + MgCl_2(900℃) \tag{7-29}$$

$$MgCl_2 \longrightarrow Cl_2 + Mg(710℃) \tag{7-30}$$

$$Mg + H_2 \longrightarrow MgH_2 \tag{7-31}$$

假设该循环中释放的一半热量被回收利用的话，MgH_2 水解制氢的能量效率达到 45.3%，因此从能量利用角度考虑也是可行的。

7.2.2.8 燃料长期储存的问题

水解制氢燃料在使用前通常需要储存一段时间，妥善、安全的保存方法尤显重要。Zou 等[125]采用高能球磨的方法获得了高活性的 $Mg/CoCl_2$ 复合材料，发现储存温度越高、相对湿度（RH）越大，材料的水解转化率越低。20℃，60% RH 时，在表面皿中放置 1 天后，制氢速率从新鲜颗粒的 41.0mL/(s·g) 降至 2.0mL/(s·g)，30 天后仅为 0.7mL/(s·g)。在密封塑胶袋中保存 5 天，水解转化率不变，但 5 天后从 81.9%降至 66.5%。带帽扣的离心管可以很好地保护粉末不与空气接触，30 天后水解转化率仅降低了 1.5%。

7.3 金属铝水解制氢

地壳中铝的含量约为 8%，是蕴藏量最高的金属和蕴藏量第三的元素。铝兼具轻质的特点和易氧化的本征特性，因此具备储能材料的应用潜力，其中金属铝水解（Al-H_2O）反应可控制氢是一个重要的应用方向。铝可在室温下与 H_2O 快速反应制氢。Al-H_2O 反应体系具有如下特点：①质量储氢密度适中，为 11.1%（不算水）或 3.7%（算水）；②铝资源丰富，制氢成本较低；③反应后所制得的氢气纯度高，仅含少量水蒸气，可直接提供给质子交换膜燃料电池使用；④反应副产物再生工艺成熟，可实现工业化集中处理。目前，Al-H_2O 和 Mg-H_2O 反应可控制氢技术都已确立为化学储氢的重要分支。

7.3.1 金属铝水解制氢原理

Al-H_2O 反应会产生大量的热，因而具有极高的热力学驱动力。但随着反应温度的改变，其反应计量比和稳态产物会有所不同。根据法国国家科学研究中心 Digne 等的理论计算结果[126]，从室温至 280℃，反应按式(7-32) 进行，H_2O/Al 比最高，为 3∶1，产物为 Al$(OH)_3$；在 280～480℃之间，反应按式(7-33) 进行，耗水量下降，H_2O/Al 比为 2∶1；当反应温度高于 480℃时，反应按式(7-34) 进行，耗水量进一步降低。从三个反应式来看，反应所需的燃料 Al 和产氢量是相同的，温度越高，耗水量越低，Al-H_2O 系统的质量储氢密度越高。但是在通常情况下，铝水解制氢的工作温度区间是近室温，反应主要按照式(7-32) 进行，此时体系的理论质量储氢密度为 3.7%。

$$2Al+6H_2O \longrightarrow 2Al(OH)_3\downarrow+3H_2\uparrow \tag{7-32}$$

$$2Al+4H_2O \longrightarrow 2AlO(OH)\downarrow+3H_2\uparrow \tag{7-33}$$

$$2Al+3H_2O \longrightarrow Al_2O_3\downarrow+3H_2\uparrow \tag{7-34}$$

与 Mg-H_2O 反应遇到的问题类似，Al-H_2O 体系的水解产物 $Al(OH)_3$ 会覆盖在 Al 表面，形成一层致密的钝化膜，阻碍反应的继续进行。因此，学者们致力于研究：一方面有效地破坏钝化膜，使 H_2O 与内部的 Al 持续接触；另一方面，在反应过程中有效抑制钝化膜的重新生成。这是金属铝可控水解制氢技术急需解决的两个关键问题。

7.3.2 金属铝水解制氢关键技术

为了解决 Al 表面钝化的问题，有效提高铝水解可控制氢性能，各国学者提出了多种技术，主要有金属氧化物/盐改性、低熔点金属合金化、添加碱促进剂等，其中一些技术效果非常显著。

（1）金属氧化物/盐改性技术

铝粉与金属氧化物，如 Al_2O_3、TiO_2、ZrO_2 等混合球磨，可以有效提高 Al-H_2O 反应的动力学性能[127-129]。在球磨混合的基础上再高温真空烧结，继以再次球磨的工艺有助于进一步提高改性的效果。目前，人们对金属氧化物改性机理的认识尚不深入。除了氧化物可破坏 Al 表面钝化膜这一直观认识以外，Deng 等[127]提出了一种“内生氢气泡”的观点解释 γ-Al_2O_3 的改性机制。其主要观点是：覆盖于 Al 表面的 γ-Al_2O_3 层与 H_2O 反应生成过渡态 AlOOH，如式(7-35)，具有移动性的 OH^- 不断向内扩散，导致 AlOOH 层不断增厚，最后与 Al 接触；两者发生如式(7-36) 所示的反应，生成的 H_2 在内部聚集并形成气泡，氢气泡最终冲破 Al_2O_3 层导致 Al-H_2O 反应持续发生（如图 7-26）。W. Z. Gai 等[130]则认为氧化物并不参与水解反应，仅起到催化水分解为 H^+ 和 OH^- 的作用。

$$Al_2O_3 + H_2O \longrightarrow 2AlOOH \tag{7-35}$$

$$6AlOOH + 2Al \longrightarrow 4Al_2O_3 + 3H_2\uparrow \tag{7-36}$$

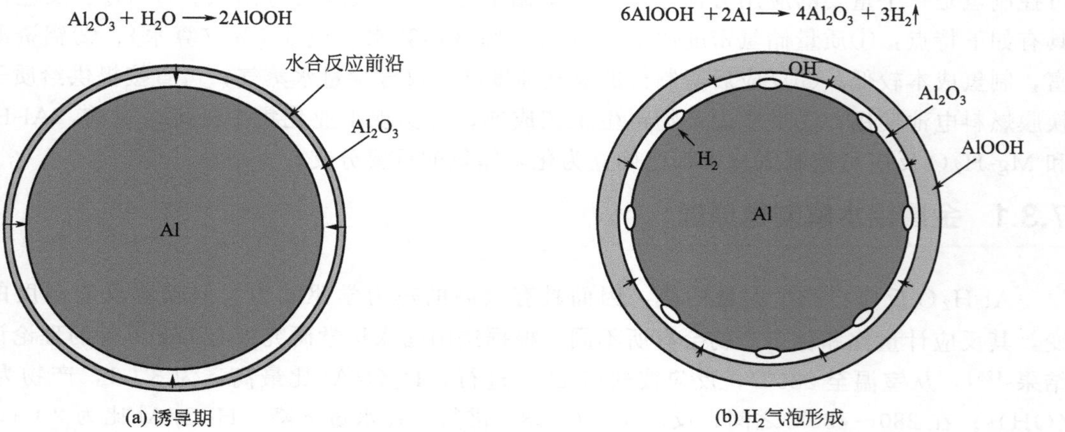

图 7-26 γ-Al_2O_3 改性 Al 粉-H_2O 反应机理示意图[127]

采用金属氧化物作为改性剂可以改善 Al-H_2O 反应的动力学性能，但从已有文献报道的结果看，大多氧化物改善效果有限。如成分为 30% Al+70% γ-Al_2O_3（体积分数）的改性 Al 粉在 22℃与 H_2O 完全反应的总时长达到 25.4h，平均制氢速率仅为 1.32mL/(min·g Al)[128]。文献报道效果不俗的是 5.4Al·Bi_2O_3 复合制氢剂，34min 可完全释放氢气，平均产氢速率达到 164.2mL/(min·g Al)[129]。但是由于不贡献氢的 Bi_2O_3 质量分数高达 76%，整个体系的有效产氢量太小。此外，制备铝/金属氧化物复合材料的工艺较为复杂。综上原因，金属氧化物改性 Al-H_2O 制氢不具备实用性。

相较于金属氧化物，盐改性对改善 Al-H_2O 反应动力学可以取得更好的效果。目前应用的盐改性剂主要有两类：一类是中性盐，如 NaCl、KCl 等[131-135]；另一类是强碱弱酸盐，如 Na_2SnO_3、$NaAlO_2$ 等[136-139]。

中性盐改性剂多采取与铝粉混合球磨的方式复合。与 Mg 或 MgH_2 水解制氢体系类似，加入盐脆性相有助于韧性高的铝颗粒细化，同时可破坏铝表面的钝化膜、活化反应物，从而改善 Al/H_2O 反应制氢性能。但通常需要达到一定的添加量后方能达到良好的效果，如 S. Yolcular 等[134]报道：铝和 20% NaCl 混合球磨 12h 后，在 70℃放氢速率达到 1500mL/(min·g)。但显然，添加高含量的盐使整个体系的有效储氢密度下降。

强碱弱酸盐多采取水溶液直接加入的方式，其改性机理也相应改变。例如，加入 Na_2SnO_3 改性剂的 Al-H_2O 体系中发生了 Al/Na_2SnO_3 间的氧化还原反应，如式(7-37)[136]，生成的金属 Sn 细小颗粒原位沉积于铝颗粒表面，在提供 H_2O 析氢反应阴极中心的同时，与 Al（阳极）构成腐蚀原电池，加快 Al/H_2O 反应的进行。

$$4Al+3Sn(OH)_6^{2-} \longrightarrow 4Al(OH)_4^-+3Sn+2OH^- \qquad E^0=1.41V \tag{7-37}$$

（2）添加碱促进剂法

添加碱［NaOH、KOH、$Ca(OH)_2$ 或其混合物］是改善 Al-H_2O 反应动力学的简便而有效的方法。该方法最早由美国铝业公司 Belitskus 等在 1970 年进行了报道[140]，迄今仍被广泛使用。该方法的改性机理如下[141]：第一步，铝表面的 Al_2O_3 钝化膜与 H_2O 和 OH^- 按照式(7-38) 反应，生成可溶性的铝酸根 Al $(OH)_4^-$；第二步，暴露出的新鲜铝表面与 H_2O 反应制氢。此反应可解释为电化学腐蚀过程，其阳极反应为：Al 与 OH^- 结合生成 Al $(OH)_4^-$，同时提供电子［式(7-39)］；阴极反应为 H_2O 得到电子，还原生成 H_2 和 OH^-［式(7-40)］。当 Al $(OH)_4^-$ 浓度超出其饱和值时，将按式(7-41) 发生可逆反应，析出 Al $(OH)_3$ 沉淀和 OH^-。析出的 $Al(OH)_3$ 将原位沉积在未反应的铝表面，重新生成致密的钝化膜，从而阻止 Al-H_2O 反应进行。由式(7-38) 可知，碱浓度升高有益于Al-H_2O反应的持续发生。综合分析式(7-38)～式(7-41) 发现，OH^- 虽以反应物或产物的形式参与各步反应，但其总量未改变，因此将碱定义为反应促进剂。碱的促进作用表现在两方面：①破坏铝表面的 Al_2O_3 钝化膜；②阻止 $Al(OH)_3$ 二次钝化膜在铝表面的重新生成。

$$Al_2O_3+3H_2O+2OH^- \longrightarrow 2Al(OH)_4^- \tag{7-38}$$

$$Al+4OH^- \longrightarrow Al(OH)_4^-+3e^- \qquad E^0=2.310V \tag{7-39}$$

$$2H_2O+2e^- \longrightarrow H_2\uparrow+2OH^- \qquad E^0=-0.828V \tag{7-40}$$

$$Al(OH)_4^- \rightleftharpoons Al(OH)_3\downarrow+OH^- \tag{7-41}$$

虽然添加碱可有效地促进 Al-H_2O 反应制氢，但从已有文献报道看[140,142-144]，只有在高碱液浓度（一般大于 10%）下，Al-H_2O 反应体系才能实现高制氢速率和高产氢量，这无疑对制氢装备的耐碱腐蚀能力提出了苛刻的要求。因此，添加碱促进剂法的关键技术是在保证制氢能力的条件下减轻碱腐蚀的影响。

为了降低碱性对装备的影响，H. Q. Wang 等[145]提出了弱碱性的有机胆碱化物（$C_5H_{14}NO+OH^-$）用于 Al-H_2O 反应，虽然对产氢速率的促进效果略逊于 NaOH，但是提高了 Al-H_2O 反应的稳定性和可控性。

（3）低熔点金属合金化

在铝基合金中引入低熔点金属是改善 Al-H_2O 反应动力学特性的一种常用方法。通常采用的低熔点金属元素含 Ga、In、Sn、Bi 等，主要采用的合金制备工艺是冶炼[146-149]和机械球磨[149-152]。冶炼法会造成低熔点金属挥发损失，且耗能大；然而采用球磨法又会因低熔点金属和铝均具有高延展性而带来更大的困难，加入脆性相虽可以提高球磨效率，但难以获得理想的合金化效果。

从文献报道来看，铝合金化改性的机制大致可归结为成分改性机制和结构改性机制两类。典型示例如 Al-Ga 合金[146]，在 30℃ 相平衡条件下，合金由富 Al 固相和富 Ga 液相合金组成，其中富 Ga 液相主要分布于富 Al 固相的晶界处。在合金与 H_2O 接触后，晶界处富 Ga 液相中的 Al 首先与 H_2O 分子反应，所释放出的氢气不断积累并最终造成合金沿晶界处开裂，导致合金比表面积快速增加。覆盖于 Al 晶粒外部的富 Ga 液相起到 Al 原子扩散通道和 Al/H_2O 反应“窗口”的双重作用，使低熔点 Ga 改性的 Al 合金与 H_2O 反应的动力学性能大幅度升高。

W. J. Yang 等[153]尝试了在铝中添加 20%的 Mg、Li、Zn、Bi、Sn 等元素，在高温下混溶形成低熔点合金，研究结果表明：Mg 和 Li 有促进铝-水反应作用，其他元素则没有效果；其中，Al-20%Li 合金在水蒸气中获得了最高的产氢速率［309.74mL/(s·g)］和最大的产氢量（1038.9mL/g）。

B. B. Yang 等[154]报道了热处理后 Al-Mg-Ga-In-Sn 合金的水解行为，发现第二相起到了微原电池腐蚀的作用，同时 Mg_2Sn 相和共溶相还诱导了水解反应。

C. P. Wang 等[155]采用气雾法构建了一种高活性的核-壳结构 80Al-10Bi-10Sn 合金粉末。由于液相的混溶隙、液相表面能以及 Al、Bi、Sn 组元的热胀系数差异等原因，形成了富（Bi，Sn）相分布于主相 Al 晶界处的核-壳结构。其中，富（Bi，Sn）相起到阻止氧进入 Al 核，以及破坏 Al 表面致密钝化层的作用。这种结构的复合物粉末是在空气气氛中收集的，但即使在 0℃低温下也能与水剧烈反应，在 30℃时 16min 内的转化率可达到 91.30%。

低熔点金属合金化法虽然具有良好的 Al-H_2O 反应改性效果，但多数低熔点金属价格不菲，加上其高耗能的合金化工艺，最终导致该方法的制氢成本过高。另外，高效地分离和回收多组元水解产物也存在经济和技术障碍。这些问题都严重制约着合金化法改性 Al-H_2O 反应制氢的实际应用。

（4）碳材料及其他催化剂改性法

碳材料，例如石墨、石墨烯等被尝试用于改善铝的水解制氢性能。Streletskii 等[156]报道了在 Al 中添加 10%～30%的石墨，在高能球磨过程中形成的 Al/C 纳米复合相可促进 Al-H_2O 反应。Huang 等[157]也通过球磨法获得了核-壳结构的 Al/石墨复合材料，研究结果显示：Al-x% C-2% NaCl复合材料的产氢量随石墨含量的增加而升高，而不加石墨的样品中则无氢气逸出。当反应温度为 45℃，$x=23$ 时，76.5%的 Al 可以在 6h 内反应制氢；当 $x=43$ 时，转化率为 80.1%。此外，SiC 也被尝试用于促进 Al 水解制氢。E. Czech 等[158]发现，添加 SiC 能在一定程度上改善铝水解活性，在 55℃时 Al/SiC 复合材料可以产氢 380mL/g Al。

L. Q. Zhang[159]等报道了一种采用超声雾化法制备的还原氧化石墨烯包覆纳米铝粒子的核-壳结构（Al@rGO）复合材料，发现其在纯水和红外光照射下显示出高效的制氢性能，且无需其他添加剂。改善机制有二：一是石墨烯包覆起到防止纳米 Al 粒子表面生成钝化膜的作用，加速了水与 Al 之间的粒子迁移；二是石墨烯吸收红外光有助于水温升高，使水解反应加剧，见图 7-27。此外，绿色的反应产物还可回收，并应用于有毒离子吸附。

从已有报道来看，一般的碳材料作添加剂在实际应用中面临两大难题：一是催化效果有限；二是添加量过大，导致系统产氢量损失。即使采用石墨烯一类的高比表面积材料做成核-壳结构，还需考虑其体积密度过低造成体积产氢密度受限的问题。

Co-Fe-B 也被尝试用于催化 Al-H_2O 反应，如 N. Wang 等[160]报道了一种含立方 Fe 和非晶 Co-Fe-B 的链状催化剂，其中 Fe/Al、Co-Fe-B/Al、Co-Fe-B/Fe 微原电池的形成大幅度缩短了反应诱导期（至约 5min），并提高了产氢量（至 1000mL/g）。继续在反应池中添加 Al 则诱导期为零，且在 70min 内产氢 50%，其催化效应来源于产物中高浓度 OH^- 的存在。相同的机理还被 J. Liang 等[161]再次验证：添加 Co 使 Al-H_2O 反应的产氢量接近 1000mL/g，诱导期在 35℃缩短至 1.4h；最初的诱导反应结束后，再添加的 Al 可快速与水在 25℃反应，产氢率达 90%。

（5）多种方法的综合应用

上述四种 Al-H_2O 反应的改性方法均存在不同程度的缺点，研究人员近年来结合多种改

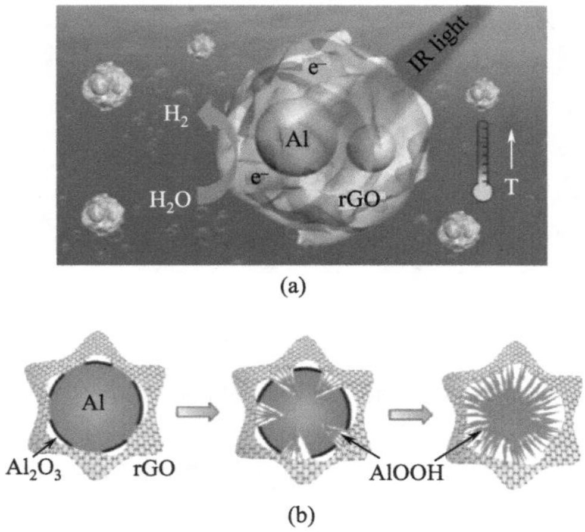

图 7-27 石墨烯包覆加强铝-水反应的机制（石墨烯包覆促进了铝颗粒内外的小分子快速交换和电子迁移作用，从而提高了产氢率）[159]

性方法进行探索，如同时应用碱＋氧化物、碱＋盐、合金化＋盐、氢化物复合＋盐、催化剂＋酸/碱等，获得了一些成功的经验。

韩国三星机电研发中心 Jung 等[162]采用压制成片状的 Al/CaO 混合物为固体燃料，以 5% NaOH 水溶液为液体燃料，在固液燃料质量比 1∶2 时获得了 74%的水解制氢转化率。其工作机理为：NaOH 破坏了 Al 表面的 Al_2O_3 钝化膜，CaO 则通过参与生成 $Ca_2Al(OH)_7 \cdot 2H_2O$ 或 $Ca_3Al_2(OH)_{12}$ 等产物阻止了 $Al(OH)_3$ 二次钝化膜的生成。

中国科学院金属研究所 Dai 等[163]同时采用 NaOH 和 Na_2SnO_3 促进剂构建了 Al-H_2O 反应体系。研究结果表明：单纯使用 NaOH 促进剂时，水解制氢体系实现高制氢速率和 100%产氢率需要达到 15%的高浓度 NaOH 溶液；而采用 NaOH＋Na_2SnO_3 促进剂的方式，可在大幅度提升体系产氢性能的同时降低碱浓度。例如，采用 5% NaOH＋0.3% Na_2SnO_3 促进剂的 Al-H_2O 体系可在 3min 内实现 100%产氢率，最大产氢速率达 1430mL/(min·g)，媲美于使用 15%高浓度 NaOH 的 Al-H_2O 体系的产氢性能，且比使用 5% NaOH 体系的最大产氢速率和产氢率分别提高 2 倍以上。其作用机理为：继 NaOH 破坏 Al 表面的 Al_2O_3 钝化膜后，Na_2SnO_3 随之与暴露出新鲜表面的 Al 发生如式(7-37) 的反应，生成细小的金属 Sn 颗粒原位沉积在 Al 表面，以防止 Al 表面再次生成致密的 $Al(OH)_3$ 二次钝化膜，因此使体系高效产氢的碱浓度要求降低，见图 7-28。

X. Y. Chen 等[164]采用球磨的方法在铝中添加了金属 Li 和盐，其中，球磨 2h 的 Al-7% Li-3% NaCl 在 1.0mol/L 的 NaCl 溶液中产氢率可达 100%，且初始温度即使低至 0℃也对产氢没有影响，如图 7-29 所示。

Y. Liu 等[165]研究了球磨制备的 Al-LiH-盐混合物的水解制氢行为，发现 KCl 比其他盐类具有更好的效果，经 10h 球磨的 Al-10% LiH-10% KCl（摩尔分数）混合物在 60℃、10min 内的产氢率可达 97.1%。性能改善的原因归结为：水解产物中 $LiAl_2(OH)_7 \cdot xH_2O$ 的生成有利于 $Al(OH)_3$ 钝化层的去除。

C. Y. Ho 等[166]研究了废弃 Al 罐经浓硫酸去漆和碎片球磨等预处理后，在低浓度（0.25mol/L）碱液中的水解制氢性能（图 7-30）。研究结果显示，废弃 Al 罐中添加了 Ni 或 Ni/Bi 催化剂后，在高温和低浓度碱液中可快速放氢，初始放氢速率达到 130mL/(s·g)，总

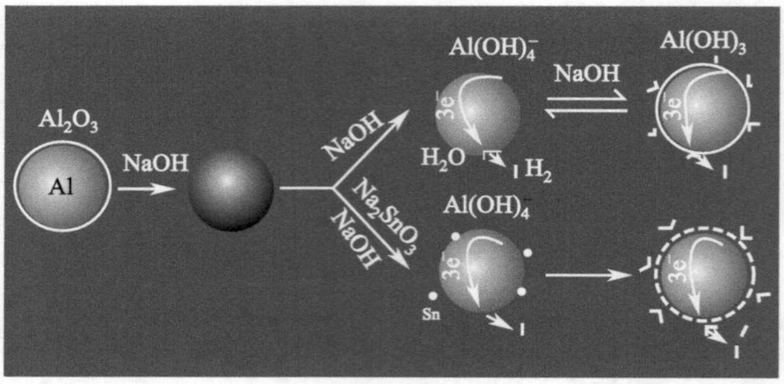

图 7-28 碱液或碱-Na_2SnO_3 溶液中的 Al-H_2O 反应机制示意图[163]

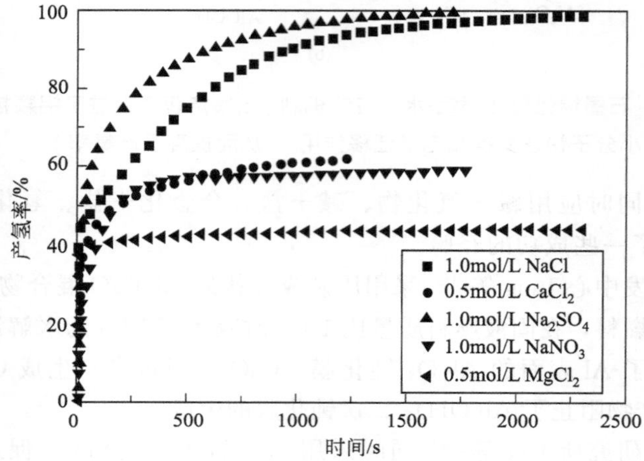

图 7-29 球磨 2h 的 Al-7% Li-3% NaCl 在不同盐溶液中的水解制氢特性[164]

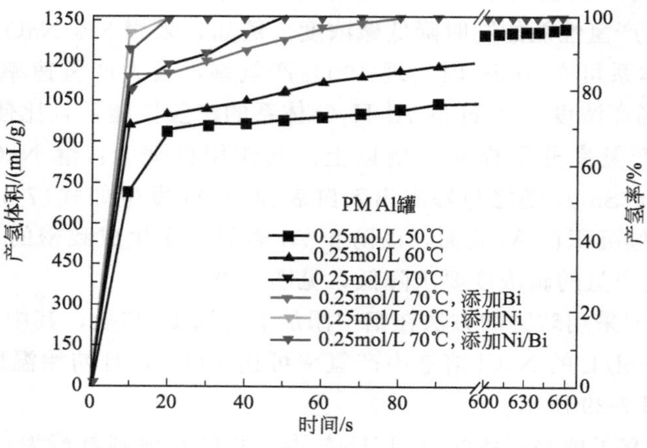

图 7-30 Al 罐中添加 Ni/Bi 催化剂后在低浓度 NaOH 溶液（0.25mol/L）中水解的性能曲线[166]

产氢量 1350mL/g，转化率 100%。其水解制氢性能与 Al 粉在高浓度碱液中接近。性能改善的原因是 Al/Ni 在球磨过程中紧密结合，在水解过程中形成微原电池，Ni 具有高还原电位，提高了 Al-H_2O 反应活性。低浓度碱液的应用有益于环保，也降低了反应器件的腐蚀。不足的是废弃 Al 罐在球磨时添加了质量比 1∶1 的 NaCl，拉低了系统的产氢密度。

B. C. Yang 等[167]通过添加 $AlCl_3$、$CoCl_2$、$Al(OH)_3$、$Ca(OH)_2$ 和 $NaAlO_2$ 改变溶液的酸碱性，研究了 pH 值对 Al-H_2O 反应的影响规律。研究结果显示，H^+（来于 $AlCl_3$、$CoCl_2$）、OH^- [来自 $Al(OH)_3$、$Ca(OH)_2$ 和 $NaAlO_2$]、Cl^- 或还原的 Co 均有助于铝表面氧化膜的去除和铝的腐蚀，因此在酸性和碱性环境下初始产氢率都会提升。特别地，由 $CoCl_2$ 还原的 Co 和 H^+、Cl^- 对 Al-H_2O 反应有协同催化作用，产氢速率可加速至 33mL/(min·g)。

J. L. López-Miranda 和 G. Rosas[168]研究了 Fe_2Al_5 金属间化合物球磨后的水解制氢行为，同时添加了 NaOH 以调整溶液的 pH 值。结果显示，当 pH＝13 时，140min 内，铝水解转化率接近 100%；当 pH＝14 时，水解转化率大于 100%。这归因于 Fe_2Al_5 金属间化合物中的 Fe 在 NaOH 中发生部分水解反应。该体系的难点在于 Fe_2Al_5 中含有近一半的 Fe 不能有效地参与制氢反应，降低了体系的产氢量。

总之，从目前报道的文献综合来看，低浓度碱＋强碱弱酸盐促进剂、碱金属（氢化物)＋盐促进剂，或者低浓度碱＋金属催化剂都是构建性能优良的 Al-H_2O 反应制氢体系的选择。

（6）环境适应性

水解制氢燃料在使用前通常需要储存一定时间，保质期是其应用的一个关键性问题。对于采用不同方法改性的铝基固体燃料，其环境适应性是有差别的。

例如，Y. Q. Wang 等[169]对氧化物改性的 70% Al＋30% γ-Al_2O_3（体积分数）混合物（GMAP）进行了存储环境适应性研究，结果表明：GMAP 中的 Al 具有高活性，水解反应无诱导期，且诱导期不受环境影响；在各种环境中，水蒸气对燃料的水解制氢性能影响显著，产氢率随存储时间延长而下降，188 天后产氢率降至约 30% [图 7-31(a)]；而氧气和氮气环境对燃料储存 180 天后的制氢性能影响甚微 [图 7-31(b)、(c)]；干燥空气环境对燃料长期储存后的制氢性能略有影响，3 个月后总产氢量为初始状态的 95% [图 7-31(d)]。

而 X. Y. Chen 等[164]报道的 Al-3Li-7% NaCl 混合物在空气中暴露 24h 后，其产氢量即降至约 67%。

（7）Al-H_2O 反应副产物循环再生[2]

Al-H_2O 反应制氢技术规模化应用的另一个关键技术是副产物的再生技术，这也是实现铝循环经济的重要环节。由式(7-38)～式(7-41) 可知，在近室温条件下，Al-H_2O 反应的副产物主要为 $Al(OH)_3$。该副产物是工业上电解冶炼制铝的中间产物，其再生技术成熟，主要的技术包括高温煅烧和电解两个工艺步骤，如式(7-42) 和式(7-43) 所示。

$$2Al(OH)_3 \longrightarrow Al_2O_3(s)+3H_2O \tag{7-42}$$

$$2Al_2O_3(l) \longrightarrow 4Al+3O_2\uparrow \tag{7-43}$$

电解工艺高耗能是 Al 再生成本的关键制约因素。根据美国能源部（DOE）报告[170]，电解 Al 的能耗为 15.6kW·h/kg，按美国 2005 年电价 [5 美分/(kW·h)] 折算，生产 Al 的耗电成本为 0.78 美元/kg Al。据此推算，在单纯考虑耗电因素的情况下，Al-H_2O 反应的制氢成本已接近 7 美元/kg H_2。另加上其他生产、人工、运输成本等综合因素，制氢成本将远高于该值，而 DOE 设定的移动氢源的价格目标仅为 2～3 美元/kg H_2。可见，按照目前的再生工艺，Al-H_2O 反应体系因制氢成本过高而难以规模化商业应用。作为针对性的解决措施之一，台湾中原大学的 C. Y. Ho 等[166]提出可采用回收低值的废 Al（如易拉罐）作为原料来降低制氢成本。该路线具有一定的可行性，但不能越过副产物回收高耗能的障

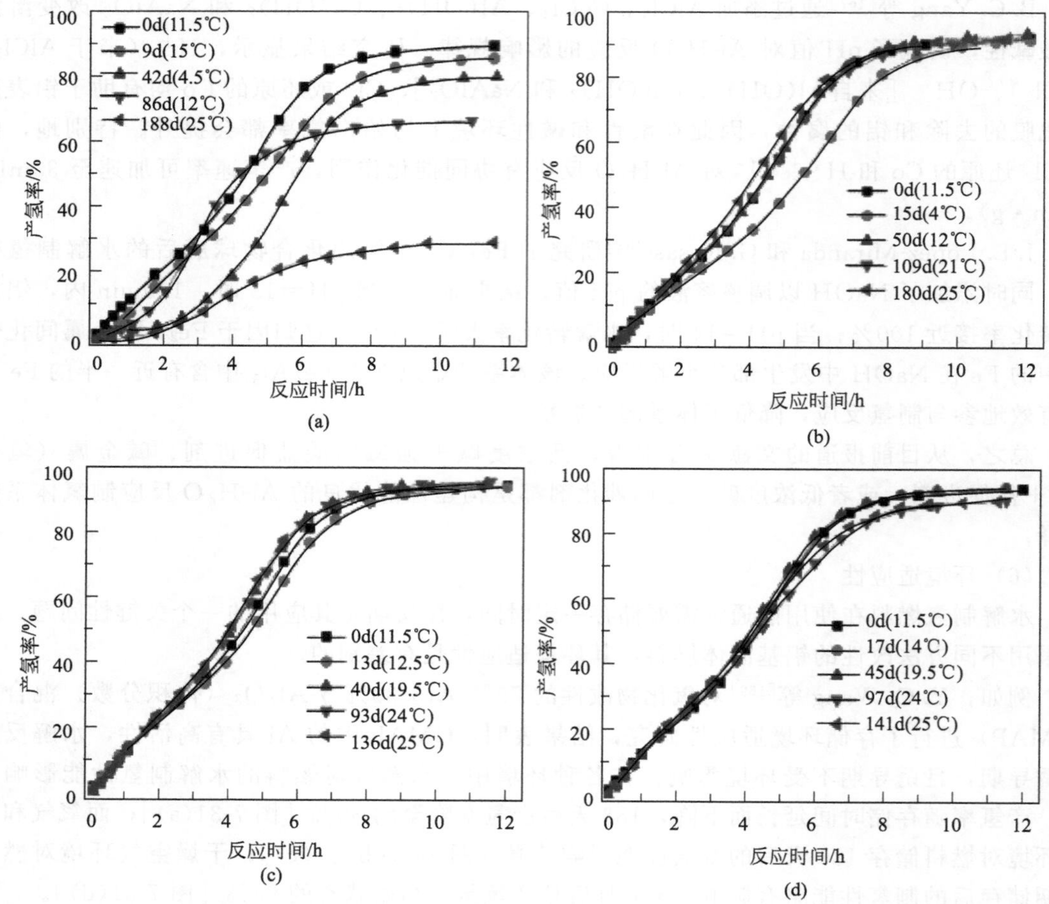

图 7-31 在 35℃恒温去离子水中 GMAP 分别于水蒸气（a）、氧气（b）、氮气（c）和干燥空气（d）中保存不同时间后的产氢率（其中 GMAP 为 70% Al+ 30% γ-Al_2O_3 混合物，图中圆括号中的数据为水解反应测试时的环境温度）[169]

碍，仍难以根本性改变 Al-H_2O 反应可控制氢技术规模应用的局限性。

7.4 其他化学制氢体系

其他不可逆化学制氢体系包括：氨硼烷催化水解制氢［体系理论质量储氢密度 9%，见式(7-44)］、水合肼催化分解制氢［有效质量储氢密度 8%，见式(7-45)～式(7-47)］、甲酸催化分解制氢［理论质量储氢密度 4.4%，见式(7-48)～式(7-50)］等在文献［2］中有较详细的介绍，且都存在不同的经济和技术瓶颈，在此不再赘述。

$$NH_3BH_3+2H_2O \xrightarrow{\text{催化剂}} NH_4^+ + BO_2^- + 3H_2\uparrow \tag{7-44}$$

$$N_2H_4 \longrightarrow N_2\uparrow + 2H_2\uparrow + 95.4\text{kJ} \tag{7-45}$$

$$3N_2H_4 \longrightarrow 4NH_3\uparrow + N_2\uparrow + 156.5\text{kJ} \tag{7-46}$$

$$3N_2H_4 \longrightarrow 4(1-x)NH_3\uparrow + (1+2x)N_2\uparrow + 6xH_2\uparrow \tag{7-47}$$

$$HCOOH \xrightarrow{\text{催化剂}} H_2\uparrow + CO_2\uparrow \tag{7-48}$$

$$H_2 + CO_2 \xrightarrow{\text{催化剂}} HCOOH \tag{7-49}$$

$$HCOOH \longrightarrow H_2O + CO\uparrow \tag{7-50}$$

7.5 水解制氢装置

储氢与产氢一体化技术一般选取高储氢量的氢化物或金属（合金），多采用可控水解或水相条件下可控分解制氢，其最具有吸引力的是可以在近室温、常压下工作，且可以大大简化储氢的问题，因而近年来被新确立为储氢材料的重要分支。该技术除了重点开发材料体系外，还有一个重要的目标是根据材料制氢特性设计相适应的装置。

7.5.1 $NaBH_4$ 可控水解制氢装置

鉴于 $NaBH_4$ 潜在的高储氢能力，众多团队致力于其可控水解制氢系统的研制，如韩国朝鲜大学的研究人员研制出的适用于无人机动力系统的 $NaBH_4$ 可控水解制氢系统[171-173]。该系统采用成分为 15% $NaBH_4$＋5% NaOH 的燃料液和 Co/Al_2O_3 催化剂。经过实验室和实际飞行测试，由 $NaBH_4$ 的氢源系统＋100W 燃料电池所集成的动力系统驱动的无人机续航能力优于常规电池，见图 7-32。

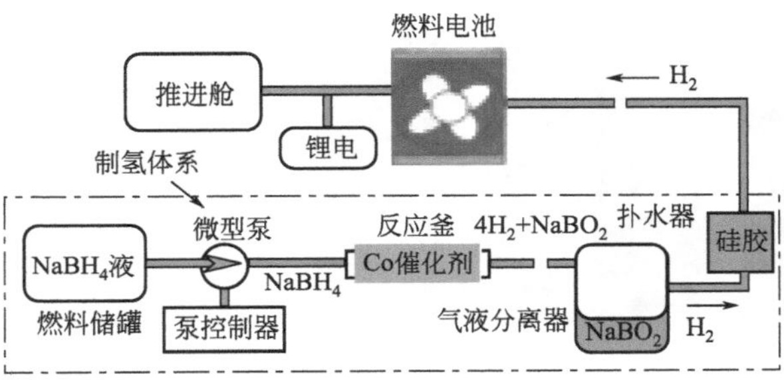

图 7-32 $NaBH_4$ 水解制氢系统与燃料电池联用集成的移动电源示意图（a）和无人机实物照片（b）[171-173]

$NaBH_4$ 可控水解制氢系统一般由燃料储存罐、燃料泵、催化反应床、气液分离器、副产物储存罐、换热器、氢气缓冲罐等部分构成，系统制氢采用压力控制方式，即通过实时采集系统压力信号控制燃料泵的开启和关闭，调控燃料液向固定式催化反应床输运，以实现即时按需制氢。

需要重视的是，实际运行的制氢系统面临着 $NaBO_2$ 副产物难以及时、有效地清除这一关键问题。根据美国普渡大学 Zhang 等[174]的研究结果，若采用高 $NaBH_4$ 浓度（＞15%）的燃料液，系统需在制氢反应结束后及时进行水冲洗，否则结晶析出的 $NaBO_2$ 副产物会依旧包覆在催化剂表面，乃至堵塞系统管道，导致系统持续工作时制氢性能严重衰退。为尽量降低 $NaBO_2$ 副产物析出所带来的不良影响，实用的水解制氢系统多考虑采用低浓度 $NaBH_4$ 燃料液，但同时又带来系统储氢密度降低的问题。针对这一对矛盾，可预期的解决方案：一是考虑循环利用燃料电池产生的副产物水，减小添加的反应水量，以提高系统的有效储氢密度；二是合理设计，利用水解反应产生的热量提高产氢率和系统的动态响应性能[175,176]。

7.5.2 Al-H_2O 可控水解制氢装置

Al-H_2O 制氢装置根据燃料的初始形态不同大致可分为两种设计思路：如燃料为粉状，则采用燃料盒；如燃料为浆料，则采用进料泵。Mg(MgH_2)-H_2O 体系的制氢装置与铝类似，本章将不再阐述。

俄罗斯科学院 Shkolnikov 等[177]研制的 Al-H_2O 反应可控制氢系统设计较为简单，主要由可更换燃料盒（预置 Al 粉）、储水罐（内置吸水材料）和多孔分隔膜三部分组成［图 7-33(a)］。因储水罐置于燃料盒上方，水依靠重力作用透过多孔分隔膜进入燃料盒，触发水解制氢反应；当系统压力升高至设定值后，供水自动中止，制氢反应即停止。

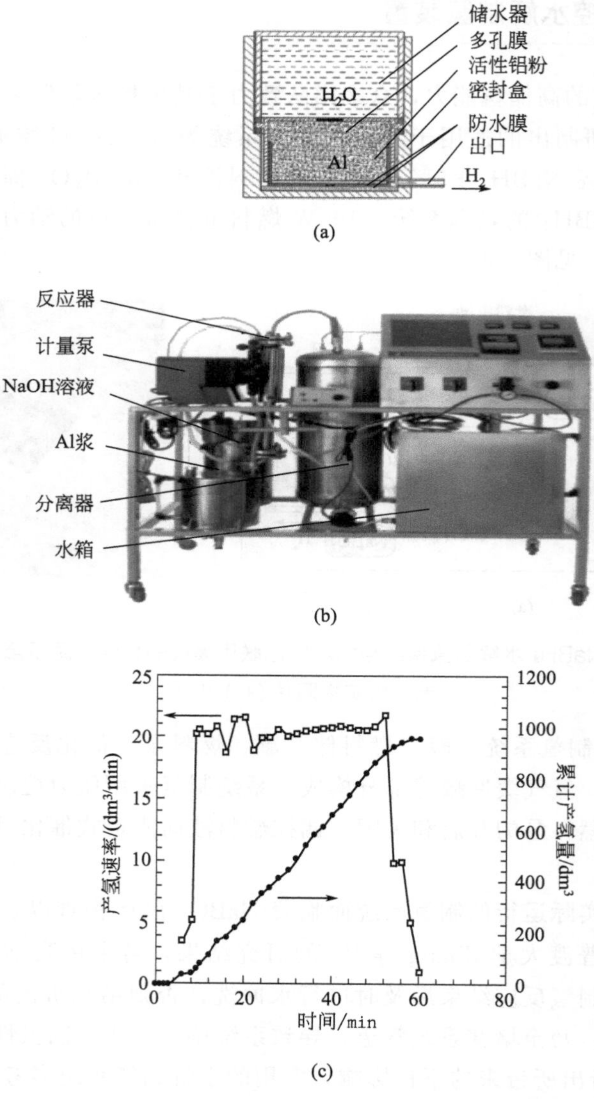

图 7-33 Al-H_2O 反应可控制氢系统：(a) 铝粉燃料盒设计原理示意图[177]；(b) 天津海蓝德能源技术发展有限公司的铝浆泵进料设计实物图[178]；(c) 采用铝浆泵进料制氢装置产氢速率与累计产氢量和时间的关系曲线[179]

为了更好地控制产氢过程，天津海蓝德能源技术发展有限公司 X. N. Huang 等[178]提出了一种铝浆泵进料设计［图 7-33(b)］，其思路为采用铝浆为燃料，燃料进料可用计量泵来准确地控制，从而可获得所需要的产氢速率。水性铝浆与分散剂和表面活性剂混合制成，把铝浆与 NaOH 溶液按照一定的化学计量比配制后通过两个计量泵进入反应器，计量泵通过计量和反馈燃料进料量以控制产氢速率。该制氢装置可稳定输出 $20dm^3/min$ 的氢气［图7-33(c)］，可以为 1.5kW 的燃料电池供氢[179]。

7.6 储氢与产氢一体化技术应用前景

美国千年电池公司（Millennium Cell）在研发 $NaBH_4$ 可控水解制氢系统领域处于世界领先地位。该公司于 2001 年即成功研制出 $NaBH_4$ 即时按需制氢（hydrogen on demand）系统，并将其作为车载氢源在戴姆勒-克莱斯勒（Daimler Chrysler）公司推出的钠型燃料电池概念车上进行了示范应用[180]。但因系统储氢密度、制氢成本、回收等技术和经济方面的问题，$NaBH_4$ 水解可控制氢系统的车载氢源应用前景不被看好。该公司随即投入研制中小型移动式/便携式 $NaBH_4$ 基氢源系统，其功率介于数十瓦至数百瓦间，潜在应用领域包括野战军事装备、医用器械及个人电子消费市场（图 7-34）[181,182]。

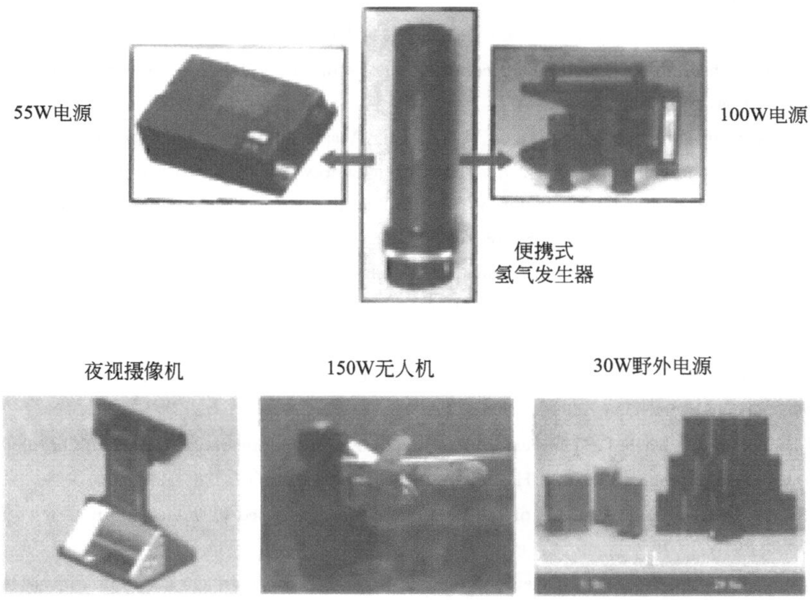

图 7-34 美国千年电池公司（Millennium Cell）研发的 $NaBH_4$ 可控水解制氢系统潜在应用领域[181,182]

从目前的研发进展来看，储氢与产氢一体化技术适合的市场包括：①为小功率燃料电池提供氢源，用于军民两用备用电源、小型/便携式电源、应急电源等；②可用于提供医用氢源、氢气球用氢源等直接氢气使用场景；③可用于废弃铝、镁等金属材料回收环节中副产氢；④如果能够解决产物回收能耗和效率问题，降低制氢成本，储氢与产氢一体化技术可望规模化应用于燃料电池车等商业领域。

参 考 文 献

[1] Züttel A, Borgschulte A, Schlapbach L. Hydrogen as a future energy carrier [M]. Journal of Applied Electrochemistry, 2008.

[2] 朱敏. 先进储氢材料导论 [M]. 北京：科学出版社，2015.

[3] Satyapal S, Petrovic J, Read C, et al. The U. S. Department of Energy: National Hydrogen Storage Project: Progress towards meeting hydrogen-powered vehicle requirements [J]. Catalysis Today, 2007, 120 (3-4): 246-256.

[4] Yang J, Sudik A, Wolverton C, et al. High capacity hydrogen storage materials: attributes for automotive applications and techniques for materials discovery [J]. Chem Soc Rev, 2010, 39 (2): 1-20.

[5] Wang P, Kang X D. Hydrogen-rich boron-containing materials for hydrogen storage [J]. Dalton Trans, 2008, 40: 5400-5413.

[6] Yadav M, Xu Q. Liquid-phase chemical hydrogen storage materials [J]. Energy Environ Sci, 2012, 5: 9698-9725.

[7] Dong Y, Yang M, Yang Z, et al. Catalytic hydrogenation and dehydrogenation of N-ethylindole as a new heteroaromatic liquid organic hydrogen carrier [J]. Int J Hydrogen Energy, 2015, 40 (34): S0360319915017589.

[8] 王小炼. 高储氢量 NH_4AlH_4 即时反应合成与放氢过程及机理研究 [D]. 成都：四川大学，2016.

[9] 梁艳，王平，戴洪斌. 硼氢化钠催化水解制氢 [J]. 化学进展，2009，21 (10)：2219-2228.

[10] Schlesinger H I, Brown H C, Abraham B, et al. New developments in the chemistry of diborane and the borohydrides. I. General Summary1 [J]. J Am Chem Soc, 1953, 75 (1): 186-190.

[11] Schlesinger H I. Sodium borohydride, its hydrolysis and its use as a reducing agent and in the generation of hydrogen [J]. J Am Chem Soc, 1953, 75 (1): 215-219.

[12] 刘志贤，石双群，宋新芳. 硼氢化钠的性质及合成 [J]. 河北师范大学学报，1997 (1)：74-78.

[13] Kreevoy M M, Jacobson R W. The rate of decomposition of sodium borohydride in basic aqueous solutions [J]. Ventron Alembic, 1979, 15: 2-3.

[14] Amendola S C, Sharp-Goldman S L, Janjua M S, et al. A safe, portable, hydrogen gas generator using aqueous borohydride solution and Ru catalyst [J]. Int J Hydrogen Energy, 2000, 25 (10): 969-975.

[15] Amendola S C, Sharp-Goldman S L, Janjua M S. An ultrasafe hydrogen generator: Aqueous, alkaline borohydride solutions and Ru catalyst [J]. J Power Sources, 2000, 85 (2): 186-189.

[16] Sean S M, Yao X D. Progress in sodium borohydride as a hydrogen storage material: Development of hydrolysis catalysts and reaction systems [J]. Int J Hydrogen Energy, 2011, 36: 5983-5997.

[17] Levy A, Brown J B, Lyons C J. Catalyzed hydrolysis of sodium borohydride [J]. Ind Eng Chem, 52 (3): 211-214.

[18] Demirci U B, Miele P. Sodium tetrahydroborate as energy/ hydrogen carrier, its history [J]. Comptes Rendus Chimie, 2009, 12 (9): 943-950.

[19] Demirci U B, Akdim O, Miele P. Ten-year efforts and a no-go recommendation for sodium borohydride for on-board automotive hydrogen storage [J]. Int J Hydrogen Energy, 2009, 34 (6): 2638-2645.

[20] Holbrook K A, Twist P J. Hydrolysis of the borohydride ion catalysed by metal-boron alloys [J]. Chem Soc A, 1971; 15: 890-894.

[21] Peña-Alonso R, Sicurelli A, Callone E, et al. A picoscale catalyst for hydrogen generation from $NaBH_4$ for fuel cells [J]. J Power Sources, 2007, 165 (1): 315-323.

[22] Guella G, Patton B, Miotello A. Kinetic features of the platinum catalyzed hydrolysis of sodium borohydride from 11B NMR measurements [J]. J Phys Chem C, 2007, 111 (50): 18744-18750.

[23] Dai H B, Liang Y, Wang P. Effect of trapped hydrogen on the induction period of cobalt-tungsten-boron/nickel foam catalyst in catalytic hydrolysis reaction of sodium borohydride [J]. Catalysis Today, 2011, 170 (1): 27-32.

[24] Robert E D, Edward B, Charles L K, et al. Boron hydrides. III. Hydrolysis of sodium borohydride in aqueous solution [J]. J Am Chem Soc, 1962, 84: 885-892.

[25] Zahmakiran M, Ozkar S. Water dispersible acetate stabilized ruthenium (O) nanoclusters as catalyst for hydrogen generation from the hydrolysis of sodium borohyride [J]. J Mol Catal A: Chem, 2006, 258 (1): 95-103.

[26] Shang Y, Chen R. Semiempirical hydrogen generation model using concentrated sodium borohydride solution [J].

Energy&Fuels, 2006, 20: 2149-2154.

[27] Demirci U B, Garin F J. Kinetics of Ru-promoted sulphated zirconia catalysed hydrogen generation by hydrolysis of sodium tetrahydroborate [J]. J Mol Catal A: Chem, 2008, 279: 57-62.

[28] Ye W, Zhang H, Xu D, et al. Hydrogen generation utilizing alkaline sodium borohydride solution and supported cobalt catalyst [J]. J Power Sources, 2007, 164 (2): 544-548.

[29] Zhang Q, Wu Y, Sun X, et al. Kinetics of catalytic hydrolysis of stabilized sodium borohydride solutions [J]. Ind Eng Chem Res, 2007, 46 (4): 1120-1124.

[30] Dai H B, Liang Y, Ma L P, et al. New insights into catalytic hydrolysis kinetics of sodium borohydride from michaelis menten model [J]. J Phys Chem C, 2008, 112 (40): 15886-15892.

[31] 傅献彩，等. 物理化学：下册. [M]. 4版. 北京：高等教育出版社，1990：862-866.

[32] Xu Y M, Wu C L, Chen Y G, et al. Hydrogen generation behaviors of $NaBH_4$-NH_3BH_3 composite by hydrolysis [J]. J Power Sources, 2014, 261: 7-13.

[33] Jeong S U, Kim R K, Cho E A, et al. A study on hydrogen generation from $NaBH_4$ solution using the high-performance Co-B catalyst [J]. J Power Sources, 2005, 144 (1): 129-134.

[34] Zhao Y, Ning Z, Tian J, et al. Hydrogen generation by hydrolysis of alkaline $NaBH_4$ solution on Co-Mo-Pd-B amorphous catalyst with efficient catalytic properties [J]. J Power Sources, 2012, 207 (none): 120-126.

[35] Zhuang D W, Kang Q, Muir S S, et al. Evaluation of a cobalt-molybdenum-boron catalyst for hydrogen generation of alkaline sodium borohydride solution-aluminum powder system [J]. J Power Sources, 2013, 224 (Feb. 15): 304-311.

[36] Vernekar A A, Bugde S T, Tilve S. Sustainable hydrogen production by catalytic hydrolysis of alkaline sodium borohydride solution using recyclable Co-Co_2B and Ni-Ni_3B nanocomposites [J]. Int J Hydrogen Energy, 2012, 37 (1): 327-334.

[37] Guo Y, Dong Z, Cui Z, et al. Promoting effect of W doped in electrodeposited Co-P catalysts for hydrogen generation from alkaline $NaBH_4$ solution [J]. Int J Hydrogen Energy, 2012, 37 (2): 1577-1583.

[38] Jadhav A R, Bandal H A, Kim H. $NiCo_2O_4$ hollow sphere as an efficient catalyst for hydrogen generation by $NaBH_4$ hydrolysis [J]. Mater Lett , 2017, 198 (Jul. 1): 50-53.

[39] Dilek K, Ömer S, Cafer S. Investigation on salisylaldimine-Ni complex catalyst as an alternative to increasing the performance of catalytic hydrolysis of sodium borohydride [J]. Int J Hydrogen energy, 2017, 42 (32): 20625-20637.

[40] Ömer Ş, Dilek K, Saka C. Bimetallic Co-Ni based complex catalyst for hydrogen production by catalytic hydrolysis of sodium borohydride with an alternative approach [J]. J Energy Inst , 2015, 89 (4): 617-626.

[41] Lee J, Kong K Y, Jung C R, et al. A structured Co-B catalyst for hydrogen extraction from NaBH4 solution [J]. Catal Today, 2007, 120 (3-4): 305-310.

[42] Dai H B, Liang Y, Wang P, et al. High-performance cobalt-tungsten-boron catalyst supported on Ni foam for hydrogen generation from alkaline sodium borohydride solution [J]. Int J Hydrogen Energy, 2008, 33 (16): 4405-4412.

[43] Liang Y, Wang P, Dai H B. Hydrogen bubbles dynamic template preparation of a porous Fe-Co-B/Ni foam catalyst for hydrogen generation from hydrolysis of alkaline sodium borohydride solution [J]. J Alloys Compd, 491 (1-2): 0-365.

[44] Cho K W, Kwon H S. Effects of electrodeposited Co and Co-P catalysts on the hydrogen generation properties from hydrolysis of alkaline sodium borohydride solution [J]. Catal Today, 2007, 120 (3-4): 298-304.

[45] Kojima Y, Suzuki K, Fukumoto K, et al. Hydrogen generation using sodium borohydride solution and metal catalyst coated on metal oxide [J]. Int J Hydrogen Energy, 2002, 27: 1029-1034.

[46] Krishnan P, Yang T H, Lee W Y, et al. PtRu-$LiCoO_2$——An efficient catalyst for hydrogen generation from sodium borohydride solutions [J]. J Power Sources, 2005, 143 (1-2): 17-23.

[47] Liu Z, Guo B, Chan S H, et al. Pt and Ru dispersed on $LiCoO_2$ for hydrogen generation from sodium borohydride solutions [J]. J Power Sources, 2008, 176 (1): 306-311.

[48] Patel N, Fernandes R, Guella G, et al. Pulsed-laser deposition of nanostructured Pd/C thin films a new entry into metal-supported catalysts for hydrogen producing reactions [J]. Appl Surf Sci, 2007, 254 (4): 1307-1311.

[49] Bai Y, Wu C, Wu F, et al. Carbon-supported platinum catalysts for on-site hydrogen generation from $NaBH_4$, solution [J]. Mater Lett, 2006, 60: 2236-2239.

[50] Park J H, Shakkthivel P, Kim H J, et al. Investigation of metal alloy catalyst for hydrogen release from sodium borohydride for polymer electrolyte membrane fuel cell application [J]. Int J Hydrogen Energy, 2008, 33 (7): 1845-1852.

[51] Wang X, Sun S, Huang Z, et al. Preparation and catalytic activity of PVP-protected Au/Ni bimetallic nanoparticles for hydrogen generation from hydrolysis of basic $NaBH_4$ solution [J]. Int J Hydrogen Energy, 2014, 39 (2): 905-916.

[52] Li Z, Li H, Wang L, et al. Hydrogen generation from catalytic hydrolysis of sodium borohydride solution using supported amorphous alloy catalysts (Ni-Co-P/γ-Al_2O_3) [J]. Int J Hydrogen Energy, 2014, 39 (27): 14935-14941.

[53] Zhu J, Li R, Niu W, et al. Fast hydrogen generation from $NaBH_4$ hydrolysis catalyzed by carbon aerogels supported cobalt nanoparticles [J]. Int J Hydrogen Energy, 2013, 38 (25): 10864-10870.

[54] Brown H C, Brown C A. New, highly active metal catalysts for the hydrolysis of borohydride [J]. J Am Chem Soc, 1962, 84: 1493-1494.

[55] Demirci U B, Garin F. Promoted sulphated-zirconia catalysed hydrolysis of sodium tetrahydroborate [J]. Catal Commun, 2008, 9: 1167-1172.

[56] Larichev Y V, Netskina O V, Komova O V, et al. Comparative XPS study of Rh/AlO and Rh/TiO as catalysts for NaBH4 hydrolysis [J]. Int J Hydrogen Energy , 2010, 35 (13): 6501-6507.

[57] Demirci U B, Garin F. Ru-based bimetallic alloys for hydrogen generation by hydrolysis of sodium tetrahydroborate [J]. J Alloys Compd, 2008, 463: 107-111.

[58] Demirci U B, Miele P. Cobalt in $NaBH_4$ hydrolysis [J]. Phys Chem, 2010, 12: 14651-14665.

[59] Patel N, Miotello A. Progress in Co-B related catalyst for hydrogen production by hydrolysis of boron-hydrides: A review and the perspectives to substitute noble metals [J]. Int J Hydrogen Energy, 2015, 40: 1429-1464.

[60] Arzac G M, Rojas T C, Fernández D A. Boron compounds as stabilizers of a complex microstructure in a Co-B-based catalyst for $NaBH_4$ hydrolysis [J]. Chem Cat Chem, 2011, 3 (8): 1305-1313.

[61] Zahmakiran M, Ozkar S. Zeolite-confined ruthenium (0) nanoclusters catalyst: record catalytic activity, reusability, and lifetime in hydrogen generation from the hydrolysis of sodium borohydride [J]. Langmuir, 2009, 25: 2667-2678.

[62] Simagina V I, Storozhenko P A, Netskina O V, et al. Effect of the nature of the active component and support on the activity of catalysts for the hydrolysis of sodium borohydride [J]. Kinet Catal , 2007, 48 (1): 168-175.

[63] Muir S S, Chen Z, Wood B J, et al. New electroless plating method for preparation of highly active Co-B catalysts for $NaBH_4$ hydrolysis [J]. Int J Hydrogen Energy, 2014, 39 (1): 414-425.

[64] Liang Y, Dai H B, Ma L P, et al. Hydrogen generation from sodium borohydride solution using a ruthenium supported on graphite catalyst [J]. Int J Hydrogen Energy, 2010, 35 (7): 3023-3028.

[65] Wu C, Zhang H, Yi B. Hydrogen generation from catalytic hydrolysis of sodium borohydride for proton exchange membrane fuel cells [J]. Catal Today, 2004, 93-95 (none): 477-483.

[66] Rakap M, Ozkar S. Intrazeolite cobalt (0) nanoclusters as low cost and reusable catalyst for hydrogen generation from the hydrolysis of sodium borohydride [J]. Appl Catal B, 2009, 91: 21-29.

[67] Kojima Y, Suzuki K I, Fukumoto K, et al. Development of 10kW-scale hydrogen generator using chemical hydride [J]. J Power Sources, 2004, 125 (1): 22-26.

[68] Liu B H, Li Z P, Suda S, et al. Solid sodium borohydride as a hydrogen source for fuel cells [J]. J Alloys Compd, 2009, 468: 493-498.

[69] Murugesan S, Subramanian V. Effects of acid accelerators on hydrogen generation from solid sodium borohydride using small scale devices [J]. J Power Sources, 2009, 187: 216-233.

[70] Liu C H, Chen B H, Hsueh C L, et al. Novel fabrication of solid-state $NaBH_4$/Ru-based catalyst composites for hydrogen evolution using a high-energy ball-milling process [J]. J Power Sources, 2010, 195 (12): 3887-3892.

[71] Zhuang D W, Zhang J J, Dai H B, et al. Hydrogen generation from hydrolysis of solid sodium borohydride promoted

by a cobalt-molybdenum-boron catalyst and aluminum powder [J]. Int J Hydrogen Energy, 2013, 38 (25): 10845-10850.

[72] Ferreira M J F, Rangel C M, Pinto A M F R. Water handling challenge on hydrolysis of sodium borohydride in batch reactors [J]. Int J Hydrogen Energy, 2012, 37 (8): 6985-6994.

[73] Kojima Y, Kawai Y, Nakanishi H, et al. Compressed hydrogen generation using chemical hydride [J]. J Power Sources. 2004, 135: 36-41.

[74] Moon G Y, Lee S S, Lee K Y, et al. Behavior of hydrogen evolution of aqueous sodium borohydride solutions [J]. J Ind Eng Chem, 2008, 14 (1): 94-99.

[75] Ingersoll J C, Mani N, Thenmozhiyal J C, et al. Catalytic hydrolysis of sodium borohydride by a novel nickel-cobalt-boride catalyst [J]. J Power Sources, 2007, 173 (1): 450-457.

[76] Xu Y M, Wu C L, Chen Y G, et al. Hydrogen generation behaviors of $NaBH_4$-NH_3BH_3 composite by hydrolysis [J]. J Power Sources, 2014, 261: 7-13.

[77] Schubert F, et al. Method for preparing alkali-metal borohydrides [J]. US Patent, 3077376, 1963.

[78] Schlesinger H I, Brown H C, Finholt A E. The preparation of sodium borohydride by the high temperature reaction of sodium hydride with borate esters1 [J]. J Am Chem Soc , 1953, 75 (1).

[79] Kojima Y, Haga T. Recycling process of sodium metaborate to sodium borohydride [J]. Int J Hydrogen Energy, 2003, 28 (9): 989-993.

[80] Ouyang L Z, Zhong H, Li Z M, et al. Low-cost method for sodium borohydride regeneration and the energy efficiency of its hydrolysis and regeneration process [J]. J Power Sources, 2014, 269: 768-772.

[81] Macdonald D D, Colominas S, Tokash J, et al. Electrochemical hydrogen storage systems [J]. DOE Hydrogen Program FY 2007 Annual Progress Report, 2007. http: //www. hydrogen. energy. gov/pdfs/progress07/iv _ b _ 5c _ macdonald. pdf.

[82] Yavor Y, Goroshin S, Bergthorson J M, et al. Comparative reactivity of industrial metal powders with water for hydrogen production [J]. Int J Hydrogen Energy, 2015, 40 (2): 1026-1036.

[83] Grosjean M H, Zidoune M, Roué L. Hydrogen production from highly corroding Mg-based materials elaborated by ball milling [J]. J Alloys Compd, 2005, 404-406: 712-715.

[84] Varin R A, Li S, Calka A. Environmental degradation by hydrolysis of nanostructured β-MgH_2 hydride synthesized by controlled reactive mechanical milling (CRMM) of Mg [J]. J Alloys Compd, 2004, 376 (1-2): 0-231.

[85] Huot J, Liang G, Schulz R. Magnesium-based nanocomposites chemical hydrides [J]. J Alloys Compd, 2003, 353 (1-2): L12-L15.

[86] Hu L X, Wang E D. Hydrogen generation via hydrolysis of nanocrystalline MgH_2 and MgH_2-based composites [J]. Trans Nonferrous Metals Soc Chin, 2005, 15 (5): 965-970.

[87] Zou M S, Yang R J, Guo X Y, et al. The preparation of Mg-based hydro-reactive materials and their reactive properties in seawater [J]. Int J Hydrogen Energy, 2011, 36 (11): 6478-6483.

[88] Lukashev R V, Yakovleva N A, Klyamkin S N, et al. Effect of Mechanical Activation on the Reaction of Magnesium Hydride with Water [J]. Russ J Inorg Chem , 2008, 53 (3): 343-349.

[89] Mao J, Zou J, Lu C, et al. Hydrogen storage and hydrolysis properties of core-shell structured Mg-MFx, (M=V, Ni, La and Ce) nano-composites prepared by arc plasma method [J]. J Power Sources, 2017, 366: 131-142.

[90] Liu Y G, Wang X H, Dong Z H, et al. Hydrogen generation from the hydrolysis of Mg powder ball-milled with $AlCl_3$ [J]. Energy, 2013, 53: 147-152.

[91] Huang M H, Ouyang L Z, Wang H, et al. Hydrogen generation by hydrolysis of MgH_2 and enhanced kinetics performance of ammonium chloride introducing [J]. Int J Hydrogen Energy, 2015, 40 (18): 6145-6150.

[92] Kushch S D, Kuyunko N S, Nazarov R S, et al. Hydrogen-generating compositions based on magnesium [J]. Int J Hydrogen Energy, 2011, 36 (1): 1321-1325.

[93] Wang S, Sun L X, Xu F, et al. Hydrolysis reaction of ball-milled Mg-metal chlorides composite for hydrogen generation for fuel cells [J]. Int J Hydrogen Energy, 2012, 37 (8): 6771-6775.

[94] Hiraki T, Hiroi S, Akashi T, et al. Chemical equilibrium analysis for hydrolysis of magnesium hydride to generate

hydrogen [J]. Int J Hydrogen Energy, 2012, 37 (17): 12114-12119.

[95] Uan J Y, Yu S H, Lin M C, et al. Evolution of hydrogen from magnesium alloy scraps in citric acid-added seawater without catalyst [J]. Int J Hydrogen Energy, 2009, 34 (15): 6137-6142.

[96] Yu S H, Uan J Y, Hsu T L. Effects of concentrations of NaCl and organic acid on generation of hydrogen from magnesium metal scrap [J]. Int J Hydrogen Energy, 2012, 37 (4): 3033-3040.

[97] Marcus T, Sebastian S, Bernd K, et al. An efficient hydrolysis of MgH_2-based materials [J]. Int J Hydrogen Energy, 2017, 42 (4): 2167-2176.

[98] Grosjean M H, Roué L. Hydrolysis of Mg-salt and MgH_2-salt mixtures prepared by ball milling for hydrogen production [J]. J Alloys Compd, 2006, 416 (1-2): 296-302.

[99] Chen J, Fu H, Xiong Y, et al. $MgCl_2$ promoted hydrolysis of MgH_2 nanoparticles for highly efficient H_2 generation [J]. Nano Energy, 2014, 10: 337-343.

[100] Zheng J, Yang D, Li W, et al. Promoting H_2 generation from the reaction of Mg nanoparticles and water using cations [J]. Chem Commun, 2013, 49 (82): 9437-9439.

[101] Figen A K, Bilge C, Sabriye P, et al. Hydrogen generation from waste Mg based material in various saline solutions ($NiCl_2$, $CoCl_2$, $CuCl_2$, $FeCl_3$, $MnCl_2$) [J]. Int J Hydrogen Energy, 2015, 40 (24): 7483-7489.

[102] Sun Q, Zou M, Guo X, et al. A study of hydrogen generation by reaction of an activated Mg-$CoCl_2$ (magnesium-cobalt chloride) composite with pure water for portable applications [J]. Energy, 2015, 79 (JAN. 1): 310-314.

[103] Makhaev V D, Petrova L A, Tarasov B P. Hydrolysis of magnesium hydride in the presence of ammonium salts [J]. Russ J Inorg Chem , 2008, 53 (6): 858-860.

[104] Uan J Y, Cho C Y, Liu K T. Generation of hydrogen from magnesium alloy scraps catalyzed by platinum-coated titanium net in NaCl aqueous solution [J]. Int J Hydrogen Energy, 2007, 32 (13): 2337-2343.

[105] Uan J Y, Lin M C, Cho C Y, et al. Producing hydrogen in an aqueous NaCl solution by the hydrolysis of metallic couples of low-grade magnesium scrap and noble metal net [J]. Int J Hydrogen Energy, 2009, 34 (4): 1677-1687.

[106] Kojima Y, Suzuki K I, Kawai Y. Hydrogen generation by hydrolysis reaction of magnesium hydride [J]. J Mater Sci , 2004, 39 (6): 2227-2229.

[107] Grosjean M, Zidoune M, Roue L, et al. Hydrogen production via hydrolysis reaction from ball-milled Mg-based materials [J]. Int J Hydrogen Energy, 2006, 31 (1): 109-119.

[108] Huang M H, Ouyang L Z, Liu J W, et al. Enhanced hydrogen generation by hydrolysis of Mg doped with flower-like MoS_2 for fuel cell applications [J]. J Power Sources, 2017, 365: 273-281.

[109] Huang M H, Ouyang L Z, Chen Z L, et al. Hydrogen production via hydrolysis of Mg-oxide composites [J]. Int J Hydrogen Energy, 2017, 42 (35): 22305-22311.

[110] Tessier J P, Palau P, Huot J, et al. Hydrogen production and crystal structure of ball-milled MgH_2-Ca and MgH_2-CaH_2 mixtures [J]. J Alloys Compd , 2004, 376 (1-2): 180-185.

[111] Liu P P, Wu H W, Wu, C L, et al. Microstructure characteristics and hydrolysis mechanism of Mg-Ca alloy hydrides for hydrogen generation [J]. Int J Hydrogen Energy, 2015, 40 (10): 3806-3812.

[112] Li J F, Liu P P, Wu C L, et al. Common ion effect in the hydrolysis reaction of Mg-Ca alloy hydride-salt composites [J]. Int J Hydrogen Energy, 2017, 42 (2): 1429-1435.

[113] Ma M L, Duan R M, Ouyang L Z, et al. Hydrogen generation via hydrolysis of H-$CaMg_2$ and H-$CaMg_{1.9}Ni_{0.1}$ [J]. Int J Hydrogen Energy, 2017, 42 (35): SI 22312-22317.

[114] Ma M L, Duan R M, Ouyang L Z, et al. Hydrogen storage and hydrogen generation properties of $CaMg_2$-based alloys [J]. J Alloys Compd, 2016, 691: 929-935.

[115] Ouyang L Z, Ma M L, Huang M H, et al. Enhanced Hydrogen Generation Properties of MgH_2-Based Hydrides by Breaking the Magnesium Hydroxide Passivation Layer [J]. Energies, 2015, 8: 4237-4252.

[116] Ouyang L Z, Huang J M, Wang H, et al. Excellent hydrolysis performances of Mg_3RE hydrides [J]. Int J Hydrogen Energy, 2013, 38 (7): 2973-2978.

[117] Huang J M, Ouyang L Z, Wen Y J, et al. Improved hydrolysis properties of Mg_3RE hydrides alloyed with Ni [J]. Int J Hydrogen Energy, 2014, 39 (13): 6813-6818.

[118] Oh S, Kim M J, Eom K S, et al. Design of Mg-Ni alloys for fast hydrogen generation from seawater and their application in polymer electrolyte membrane fuel cells [J]. Int J Hydrogen Energy, 2016, 41, 5296-5303.

[119] Oh S K, Cho T H, Kim M J, et al. Fabrication of Mg-Ni-Sn alloys for fast hydrogen generation in seawater [J]. Int J Hydrogen Energy, 2017, 42 (12): 7761-7769.

[120] Oh S K, Kim H W, Kim M J, et al. Design of Mg-Cu alloys for fast hydrogen production, and its application to PEM fuel cell [J]. J Alloys Compd, 2017: S0925838817344535.

[121] Tan Z H, Ouyang L Z. Hydrogen generation by hydrolysis of Mg-Mg_2Si composite and enhanced kinetics performance from introducing of $MgCl_2$ and Si [J]. Int J Hydrogen Energy, 2018, 43: 2903-2912.

[122] Hiroi S, Hosokai S, Akiyama T. Ultrasonic irradiation on hydrolysis of magnesium hydride to enhance hydrogen generation [J]. Int J Hydrogen Energy, 2011, 36 (2): 1442-1447.

[123] 李加飞. 镁钙合金氢化物水解制氢性能的改进研究 [D]. 成都: 四川大学, 2017.

[124] Zhong H, Wang H, Liu J W, et al. Enhanced hydrolysis properties and energy efficiency of MgH_2-base hydrides [J]. J Alloys Compd , 2016, 680: 419-426.

[125] Zou M S, Huang H T, Sun Q, et al. Effect of the storage environment on hydrogen production via hydrolysis reaction from activated Mg-based materials [J]. Energy, 2014, 76 (nov.): 673-678.

[126] Digne M, Sautet P, Raybaud P, et al. Structure and Stability of Aluminum Hydroxides: A Theoretical Study [J]. J Phys Chem B, 2002, 106 (20): 5155-5162.

[127] Deng Z Y, José M F, Tanaka Y, et al. Physicochemical mechanism for the continuous reaction of γ-Al_2O_3-modified aluminum powder with water [J]. J Am Ceram Soc , 2007, 90 (5): 1521-1526.

[128] Deng Z Y, Tang Y B, Zhu L L, et al. Effect of different modification agents on hydrogen-generation by the reaction of Al with water [J]. Int J Hydrogen Energy, 2010, 35 (18): 9561-9568.

[129] Dupiano P, Stamatis D, Dreizin E L. Hydrogen production by reacting water with mechanically milled composite aluminum-metal oxide powders [J]. Int J Hydrogen Energy, 2011, 36 (8): 4781-4791.

[130] Gai W Z, Fang C S, Deng Z Y. Hydrogen generation by the reaction of Al with water using oxides as catalysts [J]. Int J Energy Research, 2014, 38 (7): 918-925.

[131] Skrovan J, Alfantazi A, Troczynski T. Enhancing aluminum corrosion in water [J]. J Appl Electrochem, 2009, 39 (10): 1695-1702.

[132] Alinejad B, Mahmoodi K. A novel method for generating hydrogen by hydrolysis of highly activated aluminum nanoparticles in pure water [J]. Int J Hydrogen Energy, 2009, 34: 7934-7938.

[133] Mahmoodi K, Alinejad B. Enhancement of hydrogen generation rate in reaction of aluminum with water [J]. Int J Hydrogen Energy, 2010, 35: 5227-5232.

[134] Yolcular S, Karaoglu S. Activation of Al powder with NaCl-assisted milling for hydrogen generation [J]. Energy Sources, Part A: Recovery, Utilization&Environmental Effects, 2017, 39 (18): 1919-1927.

[135] Razavi-Tousi S S, Szpunar J A. Effect of addition of water-soluble salts on the hydrogen generation of aluminum in reaction with hot water [J]. J Alloys Compd, 2016, 679: 364-374.

[136] Soler L, Candela A M, Macanás J, et al. In situ generation of hydrogen from water by aluminum corrosion in solutions of sodium aluminate [J]. J Power Sources, 2009, 192: 21-26.

[137] Soler L, Candela A M, Macanás J, et al. Hydrogen generation from water and aluminum promoted by sodium stannate [J]. Int J Hydrogen Energy, 35 (3): 1038-1048.

[138] Macanás J, Soler L, Candela A M, et al. Hydrogen generation by aluminum corrosion in aqueous alkaline solutions of inorganic promoters: The AlHidrox process [J]. Energy, 2011, 36 (5): 2493-2501.

[139] Teng H T, Lee T Y, Chen Y K, et al. Effect of Al $(OH)_3$ on the hydrogen generation of aluminum-water system [J]. J Power Sources, 2012, 219 (DEC. 1): 16-21.

[140] Belitskus D J. Reaction of aluminum with sodium hydroxide solution as a source of hydrogen [J]. Electrochem Soc, 1970, 117: 1097-1099.

[141] Pyun S I, Moon S M. Corrosion mechanism of pure aluminium in aqueous alkaline solution [J]. J Solid State Electrochem , 2000, 4: 267-272.

[142] Susana S M, Wendy L B, Alberto A álvarez Gallegos, et al. Recycling of aluminum to produce green energy [J]. Solar Energy Materials and Solar Cells, 2005, 88 (2): 237-243.

[143] Martínez S S, Sánchez L A, Gallegos A A , et al. Coupling a PEM fuel cell and the hydrogen generation from aluminum waste cans [J]. Int J Hydrogen Energy, 2007, 32 (15): 3159-3162.

[144] Soler L, Macanás J , Muñoz M, et al. Aluminum and aluminum alloys as sources of hydrogen for fuel cell application [J]. J Power Sources, 2007, 169: 144-149.

[145] Wang H Q, Wang Z, Shi Z H, et al. Facile hydrogen production from Al-water reaction promoted by choline hydroxide [J]. Energy, 2017, 131 (Jul. 15): 98-105.

[146] Ziebarth J T, Woodall J M, Kramer R A, et al. Liquid phase-enabled reaction of Al-Ga and Al-Ga-In-Sn alloys with water [J]. Int J Hydrogen Energy, 2011, 36: 5271-5279.

[147] Wang W, Chen D, Yang K. Investigation on microstructure and hydrogen generation performance of Al-rich alloys [J]. Int J Hydrogen Energy, 2010, 35 (21): 12011-12019.

[148] Qi A, Hu H Y, Li N, et al. Effects of Bi composition on microstructure and Al-water reactivity of Al-rich alloys with low-In [J]. Int J Hydrogen Energy, 2018, 43: 10887-10895.

[149] Fan M Q, Xu F, Sun L X. Studies on hydrogen generation characteristics of hydrolysis of the ball milling Al-based materials in pure water [J]. Int J Hydrogen Energy, 2007, 32 (14): 2809-2815.

[150] Parmuzina A V, Kravchenko O V. Activation of aluminium metal to evolve hydrogen from water [J]. Int J Hydrogen Energy, 2008, 33 (12): 3073-3076.

[151] Ilyukhina A V, Kravchenko O V, Bulychev B M, et al. Mechanochemical activation of aluminum with gallams for hydrogen evolution from water [J]. Int J Hydrogen Energy, 2010, 35 (5): 1905-1910.

[152] Rosenband V, Gany A. Application of activated aluminum powder for generation of hydrogen from water [J]. Int J Hydrogen Energy, 2010, 35: 10898-10904.

[153] Yang W J, Zhang T Y, Zhou J H, et al. Experimental study on the effect of low melting point metal additives on hydrogen production in the aluminum-water reaction [J]. Energy, 2015, 88 (aug.): 537-543.

[154] Yang B B, Zhu J F, Jiang T, et al. Effect of heat treatment on Al-Mg-Ga-In-Sn alloy for hydrogen generation through hydrolysis reaction [J]. Int J Hydrogen Energy, 2017, 42: 24393-24403.

[155] Wang C P, Liu Y H, Liu H X, et al. A novel self-assembling Al-based composite powder with high hydrogen generation efficiency [J]. Scientific Reports, 5: 17428.

[156] Streletskii A N, Kolbanev I V, Borunova A B, et al. Mechanochemically activated aluminium: preparation, structure, and chemical properties [J]. J Mater Sci, 2004, 39 (16): 5175-5179.

[157] Huang X N, Lv C J, Wang Y, et al. Hydrogen generation from hydrolysis of aluminum/graphite composites with a core-shell structure [J]. Int J Hydrogen Energy, 2012, 37 (9): 7457-7463.

[158] Czech E, Troczynski T. Hydrogen generation through massive corrosion of deformed aluminum in water [J]. Int J Hydrogen Energy, 2010, 35: 1029-1037.

[159] Zhang L Q, Tang Y S, Duan Y L, et al. Green production of hydrogen by hydrolysis of graphene-modified aluminum through infrared light irradiation [J]. Chem Eng J, 2017, 320: 160-167.

[160] Wang N, Meng H X, Dong Y M, et al. Cobalt-iron-boron catalyst-induced aluminum-water reaction [J]. Int J Hydrogen Energy, 2014, 39 (30): 16936-16943.

[161] Liang J, Gao L J, Miao N N, et al. Hydrogen generation by reaction of Al-M (M=Fe, Co, Ni) with water [J]. Energy, 2016, 113: 282-287.

[162] Jung C R, Kundu A, Ku B, et al. Hydrogen from aluminium in a flow reactor for fuel cell applications [J]. J Power Sources, 2008, 175 (1): 490-494.

[163] Dai H B, Ma G L, Xia H J, et al. Reaction of aluminium with alkaline sodium stannate solution as a controlled source of hydrogen [J]. Energy Environ Sci, 2011, 4 (6).

[164] Chen X Y, Zhao Z G, Liu X H, et al. Hydrogen generation by the hydrolysis reaction of ball-milled aluminium-lithium alloys [J]. J Power Sources, 2014, 254: 345-352.

[165] Liu Y, Wang X, Liu H, et al. Effect of salts addition on the hydrogen generation of Al-LiH composite elaborated by

ball milling [J]. Energy, 2015, 89 (sep.): 907-913.

[166] Ho C Y, Huang C H. Enhancement of hydrogen generation using waste aluminum cans hydrolysis in low alkaline de-ionized water [J]. Int J Hydrogen Energy, 2016, 41: 3741-3747.

[167] Yang B C, Chai Y J, Yang F L, et al. Hydrogen generation by aluminum-water reaction in acidic and alkaline media and its reaction dynamics [J]. Int J Energy Research, 2018.

[168] López-Miranda J L, Rosas G. Hydrogen generation by aluminum hydrolysis using the Fe_2Al_5 intermetallic compound [J]. Int J Hydrogen Energy, 2016, 41: 4054-4059.

[169] Wang Y Q, Gai W Z, Zhang X Y, et al. Effect of storage environment on hydrogen generation by the reaction of Al with water [J]. Rsc Adv , 2017, 7 (4): 2103-2109.

[170] Efficiency E, Program I T, Energy R. U. S. Energy requirements for aluminum production: Historical perspective, theoretical limits and current practice [J]. 2007, http: //wwwl. eere. energy. gov/ industry/ aluminum/pdfs/al _ theoretical. pdf. 2009-10-26.

[171] Kim J H, Choi K H, Choi Y S. Hydrogen generation from solid $NaBH_4$ with catalytic solution for planar air-breathing proton exchange membrane fuel cells [J]. Int J Hydrogen Energy, 2010, 35 (9): 4015-4019.

[172] Jung E S, Kim H, Kwon S, et al. Fuel cell system with sodium borohydride hydrogen generator for small unmanned aerial vehicles [J]. Int J Green Energy, 2018, 15 (6-10): 385-392.

[173] Kim T, Kwon S. Design and development of a fuel cell-powered small unmanned aircraft [J]. Int J Hydrogen Energy, 2012, 37 (1): 615-622.

[174] Zhang J S, Zheng Y, Gore J P, et al. 1kWe sodium borohydride hydrogen generation system: Part I: Experimental study [J]. J Power Sources, 2007, 165 (2): 844-853.

[175] Zhang Q, Smith G, Wu Y, et al. Catalytic hydrolysis of sodium borohydride in an auto-thermal fixed-bed reactor [J]. Int J Hydrogen Energy, 2006, 31 (7): 961-965.

[176] Zhang Q, Smith G M, Wu Y. Catalytic hydrolysis of sodium borohydride in an integrated reactor for hydrogen generation [J]. Int J Hydrogen Energy, 2007, 32 (18): 4731-4735.

[177] Shkolnikov E, Vlaskin M, Iljukhin A. 2W power source based on air-hydrogen polymer electrolyte membrane fuel cells and water-aluminum hydrogen micro-generator [J]. 2008, 185 (2): 967-972.

[178] Huang X N, Gao T, Pan X L, et al. A review: Feasibility of hydrogen generation from the reaction between aluminum and water for fuel cell applications [J]. J Power Sources, 2013, 229 (Complete): 133-140.

[179] Huang X N, Liu S, Wang C, et al. On-demand hydrogen generator based on the reaction between aluminum slurry and alkaline solution [J]. Adv Mater Res, 2012, 347-353: 3242-3245.

[180] Hyde J. Chrysler offers fuel cell van with soapy twist. Reuters World Environment News, 12 Dccember, 2001. http://www. planetark. org/ dailnewsstory. cfm/ newsid/ 13671/ story. htm. 2001-12-12.

[181] Wu Y. Development of advanced chemical hydrogen storage and generation system. DOE Hydrogen Program: FY 2005. Annual Merit Review Proceedings, 2005. http: //www. hydrogen. energy. gov/pdfs/review05/ stp 10 wu. pdf. 2006-01-22.

[182] Shah S A, James E M, Donald G B. Advances in chemical hydride based PEM fuel cells for portable power applications. http: //www. dtic. mil/ndia/2007power/ NDIARegency/ Thur/Session1807MCEL _ jointservices″ _ expo _ fin1042207. pdf. 2007-09-25.

第8章 氢气车船运输

氢的运输方式主要有三种[1-3]，见图 8-1 所示，包括：①气态氢或者氢气/天然气混合气体的管网输送和拖车运输；②低温液态氢的卡车、铁路、船舶运输；③高能量密度氢载体，如乙醇、甲醇或者其他来自可再生生物质的有机液体，这类载体便于运输，且可在使用时重整为氢气。

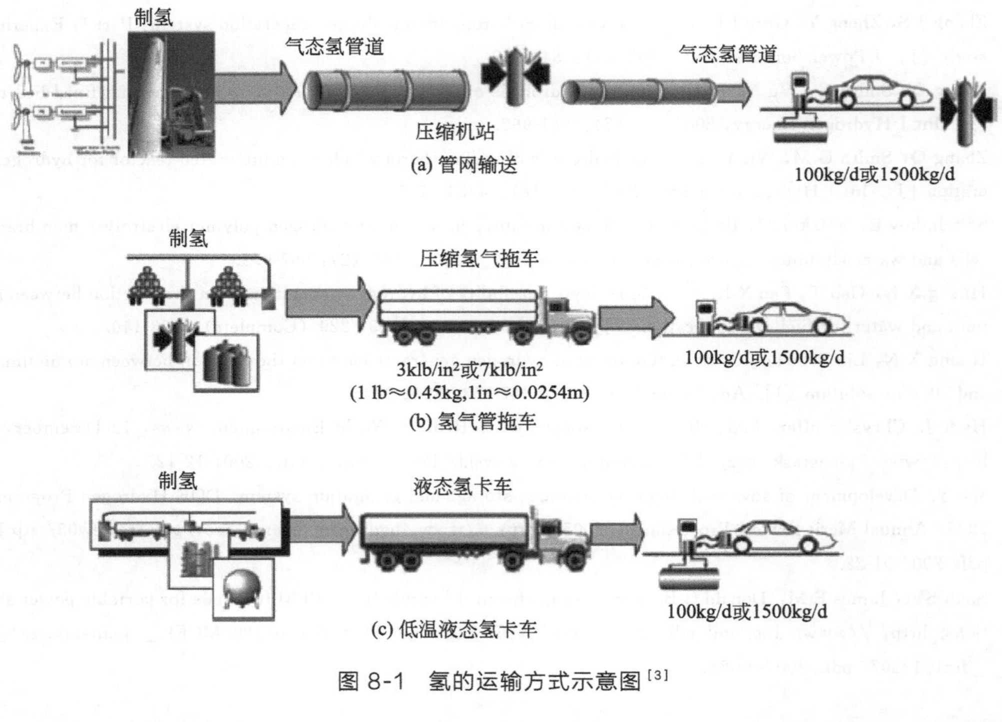

图 8-1 氢的运输方式示意图[3]

从经济性方面来讲，运输氢气的成本与氢的需求量有关[4]。图 8-2 和图 8-3 分别给出了氢在城市和乡村，采用管线、液态氢和高压氢槽车运输三种方法的成本。图 8-2 中，假设城市人口为 25 万，液态氢槽车运输和管线运输的成本随需求量的上升显著下降；当加氢量从 1t/d 增至 20t/d 时，输氢成本分别从 19 美元/kg H_2 和 15 美元/kg H_2 下降至 5 美元/kg H_2 和 3 美元/kg H_2；当加氢量增至 100t/d 时，成本将下降至 2～3 美元/kg H_2。而高压氢（48MPa）槽车运输成本与加氢量的关系没有如此密切，成本在 7～9 美元/kg H_2。如果氢气压力为 21MPa，则由于携带氢量过低而不具有经济性。

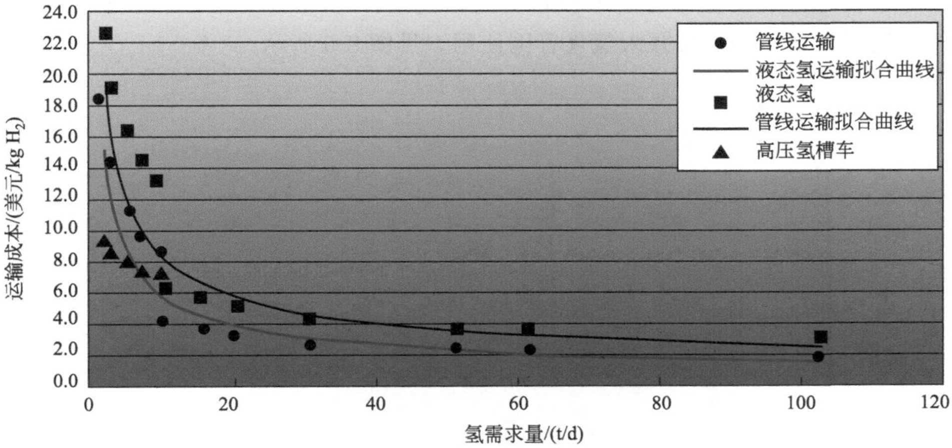

图 8-2 三种方法输氢到城市的运输成本[4]

图 8-3 所示为城市间和乡村市场上氢需求量与氢运输成本间的关系。类似地，规模化会降低液态氢槽车运输和管线运输的成本。当加氢量从 20t/d 增至 200t/d 时，管线输氢成本从 30 美元/kg H_2 下降至 5 美元/kg H_2；当加氢量从 10t/d 增至 100t/d 时，液态氢槽车运输成本从 14 美元/kg H_2 下降至 4 美元/kg H_2。相比之下，在城市间和乡村市场，液态氢槽车运输成本比管线运输更经济；而在小需求量（<20t/d）时，采用高压氢槽车运输更实惠。

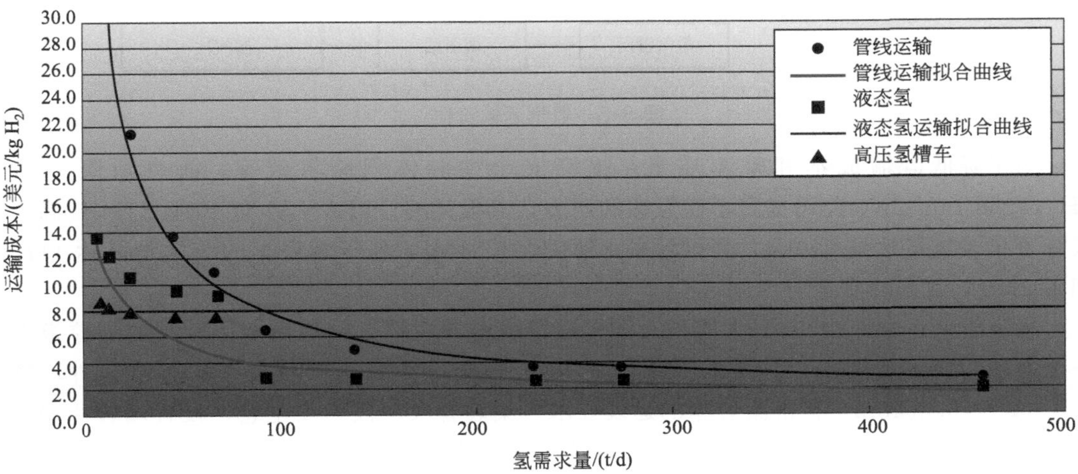

图 8-3 三种方法输氢到乡村的运输成本[4]

8.1 氢气车船运输方法

8.1.1 气态氢的拖车运输

在我国氢经济发展进程中，从近期和中期发展趋势来看，氢气的短距离异地运输主要通过集装管束运输车进行。例如，化工富余氢气经过脱水、脱氧等净化流程后，经过氢压缩机压缩至 20MPa，由装气柱充装入集装管束运输车（见图 8-4 所示）。经运输车运至目的地后，通过高压卸车胶管把集装管束运输车和卸气柱相连接，卸气柱和调压站相连接，20MPa 的氢气由调压站减压至 0.6MPa 并入氢气管网使用，见图 8-5 所示。

图 8-4　氢气集装管束运输车

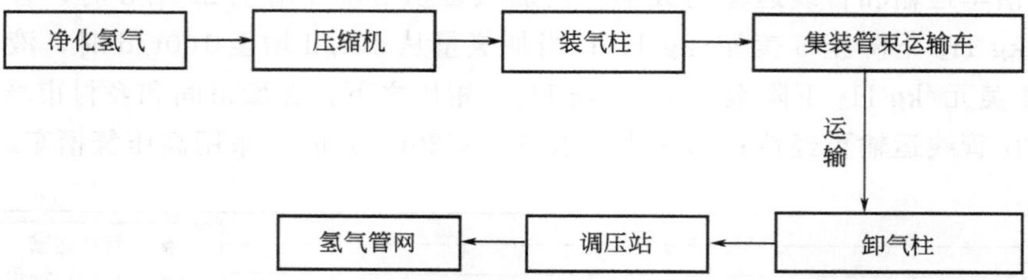

图 8-5　氢气运输流程[5]

为了降低运输成本和整车质量，提高安全性和体积储氢效率，海克斯康·林肯（Hexagon Lincoln）公司提高了储氢罐的压力，其设计的 TITAN V XL40 型 25MPa 高压氢气管束车装氢量达到 890kg，其设计的 35MPa 和 54MPa 高压管束车的装氢量高达 1176kg 和 1190kg，且还存在上升空间。

集装管束运输车由 10 只大容积无缝钢瓶组成容器主体，钢瓶由瓶体两端的支撑板固定在框架中构成集装管束，其技术参数见表 8-1，框架四角采用 ISO 集装箱标准角件，符合 40ft（1ft≈0.3048m）标准集装箱的运装要求。集装管束前段为安全仓，设置爆破片安全泄放装置；集装管束后端为操作仓，配置测温、测压仪表及控制阀门和存放气管路系统[5]。

表8-1　集装管束技术参数[5]

项目	数据	项目	数据
公称工作压力/MPa	20	钢瓶规格（外径×长度）/mm×mm	559×10975
环境工作温度/℃	-40～60	单瓶公称容积/m³	2.25
钢瓶设计厚度/mm	16.5	钢瓶数量/只	10
瓶体材料	4130	集装管束公称容积/m³	22.5
水压试验/MPa	33.4	充装介质	氢气
气密性试验压力/MPa	20	充装氢气体积/m³	3965 (20MPa,20℃)

实际运行时充气压力一般为 19.0～19.5MPa，卸气至瓶内压力≤0.6MPa，每次运输氢气量 3750～3920m^3，充气时间 1.5～2.5h/车，卸车时间 1.5～3h/车，卸车时间和充气时间可以随氢气用量在规定的范围内调整。

高压氢气还可以采用“K” bottle［K 瓶，见第 2 章图 2-14(b)］运输。K 瓶盛装的氢气压力在 20MPa 左右，单个 K 瓶可以盛装 0.05m^3 的氢气，质量约为 0.7kg。盛装氢气的 K 瓶可以用卡车来运输，通常 6 个一组，可以输送约 4.2kg 的氢气。K 瓶可以直接与燃料电池汽车或者氢内燃机汽车相连，但因气体储存量较小且瓶内氢气不可能放空，因此比较适用于气体需求量小的加气站[6]。

由于常规的高压储氢容器自重大，而氢气的密度又很小，装运的氢气质量只占总运输质量的 1%～2%左右，因此气态氢的拖车运输仅适用于将制氢厂的氢气输送到距离不太远，同时需用氢气量不太大的用户。按照每月运送氢 252000m^3，距离 130km 计，氢的运送成本约为 0.22 元/m^3[7]。

8.1.2 液态氢的车辆运输

当液氢生产地与用户相距较远时，可以把液氢装在专用的低温绝热槽罐内，用卡车、摩托车、船舶或者飞机来运输。液氢运输是一种既能满足较大输氢量，又比较快速、经济的运氢方法。液态氢的体积是气态氢的 1/800，单位体积的燃烧热值提高到汽油的 1/4。液化氢可大幅提高氢的储运效率，运输、储存容器需使用特殊合金和碳纤维增强树脂等，而且还必须使用应对自然蒸发的液态氢用浸液泵和高隔热容器等特殊设备和技术[8]。液态氢的运输、储存设施部分已实用化，但规模相对小，为了操作处理大量液态氢，还需建设、配备液态氢的大型运输、储存设施。

图 8-2 和图 8-3 中已显示，当加氢需求小时，采用高压氢拖车运输更经济。一旦加氢量增大至相当水平，高压氢拖车运输不再适用。以高速路加油站需求为例，每天售汽油/柴油约 20t，即每天一辆 20t 油罐车即可完成运输。如果改为运输相同热值（约 80GJ）的氢气，每天需要运输 6.5t 氢。一辆拖车载高压氢的能力为 350kg，每天需 20 车次完成运输。而采用液态氢拖车运输的方式，每天运输两趟即可完成[9]。

基于液态氢的公路运输，G. Arnold 等[9]提出了如图 8-6 的技术路线。来自电解水或者化石原料/生物质等重整制得的氢经过液化后，可方便地进行公路运输，到达加氢站后可直接给液氢用户加氢，如商用舰船、航天器和少量汽车客户，或者通过气化、加压后给高压氢罐用户加氢，如大量的乘用车客户。

对于液氢的车运来说，槽车是关键设备，常用水平放置的圆筒形低温绝热槽罐。汽车用液氢槽罐储存液氢的容量可达 100m^3，而铁路用特殊大容量的槽车可运输 20～200m^3 的液氢。液氢的储存密度和损失率与储氢罐的容积有较大的关系，大储氢罐比小储氢罐更具优势。我国为海南大运载发射场设计了 300m^3 液氢运输槽车，用于将发射场液化站的液氢运输到相距约 4km 的液氢库区，并满足对火箭加注液氢的各项功能[10]。

8.1.3 液态氢的船舶运输

与运输液化天然气（LNG）类似，大量的液氢长距离运输可采用船运，这是比陆上的铁路和高速公路运氢更加经济和安全的方式。美国宇航局（NASA）专门建造了输送液氢的

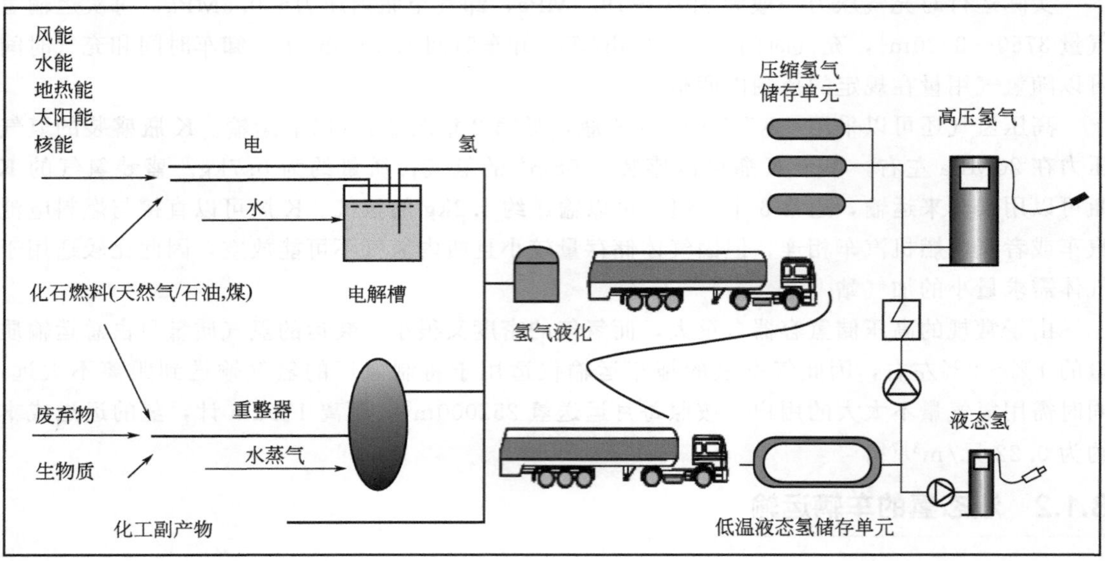

图 8-6 液态氢公路运输路线图[9]

大型驳船，船上的低温绝热罐储液氢的容积可达 $1000m^3$ 左右，能从海上将路易斯安那州的液氢运到佛罗里达州的肯尼迪空间发射中心。

另据报道，日本川崎重工业公司计划从 2017 年开始，着手开展从澳大利亚进口氢气的业务[11]。该公司将全面分析业务前景，如商用化有望，将在 2030 年增加进口量。按照估算，进口总量可供 1 台 65 万千瓦功率的燃气轮机联合发电机或约 300 万辆燃料电池车使用 1 年。

图 8-7 为川崎重工设计的全球首艘液态氢运输船及储罐[12]。图 8-7(a) 为双储罐设计，图 8-7(b) 为多储罐设计，两种设计方案的船舶货运能力均为 $2500m^3$。该型液氢运输船主要依据国际散装运输液化气体船舶构造和设备规则（IGC Code)、船舶入级规范，以及根据危险源识别分析（HAZID）进行的风险评估而完成入级认证。这艘叠加型储罐的液态氢运输船舱容 $1250m^3$，储罐为圆柱形，见图 8-7(c)，水平安装于船上，完全独立于船体结构。

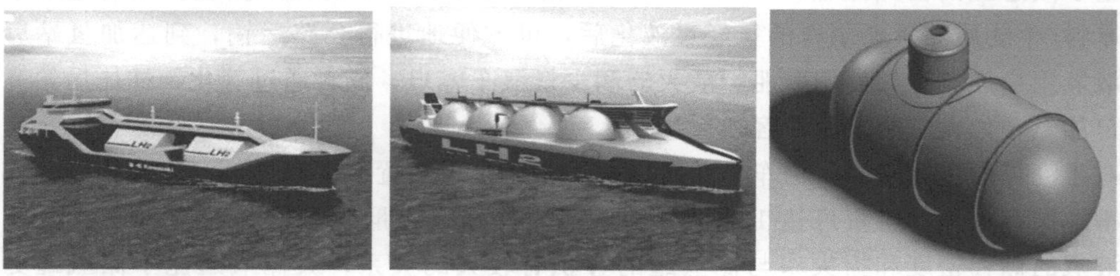

(a) (b) (c)

图 8-7 日本川崎重工设计的全球首艘双储罐（a)、多储罐（b）液态氢运输船和罐体（c）[12,13]

8.1.4 液氨的运输

在理想的氢经济中，通过电解水制得的氢气可以采用管线运输、高压氢或液态氢拖车/

火车/船舶运输，然而不论气态氢还是液态氢，其大规模储存和运输都存在各自的技术或经济瓶颈。而采用间接的高能量密度储运介质，如液氨、甲醇等，其运输网络成熟、规范，且储运氨灵活度高，也被视为一种大规模储运氢的有效选择[14]。图 8-8 所示为用可再生能源发电，电解水制氢后，采用氨储能的技术路线。目前，采用这种方法制氨的比例仅约占全球氨生产总量的 0.5%[15]。

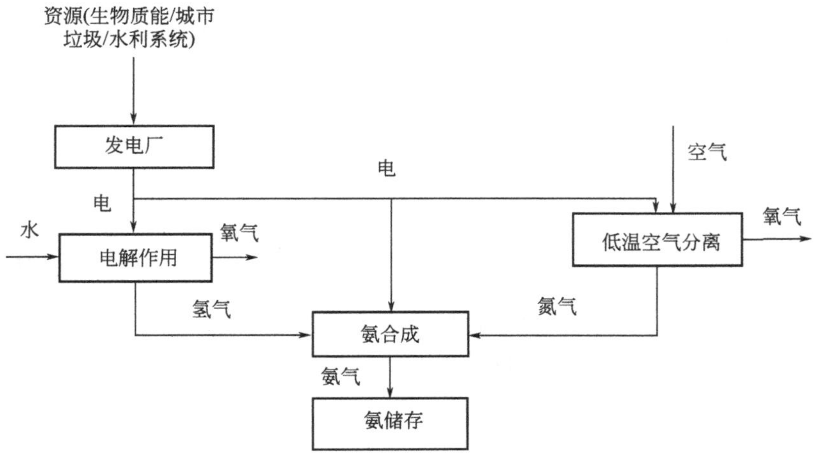

图 8-8 电解水制氢合成氨的工艺流程图[16]

氨的沸点为－33℃，冰点为－77℃，密度为 0.73kg/m^3，大气条件下自燃温度为 657℃（甲烷为 586℃），汽化热高达 1371kJ/kg（汽油为 271kJ/kg）。在 20℃、891kPa 条件下能液化，可使用热绝缘性高的容器储存和运输液氨。

液氨的运输方式包括水路驳船、公路汽车罐车、铁路罐车以及管道运输，其中液氨罐车运输方式在运输过程中，受到天气、道路等多种客观因素的影响，安全性不高，易发生风险事故。对于罐车的检修、押运等，不仅要求较高，且需时刻进行监督。因此铁路、公路运输方式多用于短距离运输。而管道运输方式具有一定的稳定性、可靠性、安全性、经济性，且运输量大，不易受到道路、天气等客观因素的影响，更适合于液氨的长距离运输。

8.1.5 有机液态氢化物的运输[8]

有机加氢化合物法（organic chemical hydride method，OCH 法）用甲苯（TOL）等不饱和芳烃的加氢反应固定氢，转换成甲基环己烷（MCH）等饱和环状化合物，氢以液态化学品形态在常温、常压条件下运输、储存，再在需要使用的场所进行脱氢反应，释放的氢加以利用。脱氢后的有机物还可再次加氢，从而实现多次循环使用。常温、常压下 MCH 和甲苯是液体，利用该氢化物体系，在常温、常压下可把氢气作为约 1/500 体积的液体搬运。MCH、甲苯都是汽油所含成分，其运输、储存可用原有汽油流通基础设施实现。图 8-9 描述了制氢—有机化合物加氢—运输—脱氢后供给燃料电池车用氢—有机化合物回收的整个流程[17]。

OCH 法由加氢反应和脱氢反应两部分组成[18]。甲苯与氢结合形成 MCH。MCH 氢载体可储存 6%的氢，1L 液态的 MCH 可储存 0.5m^3 氢气，即液态 MCH 可储存约 500 倍体积的氢气。该 MCH 被称为“SPERA 氢”。日本千代田化工建设公司开发利用 OCH 法的

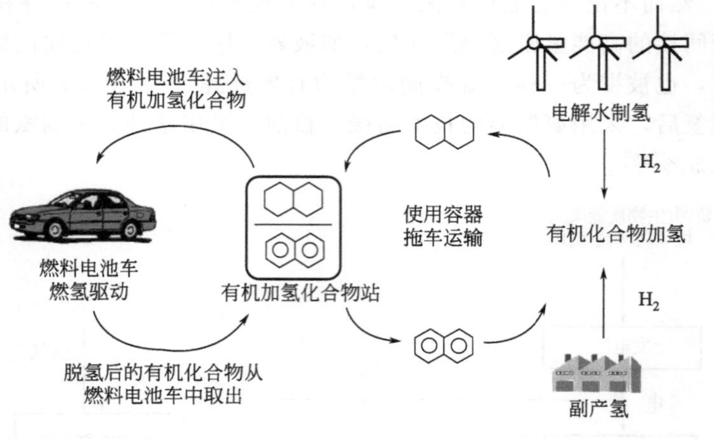

图 8-9 有机加氢化合物法完成氢的储运、供燃料电池车使用、循环再生的流程[17]

“SPERA 氢”系统，作为大规模储存、运输手段，潜在危险性小，比基于其他原理的方法更安全，2013 年成功进行了中试装置的技术验证运行。

8.1.6 固态氢的运输[7]

固态氢的运输是指用固体储氢材料通过物理、化学吸附或形成氢化物储存氢气，目前最具有实用化价值的是使用储氢合金储存氢气，然后运输装有储氢材料的容器。固态氢的运输具有如下优点：①体积储氢密度高；②容器工作条件温和，无需高压容器和热绝缘容器，不必配置高压加氢站；③系统安全性好，没有爆炸危险；④可实现多次（>1000 次）可逆吸放氢，重复使用。主要缺点是储氢材料质量储氢密度不高（不到 3%），运输效率太低（不到 1%）。

固态氢的运输装置应具备重量轻、储氢能力大的特征。如日本大阪氢工业研究所的多管式大气热交换型固氢装置，使用 672kg 钛基储氢合金，可储氢 134m³，材料储氢密度为 1.78%，氢压 3.3～3.5MPa。德国曼内斯曼公司、戴姆勒奔驰公司采用 7 根直径 0.114m 的管式内部隔离、外部冷热型固氢装置，使用 10t 钛基储氢合金，可储氢 2000m³，材料储氢密度为 1.78%，氢压 5MPa。其中使用的储氢合金在放氢时需加热至较高的温度。

由于储氢合金价格高（通常几十万元/t），放氢速度慢，还需要加热，最重要的是储氢合金本身很重，长距离运输的经济性较差，所以用固态氢的运输的情形并不多见。

8.2 氢气车船运输关键技术

8.2.1 高压氢气车船运输的关键技术

车船运输的高压氢气必须经过两次压缩，这一点常被忽视[9]。第一次压缩是给槽车氢罐充装氢气，通常压力不超过 30MPa。第二次压缩是在加氢站为了给车载氢罐充氢需要进一步压缩至超过氢罐压力。这个压力目前有两个标准，一个标准是国际上普遍使用的 70MPa，另一个标准是国内大多采用的 35MPa。对 70MPa 加氢站而言，两步压缩总耗能量约为 20%。采用先进的氢气压缩技术以降低能耗并提高压缩效率是一个关键问题。

由于储氢设备的结构缺陷、机械撞击、疲劳断裂、表面腐蚀、人为失误等原因，长时间在高压下工作的氢气运输装置易发生失效泄漏事故。而氢气作为一种易燃易爆的气体，一旦发生泄漏，极易引发火灾、爆炸事故风险[19]。浙江大学郑津洋等[6]提出了高压储运设备的风险控制建议，包括：①结构设计。高压储氢设备的焊接部位在焊接过程中可能产生未焊透、夹渣等缺陷，降低了焊接接头的承载能力，成为高压储氢设备中的薄弱环节。为了提高设备的安全性，应尽量减少焊接接头，特别是深厚焊缝。对于同样牌号的钢材，钢带的力学性能优于薄钢板，薄钢板又优于厚钢板。因此，采用钢带或薄钢板可提高力学性能。此外，不同类型的高压储氢设备受其具体使用工况和设计参数的影响，需适当调整对设备的约束。过多的约束会使设备本身的刚度分布改变，可能造成局部区域的承载能力下降；过少的约束又可能导致设备因约束强度不够而脱离。②应力控制。结构中曲率变化较大处容易发生应力集中现象，可通过结构的优化设计，改变高压储氢容器的外形轮廓，调控应力集中区域，避免容器整体失效。③超压保护。在高压储氢设备中设置超压保护装置可以很好地解决充装和储运氢气的高压风险。当设备因各种原因出现超压时，超压控制系统可以及时地调整和关闭系统中氢气的通道，截断超压源，同时泄放超压气体，使系统恢复正常。

氢的车船运输必须考虑动载荷对储氢设备本身的影响，设备要做减振的措施以增强保护。由于振动等影响，储氢设备的阀门可能会受到一定冲击，配备在车船上的储氢设备必须进行严格检查后才能使用。氢气运输时，高压储氢设备处于移动状态，如果发生事故其危害性更强。为了提高运氢车船的安全性，除了在储氢设备中要进行安全状态监控外，还应在驾驶室、车船体外部增加气体探测器等[6]。

氢气集装管束运输车的安全技术要求主要有两点：①冬季运输、卸气过程中，因氢气中微量水结冰易造成调压站切断阀密封胶圈的损坏，为此将卸气站至调压站之间的管线进行保温、加热来解决这一问题；②氢气压缩机在压缩过程中会将微量机油带入氢气中，易造成调压站切断阀密封胶圈的损坏，频繁更换胶圈，为此在氢气装车的流程中加高效除油器可解决带油的问题[5,20]。

8.2.2 液态氢车船运输的关键技术

液态氢的供应除火箭用已小规模实用化外，长途或国外氢的大量运输用设备和技术正在开发中。除日本川崎重工致力于开发液态氢用大型贮罐、氢运输船等外，日本战略技术创新促进计划（SIP）氢载体则以日本船舶技术研究协会等为中心，研究开发来自国外的液态氢运输，以及维持低温下的装卸系统等。

经过大规模集中制得的氢可与氢液化厂无缝连接。液氢储运的一个主要劣势是氢液化耗能大，氢液化需要最低能量 0.35kW·h/m^3，目前的生产水平能耗约为氢热值的 1/3。如林德公司在德国英戈尔施塔特的液氢生产厂[9]，液氢产量 4.4t/d，液氢生产能耗为氢热值的32%。该生产厂布局见图 8-10 所示，主体包括厂房外的 5 个变压吸附气体净化单元（PSA），厂房内的液化装备含氢压缩机、氮预冷、若干气体膨胀透平等，左边为大型低温液氮储罐。今后采用新的制冷循环、采取液化机大型化等措施后，能耗预计可下降至 15%。

8.1.3 节已述及日本川崎重工计划采用船舶运输液态氢，如图 8-7 所示。川崎重工研发的液态氢储存系统是建立在 LNG 船设计和建造的丰富经验基础上的。由于液态氢是一种极易挥发的液化气体，而氢气比天然气密度小，扩散系数大，易在材料中渗透，因此必须改装 LNG 船的封闭系统。

图 8-10 位于德国英戈尔施塔特的林德公司液氢生产厂[9]

液态氢需要在超低温（－252℃）的条件下运输。3.2.2.1 中已阐述了圆柱形液氢罐的罐体结构为双层真空绝热系统设计，液态氢储存在内置密闭容器中，需要解决的主要问题有“层化”和“热溢”。液态氢的自然蒸发问题是不可避免的，随技术进步可在相当程度上得到抑制。按到现在为止的开发成果，自然蒸发率可达到约 0.1%/d 的水平。此外，由于外部热渗透所产生的蒸发气体将被紧紧密封于耐压储罐中，这样一来，卸载液态氢时既可使用储罐内的泵，也可方便地利用储罐内增加的压力形成的内外压差。

支持船体结构的安全壳采用新开发的低热传导率且高结构强度的复合材料。储罐外部设计了圆顶室，仅提供一个进行储罐内部检查的孔，形成类似于双层绝缘的系统。为了进一步提高液态氢船舶运输过程中的安全性，船体均为双面壳和双层底壳，以尽量降低搁浅或者碰撞发生事故的风险。货舱被全覆盖，以防止安全壳的外部损伤和露天造成的腐蚀。

值得一提的是川崎重工对液态氢罐船舶的发动机设计构想：第一阶段的船舶主发动机建议为常规的柴油发动机或者纯蒸汽机，而未来的设计规划拟采用燃料电池发电机，液态氢罐挥发的气体将用于发电。

8.2.3 液氨车船运输的关键问题[14]

液氨车船运输的基础设施和相关技术是成熟的。氨活性较低，其燃烧和爆炸危害性比其他气体和液体燃料低（表 8-2），见图 8-11 所示。

表8-2 几种常见燃料的危害性、可燃性

物质	危害性	可燃性
氨	3	1
氢	0	4
汽油	1	3
液化石油气	1	4
天然气	1	4
甲醇	1	3

注： 0= 没有危害； 4= 危害严重。

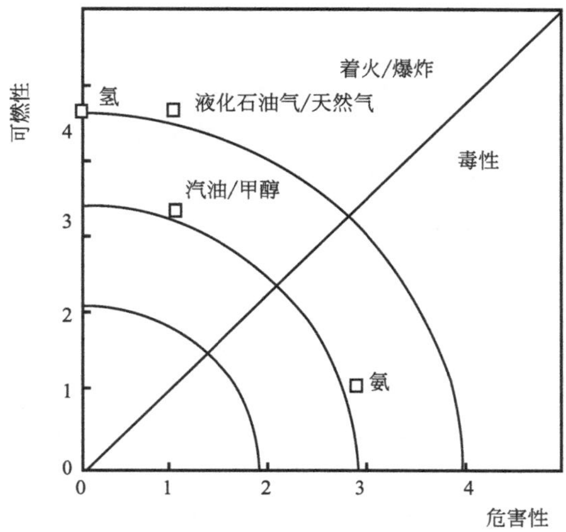

图 8-11 不同燃料的毒性和燃烧/爆炸特性[21]

然而，氨对人体健康有害，被美国国家消防协会归类为有毒物品[21]。鉴于此特性，氨的运输规范中对安全性提出了极为苛刻的要求，同时，储氨罐的重量和牢固性要求也很严格。根据英国健康保护局公布的关于氨的化学危害纲要[22]，无水氨不易燃，但氨蒸气在空气中易燃，点燃后会引发爆炸，常温常压下化学稳定，热分解时释放有毒气体，需使用细水雾稀释并着液密封防护服、戴防毒面具。另外，氨对一些工业原材料有较强的腐蚀性，会腐蚀铜、黄铜和锌合金，生成绿色或蓝色的腐蚀产物。氨是碱性还原剂，与卤素（氯、溴、碘）、次氯酸盐、酸及氧化剂会发生反应。因此，在液氨的运输中防泄漏是重点要解决的问题。

另一个问题是液氨储运氢的经济性和能耗。第一步，合成氨需要在高温下催化进行；第二步，氨气要液化成液氨，需将液氨冷冻至−33℃沸点以下才能在常压低温下储运，这需要耗能；第三步，运输液氨前后要使用大容量容器储存，容量通常在 5000～30000t 之间，此工艺固定成本不高，但是操作成本较高；第四步，氨在使用前要分解为氢，分解反应需在常压、400℃以上完成，且为了实现氨的快速分解，需含钌等贵金属催化剂。即使是澳大利亚联邦科工研究组织（CSIRO）开发出的基于金属薄膜的氢-氨转换新技术中采用了钒基合金膜分离氢的新技术，实现氨分解的温度也在 300～400℃高温[23]。针对加压低温储存技术，借助制冷系统，对液氨进行冷冻储存，按照《固定式压力容器安全技术监察规程》规范，将液氨储存容器的设计温度、设计压力分别控制为 20℃、0.95MPa，则可以通过降低储存容器壁厚以降低成本[8]。

此外，采用氨分解制取的氢中含少量杂质气体氨，对燃料电池有毒化作用，使用前需要用 $MgCl_2$ 等试剂除氨。

8.2.4 有机液态氢化物车船运输的关键问题

有机液态氢化物（主要包含环己烷类、咔唑、吲哚等）作为储运氢的介质，在常温常压下采用车船运输，与汽油的运输是类似的，可以采用化石燃料已有基础设施。表 8-3 中列出了几种典型的有机液态氢化物的加氢、脱氢特性。这类储运氢介质在车船运输及应用中的关键问题主要包括以下几点：

① 有机氢化物的毒性　环己烷、甲基环己烷、咔唑、吲哚等化合物有微毒性，开发无毒的有机液态氢化物是达到氢能安全使用目标的任务之一。

② 长途运输的经济性问题　尽管有机液态氢化物的理论质量储氢密度可以超过5%，体积储氢密度可以超过50kg H_2/m^3，但是长途车船运输仍然面临经济性问题，需要做细致的测算。需要重点关注的是，采用有机液态氢化物运输氢，没有像汽油、液氢那样返空车船的概念，因为使用完的脱氢介质必须随车返厂加氢，也就是往返均为重载运输，降低了其运输的经济性。

③ 加氢、脱氢条件仍显苛刻　以中国地质大学（武汉）程寒松教授带领的团队成功开发的芳烃类有机液态氢化物为例[24]，可在150℃左右实现高效催化加氢，催化脱氢温度低于200℃，对于其在汽车上使用而言，必须增设加热装置，增加了系统的复杂性，也降低了系统的储氢密度。

④ 催化剂价格仍显昂贵　由表8-3可知，要达到优异的加氢/脱氢特性，通常需要采用贵金属催化剂，增大了系统成本。在保证加氢/脱氢特性的前提下，开发廉价的催化剂，是推进有机液态氢化物规模化应用的重要研究方向。

表8-3　典型有机液态氢化物的加氢/脱氢特性

有机氢化物种类	有机氢化物毒性	质量储氢密度/%	体积储氢密度/(kg H_2/m^3)	加氢条件（温度、压力）	脱氢条件（温度、压力）	催化剂种类	循环特性	参考文献
环己烷	低毒类	7.2	56	300～370℃ 2.5～3MPa	400℃ 101kPa	Pt-Mo/SiO_2		[25]
甲基环己烷	低毒类	6.2	47	90～150℃ 约11MPa	300～400℃ 101kPa	Ni/Al_2O_3		[26]
十氢萘	低毒类	7.3	64.7	120～280℃ 2～15MPa	210～280℃ 101kPa	加氢：Ni/Al_2O_3 脱氢：5% Pt/C		[27]
N-2-乙基吲哚	低毒性	5.23	48	160～190℃ 9MPa	160～190℃ 101kPa	加氢：5% Ru/Al_2O_3 脱氢：5% Pd/Al_2O_3		[28]
2-甲基吲哚	低毒性	5.76	52	120～170℃ 7MPa	160～200℃ 101kPa	加氢：5% Ru/Al_2O_3 脱氢：5% Pd/Al_2O_3		[29]
N-乙基咔唑	低毒性	5.8	54	200℃ 6MPa	230℃ 101kPa	加氢：20% Ni/Al_2O 脱氢：20% Ni-0.5% Cu/Al_2O_3	10个循环后仍有很好的催化能力	[30]，[31]

8.3 小结与展望

氢的车船运输方式主要有高压气态、液态纯氢、液氨、有机液态氢化物，以及固态介质运输几种。具体应该采用哪种运输方式，与运输距离、运输的规模（或者加氢站的需求）、氢的应用场景等有关，需要做全流程的设计和经济性测算。

高压气态氢常用长管拖车运输，较适合中短距离；各种液态介质运输氢则更适宜于较长距离的运输，表 8-4 所示为三种液态氢载体，包括液态氢、甲基环己烷和液氨的特征对比；在人口高密集的城市，高安全性的固态介质储运氢则更合理。

表8-4 三种氢载体（液态氢、甲基环己烷和液氨）的特征对比[8]

氢密度①		必要的基础设施	用途	特征与研究方向		整体评价	技术开发阶段
				特征	研究方向		
液态氢	体积含量：70.8kg/m^3 质量分数：40% 可运输、储存冷却至－252℃，气态氢的 1/800 容积的同质量氢	液态氢基础设施	发电	可混烧 80%（体积分数）的氢，烧纯氢待开发	运输、储存的自然蒸发	小规模实用化，高压化能量小，液化时必要能量约为氢的 12%（理论值），必须在比 LNG 更低的－252℃极低温下处理，必须用新型基础设施	开发阶段（川崎重工）
			加氢站	无须精制，随运输量增加，比压缩氢的经济性高			商业/验证阶段（岩谷）
甲基环己烷（MCH）	体积含量：47.3kg/m^3 质量分数：6.2% 可运输、储存常温下气态氢的 1/500 容积的同质量氢	可利用汽油的基础设施	发电	作为氢利用与液态氢相同，可储备		常温下液态，可利用汽油的基础设施，必要脱氢能量约为氢能量的 28%（理论值），储存等基础设施增大	验证阶段（千代田化工）
			加氢站	随运输距离增长，经济性比压缩氢高	有必要脱氢＋精制		开发阶段（SIP 实施）
氨②	体积含量：121kg/m^3 质量分数：17% 可运输、储存在－33℃或 10atm（与 LPG 相同）下，以 1/1350（－33℃）或 1/1200（10atm）容积的氨同质量的气态氢	可利用原有基础设施	发电	50kW 验证，不用脱氢，可储备	规模提高必须验证（预定 2MW 验证）	3 种氢载体中氢密度最大（体积与质量含量），可与 LPG 同样处理，有急性毒性、刺激性，必要脱氢能量约为氢能量的 13%（理论值）	开发阶段（SIP 实施）
			加氢站	有可能用于大型载重叉车	有必要脱氢＋精制		开发阶段（SIP 实施）

① 氢载体中的氢含量。

② 氨在常压冷却至－33℃，或 20℃、9atm 液化，液化后体积随液化方法而异，冷却至－33℃液化的场合形成同质量气态氢 1/1350 的体积，9atm 液化的场合形成同质量气态氢 1/1200 的体积。

参 考 文 献

[1] U S Department of Energy. Hydrogen, fuel cells and infrastructure technologies program multi-year research, development and demonstration plan, Section 3. 2 [J]. Hydrogen Delivery, 2005.

[2] Gupta R B. Hydrogen fuel: production, transport, and storage [M]. London: CRC press, 2009.

[3] Ringer M, Mintz M, et al. Cost installing and operating hydrogen pipelines, Second Panel Forum: Hydrogen Pipeline Transmission [J]. IPC2006, Calgary, September 2006.

[4] Mintz M, Ringer M, Paster M. Li-Mg-N Hydrogen Storage Materials [J]. DOE FY 2006 Annual Progress Report: 251-253.

[5] 徐胜军，盖小厂，王宁. 集装管束运输车在氢气运输中的应用 [J]. 山东化工，2015 (44): 1168-1174.

[6] 郑津洋，开方明，刘仲强. 高压氢气储运设备及其风险评价 [J]，太阳能学报，2006，27 (11): 1168-1174.

[7] 毛宗强. 氢能知识系列讲座 (4) -将氢气输送给用户 [J]. 太阳能，2007: 18-20.

[8] 罗承先. 世界氢能储运研究开发动态 [J]. 中外能源，2017 (1): 41-49.

[9] Arnold G, Wolf J. Liquid hydrogen for automotive application next generation fuel for FC and ICE vehicles [J]. Teion Kogaku (J Cryo Soc Jpn), 2005, 40 (6): 221-230.

[10] 陈崇昆. 300m³ 液氢运输槽车液氢贮罐的研制 [D]. 哈尔滨：哈尔滨工业大学，2015.

[11] 庄红韬. 氢社会的未来：有望形成 160 万亿日元市场 [EB/OL]. 2013. 12. 10 [2020-05-17]. http://finance.people.com.cn/BIG5/n/2013/1210/c348883-23795263-2.html.

[12] 国际船舶网. 川崎重工研发全球首艘液态氢运输船 [EB/OL]. 2014-06-11 [2020-05-17] http://www.eworldship.com/html/2014/ShipDesign_0611/88221-3 html.

[13] 祁斌. 川崎重工新型液化氢运输船 [J]. 技术研发，2014 (8): 72.

[14] Valera-Medina A, Xiao H, Owen-Jones M, et al. Ammonia for power [J]. Prog Energy Combustion Sci, 2018, 69: 63-102.

[15] Morgan E , Manwell James, et al. Wind-powered ammonia fuel production for remote islands: a case study [J]. Renewable Energy, 2014, 72: 51-61.

[16] Bicer Y, Dincer I, Zamfirescu C, et al . Comparative life cycle assessment of various ammonia production methods [J]. J Cleaner Prod, 2016, 135: 1379-1395.

[17] Hodoshima S, Takaiwa S, Shono A, et al. Hydrogen storage by decalin/naphthalene pair and hydrogen supply to fuel cells by use of superheated liquid-film-type catalysis [J]. Applied Catalysis A: General, 2005, 283: 235-242.

[18] 松本真由美.「水素社会」の実現近づく！水素を常温で安全に大量输送へ [J]. ENECO, 2017, 50 (6): 34-35.

[19] 袁雄军，任常兴，葛秀坤，王凯全，等. 氢气长管拖车运输定量风险分析 [J]. 可再生能源，2012 (2): 73-75, 81.

[20] 高永宜，马荣胜. 压缩氢管束车充装与运输的安全管理与要求 [J]. 化工管理，2017 (7): 133-134.

[21] Karabeyoglu A, Brian E. Fuel conditioning system for ammonia fired power plants [J]. NH_3 Fuel Association, 2012. Available online https: //nh3fuel. files. wordpress. com/2012/10/evans-brian. pdf [2016-11-21].

[22] Health Protection Agency "Ammonia: health effects, incident management and toxicology, HPA 2014" [EB/OL]. Available online https: //www. gov. uk/government/ publications/ammonia- properties- incident- management-and- toxicology.

[23] CSIRO膜新进展 [EB/OL]. http: //www. china-hydrogen. org/hydrogen/storage/2017-09-10/6615. html [2017-09-11].

[24] 程寒松. 中国氢常温储存技术获突破 [EB/OL]. http://www.1000thinktank.com/zxgz/6183.jhtml? from=timeline&isappinstalled=0 [2014-12-12].

[25] Boufaden N , Pawelec B , Fierro J L G , et al. Hydrogen storage in liquid hydrocarbons: Effect of platinum addition to partially reduced Mo-SiO_2, catalysts [J]. Mater Chem Phys, 2018, 209: 188-199.

[26] 陈进富，陆绍信. 基于甲苯与甲基环己烷可逆反应的贮氢技术 [J]. 中国石油大学学报（自然科学版），1998 (5): 90-92.

[27] Hodoshima S , Takaiwa S , Shono A , et al. Hydrogen storage by decalin/naphthalene pair and hydrogen supply to

fuel cells by use of superheated liquid-film-type catalysis [J]. Appl Catal A, 2005, 283 (1): 235-242.

[28] Dong Y , Yang M , Yang Z , et al. Catalytic hydrogenation and dehydrogenation of N-ethylindole as a new heteroaromatic liquid organic hydrogen carrier [J]. Inter J Hydrogen Energy, 2015, 40 (34): 10918-10922.

[29] Li L , Yang M , Dong Y , et al. Hydrogen storage and release from a new promising Liquid Organic Hydrogen Storage Carrier (LOHC): 2-methylindole [J]. Inter J Hydrogen Energy, 2016, 41 (36): 16129-16134.

[30] Soo S B, Won Y C, Kyu K S, et al. Thermodynamic assessment of carbazole-based organic polycyclic compounds for hydrogen storage applications via a computational approach [J]. Inter J Hydrogen Energy, 2018, 43 (27): 12158-12167.

[31] Yang M, Han C, Ni G, et al. Temperature controlled three-stage catalytic dehydrogenation and cycle performance of perhydro-9-ethylcarbazole [J]. Inter J Hydrogen Energy, 2012, 37 (17): 12839-12845.

第 9 章
氢气管网输送

与氢的车船运输相比，管网输送氢气是最经济、最节能的大规模长距离输送氢气的方式。目前已有专用输氢的管网，也有采用天然气（NG）管网输氢的报道[1-3]。

全球最早的长距离氢气输送管道 1938 年在德国鲁尔建成，迄今已有 80 年的历史。其总长 220km，输氢钢管线管径在 100～300mm 之间，额定输氢压力约为 2.5MPa，实际工作压力为 1～2MPa，连接杜塞尔多夫市至雷克林豪森市之间的 18 个生产厂和用户，每年输氢量 1106m^3，从未发生任何事故[4-6]。截至 2018 年，欧盟和美国分别有大约 1500km 和 1600km 的低压输氢管网。目前，法国境内有一条长 550km、内径 100mm 的输氢管线，年输氢量约 $200\times10^6 m^3$。比利时境内有一条长 80km、内径 150mm 的输氢管线，工作压力 10MPa。英国有一条 16km 长的 5MPa 输氢管线。美国德州墨西哥湾海岸工业区有一条总长 100km 的输氢线。在美国爱荷华、路易斯安那州和加拿大亚伯达省分别有几千米长的输氢线[6,7]。

液氨和液态有机氢化物也可以采用管道运输。液氨需要保持在－33℃以下，因此输氨管道需要较严格的热绝缘。而液态有机氢化物是近年发展起来的新型输氢技术，其常温下为液态，使用非常成熟的输油、输液管线即可完成长距离输送[5]。本章中将重点介绍气态氢的管网输送。

9.1 氢气管网输送方法

任何采用管网输送燃油或者燃气的方法，其管道的功能有两个：一是为终端用户输送足够的能量；二是当供大于求时，管道本身可短期存储燃料。这种在管道内短期储存燃料的方式称为“管线充填（linepack）”。管线充填有助于管网向用户不间断地提供燃料，无论需求是否发生大的波动。管道中燃料的充填量大意味着存储量大，但是所需要的压力也更高[6]。

气态氢的管网输送方法主要包括纯氢气的管网输送和氢-天然气混合气的管网输送两种。

9.1.1 纯氢气的管网输送

9.1.1.1 氢气管网输送和分配的路线

经天然气重整、电解水等方法集中制氢后，氢气进入输氢主管，然后进入环形配氢管网，最终分配到加氢站或其他客户端，见图 9-1 所示。氢气在制氢设备端的出口压力约为 3MPa，为了实现管线运输需加压至约 7MPa，进入配氢主管时压力降至约 3.5MPa，这是由于氢在输送过程中的摩擦损耗。

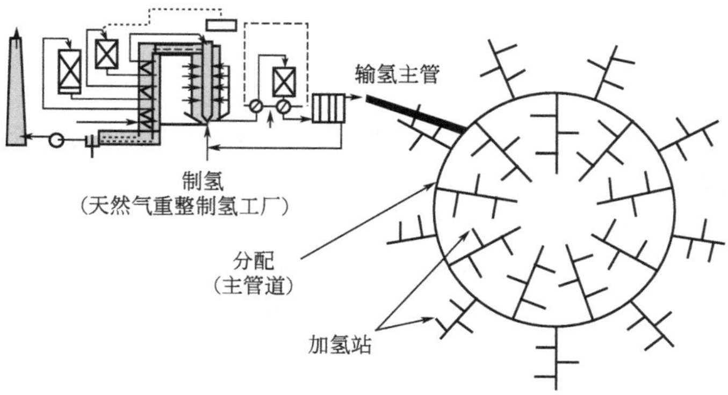

图 9-1 天然气重整集中制氢后经管网输送和分配的示意图[8]

9.1.1.2 氢气管网输送中的能量损失

气体在管道输送过程中，随管线延长会发生能量变化。如图 9-2 所示，在管道中任意两点 A 和 B 的流体能量受海拔高度、压力和流速等因素的影响，可用伯努利方程（Bernoulli's equation）和能量守恒方程来表达：

$$Z_A+\frac{p_A}{\gamma}+\frac{V_A^2}{2g}+H_p=Z_B+\frac{p_B}{\gamma}+\frac{V_B^2}{2g}+H_f \tag{9-1}$$

式中，Z_A 为 A 点的海拔高度；Z_B 为 B 点的海拔高度；p_A 为 A 点的气体压力；p_B 为 B 点的气体压力；$\gamma=\rho g$，ρ 为气体密度，g 为重力加速度；V_A、V_B 分别代表两点的气体流速；H_p 为 A 点流体被压缩机压缩的等效压头；H_f 为流体从 A 点到 B 点由管道摩擦力引起的压力损失。

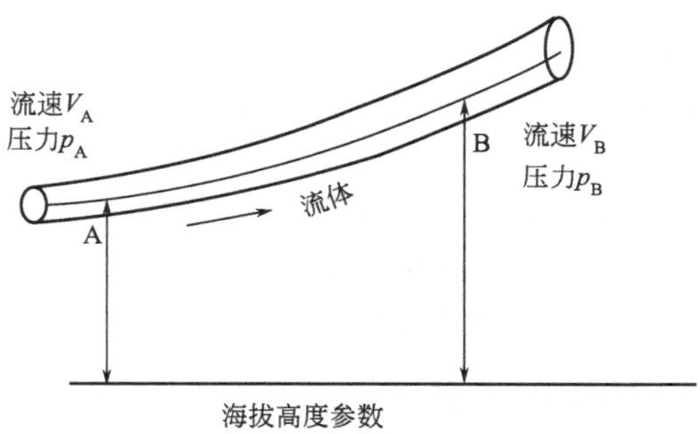

图 9-2 流体在管道输送过程中的能量变化示意图[6]

式(9-1) 是基础的能量方程，与气体定律相结合，可用于分析管道输气的特性。该方程与气体特性（如压缩系数、重力），管道的物理参数（如长度、直径），以及管道中的流体流速和压力等相关。如已知管道某段的进气压力和出口压力，即可计算出管道中的气体流速。该方程的成立是假设气体温度是均温，且气体与埋藏管道的环境土壤没有热交换。实际上，在气体长距离管道输送的过程中会遇到瞬间变化的情况，但由于气体温度基本保持恒定，等温流动的假设还是适用的。

尽管管网输送是公认的最经济、最有效的长距离输送氢气的方法，但是不可忽视输送过程中的氢损失问题。有报道估算管道输送过程中的氢损失率是同样距离输电过程能量损失率（约 7.5%～8%）的一倍[4]。

9.1.1.3 加压站

与天然气管网输送相似，从集中制氢厂到用户终端或储氢罐之间的管线上会有多次氢气压缩过程。气体管线输送的原理是压力差诱导的气体流动。由于气体的黏性和与内管壁的摩擦，气流会受阻，从而引起压力降。气体的流速越高，压力降越大。输氢管道要维持最高和最低压力，因此在长距离氢气输送中需要再压缩。图 9-3 显示了气体压力降与使用加压站以维持压力在最低压力（p_{min}）和最高压力（p_{max}）间的关系[6]。

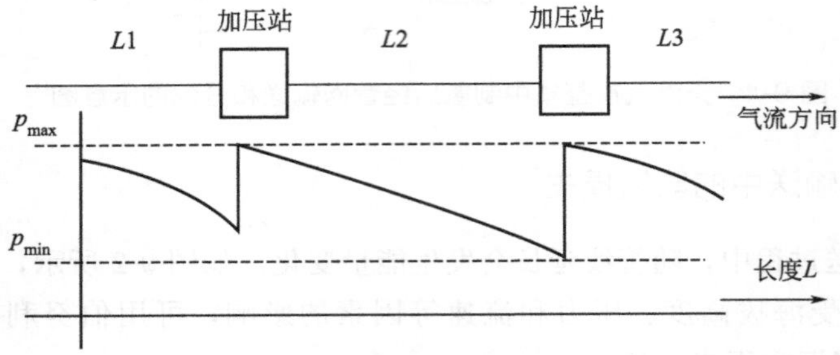

图 9-3 气体管道输送中的压力降和再压缩间的关系[6]

9.1.1.4 降压站

当两段输气管道在不同压力下运行时，需要降压站相连，该降压站中通过一个节流阀使气体膨胀以达到降压的目的。根据焦耳-汤姆森效应（Joule-Thompson effect），气体的膨胀会改变非理想气体的温度，因此气体的最终温度用下式表示：

$$T_2 = T_1 + \mu(p_2 - p_1) \tag{9-2}$$

式中，T_2 为气体的最终温度,℃；T_1 为气体的初始温度,℃；μ 为焦耳-汤姆森系数,℃/bar；p_2 为气体的最终压力，bar；p_1 为气体的初始压力，bar。

所有的真实气体都有一个转化温度，在该温度下，焦耳-汤姆森系数变号。对大多数气体而言，室温下该系数为正值，但是氢、氖和氦除外。天然气的焦耳-汤姆森系数为 0.5℃/bar，氢气为 0.035℃/bar。即从 80bar 降压至 15bar 时，天然气的温度降低 32.5℃，因此为了避免形成冰，气体需要预热；而相同的压降，氢气温度仅降低 2.3℃。

9.1.2 氢-天然气混合气的管网输送

从能量角度考虑，氢要取代天然气（NG）作为主燃料，输送到用户端的氢量必须满足与天然气相同的能量需求。氢的高热值（HHV＝13MJ/m³）约为天然气的 1/3，而密度（ρ＝0.084kg/m³）仅约为天然气的 1/8。根据气体流速公式和 HHV 计算，输送相同能量的氢，其体积是天然气的 3 倍。因此，氢气流速需要保持 3 倍于天然气流速，两者输送相同距离的压力降才能相同。压力降是输气管道设计中一个非常重要的参数。

当天然气中混入 0%～100%（体积分数）的氢气时，其相对能量如图 9-4 所示[6]。研究表明，当管道和压力降不变时，纯氢的能量是贫天然气的 98%，是富天然气的 80%。但在现有天然气管道中混入约 10%的纯氢时，能量仅损失约 3%，是一种可行的输氢方式。

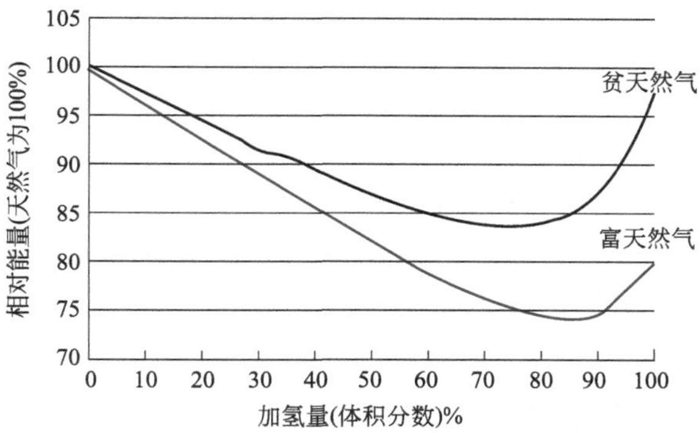

图 9-4 恒压条件下纯 H_2 和 H_2-NG 混合气能量对比[6]

研究表明，使用已有管网输送氢气是低成本长距离输送大量氢气的优选方法之一。直接把天然气管网变为氢-天然气混合气（含氢约 15%），仅需对原有管网进行适当的改造即可。但是，如果要输送纯氢，则需要对原天然气管网进行实质性的改造，包括材料和重要部件的更换、安全性措施升级等。例如，输送纯氢需要承受比天然气更高的压力，可以选择低碳钢。而天然气管道压力比较低（一般为 0.4MPa 左右），可以使用价格较低的塑料管，如聚氯乙烯（PVC）和新型高密度聚乙烯管。但是，这些塑料管道不可阻止高压氢气的渗透，不能用于输氢。世界上许多主要城市都建有这样的管道，最初它们是为传输城市煤气到普通家庭而建立的。城市煤气含有约 50%的氢和 5%的 CO，最早的城市煤气管道大约出现在 1800 年[4]。利用天然气管网输送氢-天然气混合气和升级改造天然气管网来输送纯氢，这两个方面的技术分析、调研和研发工作也是美国能源部（DOE）氢能发展计划中的重要内容。

9.2 氢气管网输送关键技术

氢气从集中制氢厂送出，经管网输送至终端客户或储氢罐，中间要多次使用到氢压缩机和氢传感器。管网输氢有以下三个重要的技术问题需要解决[9]：

① 管材的氢脆问题　氢气的管网输送要求气态氢在较高的压力（最高为 21MPa）下进行，同时，输氢管应采用高经济性的材料，如钢管。然而，钢材在高压下的氢脆问题尚未完全弄清楚。输氢管焊接对钢材的微观组织造成了一定影响，并加剧了氢脆的程度。如何消除或减缓氢脆是保证输氢管线安全、经济、高可靠性的关键[10]。一种复合管材近期被尝试用于输送天然气，或许可以解决输氢钢管的氢脆问题。

② 氢的泄漏与全程监测　氢分子非常小，因此比其他种类的气体（如天然气）扩散更快。为了避免氢泄漏，对相关的材料、密封件、阀门和管件，以及设备的设计等提出了更高要求。输氢管道的建设不仅依赖于质优的材料、可靠的设计和工程实施，还要依靠监测传感技术。这需要配备低成本的氢气泄漏探测器。由于氢无色无味，选择合适的气味掺入配氢管线中以便监测氢气泄漏也是一种有效的手段。在输氢管线和储氢容器中植入氢监测传感器，使用并进一步提高其机械完整性，是预防外部破坏和机械故障的基本保障[1]。

③ 氢气压缩技术　天然气压缩是一种非常成熟的技术。然而，天然气压缩技术对氢的压缩而言不再适用。原因主要有二：a. 氢分子比天然气分子小且轻得多；b. 单位体积的氢

气所含能量（$13MJ/m^3$）仅为天然气（$40MJ/m^3$）的 1/3。这两个因素给氢的压缩带来了极大的挑战。譬如，离心压缩是成本最低的天然气压缩方法，但是用于压缩氢就变得非常困难，因为氢分子质量太小。采用离心压缩法压缩天然气需要 4～5 次，而压缩相同能量的氢气则需要 60 次。因此，输氢前压缩氢气需要消耗比压缩天然气大得多的功率和能量。同时，氢压缩机中采用普通的润滑剂给燃料电池带来的污染问题也令人无法接受。氢的管道输送需要采用更加可靠、更低成本和更高效率的压缩技术。研究人员正在开发一种新的免压缩技术，该技术是以目前高压氢电解槽（出口氢压 10MPa）为基础的。如氢气出口压力高于 10MPa，则需进一步研发。

9.2.1 输氢用钢制管道和氢脆

尽管工业上使用管道输氢已经有几十年的历史，早期的研究结果表明氢没有恶化输氢管道用钢的力学和物理性能[11,12]， 然而石油和天然气工业会常常遇到来自输送钢管内部或外部的氢蚀，如氢致开裂、氢脆、硫化物应力开裂、应力腐蚀开裂等[13]。对于天然气管道而言，这些危险主要来自外部；而对于输氢管道来说，来自内部的威胁更严重。特别是当输送大量、高压（高达 21MPa）的氢气时，管道材料的氢脆和氢致开裂，特别是焊缝区域，需要特别关注和采取特殊措施。

9.2.1.1 氢渗透

氢侵入并渗透钢材是氢脆发生前的氢蚀现象。目前，关于高压氢气氛下输氢钢管材料中氢的侵入、渗透率和钢中的固氢量等认识还很有限，而这三者之间又是互相联系的。例如，如果氢侵入的速率比渗透（扩散）速率慢，则氢侵入是控制步骤；氢在钢中的累积数量由氢侵入数量和渗透数量共同决定；氢从管道外表面离开钢材。研究氢的渗透行为有助于修正氢侵入、氢在输氢管道内表面的吸附数量、氢在材料中扩散、可逆和不可逆的氢俘获等机制及其动力学特征。

21 世纪初 DOE 立项资助了一个高压氢气在输氢钢管材料中的渗透行为的研究项目[10]。项目采用两种钢材：一种为 API X52，是 20 世纪 50 年代常用的管道钢牌号；另一种为 API X65，是 90 年代的典型管道钢牌号。样品取自天然气输气管道。图 9-5 描绘了 X52 输氢管道钢在 3.5MPa、165℃下的氢压升曲线。图中，在样品氢气渗出端的瞬态压力被标准化处理过（设充氢压力为 0）。由图 9-5 可知，在此充氢条件下，氢气突破 0.5mm 厚的样品需要约 30min；而达到稳定的渗透通量，即氢在钢材中达到饱和浓度需要 10h。采用时间延迟法[14]，用图 9-5 中的瞬态压升可以确定有效扩散系数。钢中氢的溶解度可以用稳态、有效扩散系数来计算。

此外，商用管道钢由于陷阱浓度增加，氢在其中的扩散系数会降低。有意思的是，管道中充氢压力高低对扩散系数影响不大。然而钢中氢浓度与氢压强相关，这与西韦特法则（Sievert's law）相符。例如，充氢压力 3.5MPa，温度 165℃时，钢中氢浓度约 200×10^{-6}；而同温度下，0.093MPa 时约 70×10^{-6}。可以预见，钢中氢浓度越高，对管道钢材的结构完整性更有害。

为了尽量降低氢的侵入数量，可以采用表面氧化或者涂层（比如涂覆玻璃）等措施。在管道钢中增加氢陷阱是减轻和控制氢蚀的有效方法，这属于冶金学范畴。

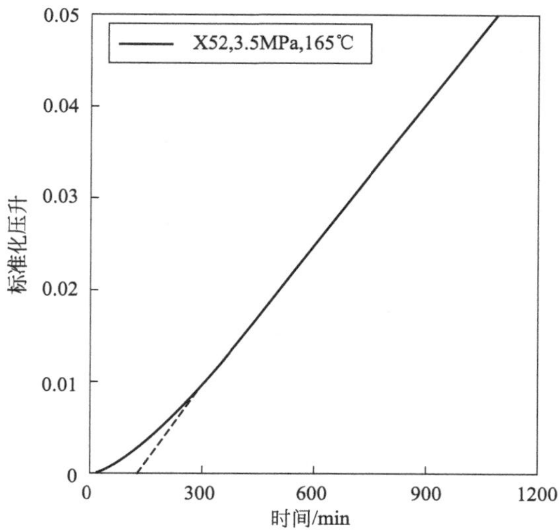

图 9-5 X52 高压输氢管道钢在氢渗透测试中的压升曲线 [测试压力被标准化处理（设充氢压力= 0），测试条件为充氢压力 3.5MPa、温度 165℃][10]

9.2.1.2 氢脆和氢致管道钢的性能衰退

由氢引起的钢材机械性能（如延展性、韧性、负载能力等）下降，以及氢致裂纹等都属于氢脆（hydrogen embrittlement，HE）。在石油、天然气工业领域，氢致开裂常发生在潮湿的含 H_2S 环境下[15]。氢（质子）产生于腐蚀反应阴极，进而（氢原子）扩散进入管道内部，在空洞处结合成氢分子，产生内压，或者形成脆性化合物，最终导致裂纹的产生。

过去有不少关于低压气态氢对钢材影响的报道[16,17]。然而，对高压气态氢环境下的管道钢的研究工作不多。

人们对材料与高压气态氢间的相互作用尚缺乏认知，需要开展相关的系统性研究工作。这里用 20 世纪 70 年代低合金压力容器钢的研究结果来推测氢气压力对管道钢的影响[3,13,18]。

以三种低合金压力容器钢（AISI 4130，AISI 4145 和 AISI 4147）为例，氢气压力和屈服强度（YS）与材料的断裂韧性（K_{IH}）的关系如图 9-6 所示[18]。其中，氢气压力从 0 增至 95MPa，断裂韧性（K_{IH}）是材料失效的临界应力强度因子，下标“I”代表 I 型裂纹，“H”代表气态氢。从图 9-6(a) 中可见，断裂韧性（K_{IH}）随着氢气压力的升高而降低，氢气压力为 95MPa 时，K_{IH} 约为 45MPa · $m^{1/2}$，约为 0.1MPa 时的 1/3。由图 9-6(b) 中可知，断裂韧性（K_{IH}）随着钢中屈服强度（YS）的增加而降低。当 YS＝1200MPa 时，其断裂韧性（K_{IH}）约为 YS＝620MPa 时的 1/4。因此可以推测，在高压氢气氛下，管道钢（X52-X65）断裂韧性下降的程度比低合金高强度压力容器钢要低，甚至低得多，因为前者具有更低的屈服强度。当氢气压达到 41MPa 时，输氢管道钢的断裂韧性（K_{IH}）值有望超过 85MPa · $m^{1/2}$。

为了研究高压氢气环境下管道的安全运行问题，Sofronis 等[19]用第一性原理和有限元法模拟了平面应变条件下，高压（7MPa）氢通过管壁上的裂纹表面渗入管道材料内部的路径，并计算出了裂纹尖端附近的标准晶格间隙位上的氢浓度分布，见图 9-7 所示。该结果为输氢管道工程中预防氢致断裂的设计准则提供了参考。

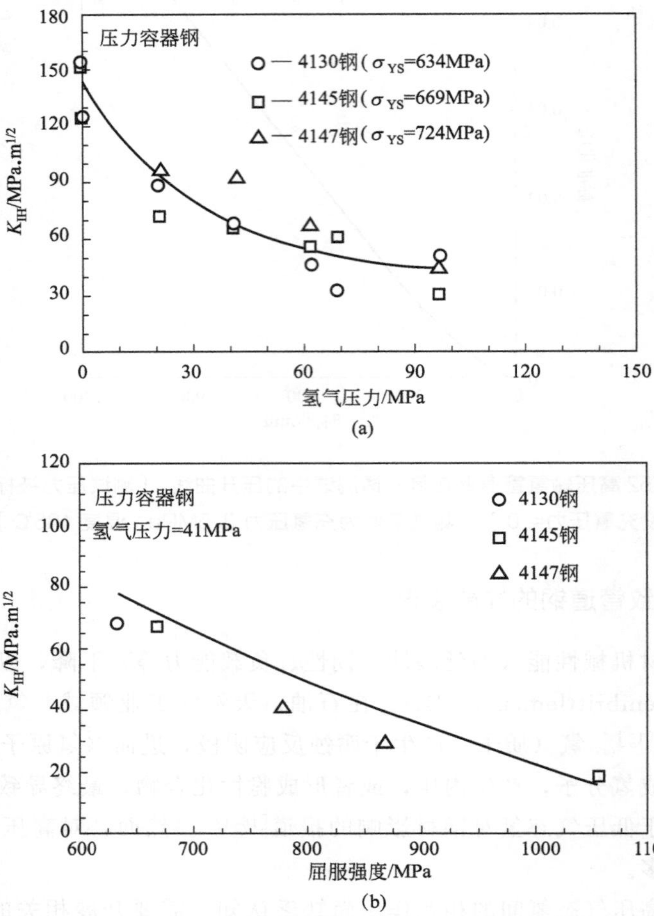

图 9-6 三种低合金压力容器钢的断裂韧性（K_{IH}）与氢气压力（a）和屈服强度（b）的关系[18]

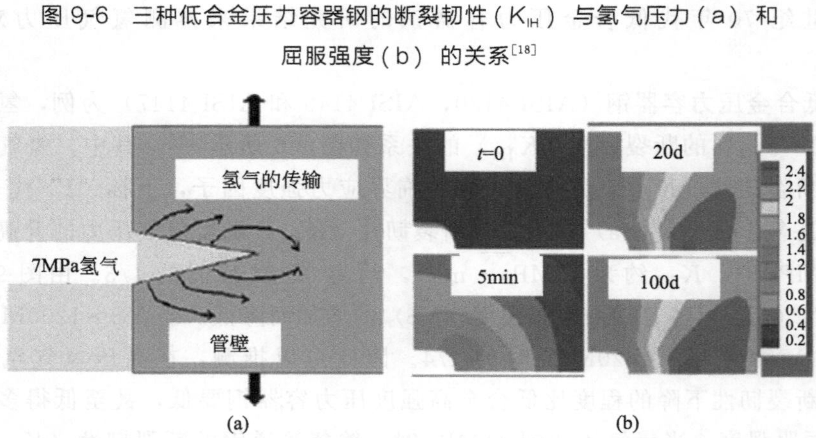

图 9-7 氢从管壁裂纹表面渗入管道内部的模拟图（a）和近裂纹尖端的氢浓度分布等高线（b）[19]

此外，在氢气氛下，温度、应力、疲劳等都是引起管道机械性能下降的因素，特别应当关注的是焊接部位和热影响区的性能变化。Somerday 等[20]对比了采用气体-金属电弧焊（GMAW）、电阻焊（ERW）和搅拌摩擦焊（FSW）的 X65 钢和 X52 钢在氢气氛下的疲劳裂纹生长规律。图 9-8 展示了两种牌号的钢材采用不同焊接方法的焊缝组织特征。

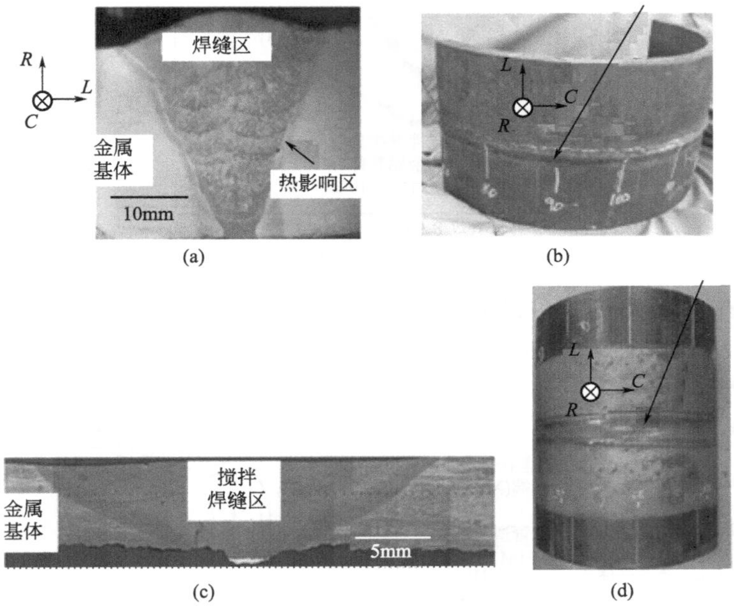

图 9-8 采用气体-金属电弧焊（GMAW）的 X65 钢（a）、（b）和采用搅拌摩擦焊（FSW）的 X52 钢（c）、（d）的焊缝区微观组织及环形焊缝外观[20]

由图 9-9 可见，在低应力 $\Delta K_{有效}$时，采用气体-金属电弧焊（GMAW）焊接的 X65 管道钢焊缝热影响区（HAZ）的裂纹生长速率比基体（BM）高。采用电阻焊和搅拌摩擦焊的 X52 钢管，其在氢气氛下的疲劳裂纹生长速率基本相同，且搅拌摩擦焊的实验进行了 3 次，结果都能重复，见图 9-10。搅拌摩擦焊 X52 钢的焊缝中心区裂纹生长速率高于基体金属，但焊缝中心区远端的裂纹生长速率在高应力时较焊缝中心区和基体金属更低，见图 9-11，归因于微观组织的较大差异。

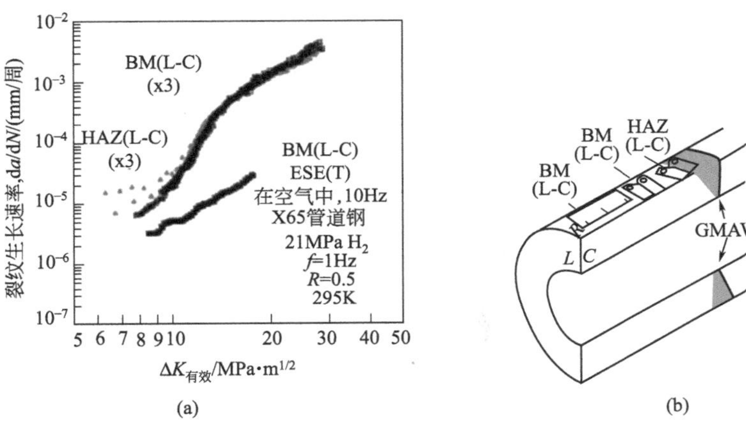

图 9-9 X65 管道钢焊缝热影响区和基体的裂纹生长速率（a）及取样区域（b）[20]

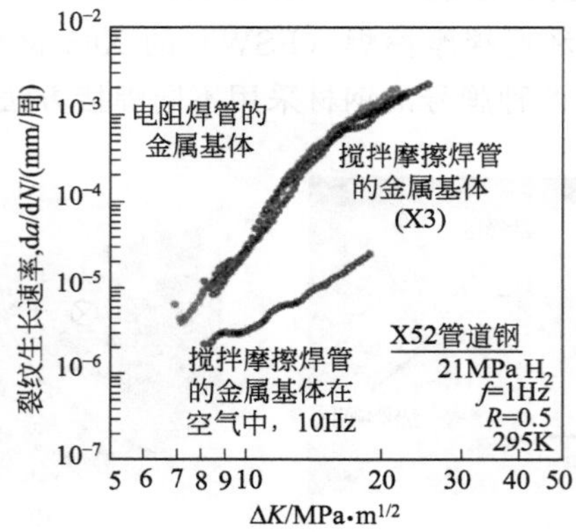

图 9-10　采用电阻焊和搅拌摩擦焊的 X52 管道钢金属基体的裂纹生长速率[20]

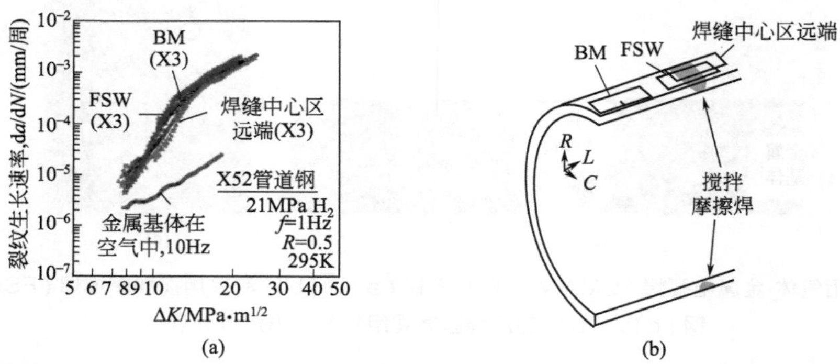

图 9-11　X52 管道钢焊缝区、基体和焊缝中心区远端的裂纹生长速率（a）及取样区域（b）[20]

J. Ronevich 等[21]对更高等级的 X100 进行了研究，结果显示在 21MPa 氢气氛中，焊缝区的疲劳裂纹生长速率比基体金属高，热影响区最低，见图 9-12(a)。但是去除残余应力的影响后，焊缝区的疲劳裂纹生长速率比基体金属更低，证明了残余应力对氢气氛下疲劳裂纹生长速率的影响不容小视。

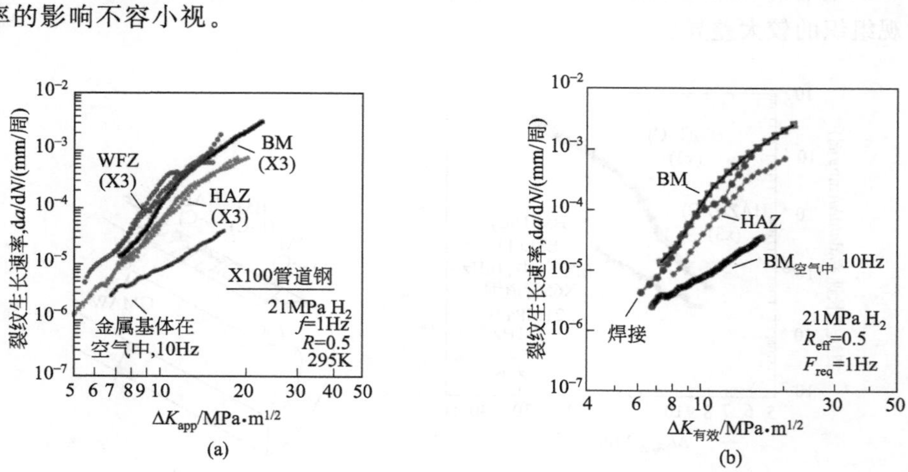

图 9-12　X100 管道钢焊缝区、基体和热影响区的裂纹生长速率（a）及经去除残余应力校正后的裂纹生长速率（b）[21]

上述研究结果为输氢管道钢的选材、相关标准的制定等提供了数据支撑。此外，根据管道钢的疲劳裂纹生长规律还可以计算出输氢管道钢的最小壁厚，对输氢基础设施的设计起到了重要的作用。

9.2.1.3 钢材等级及要求

美国能源部（DOE）曾设立相关研究项目，全面测评输氢管道用钢的机械性能，包括 API X52～X70/X80[22]。输氢管道最高运行压力的评定对评价其经济性和氢致损伤有重要的意义。该项目还包含现天然气管道的表面防氢渗透涂层和高氢压条件下新管道的钢材和焊接填料成分等研究。

曾有一项关于现存输氢管道的调查[13]，目的是为风电可再生能源匹配大口径输氢管道的钢等级做鉴定。调查结果显示，在用的输氢管道用钢品种繁多，但主要是低碳钢[23-25]。

由于缺乏相关输气标准，加拿大监察机构在 1980 年提出了氢气输送管道的基本要求[23]，包括最高材料等级 290，设计因数＜0.6，韧性比同等的天然气管道用钢高 30%，工作温度＜40℃，极限交变承压能力＞3MPa（每年低于 100 次交变）。此外，该调查结果还建议输送纯氢气的钢材需满足低强度要求，最高等级为 X65；达到抗酸性介质标准（主要针对合金化和加工过程），微观组织均匀，偏析可控；超高质量，满足这一要求的非常少；低 Mn，痕量 S（$<10\times10^{-6}$），低 C 和低淬硬性；比天然气管道壁厚，容忍内壁轻微氢脆，从而保持整条管道的强韧性。氢气管道钢还可选择 Al-Fe 合金，其中的 Al 起到阻止氢扩散进入钢材内部的屏障作用。此外，可变硬度管道，即较硬的材料在内部，较软的材料在外部，如有氢扩散进入内部钢中，则可快速扩散至外部逸出[13]。

9.2.1.4 输氢管道新材料的研制

由于高压输氢管道用钢成本高、有氢脆的风险，DOE 在氢气输送专项中设立了纤维增强聚合物复合材料（fiber reinforced polymer，FRP）以取代钢材，这也是该专项中的主要研发任务，旨在降低输氢管道的安装成本，提高可靠性和运行安全性[23]。图 9-13(a) 示意了 FRP 输氢管道的基本结构，该结构包含：①内部防氢渗透的高压输氢管道；②输氢管外保护层；③保护层外的过渡层；④多层玻璃或者碳纤维复合层；⑤外部抗压层；⑥外部保护层。每层都具有独特的功能，层与层间有机的相互作用使输氢管道具备超常的性能。

FRP 输氢管道的安装成本比钢低约 20%，因为每段 FRP 可以比钢管长，一段卷绕式 FRP 最长可达 0.5mile（约 0.8km），现场生产的 FRP 可达 2～3mile（约 3.2～4.8km），见图 9-13(b) 和 (c) 所示，焊接成本比钢管节约[26,27]。此外，FRP 不易引起氢脆，抗腐蚀

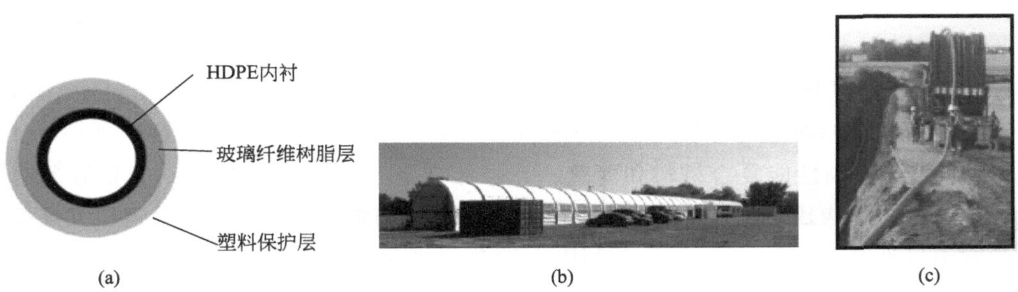

图 9-13 纤维增强聚合物（FRP）输氢管结构（a）、现场生产（b）和卷绕安装（c）[28]

能力强。FRP 寿命为 50 年，纤维强度衰减小于 5%，疲劳寿命 28500 周。

最早对 FRP 用于输氢管道的评价是从性能和成本上讲，可以取代管道钢[29]。从成本上分析，FRP 相当有吸引力，特别是在区域供氢或者配氢环节。目前，可卷绕式复合材料管生产商可为 10 万人提供氢气，成本为 25 万～50 万美元/mile（不含取得通行权费用），这一成本价格比 DOE 设置的 2017 年达到 80 万美元/mile 的目标低[29]。可见，FRP 输氢管道还是极具经济性的，特别是在配氢环节。

当然，采用 FRP 技术用于管道输氢还有如下问题需要解决[29]：①评价管道材料对氢的适应性；②开发大直径管道的生产工艺；③开发低氢渗透率的塑料内衬；④对现有规范和标准进行必要的修正，以确保其在管道使用中的安全性和可靠性。

如聚合物-层状硅酸盐（polymer-layered silicate，PLS）纳米复合材料被证实是具有低氢渗透率的材料。PLS 纳米复合材料是把有机改性黏土（蒙脱土）与聚合物（如聚乙烯对苯二酸盐，PET）在熔融或者溶液里混合后制成的。如果聚合物和改性黏土能够很好地匹配，满足离子交换要求，则可获得层状黏土结构，这种结构对降低氢在聚合物中的渗透率尤为重要。图 9-14(a) 出示了纳米复合材料（PET/10%黏土）的透射电镜图（TEM），可见存在部分插层结构。图 9-14(b) 给出了该复合材料与纯 PET 中氢的渗透曲线，可见氢在 PET/10%黏土薄膜中扩散速率比在纯 PET 薄膜中低 60%，改善效果非常显著，实际上纯 PET 的阻氢性能已经不错了。Chisholm 等[30]还开发了一种部分磺化的聚合技术，可以获得更好的插层效果以阻氢。

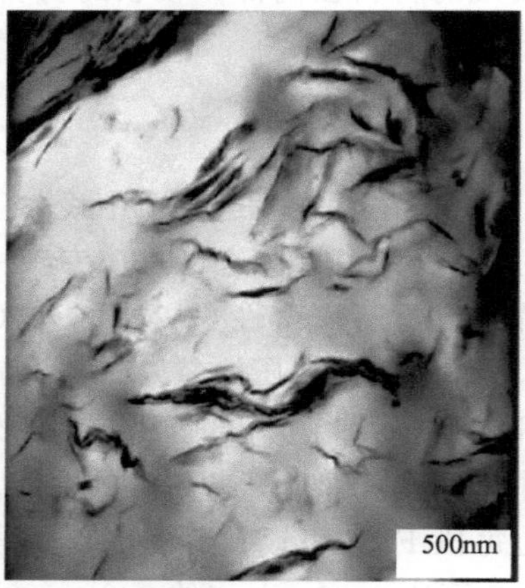

(a)

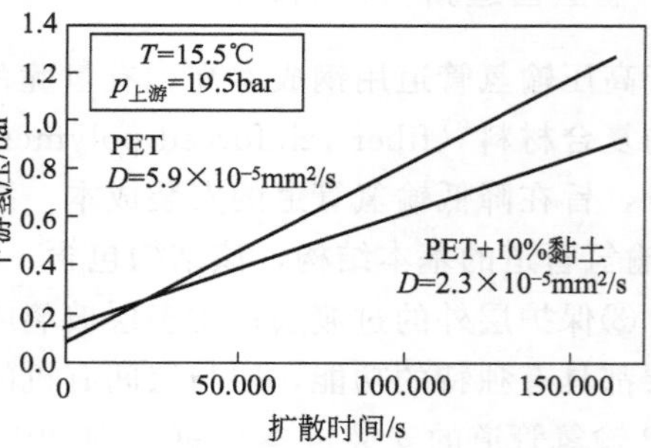

(b)

图 9-14 纳米复合材料（PET/10%黏土）的透射电镜图（TEM）(a) 和复合材料与纯 PET 中氢的渗透曲线 (b)

除了 FRP 管道技术以外，加拿大横加管道有限公司 Trans Canada Pipelines Limited (TCPL) 还开发了一种复合增强管道（composite reinforced line pipe，CRLP™）[31]。这种 CRLP 材料包含了高性能复合材料和薄壁、高强低合金（HSLA，X42-X80）钢管。钢材和增强复合材料一起构建了一种价廉的混合体，可以取代高强度的全钢输氢管道。大规模输氢用复合管道（外径＞1.5m，承压＞14MPa）的总价（含安装成本）比全钢管道低约 3%～8%。尽管钢内衬没有避免氢脆问题，但是由于其壁厚小，应力降低，氢致开裂的倾向也会更低。

9.2.2 氢气的泄漏和全程监测

氢气输送过程中需要传感器来探测氢气的泄漏和监测输氢管道的完整性。氢气无色无味，仅靠人的感官无法识别。在氢气中加入有气味的物质（示踪气体）是探测氢泄漏的一种方法。天然气亦无色无味，输气时加入 H_2S 是常用的有效方法。然而，这种方法并不适合于输氢，因为 H_2S 比氢重得多，其传输速率赶不上氢。此外，含硫物质对氢燃料电池还有毒化作用。因此寻找合适的氢气示踪气体难度不小。

9.2.2.1 氢气泄漏检测器

美国可再生能源国家实验室开发了一系列价廉、可靠的氢气传感器，如使用光学纤维制作的氢气传感器等，这也是美国能源部氢能专项中的一个重要部分[32]。图 9-15 出示了一种薄膜光学纤维传感器的结构（a）以及其检测特性曲线（b）。该传感器中使用了显色物质作为氢的指示剂。当空气中氢浓度达到 0.02%时，指示剂的光学特性将发生变化，或者变色，抑或薄膜的透射率因氢原子的渗入而发生变化。许多材料都有这种光学特性，如 WO_3、NiO_x、V_2O_5，以及一些金属氢化物等。当氢分子在顶层催化剂（如 Pd）的表面解离后，部分氢原子快速扩散进入显色剂层中，改变其光学特性。这一光学特性的变化易用光束读出，既可通过测试薄膜层的透光率，也可通过测试光束在催化层表面的反射率来判定。光学薄膜层沉积在光纤（FO）线缆的顶端，如图 9-15(a) 中所示。光束顺着线缆往下传播，反射光束或者透射光束的强度表征了氢气的浓度，如图 9-15(b) 所示。从图中还可以看出，光学传感器的寿命长，2001 年 5 月启用的氢传感器在空气中含氢量 0.1%的检测下限下使用了 3 年，仍保持了良好的检测功能。与初始性能相比，其响应时间有所滞后，动态显色范围降低，但传感器本身的功能还在。

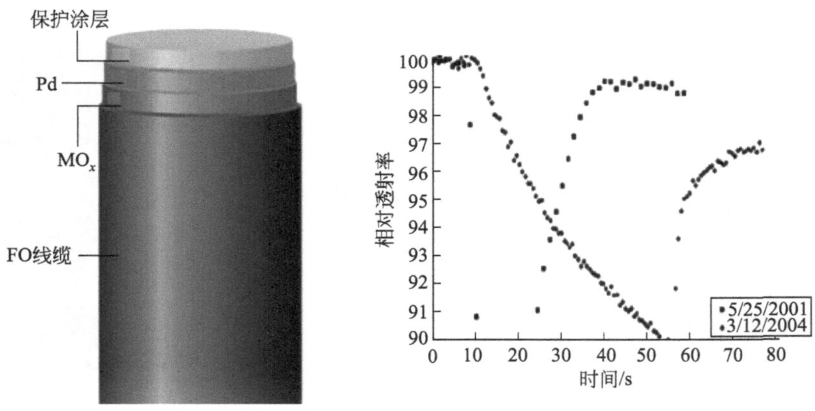

(a) (b)

图 9-15 薄膜光学纤维氢传感器示意图（a）和出厂时原始响应曲线与 3 年后光学氢传感器对低氢探测限（0.1%）的响应曲线（b）[32]

检测氢气泄漏时，传感器应有高的敏感度，对初始氢气泄漏提供快速的响应，以便空气中的氢含量达到爆炸限前采取措施。采用这种光学纤维传感器可以满足快速响应的要求，且价廉、可靠。然而，这种光学纤维薄膜传感技术对输氢管道来讲不适用，因为管线较长，一般上百甚至上千英里。因此输氢管道上的氢气泄漏应当采用更合理的方法来监测。

9.2.2.2 输氢管道整体监测传感技术[23]

美国机械工程师学会制定的工业代码 ASME B31G. 8S 中总结了天然气输送管道有 9 类主要的潜在危险，包括内部和外部腐蚀、应力腐蚀开裂、第三方损毁、土壤破坏、制造和安装损坏、不当操作、天气、外力损坏等。其中，破坏管道完整性的最大风险来自第三方损毁，主要是承包商在安装和挖掘过程中无意造成的管道损毁，这可能造成非常严重的后果。传统天然气输送管道中的危险性因素在输氢管道中同样存在。

目前有几种传感技术用于监测输氢管道（也包括压力容器）的机械完整性。光学纤维传感器和其他的传感器用于监测与时间相关的缺陷，如内部腐蚀、外部腐蚀、应力腐蚀开裂、管道移位、管道应力、管道边坡失稳造成的扭曲应力、地基沉降、气流对暴露管道的影响等。这几种传感技术特别适用于复合结构，也被用于钢制管道和容器的氢泄漏监测。运用这些技术可以避免氢气输送设施的机械故障和严重的氢气泄漏[33,34]，被证明是非常适用的监测技术。图 9-16 所示为采用布里渊（Brillouin）光学纤维传感系统监测输氢管道完整性的示例[33]。该监测系统采用两个不同频率的可调激光光源来测试光学纤维的信号，光源波长为 1320nm。其中一个激光源作为泵激光源，另一个作为探测激光源，发出的激光脉冲顺着纤维传导，并与从反方向端发出的泵激光源相互作用。

研究显示，采用布里渊光学纤维传感系统可探测 25km 或者更长输氢管道的氢气泄漏或者第三方入侵。该系统对温度和机械应变具有本征响应特性，据此可在扫描图像中分辨出不同的影响因素，并检测出各种异常现象。此外，同样的传感器可与输氢管道系统相结合，用以监测地面移动。如果建新的输氢管道时预留了线缆槽，则安装布里渊系统比较经济。

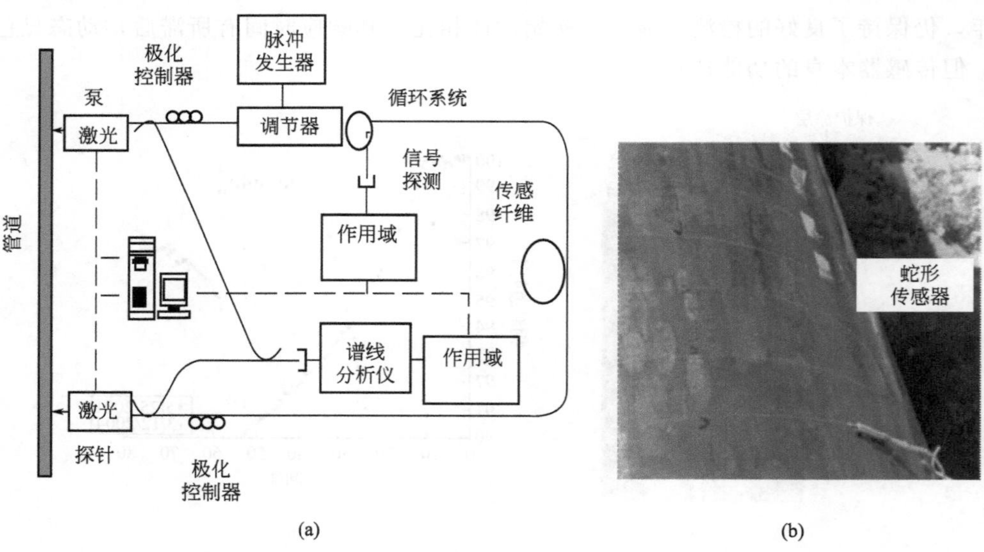

图 9-16 用于输氢管道监测的典型布里渊光学纤维测试系统[33]

针对第三方损毁监测，科学家还研发了其他种类的传感器，如基于声学技术的水诊器等[27]。

为了监测输氢管道的第三方机械损毁，人们在研发和工业应用领域已做了大量的工作来开发各种传感技术。尽管如此，还有一些问题需要解决，例如报警系统的准确性（避免误报警）、沿管道的距离分辨能力、响应时间、由氢原子过轻引起的氢气泄漏信号特征问题等。

9.2.3 氢气压缩

氢气压缩是采用管道输氢所必需且非常关键的一个环节。图 9-17 显示了氢气管道输送和拖车运输时采用不同规格压缩机时的情景[35]。2.2.1 节介绍了几种高压氢气压缩机，包括往复式、膜式、离心式、回转式、螺杆式等类型，本节不再赘述。具体选择哪种压缩机，应根据流量、吸气和排气压力等参数综合考虑。

对于大体积、大直径的氢气输送管道，有几种压缩技术可以选择，表 9-1 列出了这几种技术的优势和存在的主要问题。

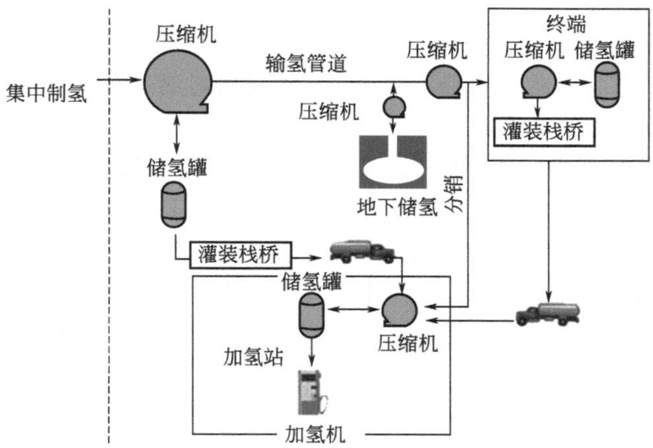

图 9-17 气态氢运输流程图[35]

表9-1 几种用于十亿瓦特级氢气管道输送的压缩技术对比

压缩种类	技术说明	优势/主要问题
往复式压缩	技术成熟，适用于多种气体。氢气由于分子量极低，极难控制其在容器内被压缩，需特殊设计	容积式，可输出高压氢气；有含油和无油润滑两种，含油润滑有助于控制气态氢，但会污染氢气；常采用电动机驱动。体积大，部件多，用于十亿瓦级输氢管道压缩的可能性小
离心压缩	技术成熟，适用于多种气体，可用于30000kW以上气体压缩。氢气分子量过低，极难压缩。从30bar压缩至100bar约需60个压缩段，设备价格昂贵	多压缩段间的机械公差很难维持，需要考虑段间密封，导致压缩效率低和设备造价高
膜式压缩	适用于所有类型的气体。三层膜结构把气态氢与液压用油分隔开，确保整个压缩过程无污染、无氢气泄漏；可达到高压(>700bar)输出	与往复式压缩机相比，每段的压缩比高，可降低投资成本；没有针对氢气管道运输的大尺寸设备；尺寸放大难度和成本高；最大能力2000m³/h
电化学压缩	多状态电化学压缩采用一系列的膜电极组件(MEAs)，与质子交换膜燃料电池(PEMFC)相似。加在MEA上的电压引导氢从一种状态转变为另一种状态，从而使氢气压力升高	针对传统压缩机的一些内在缺陷提出的一种非机械压缩机。没有运动部件，降低了机械式压缩机具有的磨损、噪声和能量强度问题。需要解决适用于管道输氢的大尺寸设备制造和防止氢气污染的问题

续表

压缩种类	技术说明	优势/主要问题
金属氢化物压缩	采用吸放氢可逆的金属氢化物制作，比传统机械式氢气压缩机更经济。操作简单易行，比机械式压缩机具有众多优势	金属氢化物压缩机结构紧凑、无噪声、无需动密封，仅需少量维护，可长期无人值守运行。技术新，难以制造适用于管道输氢的大型压缩机

9.3 氢气管网输送的经济性

与车船、飞机等运输氢方法相比，氢气管网输送不管从技术上，还是经济上考虑都更具优势[4]。美国普林斯顿大学的奥格登（Ogden）等提出，通过氢气管网进行长距离能量输送的成本比通过输电线送电的成本要低得多。

然而，新的管道设计和建设费用，其一次性投资高昂，这是新建输氢管网的主要障碍，需要在价格降低和技术验证方面展开大量的研究工作。美国DOE为管道输氢设定了经济目标，对管径16in的主输氢管道设定的总基建费目标是2012年达到370000美元/km，2017年降至300000美元/km。而配氢管道目标是2012年168美元/km，2017年120美元/km[1]。

此外，氢气管道与天然气管道相比，成本显高。以美国氢气管道和天然气管道为例，我们来比较两者的差异：①管线长度。美国现有氢气管道1600km，而天然气管道却长达208万千米，两者相差将近1300倍。②管道造价。美国氢气管道的造价为31万～94万美元/km，而天然气管道的造价仅为12.5万～50万美元/km，前者是后者的2倍多。③输气成本。由于气体在管道中输送能量的大小取决于输送气体的体积和流速，而氢气在管道中的流速大约是天然气的2.8倍，但是同体积氢气的能量密度仅为天然气的1/3。因此用同一管道输送相同能量的氢气和天然气，用于压送氢气的泵站压缩机功率要比压送天然气的压缩机功率大2.2倍，导致氢气的输送成本比天然气输送成本高[4]。

9.4 小结与展望

从技术和经济性角度综合考虑，采用管网大规模、长距离输送氢气的优势比车船等运输方式更显著。然而，为了达到更高的经济性以推动氢能社会的良性发展，需要开发20MPa以上的管网输送技术，这需要从新材料、氢气泄漏的在线监测、氢气的安全压缩等多方面开发新的配套技术。此外，不论采用哪种输氢技术，合理利用地方优势资源都是首要考虑的因素。

参 考 文 献

[1] US Department of Energy: Hydrogen, fuel cells and infrastructure technologies program multi-year research, development and demonstration plan, Section 3. 2, Hydrogen Delivery, January 21, 2005.

[2] Keith G, Leighty W. Transmitting 4, 000 MW of New Windpower From North Dakota to Chicago: New HVDC Electric Lines or Hydrogen Pipeline, Draft Report, September 28, 2002.

[3] Leighty W, Holloay J, Merer R, et al. Compressorless hydrogen transmission pipelines deliver large-scale stranded renewable energy at competitive cost, The 23rd World Gas Conference, Amsterdam, 2006.

[4] 毛宗强. 氢能知识系列讲座（4）-将氢气输送给用户［J］. 太阳能，2007：18-20.

[5] 罗承先. 世界氢能储运研究开发动态 [J]. 中外能源，2017 (1)：41-49.

[6] Gondal IA. Chapter 12-Hydrogen transportation by pipelines，Compendium of Hydrogen Energy，2016. http：//dx. doi. org/10. 1016/B978-1-78242-362-1. 00012-2.

[7] Ohta T，Nejat Veziroglu T. Energy Carriers and Conversion Systems with Emphasis on Hydrogen，Oxford：EOLSS Publishers/UNESCO，2015.

[8] Mintz M，Molburg J，Folga S. Hydrogen Distribution Infrastructure，Hydrogen in Materials & Vacuum Systems，AIP Conference Proceedings，2003，671 (1)：119-132.

[9] DOE. Hydrogen Safety Fact Sheet，DOE Hydrogen Program，November 2006.

[10] Feng Z. Hydrogen Permeability and Integrity of Hydrogen Transfer Pipelines，FY 2006 Annual Progress Report，III. A. 1，DOE Hydrogen Program，2006.

[11] Pangborn J，Scott M，Sharer J. Technical prospects for commercial and residential distribution and utilization of hydrogen [J]. Inter J Hydrogen Energy，1977，2：431-445.

[12] Blazek CF，Biederman RT，Foh SE，et al. Underground storage and transmission of hydrogen，Proceedings of the 3rd Annual US Hydrogen Meeting，Washington，DC，pp. 4-203-4-221，March 18-20，1992.

[13] Leighty W，Hirata M，O' Hashi K，et al. Large renewables—hydrogen energy systems：Gathering and transmission pipelines for windpower and other diffuse，dispersed sources，World Gas Conference，Tokyo，Japan，June 1-5，2003.

[14] Frank J. The Mathematics of Diffusion，Second Edition，Oxford University Press，Oxford，1975，p. 52.

[15] Ghosh G，Rostron P，Garg R，et al. Hydrogen induced cracking of pipeline and pressure vessel steels：A review [J]. Engineering Fracture Mechanics，2018，199：609-618.

[16] Gangloff R. Hydrogen assisted cracking of high strength alloys [M]. in Comprehensive Structural Integrity，Milne I，Ritchie RO，Karihaloo B (Eds)，Vol. 6，Elsevier，New York，2003.

[17] Wei RP and Gao M. Chemistry，microstructure and crack growth response [M]. in Hydrogen Degradation of Ferrous Alloys，Oriani RA，Hirth JP，Smialowska S (Eds)，Noyes Publications，Park Ridge，NJ，1985：579-607.

[18] Loginow A W，Phelps E H. Steels for Seamless Hydrogen Pressure Vessels [J]. Corrosion，1975，31：404-412.

[19] Sofronis P，Robertson I M，Johnson D D. Hydrogen embrittlement of pipeline steels：Cause and remediation，2006 Annual Progress Report，III. A. 5，DOE Hydrogen Program，2006.

[20] Somerday B，Ronevich J. Hydrogen Embrittlement of Structural Steels. FY 2015 Annual Progress Report，Dec，2015.

[21] Ronevich J，Feng Z L，Slifka A，et al. III. 1 Fatigue Performance of High-Strength Pipeline Steels and Their Welds in Hydrogen Gas Service. FY 2017 Annual Progress Report，May 2018.

[22] Das S. Material solutions for hydrogen delivery in pipelines. FY 2006 Annual Report，III. A. 3，DOE Hydrogen Program，2006.

[23] Mohitpour M，Golshan H，Murray A. Pipeline Design and Construction：A Practical Approach [J]. ASME Press，New York，2000.

[24] Mohitpour M，Pierce C，Hooper R. The design and engineering of cross-country hydrogen pipelins [J]. ASME J Energy Resources Tech，1988，110：203-207.

[25] Pottier J. Hydrogen transmission for future energy system，Hydrogen Energy System [M]. Kluwer Academic Publishers，Netherlands，1995：181-193.

[26] Gupta，R B. Hydrogen fuel：production，transport，and storage [M]. London：CRC press，2009.

[27] Rawls G. Fiber reinforced composite pipelines [J]. DOE：FY 2015 Annual Progress Report，Dec，2015.

[28] George Rawls. Fiber Reinforced Composite Pipelines. FY 2015 Annual Progress Report，Dec，2015. https://www.hydrogen.energy.gov/pdfs/review15/pd022_rawls_2015_o.pdf.

[29] Smith B，Eberle C，Frame B，et al. Mays J. FPR Hydrogen Pipelines，FY 2006 Annual Progress Report，III. A. 2，2006.

[30] Chisholm B J，Moore，R B，Barber，G，et al. Nanocomposites derived from sulfonated poly (butylenes terephthalate) [J]. Marcromolecules，2002，35：5508.

[31] Leighty W，Hirata M，O' Hashi K，et al. Large renewable-hydrogen energy systems：Gathering and transmission

pipelines for windpower and other diffuse, dispersed sources, World Gas Conference, Tokyo, Japan, June 1-5, 2003.

[32] Pitts R R, Smith D, Lee S, et al. Interfacial Stability of Thin Film Hydrogen Sensors, FY 2004 Annual Progress Report, VI. 3, DOE Hydrogen Program, 2004.

[33] Tennyson RC, Morison D, Colpitts B, et al. Application of Brillouin fiber optic sensors to monitor pipeline integrity, IPC2004, Paper# 0711, Calgary, October 2004.

[34] Zou L, Ferrier GA, Afshar S, et al. Distributed Brillouin scattering sensor for discrimination of wall-thinning defects in steel pipe under internal pressure [J]. Applied Optics, 2004, 43 (7): 1583-1588.

[35] US Department of Energy: Hydrogen, fuel cells and infrastructure technologies program multi-year research, development and demonstration plan, Section 3. 2, Hydrogen Delivery, January 21, 2005.

第10章 氢气储运测评方法

氢气在制备、输运、储存和应用过程中将进行各项检测，主要包括纯度、气体中颗粒物、储氢材料吸放氢性能、氢气瓶质量、氢气输送管道及其他相关检测等，现分别简述。

10.1 氢气纯度的检测方法

10.1.1 低纯度氢气（纯度小于 99.99%）的分析方法[1]

10.1.1.1 爆炸法测定氢气的含量[1-3]

根据氢气的燃烧特性，气态 H_2 和 O_2 在适当的比例下，借助于电火花的作用可以反应生成水，其化学反应方程式如下：

$$2H_2+O_2 \longrightarrow 2H_2O \tag{10-1}$$

同时气体的体积成比例减小，减小的体积等于参加反应的气体体积总和。其中 67%（体积分数）是氢气，可根据反应后体积减小的量求得氢气的含量。

采用爆炸法测定氢气含量的操作步骤如下：取 5mL 待测气体样品赶入爆炸球内，再取 20mL 空气赶入球内，将上述两种气体混合均匀，然后赶入计量管，体积记作 V_1；再将混合气体全部赶回球内，关闭活塞，用电火花引爆；反应后片刻，将剩余气体赶回计量管，体积记作 V_2。重复测定 2～3 次，当所得 V_1-V_2 的值十分接近（误差小于 0.1mL）时，计算平均值，然后用式(10-2) 计算氢气含量。

$$\varphi(H_2)=\frac{\frac{2}{3}(V_1-V_2)}{5}\times 100\% \tag{10-2}$$

10.1.1.2 吸收法测定氢气含量[1-3]

利用氧吸收剂（如碱性焦性没食子酸）将氢气中的氧吸收后换算出空气的含量，由总量减去空气的含量可得到氢气的含量。

采用吸收法测定氢气含量的操作步骤如下：用球胆取样，接在奥式气体分析器的三通进气口上，量气筒用样品气冲洗至少 3 次后，准确量取样品气 100mL，在装有氧气吸收剂的吸收瓶中反复吸收至读数不再变化后，读取体积为 V_3，按式(10-3) 计算氢气的含量 $\varphi(H_2)$。

$$\varphi(H_2)=\frac{100-4.8V_3}{100}\times 100\% \qquad (10\text{-}3)$$

式中，V_3 为氧吸收剂吸收的体积，mL；4.8 为空气中含氧的体积分数，即 21% 的倒数。

10.1.1.3 气相色谱法分析氢气纯度[4,5]

利用气相色谱仪可分析氢气纯度，其工作原理如下：气体样品经六通阀定量管进入气相色谱仪的色谱柱，氢气及其他组分相互分离后被载气带出色谱柱，由热导池检测器（TCD）检测各组分的浓度。采用外标定量法，首先对含杂质的标准气体进行分析，利用峰面积或峰高校正法得到不同杂质气体种类对应的校正因子；然后通过对样品气的分析得到杂质气体的峰面积或峰高，乘以相对校正因子即可得到待测气体中杂质气体的含量，从而得到氢气的纯度。

10.1.1.4 膜分离法测定氢气含量

针对工厂日常分析氢含量的需求，杨海鹰等[6]提出了膜分离法。其中，检测器预分离系统所使用的分离膜需满足如下要求：①具有气体选择透过性；②具有一定的强度、耐温性和通过量等性能。中国科学院化学所研制的芳杂环高分子膜被证明满足上述要求。

通过高选择性的有机膜实现对氢气的选择性分离，采用氮气作载气的热导检测器实现准确定量检测，两者相结合以保证该测试系统的分析结果准确。以分离膜代替气相色谱仪中的色谱柱对氢气进行分离并定量分析时，由于二者在分离原理上的差异，其影响定量准确性的因素也有区别。如用膜分离时，TCD 检测的是由恒定流量的载气携带而来的透过分离膜的氢气含量，因此在分析过程中要充分考虑影响膜性能的相关因素。

10.1.1.5 其他氢气分析方法

刘辛等[7]尝试了一种利用化学辅助法分析氢气中氧含量的方法，其工作原理是利用氢气中的氧与一价铜氨络离子定量反应生成蓝色的二价铜氨络离子，其化学反应式为：

$$[Cu_2(NH_3)_4]Cl_2+2NH_3\cdot H_2O+2NH_4Cl+1/2O_2 \longrightarrow 2[Cu(NH_3)_4]Cl_2+3H_2O \qquad (10\text{-}4)$$

此外，刘元祥等[8]提出了利用分光光度计法测定氢气中氯含量的分析方法，适用于配合氯碱等连续化生产的副产氢纯度测试的需要。此方法的工作原理是：气体样品以适中的速度通过去离子水，样品中的氯离子被吸收，加入一定量的硫氰酸汞和硫酸铁铵溶液，反应生成物硫氰酸铁溶液显红色。根据朗伯-比尔定律，测定溶液的吸光度，可计算出样品中氯的含量，其化学反应式如下：

$$Hg(SCN)_2+2Cl^- \longrightarrow HgCl_2+2SCN^- \qquad (10\text{-}5)$$

$$3SCN^- +Fe^{3+} \longrightarrow Fe(SCN)_3 \qquad (10\text{-}6)$$

10.1.2 高纯度氢气（纯度高于 99.99%）的分析方法[1]

上节介绍的各种方法仅适用于低纯度氢气（纯度小于 99.99%）。对于高纯度氢气中的气态杂质，因为其含量极低，采用上述方法不能满足分析精度的要求。下面介绍几种适用于高纯度氢气的分析方法。

10.1.2.1 变温浓缩气相色谱法

张其春等[9]报道了一种在气相色谱法基础上，利用浓缩进样法对高纯度氢气进行分析的技术。该技术首先对色谱分析仪的气路系统进行了改造升级，如图 10-1 所示，安装了六通阀，浓缩进样要求压力稳定、流速平稳，同时将定体积采样管换成浓缩柱，最后通过样品的流速与浓缩时间来计算浓缩的样品量。为了达到上述目的，在取样管路中添加了稳流阀、阻尼管和转子流量计等部件。

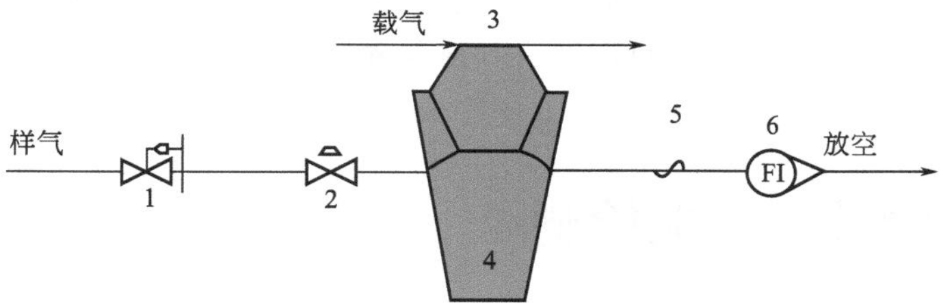

图 10-1 变温浓缩进样色谱法气路[9]

1—减压阀；2—稳流阀；3—六通阀；4—浓缩柱；
5—阻尼管；6—转子流量计

采用变温浓缩进样色谱法测试气体纯度的参数如下：色谱柱填料为 13X 分子筛（粒度 250～590μm），在 200～240℃下活化；浓缩柱填料为 5A 分子筛，在液氮温度（−196℃）下浓缩，在 100℃沸水中解析；进样压力为 0.2MPa；样品流速为 90mL/min。气体的定性和定量分析采用外标法，采用峰高或峰面积进行校正。

10.1.2.2 GC-DID 气相色谱法[1]

上节介绍的变温浓缩进样色谱法装置和操作较复杂，赵敏等[10]提出了利用 GOW-MAC592 系列气相色谱仪分析高纯度氢气的方法。色谱仪配置了光电离子化检测器（DID），这是一种浓度型的通用多功能检测器，利用高能光电离检测样品，可一次进样同时检测 O_2、N_2、CO_2、CO、CH_4 等多种杂质气体含量，且检测限低至 1×10^{-8}（体积分数），使其在高纯度氢气的分析上具有显著优势。

以 GM59 型气相色谱仪为例，其对气体成分灵敏度很高。当检测高纯度氢气时，待测样品气直接进入色谱仪，DID 对氢气响应很强，其出峰会掩盖杂质气体的色谱峰，如图 10-2(a) 所示。此时可利用与该仪器配套使用的 75～850 型氢分离器，在待测样品气进入仪器前选择性地将氢气分离，而使杂质气体保留进入色谱仪，其谱线如图 10-2(b) 所示。

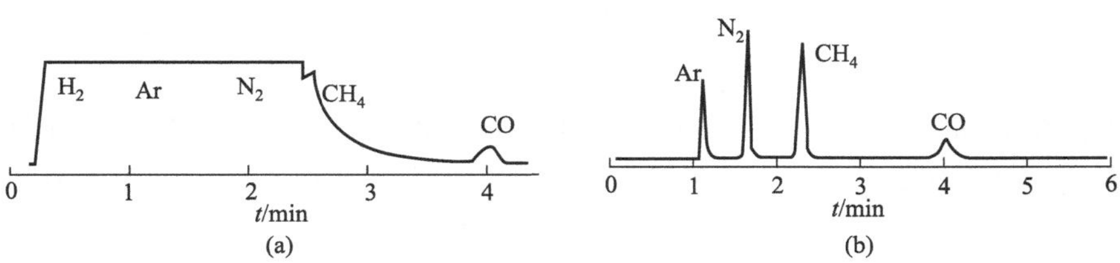

图 10-2 氢分离器使用前(a) 和使用后(b) 的色谱图对比[1]

10.1.2.3 色谱-质谱联用法[11-13]

由于电子工业及标准气体的生产等对气体纯度的要求越来越高，气体组分也越来越复杂，采用传统的分析方法很难满足痕量杂质（10^{-9}级，体积分数）、复杂组分的分析要求。色谱-质谱联用法（即气质联用法）可以实现对高纯度氢气中气体杂质的定量分析。

气质联用法的工作原理是混合气体样品经色谱柱分离，进入质谱仪中的离子源，在离子源被电离成离子，离子经质量分析器、检测器成为质谱信号输入计算机中。上述过程持续进行，因此可不断得到质谱。设定好分析器扫描的质量范围和扫描时间，计算机就可持续采集到一组质谱线。计算机可自动将每条质谱线的所有离子强度相加，得到总离子强度。总离子强度随时间变化的曲线即为总离子色谱图，其形状和普通的色谱图是一致的，可认为是用质谱作为检测器得到的色谱图。

10.2 材料吸放氢性能检测[14]

材料的吸放氢性能检测方法主要有四种，即体积法、热脱附谱、热重法和电化学法，每种方法的适用范围有所差异。

10.2.1 体积法

体积法（Sievert's method，西韦特法）装置简单，是最常用的测试材料吸放氢特性的方法。采用该方法的设备通常称为 PCT 测试仪，其装置的简化原理结构如图 10-3 所示。装置由一个较大的空容 V_1、装样品的反应器 V_2、压力表 P、阀门和管道构成。测试前需利用气体膨胀法对两个容器的体积进行精确校准。

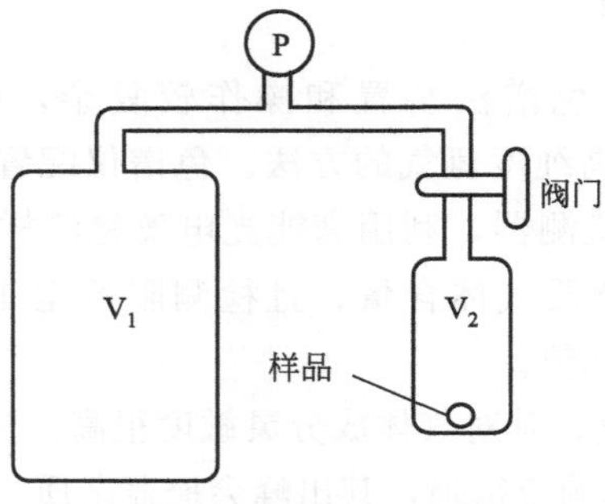

图 10-3 体积法测试材料吸放氢特性装置示意图

体积法测试材料吸放氢性能的过程如下：

① 打开阀门，连通 V_1 和 V_2，记录下样品吸氢或放氢前的平衡压力读数 p_1。

② 关闭阀门，调节 V_1 压力至 p_2。

由于 V_1 和 V_2 的体积固定，在较低压力下，根据理想气体状态方程，可计算出阀门打开后测试系统的平衡压力 p_0，p_0 为样品与气体尚未发生反应时系统的平衡压力，因此：

$$p_0=\frac{p_1V_2+p_2V_1}{V_1+V_2} \tag{10-7}$$

如果压力较高，则需要使用真实气体状态方程进行校正。

③ 再次打开阀门，反应器压力的改变将导致样品吸氢或者放氢，并获得新的平衡压力 p_3。通过 p_3 与 p_0 间的差值，可计算出参加反应的气体的量 n，见下式：

$$n=\frac{|p_3-p_0|(V_1+V_2)}{RT}=\begin{cases}\dfrac{(p_3-p_0)(V_1+V_2)}{RT} & p_3>p_0\\ \dfrac{(p_0-p_3)(V_1+V_2)}{RT} & p_3<p_0\end{cases} \tag{10-8}$$

式(10-8) 中，当 $p_3>p_0$ 时为放氢，当 $p_3<p_0$ 时为吸氢。

上述①～③步重复进行，反复升高或降低压力，直至压力不再变化。描绘平衡压力 p_3 与吸氢量间的关系曲线称为 PCT 曲线；描绘吸氢量与时间的关系曲线称为吸氢动力学曲线。

这种方法不适合于测试微量或者高比表面积的样品。因为微小的温度变化引起的气体膨胀，或者外界因素引起的波动都会带来实验误差，特别是低温下（如 77K）问题更严重。高压时还可能由气体泄漏导致错误的测试结果，这种情况下可以用一种已知的金属氢化物吸放氢曲线来标定，或者监测氢气压力长时稳定以确保仪器不漏气。此外，体积法测试材料的吸附特性是没有选择性的，为了避免材料对杂质气体吸附导致的数据不准确，必须使用高纯度的氢气进行测试。

10.2.2 热脱附谱

热脱附谱（TDS）是指将待测样品在一定的压力和温度下与氢作用，然后放置到热脱附仪的样品室，在真空中加热，使气体脱附，通过质谱仪分析氢气的含量。为了把氢气的峰强转化成氢气浓度，需要用一种已知的金属氢化物来标定，通常采用 TiH_2。

TDS 是一种高灵敏度的测试方法，其优势在于可用于分析微量样品，如纳米结构的微量高比表面积材料等。

10.2.3 热重法

样品在一定的氢气压力和升温程序控制下，采用微量天平来监测氢气在吸附和脱附过程中样品的质量变化。实验装置包含了一个置于真空压力容器中的高灵敏度微量天平，容器放置在加热炉体中。热重分析不具有选择性，因为质量变化有可能是其他气体吸附引起的。因此要求设备非常洁净且需要使用高纯氢。热重法可用于测试吸氢量低至 10mg 级的样品。

10.2.4 电化学法

样品通过电化学反应载氢，如碳材料。含碳电极（即待测电极、负极）是由吸氢材料和导电粉末（如金粉）混合压制的。把含碳电极和对电极置于 KOH 电解质溶液中。在充电过程中，水在负极被还原，部分还原的氢进入了样品储存起来。在放电过程中，氢和氧复合生成水。采用恒流充、放电，测试平衡条件下的电极电压。通过测试总电量可以计算出放氢量。

10.3 氢气中颗粒物的检测法[15-17]

采用化石燃料重整和电解水制得的氢气一般不含固体颗粒物，无需此项检测。但在一些特殊生产或使用过程中有可能混入固体颗粒物，如采用储氢合金储氢，由于其吸氢粉化后颗粒细化，一些粉末会随着氢气流动迁移，这些颗粒物进入燃料电池后会恶化电池性能，因此必须对氢气进行颗粒物过滤和监测。氢气中颗粒物的检测方法沿用大气中颗粒物的检测方法，主要有重量法、β射线吸收法、微量振荡天平法和光散射法四种。

10.3.1 重量法

重量法亦称为手工法，是最直接、最可靠的方法之一，是验证其他测试方法准确与否的标杆。该方法是指气体中颗粒物直接被截留在 Teflon 或 PTEE 滤膜上，然后用天平称重，从而计算出颗粒物的质量浓度。

10.3.2 β 射线吸收法

β射线吸收法的基本工作原理是放射源 C_{14} 发出的β射线粒子穿透一定厚度的滤纸时，β射线粒子被吸收，即β射线强度随滤纸吸附固体颗粒物数量的增多而逐渐减弱。

将氢气中的颗粒物收集到滤膜上，然后照射一束β射线，射线穿过吸附颗粒物的滤膜时由于被吸收而衰减。β射线强度的衰减程度与所透过的物质质量有关，通过测量清洁滤带和采尘滤带对β射线吸收程度的差异，并根据相应时间段的采样体积，来计算该时间段的颗粒物浓度。该法不受颗粒物粒径、成分、颜色及分散状态等影响，测量参数为颗粒物的质量浓度。

10.3.3 微量振荡天平法

微量振荡天平法是利用锥形元件振荡微量天平原理，在质量传感器内安装一个振荡空心锥形管，在空心锥形管振荡端上安放可更换的滤膜，振荡频率取决于锥形管的物理特性、参加振荡的滤膜质量和沉积在滤膜上的颗粒物质量。由于锥形管的物理特性和参加振荡的滤膜质量固定不变，因此振荡器件的振荡频率取决于滤膜上的颗粒物质量。当含有固体颗粒的氢气流入空锥形管时，微粒附着在滤膜上，通过测定振荡频率的变化，可计算出沉积在滤膜上颗粒物的质量，再根据采样流量、温度和气压，通过计算得到该时段的颗粒质量浓度。该方法属于间接称重法，方法较经典，能客观反映颗粒物的真实浓度。其准确性较β射线法高，且结构简单、维护方便、市场价位低，可满足一般检测需求。

10.3.4 光散射法

光散射法的工作原理是当光束照射在氢气中悬浮颗粒物上时产生散射光，颗粒物质量浓度与散射光的强度成正比，通过测量微粒的散射光强度，应用质量浓度转换系数 K 值，计算出颗粒物的质量浓度。此方法具有测量速度快、灵敏度高、稳定性好、在线非接触测量、体积小、重量轻、无噪声、操作简便、适用性强等优点，是目前测定 $PM_{2.5}$ 浓度的常用方法。

10.4 氢气瓶检测

第 2 章中已介绍了四代高压储氢容器，见图 2-9 所示，也被称为Ⅰ～Ⅳ型氢气瓶。本章以车用压缩氢气铝内胆碳纤维全缠绕气瓶（Ⅲ型氢气瓶）为例，其结构如图 10-4 所示，下面介绍其主要的检测方法[18]。

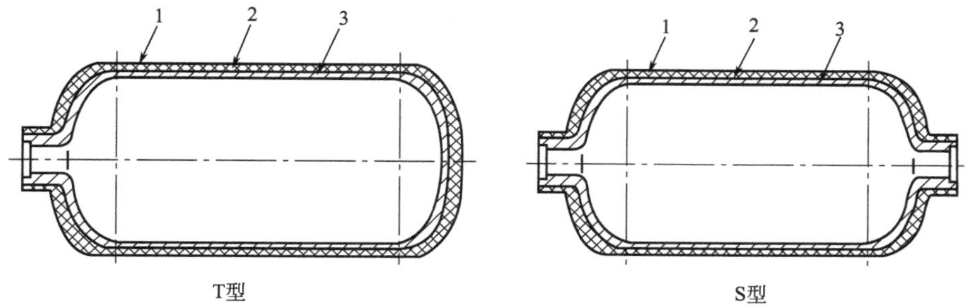

图 10-4 氢气瓶的结构类型

1—碳纤维缠绕层；2—防电偶腐蚀层；3—铝内胆

10.4.1 铝内胆的检测方法

铝内胆的检测项目和方法列入表 10-1 中。

表10-1 铝内胆的检测方法汇总

检测项目	检测方法	主要合格标准
壁厚	超声测厚仪	不小于最小设计壁厚
制造公差	标准的或专用的量具、样板	筒体外直径平均值和公称外直径的偏差不超过公称外直径的 1%；筒体同一截面上最大外直径与最小外直径之差不超过公称外直径的 2%
内外表面	目测检查外表面，用内窥灯或内窥镜检查内表面	内、外表面无肉眼可见的表面压痕、凸起、重叠、裂纹和夹杂，颈部与端部过渡部分无突变或明显皱折；筒体与端部应圆滑过渡
热处理后的性能测量	拉伸试验	实测抗拉强度 R_m 与 0.2%非比例延伸强度 $R_{p0.2}$应满足设计制造单位保证值，断后伸长率 A 不得小于 12%
	金相试验	无过烧组织
	冷弯试验	目测试样无裂纹
	压扁试验	在保持规定压头间距和压扁载荷条件下，目测铝内胆压扁变形处无裂纹
	硬度试验	硬度值不得超出设计制造单位规定的范围
	超声或其他无损检测	铝内胆最大缺陷尺寸应小于国标规定的最大允许缺陷尺寸

10.4.2 气瓶的检测方法

气瓶的主要检测项目、方法及合格标准见表 10-2 所列。

表10-2 气瓶的主要检测项目、方法和合格标准汇总

检测项目	检测方法	合格标准	国家标准
缠绕层力学性能	层间剪切试验	缠绕层复合材料层间剪切强度值应不低于 13.8MPa	GB/T 1458[19]
	拉伸试验	实测抗拉强度应不低于设计制造单位保证值	GB/T 3362[20]
缠绕层外观	目测检查	不得有纤维裸露、纤维断裂、树脂积瘤、分层及纤维未浸透等缺陷	GB/T 35544—2017[18]
水压试验	试验压力为 $p_h=1.5p$	在试验压力下保压至少 30s，压力不应下降，瓶体不应泄漏或明显变形。气瓶弹性膨胀量应小于极限弹性膨胀量，且泄压后容积残余变形率不大于 5%	GB/T 9251[21]
气密性试验	采用氮气进行气密性试验，试验压力为 p	在试验压力下保压至少 1min，瓶体、瓶阀和瓶体瓶阀连接处均不应泄漏。因装配引起的泄漏，允许返修后重做试验	GB/T 12137[22]
水压爆破试验	在常温条件下进行水压爆破试验，并同时满足以下要求：a. 试验介质应为非腐蚀性液体；b. 当试验压力大于 1.5p 时，升压速率应小于 1.4MPa/s。若升压速率小于或者等于 0.35MPa/s，加压直至爆破；若升压速率大于 0.35MPa/s 且小于 1.4MPa/s，如果气瓶处于压力源和测压装置之间，则加压直至爆破，否则应在达到最小爆破压力后保压至少 5s 后，继续加压直至爆破	爆破起始位置应在气瓶筒体部位。对于 A 类气瓶，实测爆破压力应大于或者等于 p_{bmin}；对于 B 类气瓶，实测爆破压力应在 0.9p_{b0}～1.1p_{b0} 内，且大于或者等于 p_{bmin}。气瓶爆破压力期望值 p_{bo} 应由制造单位提供数值及依据(含实测值及其统计分析)	GB/T 15385[23]
常温压力循环试验	试验介质应为非腐蚀性液体，在常温条件下进行压力循环试验，并同时满足以下要求：a. 试验前，在规定的环境温度和相对湿度条件下，气瓶温度应达到稳定；试验过程中，监测环境、液体和气瓶表面的温度并维持在规定值；b. 循环压力下限应为 (2±1) MPa，上限应不低于 1.25p；c. 压力循环频率应不超过 6 次/min	在设计循环次数 N_d 内，气瓶不得发生泄漏或破裂，之后继续循环至 22000 次或至泄漏发生，气瓶不得发生破裂	GB/T 9252[24]

续表

检测项目	检测方法	合格标准	国家标准
火烧试验	火烧试验操作和温度要求详见参考文献［18］。记录火烧试验布置方式、热电偶指示温度、气瓶内压力、从点火到安全泄压装置打开的时间及从安全泄压装置打开到压力降至 1MPa 以下的时间。在试验期间,记录热电偶温度和气瓶内压力的时间间隔不得超过 10s	火烧过程中至少 1 个热电偶指示温度达到规定范围,气瓶内气体应通过安全泄压装置及时泄放,泄放过程应连续,气瓶不得发生爆破	GB/T 35544—2017[18]
氢气循环试验	试验要求详见参考文献［18］	瓶体、瓶阀和瓶体瓶阀连接处均不得泄漏	GB/T 35544—2017[18]

注：表格中 p 为气瓶公称工作压力，MPa；p_{bmin} 为气瓶最小爆破压力，MPa；p_{b0} 为气瓶爆破压力期望值，MPa；p_h 为气瓶水压试验压力，MPa；A 类气瓶为公称工作压力小于或者等于 35MPa 的气瓶；B 类气瓶为公称工作压力大于 35MPa 的气瓶。

除表 10-2 列出的主要检测项目以外，还包括极限温度压力循环试验、加速应力破裂试验、裂纹容限试验、环境试验、跌落试验、枪击试验、耐久性试验、使用性能试验等[18]，这里不再赘述。

10.5 氢气输送管道检测

在 GB/T 34542《氢气储存输送系统》中，对金属材料与氢环境相容性（第 2 部分）和氢脆敏感度（第 3 部分）的试验方法，以及氢气输送系统技术要求（第 5 部分）进行了规定，其中第 5 部分尚未公示。本节仅对金属材料与氢环境相容性和氢脆敏感度的试验方法进行简介。

10.5.1 金属材料与氢环境相容性试验方法[25]

做输氢管道或储氢容器的材料应当与氢环境具有良好的相容性。GB/T 34542.2—2018 对金属材料在氢气环境中的拉伸性能、疲劳性能和断裂力学性能的测定方法进行了规定，见表 10-3。试验前应洗净待测样品表面的油污和杂质，并在干燥环境中妥善保存；试验箱及供氢管路系统需用惰性气体置换后，用高纯氢气置换，保证氧气和水的含量分别小于或等于 1×10^{-6} 和 5×10^{-6}（体积分数）。

表10-3 金属材料与氢环境相容性的主要试验方法

试验方法	试验设备及试样	试验程序	试验报告
慢应变速率拉伸试验	试样为光滑圆棒试样或者带缺口圆棒试样；光滑圆棒试样的表面粗糙度 Ra 小于或等于 0.8μm；带缺口圆棒试样应采用标准试样，或缺口应力集中系数大于或等于 3[26]	试验应采用恒位移速率加载；光滑圆棒试样标距段的应变速率应不超过 $2\times10^{-5}s^{-1}$；对于带缺口圆棒试样,以缺口为中心,长度为 25.4mm 试样段的应变速率应不超过 $2\times10^{-6}s^{-1}$	应包含以下内容：a. 试验条件；b. 试验参数(应变速率)；c. 试验结果(应力-应变曲线；屈服强度、抗拉强度、断面收缩率、断后伸长率)

续表

试验方法	试验设备及试样	试验程序	试验报告
疲劳寿命试验	试验采用力控制或者应变控制，试样为光滑圆棒或者带缺口圆棒试样；采用力控制时，光滑圆棒试样满足 GB/T 3075[27] 的相关要求；采用应变控制时，光滑圆棒试样满足GB/T 1524[28] 或 GB/T 26077[29] 的相关要求；带缺口圆棒试样采用标准试样，或者缺口应力集中系数大于或等于 3[26]	(1)采用力控制时，试样的应力幅保持恒定。光滑圆棒试样的力值比 R 宜取 −1 或者 0.1；带缺口圆棒试样的力值比 R 宜取 0.1。 (2)采用应变控制时，试样的总轴向应变幅或者轴向塑性应变幅应保持恒定。 (3)加载波形应采用三角波或者正弦波	应包含以下内容：a. 试验条件；b. 试验参数（加载波形、频率、力值比 R）；c. 试验结果（应力/应变-寿命曲线）
断裂韧度试验	实验设备和试样应满足 GB/T 21143 的相关要求[30]	试验应采用位移控制，并以缺口张开位移或者横梁位移作为控制变量；试样在线弹性区内的应力强度因子速率应在 0.1～1MPa · m$^{1/2}$/min 之间	应包含以下内容：a. 试验条件；b. 试验参数（位移速率、位移控制方法）；c. 试验结果（断裂韧度值）
疲劳裂纹扩展速率试验	实验设备和试样应满足 GB/T 6398 的相关要求[31]	力值比 R 宜取 0.1；加载波形应采用三角波或者正弦波；试验频率应小于或者等于 1Hz，宜取 0.1～1Hz	应包含以下内容：a. 试验条件；b. 试验参数（应力强度因子范围 ΔK、力值比 R、裂纹长度；试验时的载荷幅值、力值比 R、波形、频率）；c. 试验结果：da/dN 与 ΔK 的关系曲线

10.5.2 金属材料氢脆敏感度试验方法

在 9.2 节中述及氢气管网输送的一个关键技术是解决管材的氢脆问题。对于金属材料制的输氢管道或者储氢容器，从功能和安全角度考虑，均需要对其氢脆敏感度进行测评。GB/T 34542.3—2018[32] 中规定了金属材料氢脆敏感度试验方法，见表 10-4。置换用氮气或惰性气体的纯度应大于或等于 99.999%，试验温度应为 (23±5)℃，试验应包括 6 个氦气环境试验和 9 个氢气环境试验。

表10-4 金属材料氢脆敏感度试验方法[32]

项目	要求
试样	圆片试样的加工工艺应相同，且加工不应改变材料性能。圆片至少应满足以下要求： a. 直径为 $58^{0}_{-0.05}$mm； b. 厚度为 0.75mm±0.01mm； c. 平面度小于或等于 0.1mm； d. 表面粗糙度 Ra 小于或等于 0.8μm

续表

项目	要求
试验程序	（1）试验前，应采用适当的方法清洗圆片表面的油污和杂质，不得用手直接接触圆片表面。 （2）试验设备中法兰和压环用于夹持圆片。圆片安装于试验设备后，应先用氮气或惰性气体置换下腔体及管路系统，再用试验气体(氢气或氦气)置换。置换结束时,下腔体内氧气和水的含量应分别小于或等于 1×10^{-6}和 5×10^{-6}(体积分数)。 （3）选择合适的升压速率，并以恒定的升压速率对下腔体加压直至圆片爆破
氢脆敏感度评价	通过氢脆敏感度系数（其确定方法见文献［32］中的附录 B）来评价材料的氢脆敏感度。氢脆敏感度系数小于或等于 1，则材料氢脆不敏感；若氢脆敏感度系数大于或等于 2，则材料氢脆敏感，不得用于制造临氢零部件；若氢脆敏感度系数在 1～2 之间，则材料长期在氢气环境中使用有可能发生氢脆

10.6 相关的其他检测

10.6.1 氢气泄漏检测的方法[33]

与汽油、天然气和丙烷相比，氢的最大潜在危险并不是其燃烧和爆炸范围宽、着火所需能量小，而是无色无味，泄漏时不易被及时发现。因此，在氢燃料电池车辆上需安装氢气泄漏传感器来监测，同时也需安装碰撞感应器。当泄漏的氢气浓度超过探测器阈值，或发生剧烈的碰撞时，燃料电池系统会立即关闭燃气阀门并自动停机。在第 9.2.2“氢气的泄漏和全程监测”一节也介绍了氢气在管网输送中发生泄漏和全程监测的相关技术，这里不再赘述。

对氢气泄漏的检测在氢经济的任一环节，包括氢气的制备、运输、存储、应用和性能分析上都必不可少。为了保证用氢安全以及设备的精密性，需要对泄漏的氢气进行高精度检测。目前已开发出了多种氢气浓度检测器，如接触燃烧型检测器、接触燃烧/热电转换型检测器、气体热传导型检测器、半导体型检测器、半导体 PET 型检测器、电阻型检测器、薄膜光学纤维氢传感器等[33,34]。

此外连续监控氢气浓度变化，提高检测器的反应速度是目前氢气检测器的一个发展方向[35,36]。另外，将肉眼不可视的氢燃烧火焰可视化也是一个发展方向。尽管如此，氢气检测器还需在检测浓度范围、反应速度、小型化、低耗电、低成本等方面提高。

10.6.2 氢燃料电池车中氢系统的安全监控[37]

氢燃料电池车被认为是电动汽车的终极选择，各国政府近年来不遗余力地加大了对氢能技术的投入。对于车载氢系统的安全监控主要包含储氢系统、乘客舱、燃料电池发动机系统和尾气排放处的氢气泄漏、系统温度与压力、电气元件及其他器件的实时监控，以确保燃料电池在加氢、用氢过程中的安全。氢气安全监控系统主要有氢系统控制器、氢气泄漏传感器、温度传感器和压力传感器等元器件。其中，氢系统控制器在运行过程中监控储氢容器及输氢管路安全、氢气泄漏状态及整车运行状态，一旦出现异常，随时自动关闭供氢系统，保证燃料电池车辆安全。

10.7 小结与展望

在氢气的生产制备、输运、储存、应用各环节中均需要对氢气质量、储氢容器、输氢管道等进行测评，各种测评基于产品质量和使用安全性设置合格标准。

对不同纯度的氢气测试方法有所差异。低纯度的氢气采用爆炸法、吸收法、气相色谱法、膜分离法等常规方法进行分析；高纯度的氢气由于杂质含量低，需采用改进的方法，如变温浓缩气相色谱法、GC-DID 气相色谱法、色谱-质谱联用法等进行分析。

材料吸放氢性能检测是评价固态储氢介质吸氢、放氢特性的重要手段，主要包含体积法、热脱附谱、热重法和电化学法。体积法操作简便，但不适用于微量或者高比表面积的样品表征，且没有选择性吸附能力。热脱附谱灵敏度高，适于微量或者高比表面积的样品测试，能准确分析氢含量。热重法可测试吸氢量极低的样品，但也不具有选择性。电化学方法是一种间接测试氢含量的方法，需要测试电量换算成放氢量。

对氢气瓶（主要包括内胆和缠绕层）和输氢管道的检测，已发布了相关国家标准作为测评的指导性文件。

在用氢的安全性方面，对氢气输运和存储中的泄漏进行实时监测，对氢燃料电池车的储氢系统、输氢管道、乘客舱、尾气排放等各环节的监控尤为重要。为了更便捷地监控用氢安全，需要研发新型的、高灵敏度的氢传感技术，如可视氢焰传感器等。

参 考 文 献

[1] 纪振红，郑秋艳，王少波，等. 氢气的分析方法研究 [J]. 化学分析计量，2010，19 (3)：95-97.

[2] 段宝松. 氢气测定方法探讨 [J]. 氯碱工业，2005 (1)：35-37.

[3] 孙颖. 色谱法测定氢纯度曲线的探讨 [J]. 分析实验室，2001，20 (5)：84 -85.

[4] 孙志华. 高浓度氢气的快速分析-气相色谱法 [J]. 低温与特气，2002，20 (5)：44-46.

[5] 纪晓萍，孙瑞芳. 氢气纯度分析方法准确性的探讨 [J]. 化学工程师，1999 (1)：54-54.

[6] 杨海鹰，张金锐，陆婉珍，等. 一种新的氢气分析法 [J]. 低温与特气，1993 (2)：48-50.

[7] 刘辛，侯艳峰，耿慧英. 用化学辅助法对氢气中氧氩分析的讨论 [J]. 平顶山学院学报，2002，17 (5)：50-51.

[8] 刘元祥，马添俊，王立品. 炼厂氢气中微量氯含量的测定 [J]. 甘肃科技，2006，22 (12)：46-47.

[9] 张其春，姚红联，李敏. 浓缩法测定高纯氢中的微量氧和氮 [J]. 化学工业与工程技术，1995 (1)：57-58.

[10] 赵敏，迟国新. 高纯气体的分析——高纯气体中 CO、CH_4、CO_2 测定 [J]. 低温与特气，1999 (2)：67-69.

[11] 曲庆. 气质联用仪在气体分析中的应用 [J]. 低温与特气，2006，24 (1)：30-35.

[12] 张洪彬，韦桂欢，周升如. 色谱/质谱联用法测定 NF-3 中微量 CF-4 [J]. 质谱学报，2001，22 (3)：51-51.

[13] 郑秋艳，王少波，李少波，等. 电子气体主要杂质分析方法综述 [J]. 低温与特气，2008，20 (1)：14 -16.

[14] Zuttel A，Borgschulte A，Schlapbach L. Hydrogen as a future energy carrier [M]. Wiley-VCH Verlag GmbH&Co kGaA，Weinheim，2008.

[15] 范静. 空气中可吸入颗粒物检测方法比较 [J]. 内蒙古石油化工，2012，38 (4)：59-60.

[16] 彭浩，王远玲. 大气细颗粒物检测技术及研究进展 [J]. 现代医药卫生，2017，33 (16)：2490-2492.

[17] 但德忠. 环境空气 $PM_{2.5}$ 监测技术及其可比性研究进展 [J]. 中国测试，2013，39 (2)：1-5.

[18] GB/T 35544—2017 车用压缩氢气铝内胆碳纤维全缠绕气瓶 [S].

[19] GB/T 1458—2008 纤维缠绕增强塑料环形试样力学性能试验方法 [S].

[20] GB/T 3362—2017 碳纤维复丝拉伸性能试验方法 [S].

[21] GB/T 9251—2011 气瓶水压试验方法 [S].

[22] GB/T 12137—2015 气瓶气密性试验方法 [S].

[23] GB/T 15385—2011 气瓶水压爆破试验方法 [S].

[24] GB/T 9252—2017 气瓶压力循环试验方法 [S].

[25] GB/T 34542.2—2018 氢气储存输送系统 第 2 部分：金属材料与氢环境相容性试验方法 [S].

[26] GB/T 228.1 金属材料拉伸试验 [S].

[27] GB/T 3075 金属材料疲劳试验轴向力控制方法 [S].

[28] GB/T 15248 金属材料轴向等幅低循环疲劳试验方法 [S].

[29] GB/T 26077 金属材料疲劳试验轴向应变控制方法 [S].

[30] GB/T 21143 金属材料准静态断裂韧度的统一试验方法 [S].

[31] GB/T 6398 金属材料疲劳试验疲劳裂纹扩展方法 [S].

[32] GB/T 34542.3—2018 氢气储存输送系统 第 3 部分：金属材料氢脆敏感度试验方法 [S].

[33] 李星国. 氢与氢能 [M]. 北京：机械工业出版社，2012.

[34] Pitts R R, Smith D, Lee S, et al. Interfacial stability of thin film hydrogen sensors, FY 2006 annual progress report, VI. 3 [J]. National Renewable Energy Laboratory, 2004.

[35] Tennyson R C, Morison D, Colpitts B, et al. Application of Brillouin fiber optic sensors to monitor pipeline integrity [J]. IPC2004, Paper# 0711, Calgary, October 2004.

[36] Zou L, Ferrier G A, Afshar S, et al. Distributed Brillouin scattering sensor for discrimination of wall-thinning defects in steel pipe under internal pressure [J]. Applied Optics, 2004, 43 (7): 1583-1588.

[37] 刘艳秋，张志芸，张晓瑞，等. 氢燃料电池汽车氢系统安全防控分析 [J]. 客车技术与研究，2017，39 (6)：13-16.

第 11 章 氢的典型应用案例

氢的制备、储存/输运是实现氢经济的两大关键技术，如何把氢作为高效的能源使用则是第三大关键环节。氢的应用领域非常广泛，本章将选择一些典型的案例进行分析，包括燃料电池车辆、固定式燃料电池发电、移动式燃料电池电源、电解水储能等九个应用场景。

11.1 燃料电池车辆

氢能在燃料电池车中的商业化应用是实现氢经济的一个重要标志，燃料电池在电动汽车领域将占据重要一席。燃料电池车辆涵盖范围较广，既包括了燃料电池乘用车、客车、物流车，也包括了燃料电池叉车等特殊用途车辆。

11.1.1 燃料电池乘用车

燃料电池乘用车的典型示例是丰田公司的 Mirai（中文名：未来）[1-3]。2014 年底在日本正式上市的 Mirai 被公认为燃料电池汽车行业的里程碑，代表了行业最高水平。丰田的 Mirai 汽车是一款根据燃料电池的基本特性全新设计的三厢电动轿车，乘员 4 人。Mirai 采用了综合丰田最新燃料电池技术及混合动力电驱动技术的动力系统，具有良好的乘坐舒适性、加速性能和操控稳定性，能实现静音零排放行驶。Mirai 可在 −30℃室外停车冷启动，启动 35s 后燃料电池输出功率可以达到 60%，启动 70s 后输出功率达到 100%；一次加氢续航里程最高可达到 700km[3]。

Mirai 的动力系统技术方案及相关参数如图 11-1 所示，该系统由燃料电池堆栈（技术核心）、动力电池（辅助电源）、高压储氢罐（2 个，70MPa）、驱动电机、动力控制单元和燃料电池升压器 6 大部件组成。丰田从 2002 年推出第一代碳双极板燃料电池电堆，发展至今采用薄膜钛双极板的新一代电堆，成功地把体积功率密度提高了 2 倍以上，达到世界领先的 3.1kW/L，见图 11-2。此外，采用新的 PtCo 催化剂以降低 Pt 的用量、减小质子交换膜的厚度、采用新型的 3D 网络流场、采用特殊的高压储氢罐加固方式等技术[1,2]，使 Mirai 的动力系统集成获得了优异的综合性能。

同样是电动车的翘楚，Tesla 锂离子电池汽车以领头羊的姿态进入了中国市场。图 11-3 展示了这两款代表了新能源汽车目前世界最高技术水平的商业化电动汽车，表 11-1 则比较了两者的主要技术参数。

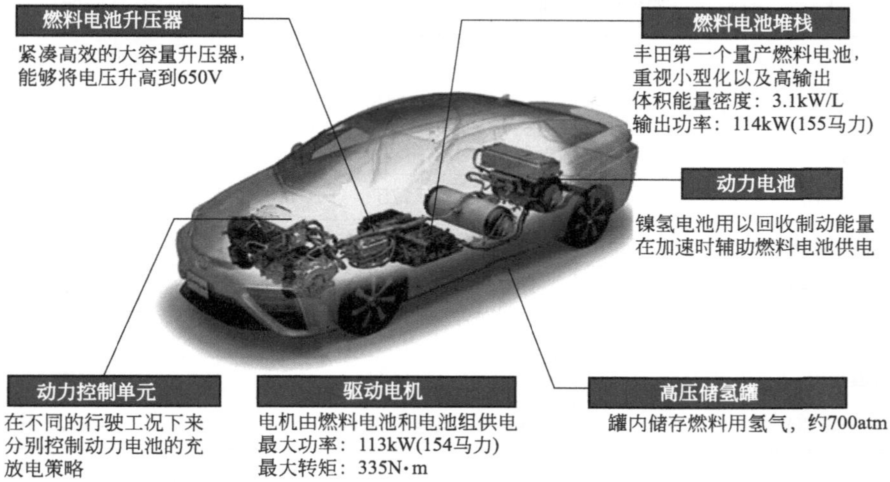

图 11-1 燃料电池车 Mirai 的动力系统技术方案及参数[4]

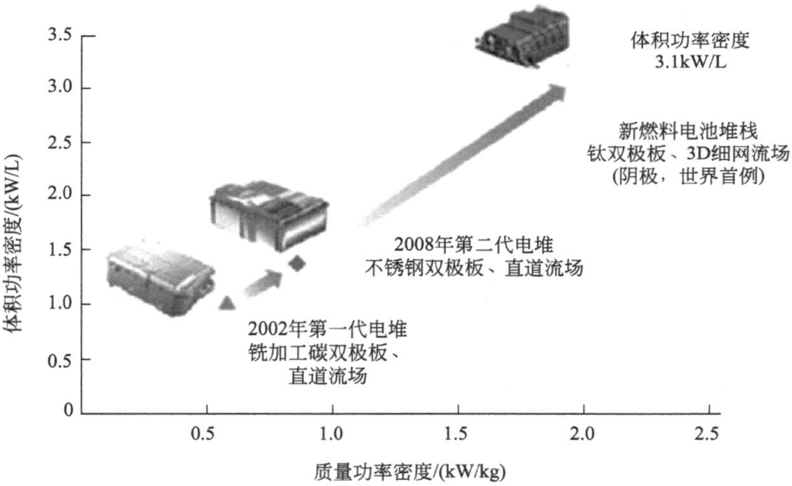

图 11-2 丰田燃料电池堆技术发展历程[5]

图 11-3 两款商业化电动汽车：燃料电池车 Mirai[5]（a）和锂离子电池电动车 Tesla Model 3[6]（b）

表11-1 燃料电池车 Mirai 和锂离子电池电动车 Tesla Model 3 的主要参数对比

项目	Mirai[3]	Tesla Model 3[6]
外观尺寸（长×宽×高）/mm	4890×1815×1535	4694×1850×1443
整备质量/kg	1850	1611
最高车速/(km/h)	175	225
0~100km/h 加速时间/s	9.6	5.6
常规加氢(充电)时间/min	3	>480
续航里程数/km	502	460
发动机功率/kW	114	175
储氢量(电池容量)	5kg H_2(相当于约 80kW·h)	60kW·h

与整车配备锂离子电池的 2019 款 Tesla Model 3 相比，两者价格接近，每辆约 38 万元人民币。Mirai 的续航里程比 Tesla Model 3 长约 10%，但由于氢燃料电池的能量密度比锂离子电池高 2～3 倍，燃料电池车在长续航能力方面还有巨大的潜力可发掘。两款车型最大的差异在于燃料的补给时间，Mirai 在 3min 内完成氢气加注，而后者常规充满电时间需要 8h 以上，即使快充也需要至少 4h。从续航能力和燃料补给方面来看，燃料电池车都具有巨大的优势，未来有望成为电动汽车的主流。

11.1.2 燃料电池城市客车

据报道[7]，丰田在日本国内首次获得燃料电池巴士“SORA”的车型认证，已于 2018 年开始正式销售。SORA 是一辆以氢燃料电池为主动力的巴士，见图 11-4 所示。SORA 由 Sky（天空）、Ocean（海洋）、River（河流）、Air（空气）四个英文单词的首字母组成，表示地球上的水循环。SORA 车身的长×宽×高为 10525mm×2490mm×3350mm，车厢可容纳 79 人（含 22 个乘客座位、56 个站位和 1 个司机座位）。

SORA 上搭载了与该公司首款氢燃料轿车 Mirai 相同的燃料电池系统（TFCS），其动力总成包括两个 114kW 的燃料电池组（Mirai 是一组，见 11.1.1 节）和双电机驱动，电机最大功率为 113kW，峰值转矩为 335N·m。SORA 上配置了总容量达 600L 的 10 个氢气罐为其提供氢燃料，同时配备了一组镍氢电池作为辅助电源。

图 11-4 日本丰田公司生产的燃料电池巴士车 SORA[7]

目前，各城市加氢基础设施稀缺，大多处于示范阶段，因此开发运行线路较为固定的燃料电池城市客车成为各国启动氢经济的首选。在大力发展氢能的趋势下，各国政府纷纷出台燃料电池车补贴政策，但出于技术难度和成本考虑，燃料电池混合动力城市客车成为国内外众多企业步入燃料电池车市场的试金石，也是竞争新能源汽车市场份额的一大热点。由于各车企采用的技术路线有差异，混合动力城市客车的技术参数有较大区别[8]。清华大学从“十五”规划开始研制燃料电池客车，但是产业界一直没有相应的投入。直至“十三五”规划期间，各车企才如雨后春笋般投入了燃料电池客车研发，一些车企已有小批量产品投入市场，如近日报道广东南海 437 辆氢能源公交投放[9]，其中包括泰罗斯动力系统有限公司与广东广顺新能源动力科技有限公司联合相关车企自主研发的氢燃料电池公交车，见图 11-5 所示。

图 11-5 广东泰罗斯动力系统有限公司生产的燃料电池巴士车（图片由该公司提供）

从技术层面上讲，我国的燃料电池客车技术还处于起步阶段，以蓄电池为主动力、燃料电池增程的混合动力技术为主流，整车设计概念尚欠缺，关键的材料和部件还依赖于进口，掌握燃料电池材料及组件制备关键技术、高性能燃料电池堆设计及组装技术是我们必须直面的难题。

11.1.3 燃料电池叉车

叉车是燃料电池应用的一个特殊领域。普拉格能源（Plug Power）公司是美国燃料电池的龙头公司之一，其主要产品为以氢燃料电池为动力的叉车，服务于包括沃尔玛在内的北美和欧洲各大企业。该产品用氢燃料电池完全代替传统叉车使用的铅酸电池，可在－30℃服役，见图 11-6 所示。只要有氢燃料，燃料电池动力系统即可以全速运行；而铅酸电池使用一半的电量后，动力会降低 14%。燃料电池无需充电和更换，传统电池用完电需要换下来充电，其更换需要 15min，而加氢仅需 2min。如此计算，如果叉车每天加氢三次，一年可净节约 234h 用于正常运行[10]。

图 11-6 普拉格能源（Plug Power）公司生产的燃料电池叉车[10]

11.2 固定式燃料电池发电

固定式燃料电池发电可应用于移动通信基站、家庭或者楼宇供电系统、野战医院、自然灾害应急电源等领域。不同类型的燃料电池均被尝试应用于固定式燃料电池发电系统，包括质子交换膜燃料电池、固体氧化物燃料电池、磷酸型燃料电池等。

11.2.1 移动通信基站用燃料电池发电

当前，多数移动通信基站采用柴油发电机和铅酸电池作为备用电源。柴油发电机有安装条件受限及环境污染等问题；而铅酸电池能量密度过低，且因含重金属铅和硫酸，在制造和回收过程中有污染问题，因此均不适合用于基站备用电源系统。燃料电池电源系统具有能量密度高、环境友好、过载能力强、比传统电池寿命长、可靠性高、易维护、运行维护费用低等优势，被认为是移动通信基站备用电源的理想选择。按照当前移动通信基站分布的密集程度，功率 3～5kW 的燃料电池即可完全满足基站备用电源的需求[11]。

以 2011 年报道的德国第三大移动通信供应商 E-Plus 联手诺基亚西门子网络公司（NSN）建立的新型自给式移动通信基站为例[12-14]。该基站一方面使用光伏和风力发电，不使用电网的能源，降低 CO_2 排放；另一方面，不依赖于远距离输电线路，降低了运营成本，并通过一套远程监控、辅以故障检测系统来降低偏远地区的移动通信基站的维修、维护成本。

该基站在德国城市费尔斯莫尔德（Versmold）西北部的郊区进行了系统的试点试验，如图 11-7 所示。其供能系统包含光伏发电设备、风力发电设备、燃料电池发电系统和蓄电池储能系统等。其中，光伏发电设备由 45 块光伏模块组成，每个模块的峰值功率是 195W，太阳能转化效率为 15.3%。风力发电设备的风能通过在桅杆顶部的垂直轴风力涡轮机发电，涡轮机的额定功率是 10kW，距涡轮机 20m 处的噪声仅 60dB，噪声污染低。当太阳能和风能发电量不足，且蓄电池的充电状态降低至低于配置值时，发电系统启动氢燃料电池设备发电，因此氢燃料电池被作为备用能源来保障移动通信基站的持续可靠的运行。采用 Jupiter 公司生产的氢燃料电池发电设备，总额定功率为 40kW。由 2 个储氢罐组连接燃料电池发电系统，每组有 12 个高压储氢罐，当燃料电池单独供电时可以确保系统持续运行至少 5 天。燃料电池发电系统由控制器、燃料电池模块和储能模块组成。每个燃料电池单元输出电压 48V，输出功率 2kW[14]。

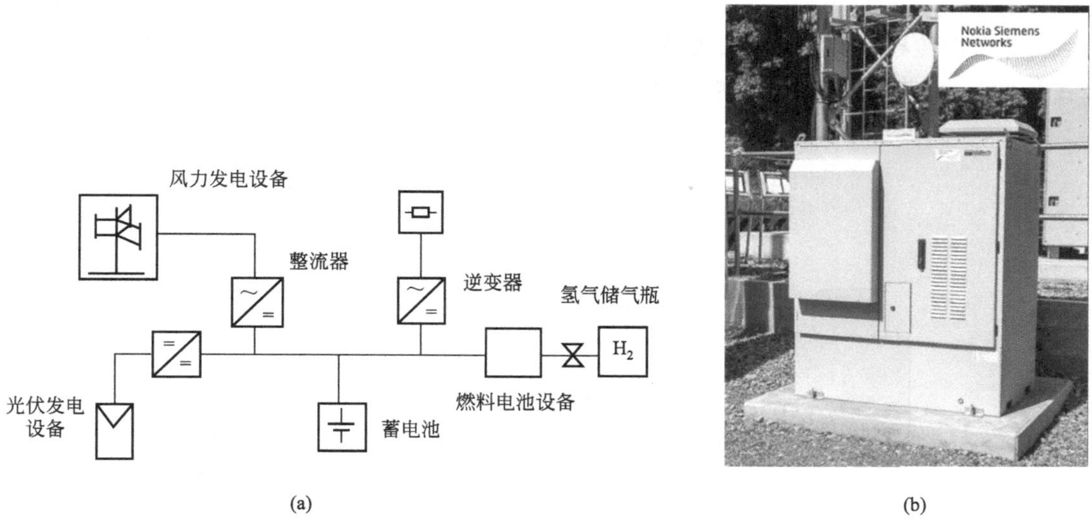

图 11-7 德国 E-Plus 联手 NSN 开发的新型自供给移动通信基站的供能系统结构[13]（a）及其燃料电池发电系统（b）

这一新型自给式移动通信基站供能系统的电能供应数据统计表明，燃料电池年发电量仅占系统总量的 8%，不是系统供电的主电源，但是除了风机在一次大雪中出现故障之外，该供能系统能够保障通信基站的持续稳定运行，其可靠性相对于多数其他类型的离网供电系统提高很多，同时对环境的影响非常小。

另一典型案例来自中美洲[11]，2012 年 10 月桑迪飓风充分验证了巴拉德（Ballard）燃料电池系统在飓风期间提供备用电源的能力。在整个飓风期间，巴拉德在巴哈马地区安装的 21 套 ElectraGenTM-ME 燃料电池电源系统中，有 17 套系统位于该次风暴中的电网停电区域。当电网停电时，所有的 17 套燃料电池备用电源系统开始自动启动发电。在 3 天飓风持续期内，每台 5kW 的燃料电池电源系统均持续正常运转，维持不间断的电力供应。在整个飓风期间和之后的一周内，所有 17 套燃料电池电源系统总共运行了 700 多小时，发电总量达 1200kW·h。根据报道，此次燃料电池备用电源系统减少了 50%的通信损失。

在国内，2011 年中国联通即启动了对燃料电池在移动通信建设中试运行的项目。但是由于国内的燃料电池价格高、寿命不够长等诸多原因，要达到规模化应用，还有一段路要走。

总的来说，移动通信基站采用燃料电池电源系统发电是未来的一个发展方向，其高效率、高能量密度、小型化、低维护率、低运营成本等优势吸引了电信运营商的高度关注。

11.2.2 家庭用燃料电池发电

家庭住宅用燃料电池发电是能源短缺国家、离网/离岛的边远地区等优先考虑的能源供给方式之一。固体氧化物燃料电池（SOFC）由于其在 500℃以上的高温下工作，可以实现制冷、制热、为家庭提供热水（CCHP），综合能量利用率可超过 80%，因此在家庭用发电市场被看好。

SOFC 的工作原理如下：阴极侧通入空气，其中 O_2 作为氧化剂，阳极侧通入燃料气（如 H_2、CH_4、CO 等还原性气体），采用多孔的电极骨架以便于气体的传输，致密的固体电解质以便于在物理空间上隔离空气与燃料气。在阴极侧，O_2 扩散到阴极材料活性位点，经过吸附-解离过程后得到电子成为 O^{2-}，O^{2-} 在电解质两侧氧浓差的驱动下，通过其内部的氧空位定向传导至阳极，将阳极还原性气体氧化为 H_2O（如果燃料中含烃类，则产物中还含有 CO_2），并释放自由电子，见图 11-8 所示。

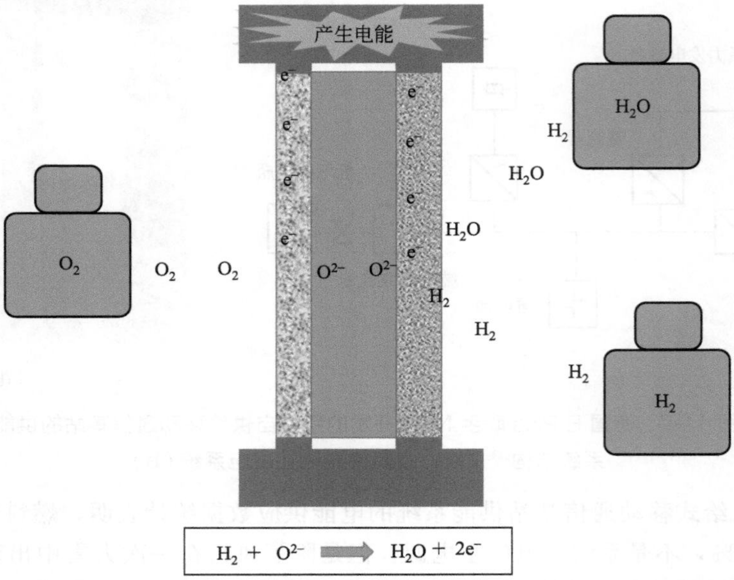

图 11-8　SOFC 工作原理示意图

日本早在 2002 年就启动了固定式燃料电池示范研究项目，在 2005～2008 年实现了大范围的固定式燃料电池（包括 PEMFC 和 SOFC）示范项目，开始进行用户租赁、安装及数据收集。随之，日本推出了 Ene-Farm 计划，Tokyo Gas、Osaka Gas、Kyocera、Toto 等多个公司积极参与，致力于 700W 级家用 PEMFC 与 SOFC 热电联供系统的研发与应用推广，至今已装备数万个家庭。该项目已经支持了超过 12 万套家用燃料电池设备，可给每个家庭提供 50% 的电能消耗，使用户每年的取暖与照明费用下降 5 万～6 万日元，减少 CO_2 排放量 1.3t/a。日本 Ene-Farm 项目被认为是世界上最为成功的燃料电池商业化项目[15]。图 11-9 所示为该项目支持的 700W 级家用 SOFC 热电联供系统（CHP）的安装外观图。

图 11-9　日本 Ene-Farm 项目部署的 700W 级家用 SOFC 热电联供系统（CHP）[15]

家庭用燃料电池要被普通用户所接受，除了其能效高、环保等优势能吸引大众以外，尚面临最大的障碍，即经济性。Moussawi 等[16]测算了住宅用 SOFC-CCHP（固体氧化物燃料电池-冷热电联产，纯氢为燃料）系统的最大能量转换效率为 65.2%，最低系统成本每千瓦时电约 1.5 元人民币。显然，这个成本价格还不具备竞争力，如何降低 SOFC 和燃料的成本是关键问题。当然，SOFC 可以使用天然气等价廉的燃料，是降低成本的有效方法，但还要依赖于化石燃料，其环保性问题仍然存在。

11.2.3 其他用途固定式燃料电池发电

固定式燃料电池发电可应用于多种场景，如英国的阿尔科拉能源公司（Arcolaenergy）与德国的质子发动机公司（Proton Motor）合作，在苏格兰北部奥克尼群岛（Orkney）的柯克沃尔（Kirkwall）港口安装了一套 75kW 的固定式燃料电池系统，为该港口供电[17]。

此外，为了解决弃风、弃光、弃水电造成的电力损失，利用富余的电能电解水制氢，采用储氢的方式把能量储存起来，在电力短缺的时候使用燃料电池发电，也是值得探讨的能源利用方式。但是整条技术路线的经济性尚需认真分析和思考。

11.3 移动式燃料电池电源

充电宝是移动式燃料电池电源正在拓展的一个广阔市场。与目前市面上流行的锂离子电池充电宝相比，燃料电池充电宝能量密度更大，待机时间更长，安全性更高，可随身携带进入机舱。最早的商用燃料电池充电宝是 2009 年 10 月东芝公司推出的 Dynairo[18]，以甲醇作为燃料，电量 11W·h。随后新加坡的 Horizon 公司、日本的 Aquafairy 公司等也陆续推出了类似产品。虽然燃料电池这种新型的移动式电源还存在一定的局限性，但仍有较大的发展空间。下面介绍两款典型的商业化燃料电池充电宝。

11.3.1 基于水解制氢的燃料电池充电宝

较早实现商业化的燃料电池充电宝是 2012 年瑞典 myFC 公司推出的 PowerTrekk，见图 11-10 所示，也是目前出货量最多的微型燃料电池充电宝产品。

PowerTrekk 燃料电池充电宝分为 3 个功能区，包括制氢、发电和储电[19,20]。它使用了一种固体材料硅化钠（NaSi）作为燃料，该物质本身不含氢，一旦与水接触即可发生水解反应释放氢气，制得的氢气进入 PEM 燃料电池中发电；另还配置了一个 1500mA·h 的锂离子电池储电。PowerTrekk 外观尺寸为 68mm×127mm×43mm，重 241g，燃料包 43g，便携性较好。

2014 年，myFC 公司将 PowerTrekk1.0 升级到 PowerTrekk2.0[21]，燃料采用钠硅合金和硼氢化钠的混合物，额定功率由第一代的 2.5W 升级到 6.5W，内置的锂离子电池容量提高到 3800mA·h，尺寸不变，质量增加 30g。

2015 年，该公司推出纯燃料电池模块 JAQ 产品，燃料盒可提供 2400mA·h 的电量，可将 1 部智能手机充满电，见图 11-10(c) 所示。产品体积比 PowerTrekk 更小，主机约 200g，燃料盒约 40g，便携性更好[22,23]。

国内的同类技术也正在走向市场，如江苏中靖新能源科技有限公司 2012 年推出了 JS-

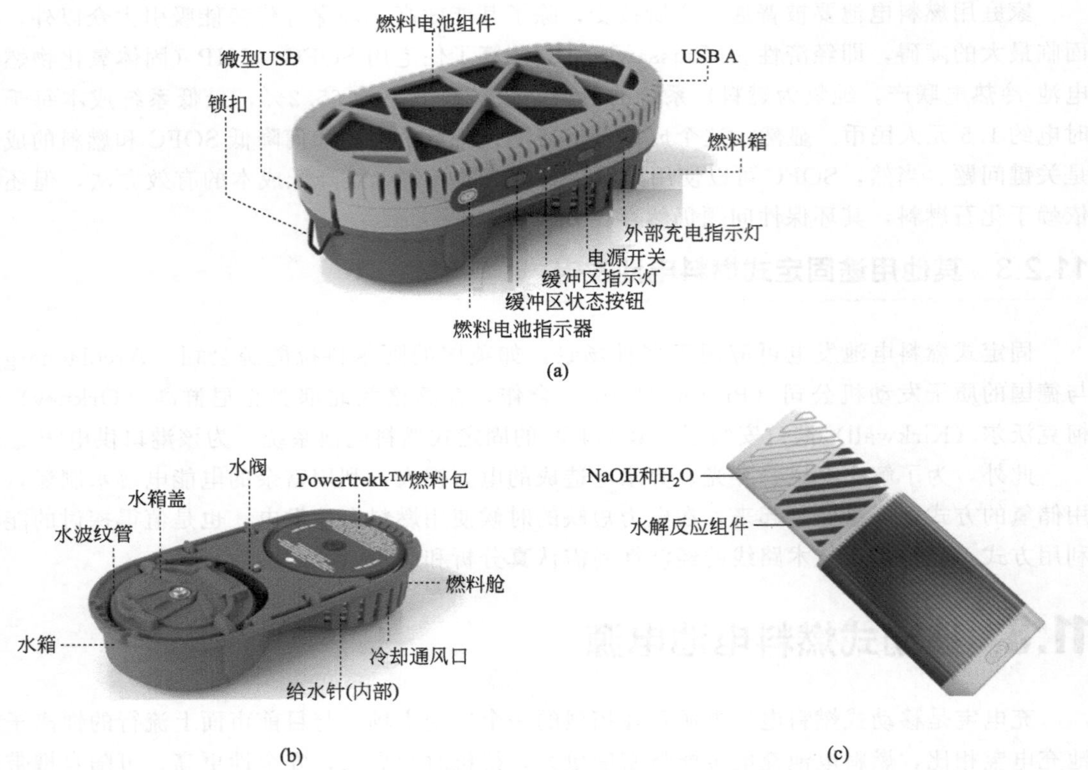

图 11-10 PowerTrekk 微型燃料电池充电器（a）、内部结构（b）[20] 和 JAQ 燃料电池充电宝（c）[23]

Power 便携式氢能发电机[24]，额定功率 4～8W，采用高效复合制氢剂（铝粉、NaOH 和催化剂）与水反应制氢，再通过蓄电池供电。

需要关注的是，基于水解制氢的燃料电池电源中，燃料与水反应虽然可产生大量的氢气，但是水解反应是不可逆的，反应产物需要丢弃或者专门回收，大量使用后可能引起新的问题。

11.3.2 基于可逆气固储氢的燃料电池充电宝

2013 年，英国的 Intelligent Energy 公司推出一款小体积、低价格的 Upp 燃料电池充电宝[25]，见图 11-11 所示。充电宝外观尺寸为 120mm×40mm×48mm（燃料棒尺寸为 91mm×40mm×48mm），重 235g（燃料棒重 385g），售价 226 美元。

Upp 采用具有可逆吸放氢性能的储氢合金 $LaNi_5$ 作为储氢介质，每个燃料盒充满氢气后，可产生 25000mA・h 的电量，可以为智能手机提供一周的电力，即 900h 待机时间，或 32h 通话时间。Intelligent Energy 公司还得到与苹果公司合作的机会，后者专门为 Upp 开发了应用程序，帮助客户统计使用情况、指示燃料棒更换地点、提供售后服务等。

这款产品的优点是燃料棒可以反复使用，氢用完后燃料棒的更换费用仅 9 美元。但由于没有配套销售家用加氢机，消费者需要去 Intelligent Energy 公司特约的商店更换 Upp 燃料棒，使用便利性还有所欠缺[26]。

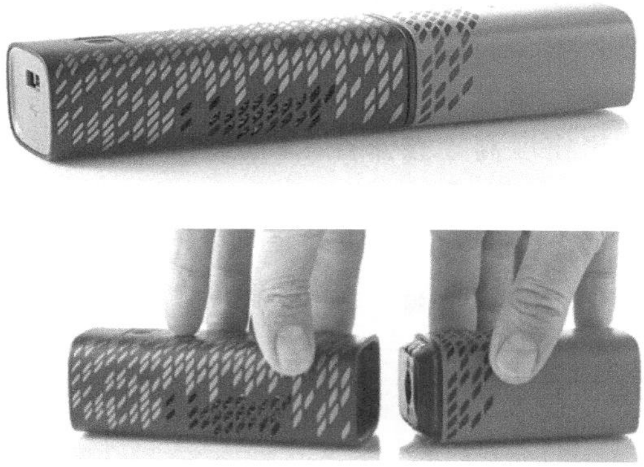

图 11-11 英国 Intelligent Energy 公司推出的 Upp 移动电源

11.4 电解水储能

可再生能源，如太阳能、风能、水能等，都会遇到电力输出波动大，造成大量弃光电、弃风电和弃水电的困难。采用电池储能可以解决短期电力供需平衡的问题，但是电池由于存在自放电等固有难题，不太适合长时间、大规模储能。把弃电用于电解水制氢，然后用一种合适的方法把氢储存起来，需要电力时用氢高效地发电，这是调节电力平衡的一种方案。

下面介绍一种电解水制氢后，采用高体积储氢密度、低压、高安全性、低损耗率的固态金属氢化物（MH）大规模储氢的方法[27,28]。以太阳能发电为例，见图 11-12 所示，当光照充沛时，产生的电力可以为负载供电，同时富余的电可用于电解水制氢，并用金属氢化物储存起来。夜间或者阴雨天气缺少阳光时，启动燃料电池发电。Gray 等[27]比较了金属氢化物储氢和性能最好的锂离子电池蓄电，发现金属氢化物长时间储氢具有比锂离子电池更高的储能效率，且没有像锂离子电池过放等类似问题的隐忧。

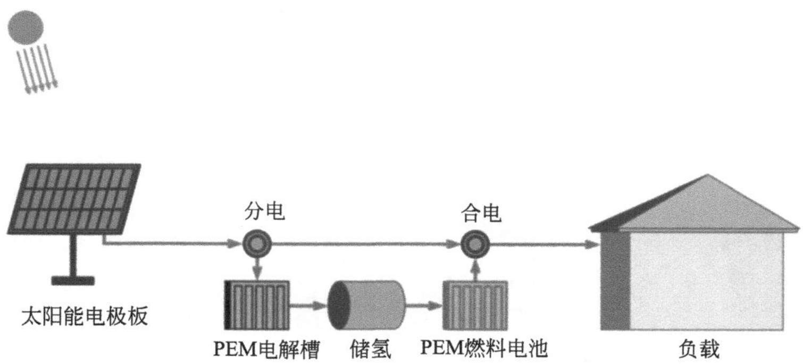

图 11-12 太阳能发电结合电解水制氢-储氢-燃料电池发电的不间断供电系统[27]

2014 年，日本制钢所（JSW）展示了一套屋顶太阳能发电-电解水制氢-大规模储氢的示范工程，采用金属氢化物储氢，以实现中长期电力供需平衡，见图 11-13 所示。电解水制氢最大产氢量 $40m^3/h$，储氢系统由 19 个储氢单元（双管结构，每个单元含两只金属氢化物储氢罐）组成，可储存 100kg 氢。

在此基础上，该公司于 2016 年开发了基于太阳能发电的金属氢化物储氢系统，用于夏季储氢，冬季用氢发电。鉴于金属氢化物吸氢和放氢的速率较慢，该储氢系统采用了与前述相同的双管结构以利于换热；单个储氢容器的直径和储氢量均增大，同样储存 100kg 氢气，仅需 9 个金属氢化物储罐。整个储氢系统长 3.2m，宽 1.8m，高 2m，见图 11-14 所示。固态储氢的最大优势是体积储氢密度高，意味着比高压气态储氢系统节约若干倍的体积，同时安全性大大提高。

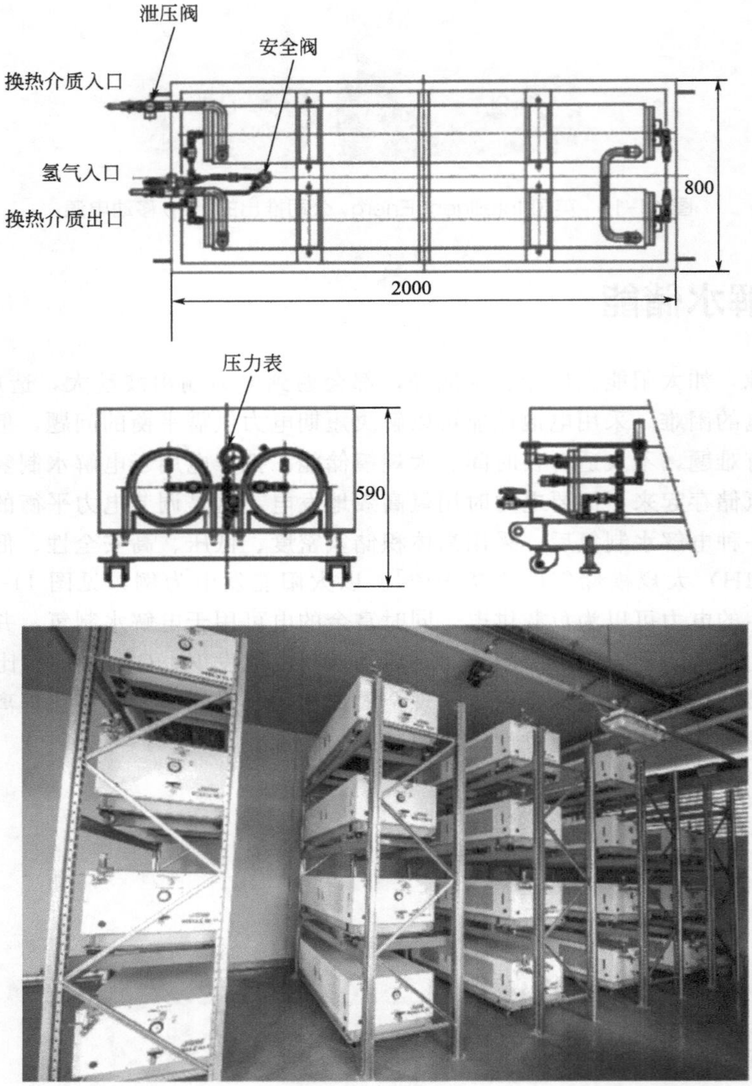

图 11-13　金属氢化物（MH）储氢系统的基本结构和外观照片
（每个单元含 2 只储氢罐）[28]

另一个案例是德国 McPhy Energy 公司在意大利普利亚区（Puglia）的特罗亚（Troia）安装的一套为建筑物提供能源的低压金属储氢系统，称为英格丽平台（Ingrid platform），见图 11-15 所示。该系统分 5 个储氢单元，每个单元储存 150kg 氢，总储氢量 750kg。通过现场电解水制氢给储氢系统充满氢后，储氢系统可运输至用氢终端。该系统于 2016 年底正式服役，是独一无二的固态储氢技术展示平台。

图 11-14 储氢 100kg 的金属氢化物储氢系统[28]

图 11-15 McPhy Energy 公司在意大利的 750kg 氢气固态储氢系统[29]

11.5 氢内燃机

基于化石燃料的内燃机技术发展高度成熟，但带来的能源枯竭、环境污染和碳排放问题日益突出，各国政府纷纷出台燃油车禁售时间表，以期从根本上解决这些问题。氢是真正的清洁能源，在传统内燃机技术基础上发展氢内燃机（工作原理见 1.3.3.1 节）被认为是实现氢经济进程中的一个很好的过渡技术，在燃料电池车价格大幅度降低之前，该技术更可能被汽车制造商和用户接受。国内外诸多汽车企业，如宝马、福特、马自达、长安等均已研制出氢内燃机，并能稳定运行。根据氢燃料喷射位置的不同，氢内燃机可以分为缸外喷射式和缸内直喷式两类，后者是国际上该领域的主要研究方向。

段俊法等[30]以四缸四冲程进气道喷射的氢内燃机为原型建立了三维仿真模型，见图11-16所示，该内燃机的主要参数见表11-2。

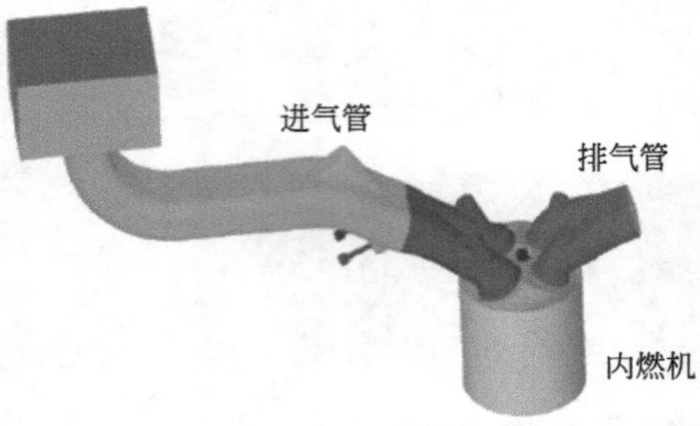

图 11-16 氢内燃机实体模型[30]

表11-2 氢内燃机的主要参数[30]

项目	参数	项目	参数
着火方式	火花点火	压缩比	10：1
排量/L	1.998	进气门开启角/(°)	−368
燃料供给方式	进气道喷射	进气门关闭角/(°)	−128
气缸数	4	排气门开启角/(°)	−560
缸径/mm	86	排气门关闭角/(°)	−354
行程/mm	86		

宝马汽车公司（BMW）是氢内燃机汽车研发的一个典型代表，该公司自1978年即开始开发以氢气为燃料的内燃机及氢汽车。2004年9月，BMW在6.0L V12燃油内燃机的基础上开发出一款被命名为H2R的氢内燃机汽车，并创造了9项速度纪录。2006年，BMW推出了宝马Hydrogen 7双燃料轿车，其储氢系统参数见表11-3，内部布置图见图11-17所示，其中燃氢模式提供的续航里程为200km，燃油模式续航里程500km。

表11-3 宝马 Hydrogen 7 的储氢系统参数

项目	参数
车载储氢方式	液态氢
储氢容器类别	真空绝缘低温储氢罐
储氢容器数量	1
总体积	170L
容器最大压力	5.1bar
储氢温度	20K
储氢容量	8kg
燃料喷嘴	第二代低温喷嘴
加热功率	1.5～3W
平均氢气蒸发率	16g/h
最大氢气蒸发率	33g/h

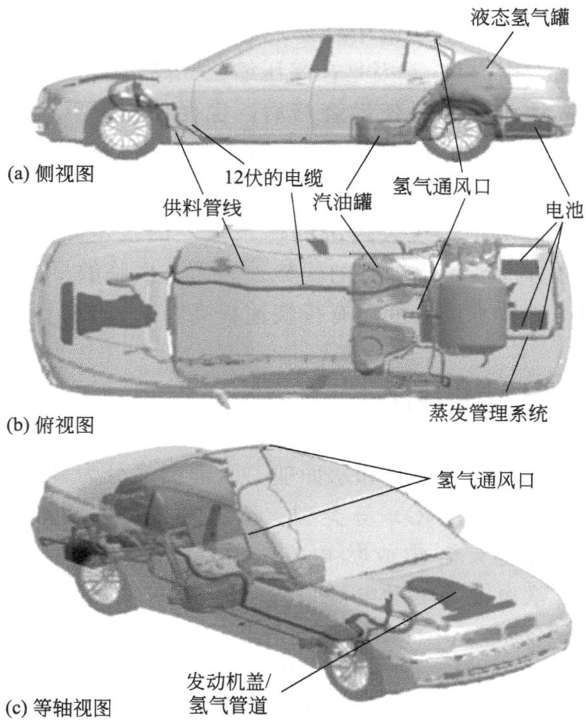

图 11-17 宝马 Hydrogen 7 的双燃料汽车内部布置图[31]

2008 年春，宝马 Hydrogen 7 单燃料验证车辆组装完成，用来展示单燃料氢车辆的减排潜力[32]。采用 FTP-75 标准测试的油耗是 3.7kg H_2/100km，按等热值来算，相当于 13.8L 汽油/100km；高速路上的油耗降至 2.1kg H_2/100km，相当于 7.8L 汽油/100km。按 FTP-75 标准测试的排放已经达到极低水平，如氮氧化物（NO_x）为 0.0008g/mile，不含甲烷的烃类（NMHC）达到零排放，一氧化碳（CO）排放量为 0.003g/mile。这相当于超低排放车辆（SULEV）所要求的 NO_x 排放量的 3.9%，CO 排放量的 0.3%。宝马 Hydrogen 7 单燃料验证车被证明是最干净的内燃机汽车。

值得一提的是，2007 年，10 个欧洲合作伙伴，包括汽车生产商、供应商及两所高校，历时 3 年成功完成了氢内燃机项目（HyICE），第一次利用氢气的各种独有特性，实现对氢内燃机的优化，氢燃料发动机的升功率达到 100kW。HyICE 的专家已经证明这款发动机拥有面向未来的技术，性能足以媲美传统发动机[33]。

北京理工大学在氢内燃机及车辆上的应用也进行了尝试，在一款排量 2.0L 的汽油机基础上，重新设计发动机各系统及部件，台架和整车试验结果表明：氢内燃机功率和转矩比相同排量的汽油机下降约 40%，但最高指示热效率和有效热效率分别可达 40.4%和 35.0%。氢内燃机汽车 CO 和烃类的排放量显著降低，NO_x 排放仅为 0.057g/km，比国Ⅳ标准低 28.75%，排放性能良好[34]。

氢内燃机技术涉及的最主要的难点是早燃和回火问题[35]。与传统燃油内燃机相比，由于氢的点火能量低、燃烧速率快、可燃范围宽、熄火距离短，以及点燃后缸内的压升率过大，因此早燃在氢内燃机中的问题更突出。当燃烧室中的燃料先于火花被点燃时，即发生早燃现象，会导致整机效率降低。如果早燃在燃油进气阀附近发生，并且火焰返回到感应系统，会发生回火现象。

早燃和回火这两个问题易发生在采用外部混合气形成方式下的氢内燃机上，在高压缩比、高负荷的工况下更易发生[36]。原因是在高压缩比、高负荷时，燃料释放的热量比较多，导致排温升高。此外，高速工况容易使燃烧滞后，也促使排温升高。因此，在进气阀开启后，残余废气还保持较高温度，使氢气在进气行程中被高温的残余废气点燃，从而产生回火现象[37]。

氢内燃机在汽车上的应用是实现氢经济的一条重要的技术路径，与传统内燃机汽车相比，在节能、环保等诸多方面展示出独特的优势。然而，面临的早燃、回火等技术难题限制了氢内燃机的广泛应用，其技术成熟度还有待快速提高。

11.6 燃料电池电动船舶

船舶按照服役对象不同可分为潜艇和水面船，水面船又分为客渡轮、货船、游船、考察船、集装箱船、液化天然气船（LNG）等类型。船上大量使用的推进系统以柴油机、蒸汽轮机或燃气轮机为主，此外也有柴-电或燃-电推进装置。船舶上的电力供应则主要是靠柴油发电机，并配有大量的二次电池等辅助电源[38]。根据船的类型和操作状况，所需要的驱动力功率有所不同，表 11-4 列出了几种船舶需要的驱动功率[39]。如果在船舶上采用燃料电池电源系统，既可以作为船舶的推进动力，又可以同时实现船舶上的各种电力供应的需求。当然，可根据船的类型和使用工况要求选择合适的燃料电池和燃料的种类。

表11-4 不同船舶的功率要求[39]

类型	电力	推进器	
		慢	快
小型游艇和船舶	1～100kW		
民用船只	100～2000kW	500～1000kW	50000kW
潜艇和海军舰艇	500～2000kW	1000～2000kW	50000kW

11.6.1 潜艇

目前在燃料电池电动船舶领域，燃料电池潜艇的技术研发趋于成熟。潜艇的多数工作时段在水下，因此需使用不依赖空气的动力推进系统（AIP），如使用燃料电池（FC）作为动力源，则构成 FC/AIP 系统。在高速航行时，以柴油发电机系统作为潜艇的动力源；在低速航行时，以 FC/AIP 系统作为动力源。FC/AIP 系统由燃料电池模块构成的电堆、氢源、氧源、辅助系统和管理系统组成，如图 11-18 所示[40]。

燃料电池推进系统之所以受到各国海军的青睐，是因为其具有如下优势：工作原理简单、无污染、隐身性好、模块化设计、转换效率高、免维护、消耗成本低。

目前，在德国、俄罗斯、美国、日本等国家，燃料电池已成功应用于潜艇 AIP 系统，中国也启动了相关技术的研发。其中德国燃料电池潜艇的研制在世界上一直处于领先地位，其 212A 型、214 型和 216 型潜艇代表着 FC/AIP 系统的最高水平。

以 212A 型首舰为例，如图 11-19 所示。它使用了西门子的第一代实用化 PEMFC（U-

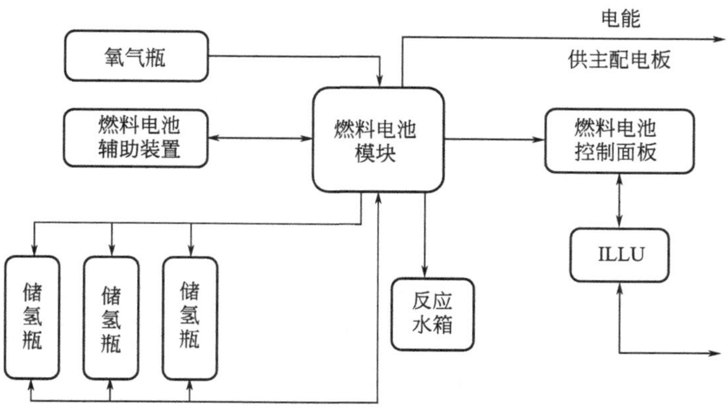

图 11-18 潜艇用燃料电池电站示意图[41]

31 号），由 9 组 PEMFC 单元、两个 14t 的液态储氧罐以及储氢罐组成，每组 PEMFC 单元可输出 34kW 功率，9 组 PEMFC 的总功率达 306kW，使 U-31 号能以 5 节以下的低速在水下连续潜航 2～3 周。为了防止反应物泄漏到舱内，燃料电池模块被放置在耐压容器中，容器内充满了 3.5Pa 压力的氮气[41]。212A 型潜艇装备的储氢罐采用了低压固态储氢技术，储氢罐由德国霍瓦兹公司制造，储氢介质为钛铁储氢合金，质量储氢量可达 1.8%。固态储氢罐能在 10h 内完成 80%的充氢，25h 内完成 100%的充氢。液态氧由低磁性钢材制造的储氧罐来充装，置于燃料电池之上、储氢罐之下。采用弹性基座固定以抗振，液态储氧罐周围设置泡棉以形成中性浮力，操作期间不会改变重量。

图 11-19 德国产 212A 型潜艇的外观

以 212A 型潜艇为基础，德国又开发了 214 型（出口型）FC/AIP 潜艇。214 型潜艇换装了更为先进的第二代 PEMFC 系统，由两个 120kW 的 PEM 燃料电池模块构成，可输出 240kW 的电力[41]。每个 PEM 燃料电池模块重约 900kg，工作温度为 80℃，全负载工作时的能量转换率可达 58%。由于提高了 AIP 系统的综合性能，214 型燃料电池潜艇水下连续航行时间（2～6 节航速）已达到 3 周。

德国在 2018 年底又公开了已经在德国海军服役的 216 型常规潜艇（图 11-20），续航里程达到 28 天[42]。216 型潜艇采用了燃料电池与锂离子电池的组合电源技术，最大的突破是用锂离子电池取代了传统的铅酸蓄电池，提高了储能容量，同时采用了 2 台自给式甲醇重整制氢炉提供氢源。

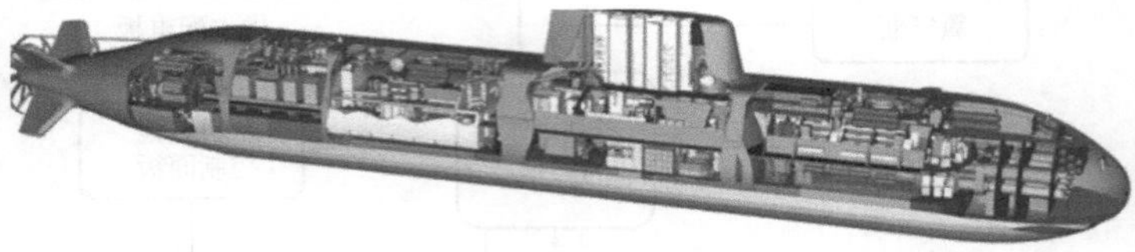

图 11-20 德国产 216 型潜艇的剖视图[42]

关于氢源系统，有不同的技术可以选择。德国潜艇专业制造商蒂森克虏伯海事系统公司（TKMS）在 2019 年 9 月在基尔举办的四年一度的潜艇展会上宣布已完成第四代潜艇燃料电池（FC4G）系统的开发与测试[43]。与前几代系统类似，FC4G 系统仍沿用低压固态储氢技术，由于氢以原子态储存在金属氢化物的晶格中，是一种高安全性的储氢方式，因此可将系统故障减少至最低限度。

11.6.2 民用燃料电池船舶

除了在军事领域的应用外，燃料电池还有望应用于民用船舶。人类历史上第一艘燃料电池海上供应船是挪威的“维京夫人（Viking Lady）”号，以液化天然气为燃料，燃料电池作为其推进系统[44]。此后，采用燃料电池作为船舶推进动力的研究逐渐受到了世界各造船强国的重视，并不断有试验船下水试航[45]。

2008 年 8 月，第一台商用燃料电池乘客船（Zemships，零排放船）在汉堡的阿尔斯特湖上投入使用[46]。Zemships 是由九个合作伙伴开展的一个联合研发项目，由汉堡自由汉萨城市事务和环境部领导。该项目于 2006 年启动，项目总金额达 550 万欧元，其中 240 万欧元由欧盟共同资助。

Zemships 的混合燃料电池推进系统来自 Proton Motor 公司，使用了该公司的 48kW（峰值）PM Basic A50 燃料电池系统，配以 350bar 高压氢气罐，续航期为 3 天。另配有蓄电池进行储能，用于缓冲和峰值负载的平衡。此外，林德集团（Linde Group）已建成并正在运营 FCS Alster-wasser 加氢站，该加氢站每 2～3 天为 Zemships 加注高压气态氢，每次燃料的补充过程大约需要 12min[47]。

另一个典型案例是美国 Sandia 国家重点实验室联合 White Fleet 公司在旧金山海域开展的零排放高速燃料电池客船项目，研发的氢燃料电池轮渡名称为 SF-BREEZE，被用作旧金山湾的商业客船。如图 11-21 所示，SF-BREEZE 结合了液态氢燃料、PEM 燃料电池技术和双体船体设计，准载 150 名乘客，最高航速可达 35 节[48]。

SF-BREEZE 顶层甲板上装有一个 1200kg 容量的圆柱形液氢（LH_2）罐，储存的氢可以保证船舶续航 4h，按每天 8h 运营时间计算，每天加氢 2 次即可满足燃料使用需求。在主甲板上，与乘客舱相邻的区域有 41 个 120kW 的 PEM 燃料电池电堆架，每个机架包含 4 个额定功率 30kW 的燃料电池单元。

在 Sandia 国家重点实验室与 White Fleet 公司合作成功开发的 SF-BREEZE 燃料电池客船基础上，演变出新的项目，称为零排放研究船（Zero-V），见图 11-22 所示[49]。据 Sandia 在 2018 年 10 月发布的一份报告显示，以符合海洋法规的方式建造这样的船只在技术和经济上是可行的。该项目由 Sandia 领导，联合了加利福尼亚大学圣地亚哥分校的斯克里普斯海洋学研究所（一家海军建筑公司）和 DNV GL（一家为海事行业工作的全球质量保证和风险管理公司），由交通部海事局（MARAD）资助。该船舶将被应用于海洋研究，可实现真正的零排放，因此不会有污染空气或者海洋的风险。

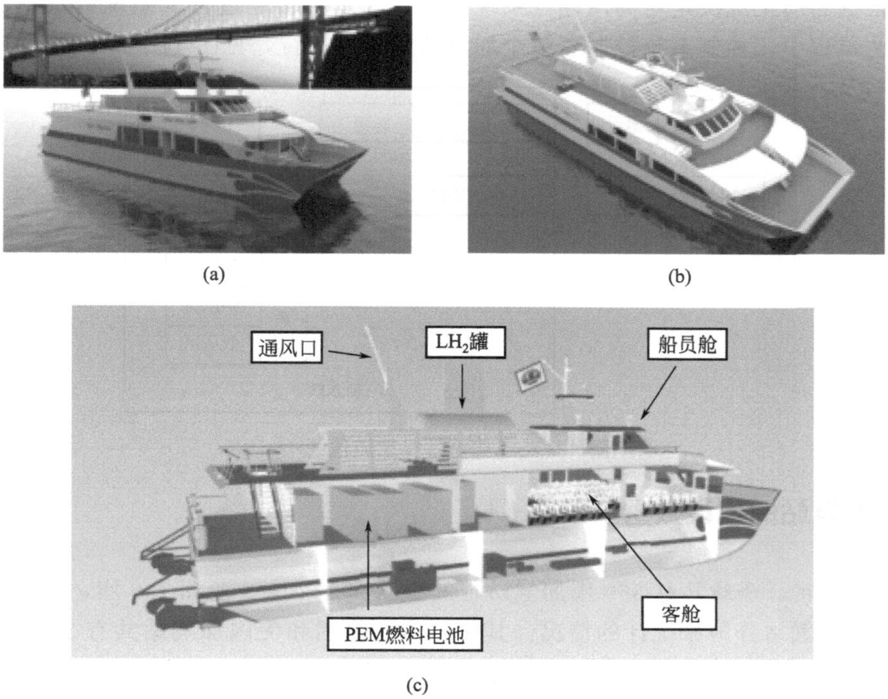

图 11-21 SF-BREEZE 燃料电池客船的工程模型图[48]

图 11-22 零排放研究船“Zero-V”

11.7 加氢站

氢燃料汽车的市场化是判断氢经济实现的一个重要标准，实现氢燃料汽车的燃料补给一般在加氢站完成。

11.7.1 加氢站的工艺流程[50,51]

通过管束车、液氢槽车或者输氢管道运输至加氢站的氢气，经管道进入调压计量装置输出稳定压力的氢气后，进入干燥系统对氢气进行干燥；经过干燥的氢气进入压缩系统，经由氢气压缩机增压后储存至站内的高压储罐中，再通过氢气加注机为燃料电池汽车加注氢气。压缩系统根据当前工况决定对高压储气系统充氢，或是直接通过售气系统给汽车加注氢气。在整个工艺流程中，控制系统控制着整个加氢站的正常运行，见图 11-23 所示。

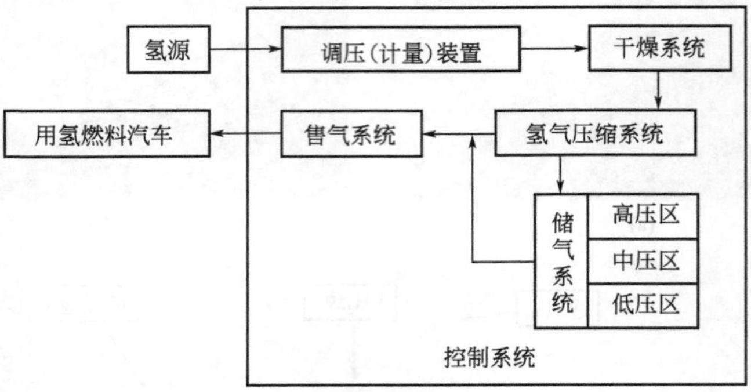

图 11-23 加氢站工艺流程图[50]

11.7.2 加氢站的建设数量及规划[52]

至 2018 年底，全球共有 369 座加氢站，其中欧洲 152 座，亚洲 136 座，北美 78 座。图 11-24 所示为加氢站分国家统计的情况。其中日本、德国和美国加氢站共有 198 座，占全球总数的 54%，显示出三国在氢能与燃料电池技术领域的快速发展及绝对领先地位；中国有 23 座，排名第四。在全部 369 座加氢站中，有 273 座对外开放，可以像任何传统的零售加油站一样使用，其余的站点则为封闭用户群提供服务，比如公共汽车或车队用户。值得关注的是，各国在近期计划部署更多的加氢站，新加氢站的数目也在平稳增长，见图 11-25 所示。其中，全球新增加氢站计划最多的是德国，拟新建 38 座，中国拟新建 18 座。

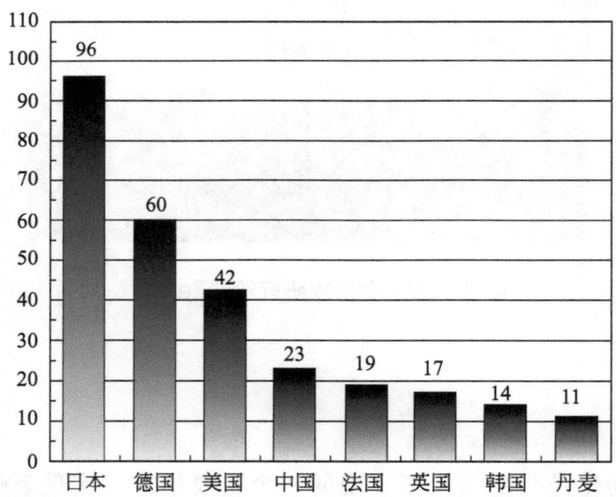

图 11-24 加氢站分国家统计图[52]

上述数据来自 H_2station 网站，是通过用户自主提交加氢站各项资料进行统计的，实际加氢站的数量超过以上统计数据，因为很多用户并未主动提交资料，如美国的 Plug Power 公司。据悉：Plug Power 公司在北美地区建造的加氢站就有 73 座，共 311 台氢加注机。截

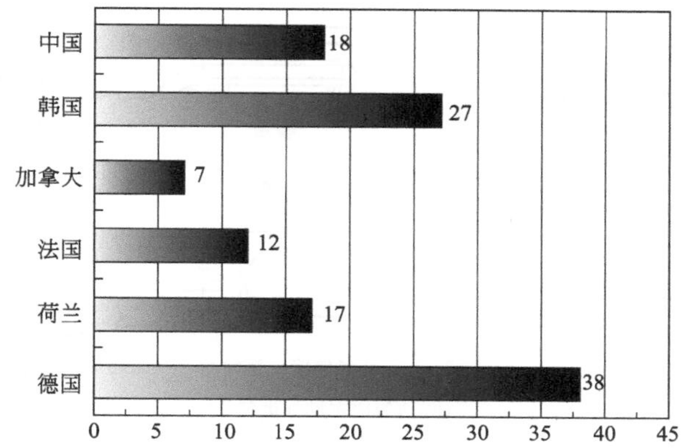

图 11-25 主要国家加氢站规划概况[52]

止至 2019 年 2 月，这 73 座加氢设施累计加注超过 1770 万次，日均加注超过 15000 次，累计超过 1 万吨加氢量。在旺季的日加注超过 25000 次，日加氢量超过 2.5t。

11.7.3 加氢站建设的技术路线

根据经济性、区域能源和客户群的特点等因素，加氢站建设所采取的技术路线有多种选择，其总体选取的原则是因地制宜、因势利导。加氢站建设所采取的技术路线大致有四种分类方法，简述如下。

11.7.3.1 根据氢气的来源分类[53]

根据氢气的来源不同，加氢站建设的技术路线又可分为两种，包括外供氢加氢站和内制氢加氢站。

（1）外供氢加氢站

外供氢加氢站内不设现场制氢装置，氢气通过长管拖车、液氢槽车或者输氢管道由制氢厂运输至加氢站，经图 11-26 所示的工艺流程，由压缩机压缩并输入高压储氢罐内存储，最终通过加氢机加注到燃料电池汽车上的储氢罐中使用。

根据氢气储存方式的不同，加氢站又可进一步分为高压气氢站和液氢站。全球约 30% 为液氢储运加氢站，主要分布在美国和日本，中国现阶段全部为高压气氢站。相比高压气氢储运，液氢储运加氢站占地面积更小，存储量更大，但是建设难度也更大，适合大规模加氢需求。

（2）内制氢加氢站

内制氢加氢站内建有制氢系统，制氢技术因地制宜，有不同的选择，包括电解水制氢、天然气重整制氢、可再生能源制氢等。站内制备的氢气一般需要经过 PSA 吸附系统纯化（如需更高纯度，可增加储氢合金纯化系统）和干燥后，再进行压缩、储存及加注等步骤。其中，电解水制氢和天然气重整制氢技术由于技术成熟、设备便于安装、自动化程度较高，且天然气重整制氢技术可依托天然气的成熟基础设施建设发展，因而在站内制氢加氢站中应用最多（图 11-27）。目前，欧洲和国内在建的一些内制氢加氢站主要采用这两种制氢方式。

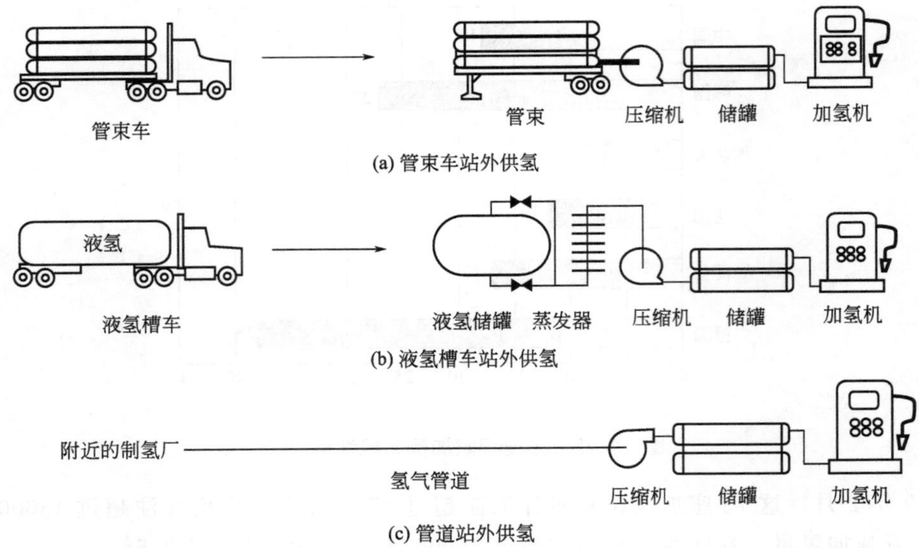

图 11-26　外供氢加氢站技术路线[53]

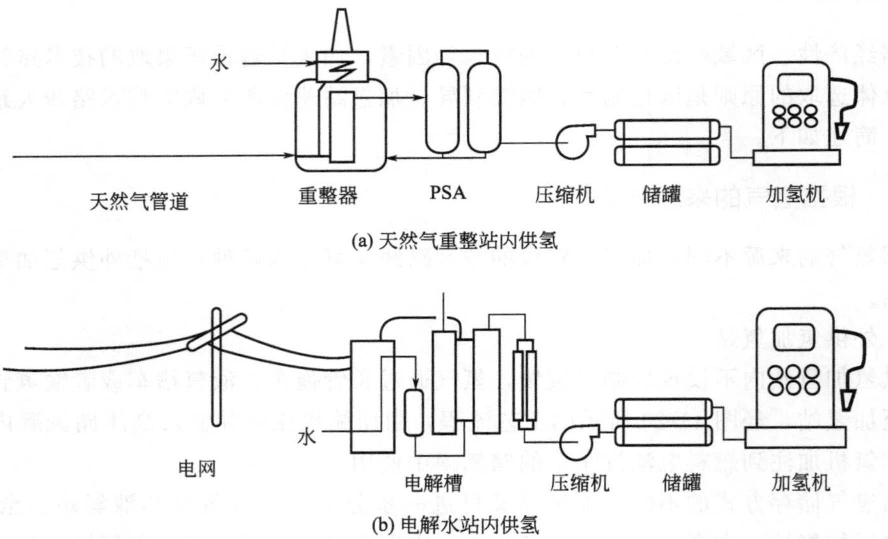

图 11-27　内制氢加氢站技术路线[53]

需要关注的是，在越来越多的加氢站项目中，氢能对区域能源转型的重要性愈见凸显：在德国北部，三个加氢站的氢源将由附近风力发电场电解水产生的氢提供；在冰岛，用于新建加氢站的氢源是由地热发电厂生产的电力电解水产生的；在苏格兰的奥克尼群岛上，氢是由潮汐和风力发电厂产生的，被用于十辆燃料电池汽车加注氢[52]。

11.7.3.2　根据供氢压力等级分类[54]

根据供氢压力等级标准不同，加氢站通常分为 35MPa 和 70MPa 两种压力供氢。国外加氢站大多采用 70MPa，国内加氢站主要受国内压缩机和储氢罐技术水平的限制，大部分采用 35MPa。用 35MPa 压力供氢时，氢气压缩机的工作压力为 45MPa，储氢瓶的工作压力为

45MPa；用 70MPa 压力供氢时，氢气压缩机的工作压力为 98MPa，储氢瓶的工作压力为 87.5MPa。

11.7.3.3 根据加注燃料品种分类[54]

根据站内所能加注的燃料品种进行分类，可分为单加氢站和油（气）氢混合站等。根据《加氢站技术规范》（GB 50516—2010），加氢站可以单站建设，缺点是需要重新选址、投入成本高。在原有或新建的加油站、加气站的基础上引入加氢功能设施，使站内兼具加油、加气、加氢等多种功能，称为油（气）氢混合站。油（气）氢混合站是近中期加氢站发展的重要方向，可以规避电动汽车充电需要更多场地及时间长等问题。

中石油、中石化等企业高度重视混合站的研发和建设工作。2019 年 7 月 1 日，国内首座油氢混合站——中国石化佛山樟坑油氢混合站正式建成，这是全国首座集油、氢、电能源供给及连锁便利服务于一体的新型网点，供氢能力为 500kg/d。

11.7.3.4 根据加氢站建设形式分类[54]

按建设形式不同，加氢站可分为固定式、撬装式和移动式加氢站，见图 11-28 所示。各类加氢站的加注能力及用地面积需求列入表 11-5。

固定式加氢站占地面积大，约为 2000～4000m²，需要在城市总体规划中详细地划定用地边界。在当下城市建设用地紧张、用地价值高以及加氢站未来发展不确定性等综合因素考虑下，寻找用于建设加氢站的独立用地存在一定困难，且有可能影响用地的开发价值。

撬装式和移动式加氢站将氢压缩机、储氢装置、加氢机等设备进行集成化、模块化设计，设备的总占地面积大幅度减小，一般不需要在城市规划中单独控制用地属性，较适于与加油站、加气站、环卫厂区、物流园区等合建。

(a) 固定式加氢站　　(b) 撬装式加氢站　　(c) 移动式加氢站

图 11-28 三类加氢站实例图[54]

表11-5 加氢站类型、能力及用地面积需求[54]

类型	储氢容量/kg	加氢能力	占地面积/m²
固定式	1000	公交车 25 辆（或乘用车 100 辆）；2～3 天的氢气耗量	2000～4000
撬装式	400～500	公交车 12 辆（或乘用车 50 辆）；2～3 天的氢气耗量	200～600
移动式	200～300	公交车 8 辆（或乘用车 30 辆）；2～3 天的氢气耗量	＜50

11.7.4 小结与展望

氢燃料电池车的规模应用将建立在加氢站的普及推广基础上。选择何种类型的加氢站建设，其基本的原则还是因地制宜。在大中型城市中心，规划一块建设面积上千平方米的单加氢站用地是不现实的，更适于油（气）氢混合建设，或者采用撬装式或移动式加氢站。至于采用外供氢还是内供氢的方式，或者采用气态氢还是液态氢输运，则需综合评价当地供氢的技术经济性，包括加氢站规模、客户群大小、原料供应链及运输成本等多因素。随着各地加氢站的建设数量增多，将积累越来越丰富的经验，包括氢泄漏、氢压缩、氢加注和安全监控等关键技术也会得到长足的进步。此外，需重视对加氢站的风险评级，以最大限度地降低加氢站的建设风险[55]。

为了提高加氢站的安全性，深圳市佳华利道新技术开发有限公司与北京有色金属研究院、太空科技南方研究院联合攻关，在使用储氢合金的基础上开发并建设了全球第一座低压加氢站，并服务于全球首辆装配有低压储氢合金储氢系统的公交车，在辽宁葫芦岛推广示范[56]。这一技术大幅度降低了加氢站的建设面积和建设成本，提高了安全性，是一种新的、有益的尝试。

11.8 金属氢化物氢压缩机

在第 2.2.1 节中，我们介绍了几种高压氢气的压缩方式，包括往复式、膜式、离心式、回转式、螺杆式等，这些氢压缩机都是机械式的，最大的缺陷是移动部件的磨损问题。这里介绍一种新型的氢压缩机，即金属氢化物氢压缩机。

11.8.1 金属氢化物氢压缩机的工作原理

金属氢化物氢压缩机是以吸放氢可逆的金属氢化物为工作介质，通过降温吸氢、升温放氢过程实现氢气压缩的氢压缩机。其氢气压缩的基本原理是根据不同温度时金属氢化物具有不同的平衡氢压，见图 11-29 所示：储氢合金在较低的温度下吸氢，吸氢的同时放出热量，如图中由 $A \to B$ 的过程，此时压力平台较低；然后通过加热提高金属氢化物的温度，使其压力平台升高，如图中 $C \to D$ 的过程，金属氢化物吸收热量，放出高压氢气。整个过程中仅需要适量热能的输入，通过一个吸放氢循环，即可将氢气从较低压力压缩到较高压力[57]。

11.8.2 金属氢化物氢压缩机的主要特点

与传统的机械式氢压缩机相比，这种氢压缩机具有如下优点[57,58]：

① 增压比和输气量的调节范围大，调节方便，通用性高；

② 可同时实现增压和纯化氢气；

③ 系统附件少、结构简单紧凑、体积小、可靠性高、可长期免维护；

④ 无机械传动部件、无动态密封、无磨损、噪声小；

⑤ 可利用太阳能、废热和低品位热源工作，运行成本低，清洁且节省能源。

11.8.3 金属氢化物氢压缩机的关键技术

金属氢化物氢压缩机是一种全新的技术，技术关键点主要有三个：

① 能够获得高压力平台，平台宽且平坦，滞后小，储氢量大，动力学特性优异，以及压缩比高的储氢合金；

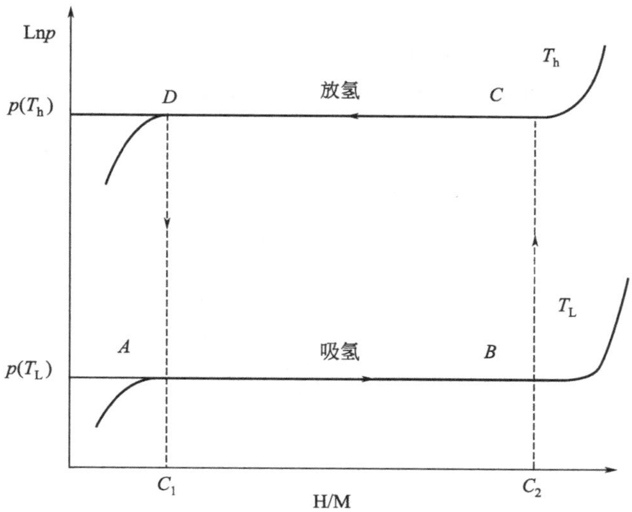

图 11-29 储氢合金实现氢气压缩的原理图[57]

② 合金反应床的传热传质结构的优化设计；

③ 把合金和反应床组装在一起的压缩机整机的设计制造。

11.8.4 金属氢化物氢压缩机技术的典型案例

目前已有大量的氢压缩机用储氢合金研究的报道，主要集中在 AB_5 型和 AB_2 型储氢合金，文献 [59] 中列出了一些典型示例。浙江大学王新华等[60]报道了以两种 AB_2 型储氢合金 Ti0.95Zr0.05Cr0.8Mn0.8V0.2Ni0.2 和 Ti0.8Zr0.2Cr0.95Fe0.95V0.1 为基础，设计和构建了一套二级氢气增压系统，通过油浴加热的方法，把氢气从 4MPa 先增压至 30MPa，再从 30MPa 增压至超过 70MPa，见图 11-30 所示。其中，298K 的冷油和 423K 的热油构成

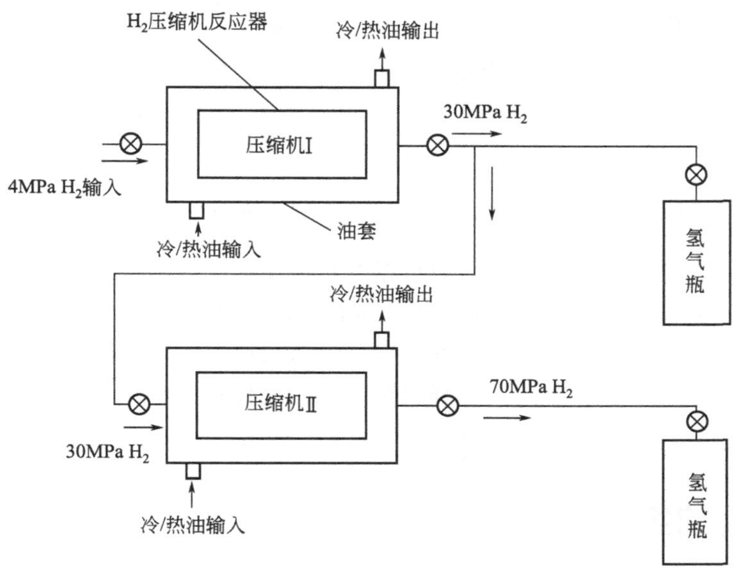

图 11-30 氢压缩系统工作原理示意图[60]

冷热循环系统。图 11-31 对比了一级和二级氢压缩系统的压缩性能。一级增压系统在常温下吸氢 30min 后加热增压，加热 30min 后达到 30MPa；二级增压系统在一级增压至 30MPa 后冷却吸氢 30min，再加热 30min 后达到 72MPa，输入储氢瓶中。

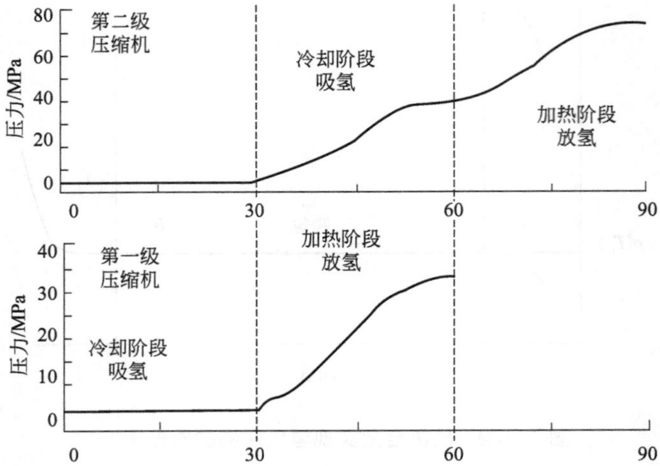

图 11-31 一级和二级氢压缩系统的压缩性能对比[60]

大多金属氢化物氢压缩机都处于样机研制阶段，真正实现商业化的产品较少，美国 Ergenics公司是少有的能提供产品的企业。Ergenics 公司生产的金属氢化物氢压缩机利用太阳能或者电阻加热水，如无水则使用封闭的冷热循环系统，使氢化物升温放氢达到增压的效果[58]。图 11-32(a) 为四级 90 SCFH 型氢化物压缩机的布置图，(b) 为六级氢化物压缩机的实物图。六级压缩机可利用 85℃的热水使氢气从常压升高到 3000psi（约 21MPa)。

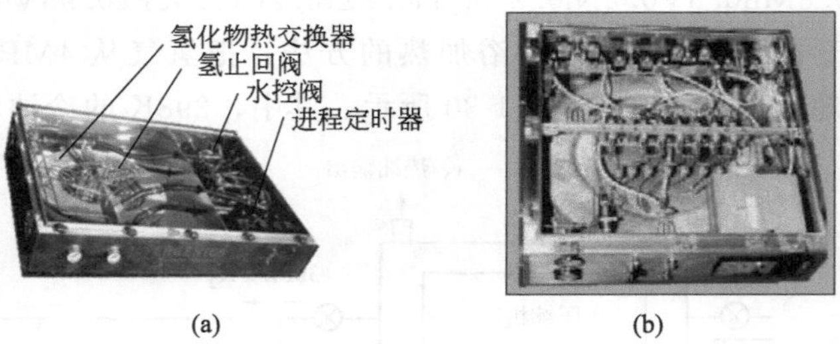

图 11-32 美国 Ergenics 公司生产的四级（a）和六级（b）氢化物压缩机实物图[58]

金属氢化物氢压缩机的增压能力可以根据客户的要求设计制作。针对加氢站应用需求的 35MPa 和 70MPa 金属氢化物多级连续压缩技术在国内外都处于开发阶段，尚未实现商业化应用。我国有研科技集团有限公司、浙江大学、上海交通大学等单位开展了相关技术的研发工作，已有相当的技术积累。然而，从样机到产品的过程还有更多、更系统的验证工作需要完成。

11.9 氢气的纯化[61,62]

氢气的来源有多种，主要包括电解水制氢、化石燃料水蒸气重整制氢和部分氧化制氢、化工副产氢等。根据氢源的不同，其所含的杂质气体种类和含量有差异，如化工生产中典型的含 H_2 气体混合物中的组分见表 11-6 所示，所采用的氢气纯化方法也有区别。

表11-6 化工生产中典型的含 H_2 气体混合物[62]

气体种类	$x(H_2)$/%	杂质
煤转化气	70～75	少量 CO、CH_4、CO_2 或 N_2
催化重整装置排出气	65～85	带有少量 C_2～C_5 烃的 CH_4
C_2H_4 生产脱 CH_4 塔顶排出气	70～90	CH_4
催化裂化干气	40～60	N_2、O_2、CO、CO_2、CH_4、C_2H_4、C_2H_6 及 C_5^+ 等烃类组分
加氢精制尾气	77.5	CH_4、C_2H_6、C_3H_8

氢气的纯化方法主要有低温吸附法、低温吸收法、变压吸附法、深冷分离法、膜分离法、金属氢化物分离法等，以及两种或多种方法的联用工艺。此外，还有一种新开发出的氢气纯化技术——水合物分离法。其中，低温吸附法、低温吸收法和变压吸附法都称为选择吸附法，是利用吸附剂只吸附特定种类的气体的特点，从而实现气体的分离。

11.9.1 低温吸附法

低温吸附法[63]是利用在低温（常为液氮温度）条件下，基于吸附剂本身化学结构的极性、化学键能等物理化学性质特征，吸附剂对氢源中某些特定低沸点气体杂质组分的选择性吸附，从而实现氢气的分离。

当吸附剂吸附气体饱和后，经过升温、降压的脱附或解析操作，使吸附剂再生，例如活性炭和分子筛吸附剂可实现氢气与低沸点氧、氮、氩等气体的分离。这种方法对原料气要求高（氢气纯度一般大于 95%），需要先精脱 CO_2、H_2O 和 H_2S 等杂质气体，因此常与其他氢气分离法联合使用，可以制备超高纯氢，回收率超过 90%。据报道[61]，北京氧气厂、抚顺氧气厂采用低温吸附法生产的高纯氢纯度为≥99.999%；美国 UCIG 公司托朗斯液氢厂、安大略液氢厂和萨克拉门液氢厂均采用低温吸附法生产超高纯氢，纯度为 99.9998%或 99.9999%。这种方法的缺点是设备投资大，能耗较高，且操作较复杂，适用于大规模生产。

11.9.2 低温吸收法

根据原料氢气中所含杂质的种类，选用合适的吸附（溶）剂，如甲烷、乙烯、丙烯和丙烷等，在低温下循环吸收和解吸氢中的杂质气。吸收的过程中，氢中的杂质气被溶解于液体吸附剂中；解吸的过程中，被溶解的气体从溶液中释放出来。

低温吸收法对原料气的要求也高，混合气中的氢气应大于 95%，用液体甲烷在低温下吸收氢中的一氧化碳等杂质，然后用丙烷吸收其中的甲烷，可得到 99.99%（4N）以上的高纯氢。之后再经过低温吸附法，用分子筛、硅胶、活性炭吸附除去其中的微量杂质，使总杂质含量小于 1×10^{-6}，可制得纯度为 99.9999%（6N）的超高纯氢。

11.9.3 深冷分离法

工业上通常将－100℃以下的低温冷冻称为深度冷冻，简称深冷。深冷分离法又称为低温精馏法[64]，实质上是一种气体纯化技术。它是一种低温分离工艺，是利用原料气中各组分相对挥发度的差异，通过气体透平（turbine）膨胀制冷，在低温下将原料气中各组分按工艺要求冷凝下来，然后用精馏法将其中的各烃类物质按其沸点温度的不同逐一加以分离。

氢气的标准沸点为－252.75℃，而氮、氩和甲烷的沸点分别为－195.62℃、－185.71℃和－161.3℃，与氢的沸点相差较大。因此，采用冷凝的方法可以将氢气从这些杂质气体中分离出来。此外，氢气的相对挥发度比烃类物质高，因此深冷分离也可以实现氢气与烃类物质的分离。

深冷分离的主要设备包括压缩机、换热器和透平机。深冷分离工艺的优点是：适用于低含氢量（20％以上）的原料气；输出的氢气纯度高，可以达到95％以上；能有效地把原料分成多股物流；氢气的回收率也较高，可达92％～97％。

深冷分离法多用于要求在回收原料气中氢气的同时，能够获得 C_3～C_5 等副产品的场合（如催化裂化干气中的氢提纯）。缺点是该工艺投资较高，只有在生产规模较大时，才能显示出较佳的经济性。

11.9.4 变压吸附法

变压吸附是氢纯化工业中最常用的方法之一，是一个近似等温变化的物理吸附分离过程（图 11-33）。它是把吸附剂固定在吸附床上，利用混合气中不同组分在吸附剂上的吸附量随压力变化而有差异的特性，在较高压力（一般在 1～2.5MPa）下进行选择性吸附，在较低压力（一般为常压）下进行解吸。上述两个过程组成的各吸附塔交替切换循环工艺，每个循环的时间为几分钟至十几分钟。变压吸附可以一步除去氢气以外的多种杂质气体，杂质组分作为吸附相而被分离，氢气则作为吸余相被连续输出。

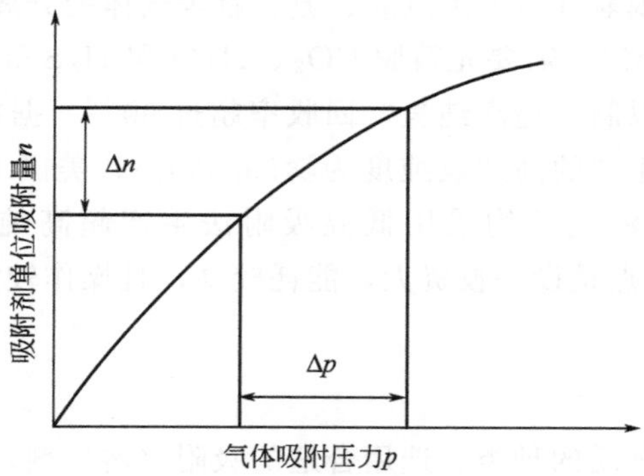

图 11-33 变压吸附等温线[64]

变压吸附技术目前在工业上已经被大规模应用，我国在 20 世纪 80 年代初已实现工业化，其规模达到 3000m³/h。经测算，与深冷法相比，变压吸附技术降低投资 11.7％，操作费用降低 41.2％，产氢纯度在 99％～99.9999％之间，氢回收率为 60％～80％。

变压吸附的主要优点如下：①工艺流程及装备简单，过程一步完成；②投资少，能耗低；③磨损低，技术维护少（除阀门外，无任何活动部件）；④产品纯度高；⑤系统的可靠性高，过程在常温下运行，无需溶剂或化学药剂，吸附剂可使用 10 年以上；⑥可实现自动连续化生产。其主要缺点：一是氢气的损失率较高（一般为 10％～25％）；二是高度依赖自动控制系统。

通常认为变压吸附法适用于原料气中氢的含量大于35%的氢气纯化。但是近年来，用真空变压吸附（VPSA）法从含氢量低至20%、CO含量为80%的贫氢气体中分离出高纯氢，纯度达到99.999%；日本公司采用PSA法，从焦炉气中分离出纯度为99.9999%的超纯氢。

11.9.5 膜分离法[62,64]

膜分离法是一种新兴的高效气体分离技术，其工作原理是基于各种物质透过膜的速率不同，使混合气体中各组分得以分离、分级或富集，其传质驱动力为膜两端的分压差。由于大多数气体在膜分离过程中无相变发生，无需使用分离剂（吸附剂或吸收剂），分离系数较大，工作温度近室温，所以膜分离法的主要优点是节能和高效。

分离膜由高分子、陶瓷或金属等材料制造，多为高分子材料，可以制成致密或多孔、对称或不对称等形态。工业上实用的分离膜都是不对称的，通常由两层膜组成：一层较薄、较致密，起分离作用；另一层多孔，起机械支撑作用。膜分离器主要有板框式、管式、中空纤维式和螺旋卷式等，其中后两种最具发展前景。

分离膜最重要的两个特征参数是渗透率和选择性。渗透率越高，所需要的分离膜面积越小，系统的投资成本越低；选择性越高，分离过程的效率就越高，获得一定渗透流量所需要的驱动力越低，系统运行的成本越低。此外，耐用性和机械完整性也是分离膜的主要参数，应结合经济性综合考虑选择。

工业上用于气体分离的实用膜都是基于溶解扩散的聚合物膜。膜分离气体的过程，是以压力差（0.1～10MPa）为驱动力，根据气体组分在膜内的溶解度和扩散系数的差异而进行的。在溶解-扩散膜中有连续的通道，高分子链的热运动形成瞬间缝隙（$<$1nm），作为透过气体分子的通道。氢分离膜目前主要有中空纤维的聚砜、聚芳酰胺和聚酰亚胺等。如美国孟山都公司的聚砜中空纤维膜分离器用于分离精制氢，氢气纯度为86%～99%，回收率高达90%～95%。

11.9.6 金属氢化物分离法[61]

在一些特殊的工况下，需要超高纯度的氢气；在长期服役的加氢站中，即使氢气经过PSA系统纯化后，仍然存在杂质气体含量超标的风险，需要对氢气进一步纯化处理。金属氢化物分离法是精制和储存超高纯氢的一项新技术。其工作原理是利用储氢合金在常温附近对氢进行选择性地化学吸收，生成金属氢化物，而氢气中的其他杂质气体则浓缩于氢化物之外，随着废氢排出；当金属氢化物再升温时，发生分解反应释放氢气，从而获得高纯度的氢气。这种方法最早在20世纪80年代初由美国空气产品公司及恩格尔科公司实现工业化。

氢气纯化的装置由两部分组成：一是预处理器，可除去大部分水、氧、一氧化碳和氮等杂质气体；二是装有储氢合金的纯化器，通常采用两个或四个纯化器组合使用。例如，当一个纯化器降温到约20℃，升压到15MPa时，储氢合金吸氢放热；另一个纯化器在升温到100℃左右，减压到约10MPa时，储氢合金吸热脱氢。此时，两个纯化器互相换热，无需外部热源。这种装置能连续生产纯度为99.9999%以上的超高纯氢，氢回收率为75%～95%。

用于氢气纯化处理的储氢合金主要有稀土系$LaNi_5$型合金；钛系（含AB型和AB_2型），如TiFe合金、$TiMn_2$合金、$TiCo_2$合金等；以及锆、镁、钙等系列的储氢合金[65,66]。

需要注意的是，储氢合金颗粒在反复吸放氢循环的过程中会逐渐粉化，因此必须在纯化器终端装配合适的过滤器以阻止合金微粉进入气体中，从而保证输出高纯度、高洁净度的氢气产品。为了解决微粉带来的问题，有的公司对合金初始形态做了改进，采用真空蒸镀法、喷镀法或离子束蒸镀法将 $LaNi_5$ 型合金镀覆在金属（或石英）基板上，制成储氢合金薄膜，同时可延长储氢合金的使用寿命。

国内多家高校及研究机构研制了金属氢化物氢纯化器，包括浙江大学、北京钢铁研究总院、北京有研集团、光明化工研究所、西南化工研究院等。日本大阪高压气体工业公司与大阪工业技术试验所研制的 TiCrMn 储氢合金氢纯化器可获得 99.9999%的超高纯氢。Wang 等[67]研究发现，经过氟化处理后的 $LaNi_{4.7}Al_{0.3}$ 合金在氢气纯化处理过程中具有优异的氢化特性，并且在氟化环境下具有良好的稳定性，混合气体经过氟化合金纯化后，氢气纯度高于 99.9999%。

11.9.7 水合物分离法

水合物是小分子物质（例如 CO_2、CH_4、C_2H_6、C_3H_8 和 N_2 等，称为客体分子）和水在一定温度和压力条件下生成的一种冰状晶体物质。如表 11-6 所示，含 H_2 的混合气体中常含有这些小分子物质，这些组分均能生成水合物。

水合物分离法提纯氢气的工作原理是在适当的温度和压力条件下，混合气体与水接触，除 H_2 以外的组分会和水发生水合反应生成水合物。因此，利用氢气不能在水合物中存在这一特性提出了水合物法分离、提纯含氢的混合气体中氢气的思路[68]。由于水合物是固态，极易与富氢气体分离，从而达到氢气提纯的目的。

水合物分离法的优点是由于水合物中氢气含量接近于零，理论上氢气的回收率可达到 100%。这种方法可采用目前较成熟的生产设备，工艺流程也相对简单。水合物分离法提纯氢气是一种新方法，目前还处于理论研究阶段，但对于低沸点混合气体的分离，该法具有独特的优点：①水合物法可以在 0℃以上进行，与深冷分离（－160℃）相比，可以节省大量制冷所需的能量；②水合物法分离得到的气体压强高，分离前后的压差小，与变压吸附和深冷分离相比，可以节省气体增压所需的能量；③水合物分解后的纯水可循环利用，理论上整个过程中没有原料损失。表 11-7 列出了几种分离方法的比较[68]。

表11-7 不同含 H_2 气体混合物分离方法的比较[68]

方法	使用范围	产品 $\phi(H_2)$/%	收率/%	主要能耗	主要物耗	操作条件
化学吸收法	仅限 CO_2 和 H_2 分离	＞98	＞98	解吸、原料气压缩	吸收剂损耗	＞6MPa
膜分离法	原料中 $\phi(H_2)$＞50% 或更高	80～90	50～85	原料气、产品 H_2 升压	膜	3～10MPa
深冷分离法	和烯烃回收联合使用	＞90	～90	压缩、制冷	无	3MPa，－160℃

续表

方法	使用范围	产品 ϕ (H_2)/%	收率 /%	主要能耗	主要物耗	操作条件
变压吸附法	原料中 ϕ $(H_2)>60\%$ 或更高	90～99	50～90	解吸、抽真空、产品 H_2 升压	吸附剂损耗	1～2.5MPa
金属氢化物分离法	原料中 ϕ $(H_2)>15\%$ 或更高	90～99.9999	75～95	无	无	吸氢 15MPa，放氢 10MPa 20～100℃
水合物分离法	原料中 ϕ $(H_2)>20\%$ 或更高	90～97	>90	原料气压缩、制冷	无	5MPa，1～10℃

11.9.8 氢气纯化与分离技术的发展趋势

氢气的来源很多，包括化石燃料制氢、工业副产氢、电解水制氢等，不同氢源的氢纯度差别极大。前面介绍的七种氢气分离和纯化技术适应的纯度范围也有区别，见表 11-7。为了达到燃料电池等用氢场景对氢气的规范要求，通常需要采用多种气体分离纯化技术的组合工艺，例如，变压吸附和膜分离法、深冷分离的联合应用等。此外，组合工艺还可以降低运行成本。

国内外现已研制出以变压吸附（PSA）和膜分离为主导的两种以上气体分离和纯化技术相组合的工艺，并取得了良好的应用效果。在国内，常采用 PSA 和低温吸附的组合工艺；美国 UCIG 公司的革新膜公司，已推出膜分离和低温冷凝组合工艺，以及膜分离和 PSA 组合工艺产品[61]。鉴于金属氢化物除了具有极强的氢气纯化能力外，同时还可以作为储氢的介质，替代大规模高压气态储氢罐的使用，因此也成为加氢站氢气纯化和储存的备选方案之一。

国外各大公司在气体分离和纯化组合工艺的基础上，同时使用性能优异的吸附剂和催化剂，还开发出了高效气体终端纯化装置产品，可为用户提供用量为每小时几十立方米的气体。它具有高效脱除各种有机和无机杂质，清除金属离子和过滤尘埃颗粒三种效能。例如，美国曼特森气体产品公司（Matheson Gas Products）开发的 8370V 型氢纯化器，可使氢纯度达到 99.99999%。美国原动力公司的氢纯化装置，采用高效催化剂，可去除 132 种杂质，氢纯度可达到 99.9999%，甚至 99.99999%[61]。

11.10 小结与展望

随着氢能逐渐进入人们的视线，成为新能源领域的新兴发展方向，加氢站、氢燃料电池车等新名词正在影响着我们的生活。

氢内燃机被成功应用于汽车上，然而一些技术和经济壁垒阻挡了其产业化进程。未来的汽车市场将出现氢燃料电池汽车、纯电动汽车和混合动力汽车三足鼎立的态势，而氢燃料电池汽车所占比例将逐渐升高，并有望成为主流。在离网区域，固定式燃料电池发电将与太阳能、风能等可再生能源互补组成智慧电网。而在许多高端电子产品领域，移动式燃料电池电源将成为首选之一。氢能还可望在燃料电池电动船舶、高铁、航空等领域发挥潜力。

诸多氢能应用场景都离不开加氢站、输氢管线、运氢车船等基础设施的建设。随着各国政府对氢能的大力推进，这些基础设施的技术逐渐成熟。中国在氢能基础设施建设上也不遗余力，一些省市政府甚至做出了宏伟的氢能规划，出台了一系列政策措施以促进氢能产业发展。然而，基础设施投资大、自主知识产权掌握少、过度依赖国外技术和产品，是抑制我国氢能产业良性发展的主要瓶颈。

在清洁的水力发电厂，夏季产生大量弃电，冬季电能可能不足；在太阳能和风能等可再生能源发电场，不仅存在发电不连续的固有问题，同时也有大量弃电产生。采用电解水制氢、储氢的储能方法是解决可再生能源弃电问题有效的选择之一。

氢能领域还包含了一些重要的应用技术，包括金属氢化物氢压缩机、氢气纯化、氢的同位素分离、氢储热、氢热泵、氢传感器、氢控制器等等，甚至更多更广阔的领域等待人类进一步开发。可以预期，氢能即将改变人类的生活模式，让能源、环境向对人类更有利的方向良性发展。

参 考 文 献

［1］ Toshihiko Y，Koichi K. Toyota MIRAI Fuel Cell Vehicle and Progress Toward a Future Hydrogen Society ［J］. Electrochem Soc-Interface，2015，24（2）：45-49.

［2］ Norishige K，Seiji M，Hiroya N，et al. Development of Compact and High-Performance Fuel Cell Stack ［J］. SAE Inter J Alter Powertrains，2015，4（1）：123-129.

［3］ 甄子健. 日本燃料电池汽车产业化技术及战略路线图分析 ［J］. 电工电能新技术（7）：50-54.

［4］ 付甜甜. 丰田燃料电池车 Mirai——未来 ［J］. 电源技术，2015，39（2）：229-230.

［5］ Yasuhiro N. Development of the fuel cell vehicle mirai ［J］. IEEJ Trans Electri Electro Eng，2017，12（1）：5-9.

［6］ xcar 爱卡汽车. 特斯拉（进口）-Model 3（进口）［DB/OL］. 2019. 6. 11 ［2020-05-17］. http://newcar.xcar.com.cn/3002/? zoneclick=313002.

［7］ 车云网. 丰田燃料电池巴士“SORA”详解：客车将率先打开新技术之门？［EB/OL］. 2018. 5. 30 ［2020-05-17］. http://www.sohu.com/a/233456526_118790.

［8］ 李建秋，方川，徐梁飞. 燃料电池汽车研究现状及发展 ［J］. 汽车安全与节能学报，2014，5（1）：17-29.

［9］ 毛蕾，林志明. 南海与联合国开发计划署共建氢能学院 437 辆氢能源公交投放，佛山日报 ［DB/OL］. 2019. 6. 13 ［2020-06-03］. http://www.fsonline.com.cn/p/264583.html.

［10］ Plug Power Inc. Gen Drive 1 Material Handling Power ［EB/OL］. 2019. 6. 13 ［2020-05-17］. https://www.plugpower.com.

［11］ 李雷明，朱清峰，曹涛. 燃料电池在通信领域应用的展望和分析 ［J］. 邮电设计技术，2016（12）：68-74.

［12］ Energiewende im Telekommunikationsmarkt：Beispiele aus der Praxis. https://www.pressebox.de/inaktiv/nokia-siemens-networks/Energiewende-im-Telekommunikationsmarkt-Beispiele-aus-der-Praxis/boxid/463779.2011-11-16.

［13］ 余翼，刘金华. 德国新型自供给移动通讯基站 ［J］. 电子技术与软件工程，2017（6）：41-42.

［14］ 余翼，刘金华，王凡，等. 氢气燃料电池在离网供能系统中的应用 ［J］. 中国设备工程，2017（12）：139-140.

［15］ 王雅，王傲. 中高温固体氧化物燃料电池发电系统发展现状及展望 ［J］. 船电技术，2018，38（7）：1-5.

［16］ Al Moussawi H，Fardoun F，Louahlia H. 4-E based optimal management of a SOFC-CCHP system model for residential applications ［J］. Energy Conversion and Management，2017，151：607-629.

［17］ None. Arcola Energy is a Leading specialist in hydrogen and fuel cell technologies ［EB/OL］. 2019. 6. 13 ［2020-05-17］. https://www.arcolaenergy.com.

［18］ 日本东芝移动产品用燃料电池“Dynario”［J］. Dianyuan Jishu（电源技术），2012，34（2）：97-98.

[19] None. myFC showcases its PowerTrekk portable fuel cell charger [J]. Fuel Cells Bulletin，2012，2012 (2)：7-8.

[20] 赵盼. 用水来充电 PowerTrekk 燃料电池 1480 元. http://pj.zol.com.cn/469/4690438.html,2014.7.28.

[21] None. myFC PowerTrekk 2. 0 now for tablets [J]. Fuel Cells Bulletin，2014，2014 (7)：7-8.

[22] None. myFC launches JAQ portable fuel cell charger at mobiles fair [J]. Fuel Cells Bulletin，2015，2015 (3)：6-7.

[23] None. home [EB/OL]. 2019. 6. 27 [2020-05-17]. https://myfcpower.com.

[24] 王纪忠，王靖，朴廷泰. 一种便携式高分子燃料电池及制氢发电一体系统 [P]. CN：102800875A.

[25] Intelligent Energy's portable power Upp at App Stores in UK [J]. Fuel Cells Bulletin，2014，2014 (12)：8.

[26] 欧腾蛟，唐有根，梁叔全，等. 微型燃料电池充电器 [J]. 电池，2016，46 (6)：339-342.

[27] Gray E M，Webb C J，Andrews J，et al. Hydrogen storage for off-grid power supply [J]. Int J Hydrogen Energy，2011，36：654-663.

[28] Itoh H，Sato S，Arashima H，et al. Approach to hydrogen related business by JSW. JSW Technical Review，2018，20：1-14.

[29] None. Hydrogen stations distributing large volumes daily [EB/OL]. 2019. 7. 2 [2020-05-17]. https://mcphy.com/en/our-products-and-solutions/storage-solutions.

[30] 段俊法，唐建鹏，张宇，等. 燃烧方式对氢内燃机燃烧和排放的影响研究 [J]. 车用发动机，2018，238 (5)：89-93.

[31] BMW hydrogen 7 rescue guidelines. 6th ed. November 2006. Revised for USA.

[32] Wallner T，Lohse-Busch H，Gurski S，et a1. Fuel economy and emissions evaluation of a BMW hydrogen 7 mono-fuel demonstration vehicle [J]. Int J Hydrogen Energy，2008 (33)：7607-7618.

[33] Zhang Xian. The EU recognizes hydrogen fueled engine to be the future development direction of technology [J]. Light Vehicles，2007 (5)：65-66.

[34] 孙柏刚，向清华，刘福水. 氢内燃机及整车性能试验研究 [J]. 北京理工大学学报，2012，32 (10)：1026-1030.

[35] 伍赛特. 氢内燃机汽车的应用前景展望 [J]. 节能，2019，38 (2)：74-76.

[36] 王丽君. 基于信号处理的氢燃料发动机优化控制 [D]. 郑州：中国人民解放军战略支援部队信息工程大学，2010.

[37] 杨振中. 氢燃料发动机燃烧与优化控制 [D]. 杭州：浙江大学，2001.

[38] 孙明涛. 燃料电池在船舶上的应用 [A]. 第二届国际氢能论坛青年氢能论坛论文集 [C]. 中华人民共和国科学技术部、中国科学技术协会、中国太阳能学会氢能专业委员会、国际氢能协会，2003：3.

[39] Marc K. Fuel cell systems for maritime application [J]. The Fuel Cell World Proceedings，March，2002，Lucerne/Switzerland.

[40] 梅晓榕，柏桂珍，张卯瑞. 自动控制元件及线路 [M]. 北京：科学出版社，2005.

[41] 方芳，姚国富，刘斌，等. 潜艇燃料电池 AIP 系统技术发展现状 [J]. 船电技术，2011，31 (8)：16-17，22.

[42] 从 212 到 216：德国燃料电池 AIP 潜艇的演化 [EB/OL]. http://www.rimnds.com/art/show.htm? id=499.

[43] TKMS 开发第四代潜艇燃料电池系统 [EB/OL]. http://www.sohu.com/a/339992915_313834.

[44] None. Fuel cell system on fellowship supply vessel is hybridized [J]. Fuel Cells Bull，2012，4：3-4.

[45] 刘继海，肖金超，魏三喜，等. 绿色船舶的现状和发展趋势分析 [J]. 船舶工程，2016，38 (S2)：33-37.

[46] Mertens A. Fuel cell systems for zero emission ships：the Zemships propulsion system and beyond Zemships [J]. 18th World Energy Conference. Essen：H2 Expo，2010.

[47] Heinzel J，Cervi M，Hoffman D，et al. Fuel cell system models for U. S. Navy Shipboard Application [EB/OL]. NAVSEA，2005. http://www. nt. ntnu. no/users/skoge/prost/proceedings/aiche-2005/topical/pdffiles/T1/papers/322b.pdf.2015.07.02.

[48] Klebanoff L E，Pratt J W，Leffers C M，et al. Comparison of the greenhouse gas and criteria pollutant emissions from the SF-BREEZE high-speed fuel-cell ferry with a diesel ferry [J]. Transportation Research Part D：Transport and Environment，2017，54：250-268.

[49] 李永宁. 科技：这艘船队设计的零排放海洋研究船 [J]. https://baijiahao.baidu.com/s? id=1615833030177565827&wfr=spider&for=pc.

[50] 潘爱华，马建新，高峰，等. 汽车用氢燃料加氢站系统配置的研究 [J]. 工矿自动化，2003 (6)：17-19.

[51] 蔡体杰，刘炜炜，刘友良. 浅谈我国燃料电池汽车加氢站的建设 [J]. 低温与特气，2006 (6)：1-5.

[52] 2018年全球加氢站总数达到369座！中国排名第四 [J]. 燃料电池茶馆，2019.11.12 [2020-05-17]. http://chuneng.bjx.com.cn/news/20190219/963695.shtml.
[53] 高工氢燃料电池 [J]. 加氢站建设技术路线探讨，2019. http://www.china-nengyuan.com/news/145504.html.
[54] 房达，于涛，解青波. 我国城区内加氢站规划发展方式的探讨 [J]. 节能，2019，38 (2)：122-123.
[55] 李志勇，潘相敏，谢佳，马建新. 加氢站风险评价研究现状与进展 [J]. 科技导报，2009，27 (16)：93-98.
[56] 全球首座低压加氢站落地！有何与众不同 [J]. 中国汽车报，2019.07.12 [2020-05-17]. http://www.360che.com/news/190711/113922.html.
[57] 阳明. 35MPa金属氢化物氢气热压缩机研究 [D]. 上海：上海交通大学，2009.
[58] None. Metal hydride hydrogen compressors [EB/OL]. 2019.11.24 [2020-05-17]. http://ergenics.com/compression.html.
[59] 李慧. 用于氢化物复合储氢器和高压氢化物压缩器的储氢合金研究 [D]. 杭州：浙江大学，2010.
[60] Wang X H，Liu H Z，Li H. A 70 MPa hydrogen-compression system using metal hydrides [J]. Inter J Hydrogen Energy，2011，36 (15)：9079-9085.
[61] 李义良. 超高纯氢的制备 [J]. 低温与特气，1996 (3)：40-42.
[62] 朱红莉，朱建华，陈光进. 从含氢气体中分离提浓氢气技术的研究进展 [J]. 青岛科技大学学报（自然科学版），2004 (5)：421-425，433.
[63] 孙酣经，梁国仑. 氢的应用、提纯及液氢输送技术 [J]. 低温与特气，1998 (1)：30-37.
[64] 梁肃臣. 气体的纯化方法 [J]. 低温与特气，1995 (3)：66-69.
[65] Bowman J，Robert C，Brent F. Metallic hydrides I：Hydrogen storage and other gas-phase applications [J]. MRS Bull，2002，27 (9)：688-693.
[66] Zantzer P. Properties of Intermetallic Compounds Suitable for Hydrogen Storage Applications. Matter Sci Eng，2002，A329-331：313-320.
[67] Wang X L，Iwata K，Suda S. Hydrogen purification using flourinated LaNi4.7Al0.3 alloy [J]. J Alloy Comp，1995，231 (1-2)：860-864.
[68] 马昌峰，陈光进，张世喜，等. 一种从含氢气体分离浓缩氢的新技术——水合物分离技术 [J]. 化工学报，2001，52 (12)：1113-1116.

附　录

附录Ⅰ　氢气及部分氢化物的物化参数

Ⅰ.1　氢气的物理性质

H_2 是最轻的气体，其分子量也是所有气体中最低的，因此具有所有气体中最高的热导率和扩散系数。氢气的主要物理性质见表Ⅰ-1，其中列出了两种核自旋异构体的信息。

表Ⅰ-1　氢气的主要物理性质

项目	沸点时的液相		沸点时的气相		标准状态气体	
	p-H_2	n-H_2	p-H_2	n-H_2	p-H_2	n-H_2
密度/(kg/m³)	70.78	70.96	1.338	1.331	0.0899	0.0899
恒压比热容 c_p / [J/(mol·K)]	19.70	19.7	24.49	24.60	30.35	28.59
恒容比热容 c_v / [J/(mol·K)]	11.60	11.6	13.10	13.2	21.87	20.3
黏度/mPa·s	13.2×10^{-3}	13.3×10^{-3}	1.13×10^{-3}	1.11×10^{-3}	8.34×10^{-3}	8.34×10^{-3}
声速/(m/s)	1089	1101	355	357	1246	1246
热导率/[W/(m·K)]	98.92×10^{-3}	100×10^{-3}	16.94×10^{-3}	16.5×10^{-3}	182.6×10^{-3}	173.9×10^{-3}
压缩因子	0.01712	0.01698	0.906	0.906	1.0005	1.00042

注：p-H_2 为仲氢，n-H_2 为正常氢（正氢和仲氢混合物），标准状态为 0℃、1bar$^{\ominus}$。

Ⅰ.2　几种氢同位素双原子分子的三相点和临界点

几种氢同位素双原子分子的三相点和临界点见表Ⅰ-2。

表Ⅰ-2 几种氢同位素双原子分子的三相点和临界点

项目	$n\text{-}H_2$	$n\text{-}D_2$	$n\text{-}T_2$	HD	HT	DT
三相点						
温度/K	13.96	18.73	20.62	16.6	17.63	19.71
压力/kPa	7.3	17.1	21.6	12.8	17.7	19.4
临界点						
温度/K	32.98	38.35	40.44	35.91	37.13	39.42
压力/kPa	1.31	1.67	1.85	1.48	1.57	1.77
正常沸点/K	20.39	23.67	25.04	22.31	22.92	24.38

附录Ⅱ 一些氢化物的物化参数

Ⅱ.1 碱金属和碱土金属氢化物

碱金属和碱土金属氢化物的结构参数和热力学数据见表Ⅱ-1。

表Ⅱ-1 碱金属和碱土金属氢化物的结构参数和热力学数据[1]

氢化物	晶格类型	晶胞参数/Å	M-H 间距/Å	分解温度/℃	生成焓/（kJ/mol H_2）
LiH	面心立方	4.083	2.043	820	−181.0
NaH	面心立方	4.879	2.445	480	−112.6
KH	面心立方	5.708	2.856	480	−115.4
RbH	面心立方	6.037	3.025	440	−104.6
CsH	面心立方	6.376	3.195	440	−108.4
BeH_2	体心正交 *Ibam*	*a*= 9.082 *b*= 4.160 *c*= 7.707	1.38～1.44	470	
MgH_2	四方金红石	*a*= 4.517 *c*= 3.021	1.95	360	−75.3
CaH_2	正交 *Pnma*	*a*= 5.925 *b*= 3.581 *c*= 6.776	2.32,2.85	1160	−181.5
SrH_2	正交	*a*= 6.3706 *b*= 3.8717 *c*= 7.3021	2.49,3.06	860	−176.8
BaH_2	正交	*a*= 6.792 *b*= 4.168 *c*= 7.858	2.570～2.979	500	−189.9

Ⅱ.2 过渡金属氢化物

过渡金属元素氢化物的生成焓见表Ⅱ-2。

表Ⅱ-2 过渡金属元素氢化物的生成焓[2] 单位：kJ/mol H_2

ⅢB	ⅣB	ⅤB	ⅥB	ⅦB		Ⅷ	
ScH_2 −200	TiH_2 −126	VH_2 −54	CrH −16	MnH −9	FeH +14	$CoH_{0.5}$ 0	$NiH_{0.5}$ −6
YH_2 −225	ZrH_2 −165	NbH_2 −60	MoH −12	TcH +36	RuH +42	$RhH_{0.5}$ +25	$PdH_{0.5}$ −40
LaH_2 −210	HfH_2 −133	$TaH_{0.5}$ −78	WH +16	ReH +52	OsH +48	IrH +42	PtH +26

附录Ⅲ 一些储氢材料的物化特性参数和吸放氢性能[3-10]

分类	储氢材料	材料密度 /(g/cm³)	质量储氢密度 /%	体积储氢密度 /(kg H_2/m³)	吸放氢温度 /K	平衡压力 /MPa	焓变 /(kJ/mol H_2)
金属氢化物	$LaNi_5H_6$	6.43	1.4	115	293～353	0.4	−30.1
	$LaNi_{4.6}Al_{0.4}H_{5.5}$	—	1.3	—	353	0.2	−38.1
	$MmNi_5H_{6.3}$	6.34(La)	1.4	46.76	323	0.34	−26.4
	$MmNi_{4.5}Mn_{0.5}H_{6.6}$	—	1.5	—	—	0.4	−17.6
	$CaNi_5H_{4.0}$	—	1.2	—	303	0.04	−33.5
	$FeMn_{1.5}H_{2.47}$	—	1.8	—	293	0.7	−28.5
	$TiCr_{1.8}H_{3.6}$	5.154	2.4	123	195	0.2～5	—
	$ZrMn_2H_{3.46}$	6.095	1.7	104	483	0.1	−38.9
	$ZrV_2H_{4.8}$	5.420	2.0	108	323	10^{-9}	−200.8
	VH_2	4.55	3.8		323	0.81	−40.2
	$V_{0.8}Ti_{0.2}H_{1.6}$	—	3.1	—	323	0.3	−49.4
	$(V_{0.9}Ti_{0.1})_{0.95}Fe_{0.05}$	—	3.7	—	309	1.0	−43.2
	$TiFeH_{1.95}$	6.1	1.8	110	293～353	1.0	−23.0
	$TiFe_{0.8}Mg_{0.2}H_{1.85}$	—	1.9	—	353	0.9	−31.8
	$Mg_2NiH_{4.0}$	2.54	3.6	100	253	0.1	−64.4
	Mg_2CoH_5	2.82	4.5	127	590～700	0.7	−72.0
	Mg_2FeH_6	2.76	5.5	150	623	0.3	−77.4
	LiH	0.77	12.7	98	—	—	−90.6
	NaH	1.36	4.2	57	—	—	−56.4
	KH	1.43	2.5	36	—	—	−57.8
	CaH_2	1.90	4.8	91	—	—	−186.2
	MgH_2	1.38	7.6	105	560	0.1	−74.4
	TiH_2	4.54	4.04	150	—	—	−34.5

续表

分类	储氢材料	材料密度 /(g/cm³)	质量储氢密度 /%	体积储氢密度 /(kg H_2/m³)	吸放氢温度 /K	平衡压力 /MPa	焓变 /(kJ/mol H_2)
复杂氢化物	$LiAlH_4$	0.92	10.6	97	398～438	—	-14.15
	$NaAlH_4$	1.27	7.4	95	483～571	—	59.9
	$KAlH_4$	1.24	5.8	72	523～588	—	-18
	$Mg(AlH_4)_2$	1.10	9.3	102	413～473	—	68.9
	$LiBH_4$	0.66	18.5	122	548～653	—	-216
	$NaBH_4$	1.07	10.6	115	673～836	—	—
	KBH_4	1.18	7.4	87	580～847	—	-40
	$Mg(BH_4)_2$	1.48	14.9	221	533～593	—	80.5～99(Li)
	$LiNH_2$	1.17	8.8	103	513	—	80(Mg)
	$NaNH_2$	1.37	5.2	71	773	—	—
	KNH_2	1.65	3.7	61	673	—	43(Mg)
	$Mg(NH_2)_2$	1.38	7.2	99	473	—	26.6
化学氢化物	NH_3BH_3	0.61	19.6	120	380	—	-3
	$LiNH_2BH_3$	1.19	10.9	130	363	—	-5
	$NaNH_2BH_3$	1.65	7.5	124	364	—	—
	KNH_2BH_3	1.36	6.5	88	371	—	-7
	$Mg(NH_2BH_3)_2 \cdot NH_3$	2.06	11.9	245	383	—	-49.5
有机液态氢化物	环己烷 $\rightleftharpoons$ 苯 + $3H_2$	0.776	7.19	56.0	—	—	-51.0
	甲基环己酮 $\rightleftharpoons$ 甲苯 + $3H_2$	0.769	6.16	47.4	—	—	-75.0
	萘烷 $\rightleftharpoons$ 萘 + $5H_2$	0.87	7.29	65.3	—	—	11.7
	甲醇 + 水 $\rightleftharpoons$ CO_2 + $3H_2$	0.792	18.8	106	—	—	-11.4
	$2CH_3OH \rightleftharpoons 2HCO_2CH_3 + H_2$	—	3.13	124	—	—	-11.0
	$2NH_3(l) \rightleftharpoons N_2 + 3H_2$	0.676	17.7	119	—	—	-0.214
	咔唑	1.10	6.7		—	—	
	乙基咔唑	1.059	5.8		—	—	
	2-甲基吲哚	1.07	5.76		—	—	
物理储氢材料	高压氢气 20MPa	0.016	1.8	100	室温	—	—
	高压氢气 35MPa	0.024	3		室温	—	—
	高压氢气 70MPa	0.040	5～10		室温	—	—
	沸石	1.75	<3				—
	石墨烯	0.14	0.4		77	—	—
	碳纳米管	1.39	1.0～7.2	100	77	—	—
	有机框架结构	0.7	约 4.5	31.5	77	—	—
	笼状化合物	2.7～17.7	5～33	约 900	77	—	—
	$H_2(l)$	0.071	100	70.0	—	—	—

附录Ⅳ 氢气储运相关标准列表

序号	标准号/计划号	标准名称	备注
1	GB/T 19773—2005	变压吸附提纯氢系统技术要求	已发布
2	GB/T 19774—2005	水电解制氢系统技术要求	已发布
3	GB/T 24499—2009	氢气、氢能与氢能系统术语	已发布
4	GB/T 26915—2011	太阳能光催化分解水制氢体系的能量转化效率与量子产率计算	已发布
5	GB/T 26916—2011	小型氢能综合能源系统性能评价方法	已发布
6	GB/T 29411—2012	水电解氢氧发生器技术要求	已发布
7	GB/T 29412—2012	变压吸附提纯氢用吸附器	已发布
8	GB/T 29729—2013	氢系统安全的基本要求	已发布
9	GB/T 30718—2014	压缩氢气车辆加注连接装置	已发布
10	GB/T 30719—2014	液氢车辆燃料加注系统接口	已发布
11	GB/T 31138—2014	汽车用压缩氢气加气机	已发布
12	GB/T 31139—2014	移动式加氢设施安全技术规范	已发布
13	GB 32311—2015	水电解制氢系统能效限定值及能效等级	已发布
14	GB/T 33291—2016	氢化物可逆吸放氢压力-组成-等温线（P-C-T）测试方法	已发布
15	GB/T 33292—2016	燃料电池备用电源用金属氢化物储氢系统	已发布
16	T/CECA-G0015—2017	质子交换膜燃料电池汽车用燃料 氢气	团体标准
17	GB/T 34584—2017	加氢站安全技术规范	已发布
18	GB/T 34583—2017	加氢站用储氢装置安全技术要求	已发布
19	GB/T 34537—2017	车用压缩氢气天然气混合燃气	已发布
20	GB/T 34540—2017	甲醇转化变压吸附制氢系统技术要求	已发布
21	GB/Z 34541—2017	氢能车辆加氢设施安全运行管理规程	已发布
22	GB/T 34539—2017	氢氧发生器安全技术要求	已发布
23	GB/T 34544—2017	小型燃料电池车用低压储氢装置安全试验方法	已发布
24	GB/T 34542.1—2017	氢气储存输送系统 第 1 部分：通用要求	已发布
25	GB/T 34542.2—2018	氢气储存输送系统 第 2 部分：金属材料与氢环境相容性试验方法	已发布
26	GB/T 34542.3—2018	氢气储存输送系统 第 3 部分：金属材料氢脆敏感度试验方法	已发布

附录Ⅴ 国内从事氢气储运研发的部分相关机构

机构名称	主要业务
上海氢能利用工程技术中心	车载供氢系统及加氢站建设
北京有色金属研究院	金属固态储氢材料研究及储氢器件设计

续表

机构名称	主要业务
广东省稀有金属研究所能源材料研究开发中心	稀土储氢材料
北京低碳清洁能源研究院	有机液体储氢、金属储氢材料
中国科学院大连化学物理研究所氢能与先进材料研究部	复合氢化物材料
清华大学	有机液体储氢、金属固态储氢材料
四川大学	金属固态储氢，无机非金属储氢材料
南京大学	金属固态储氢材料
华南理工大学	金属固态储氢材料
长春应化所	高性能稀土复合储氢材料研究
浙江大学	复合储氢材料
复旦大学	金属储氢材料，化学储氢
中国科学院金属研究所	金属储氢材料
南开大学	稀土储氢材料
安徽工业大学	金属储氢材料
燕山大学	金属储氢材料
合肥通用机械研究院	复合储氢材料与技术
山东科技大学	合金储氢材料
武汉理工大学	复合储氢材料
大连理工大学	合金储氢材料
中南大学	金属储氢材料
南京工业大学	复合储氢材料
重庆大学	金属储氢材料
钢铁研究总院功能所	复合储氢材料
北京大学	金属储氢材料
中国地质大学	有机液态储氢技术
桂林电子科技大学	复合储氢材料

附录Ⅵ　国内从事氢气储运的部分相关企业

公司名称	主要业务
上海舜华新能源系统有限公司	供氢系统及加氢设备研发销售
北京亿华通科技股份有限公司	车用加氢站的建设
雄韬氢雄燃料电池科技有限公司	氢气的制取、储运与加注方案
深圳凯豪达氢能源有限公司	制氢加氢站的设计
武汉氢阳能源有限公司	常温常压有机液态储氢

续表

公司名称	主要业务
中材科技股份有限公司	高压储氢
北京海天工业有限公司	高压储氢
液化空气中国投资有限公司	氢气运输
林德气体（成都）有限公司	氢气输送
北京派瑞华氢能源科技有限公司	高压储氢加氢系统
美锦能源股份有限公司	加氢站建设、氢气储运设备
厦门钨业股份有限公司	车用贮氢合金粉
中国北方稀土高科技股份有限公司	稀土储氢
东方电气集团有限公司	氢气运输，储氢设备
爱德曼氢能源装备有限公司	氢气罐、制氢装备、储运氢装备
广东国鸿氢能科技有限公司	加氢站建设
长城氢能技术中心	储氢及加氢技术
成都华气厚普机电设备股份有限公司	加氢站建设
新源动力股份有限公司	通信基站备用电源
安徽明天氢能科技股份有限公司	加氢站解决方案
国家能源集团	氢气运输
中国石化	氢气运输
广州中氢能源科技有限公司	氢氧混合和分离设备
武汉中极氢能产业创新中心有限公司	撬装式加氢设施
张家港富瑞特种装备有限公司	液态氢气的运输
氢枫新能源有限公司	加氢站建设
锦鸿新能源有限公司	加氢站建设
深圳国氢新能源科技有限公司	制氢、储运氢、加氢等基础设施建设

参 考 文 献

[1] Aldridge S，Downs A J. Hydrides of the main-group metals：New variations on an old theme [J]. Chem Rev，2001，101 (11)：3305-3365.

[2] Buschow K H J，Bouten P C P，Miedema A R. Hydrides formed from intermetallic compounds of 2 transition-metals-A Special-class of ternary alloys [J]. Rep Prog Phys，1982，45 (9)：937-1039.

[3] 李星国. 氢与氢能 [M]. 北京：机械工业出版社，2012.

[4] Mueller W H，Blackledge J P，Lihowitz G G. Metal Hydrides [M]. New York：Academic Press，1968.

[5] Libowitz G. The solid state chemistry of binary metal hydrides [M]. New York：W A Benjiamin，Inc，1965.

[6] Orimo S，Nakamori Y，Eliseo J R，et al. Complex hydrides for hydrogen storage [J]. Chem Rev，2007，107 (10)：4111-4132.

[7] Stephens F H，Pons V，Baker R T. Ammonia-borane：the hydrogen source par excellence? [J]. Dalton Trans，2007 (25)：2613-2626.

[8] Zhang Y, Wolverton C. Crystal structures, phase stabilities, and hydrogen storage properties of metal amidoboranes [J]. J Phys Chem C, 2012, 116 (27): 14224-14231.

[9] Xiong Z, Yong C K, Wu G, et al. High-capacity hydrogen storage in lithium and sodium amidoboranes [J]. Nat Mater, 2008, 7 (2): 138-141.

[10] 姜召, 方涛. 新型有机液体储氢技术现状与展望 [C]. 中国化工学会 2012 年年会暨第三届石油补充与替代能源开发利用技术论坛论文集, 2012: 315-322.